二間瀬敏史＋梅津敬一＋伊藤洋介［著］

一般相対論の基礎から学ぶ

重力レンズと
重力波天文学

Gravitational Lensing and Gravitational-Wave Astronomy
from the Foundations of General Relativity

日本評論社

はじめに

　20 世紀後半以降の天文学の発展は，パルサー，X 線天体，クェーサー，宇宙マイクロ波背景放射など驚くべき発見の連続であった．これらの現象では非常に強い重力環境が重要な役割を果たし，それまであまり応用がないと思われていた一般相対性理論が一躍天文学の主要な舞台に登場してきた．さらに 21 世紀に入ると，重力波の直接観測や電波干渉計によるブラックホールシャドウの直接撮像など，一般相対性理論の重要性はますます増大している．また天文学の発展は，現在の宇宙は，電磁相互作用をもたない「見えない」構成要素が 95％を占めていることを明らかにした．それが暗黒物質（ダークマター）であり，暗黒エネルギー（ダークエネルギー）と呼ばれるものである．暗黒物質の存在は 1930 年代には示唆されており，宇宙における銀河などの構造形成に必須であることが認識されるに至ったが，いまだその正体はわかっていない．現在の宇宙は膨張しているが，その膨張速度は約 30 億年前から加速に転じている．この加速膨張の原因が暗黒エネルギーであるが，その正体も未だ不明である．これら暗黒物質，暗黒エネルギーの観測的研究は現代宇宙論の最も重要なテーマの一つである．これらは従来の伝統的な観測手段である電磁波では直接観測できないが，それらが及ぼす重力効果によって観測することができる．このとき重力の及ぼす効果を予言するのが，一般相対性理論である．このように宇宙で起こっている多くの現象を理解するには，一般相対性理論が必要不可欠なのである．

　一般相対性理論の教科書はすでに国内外に多数出版されているが，天文学の基

礎としての一般相対論と，その天文学への応用を取り上げた本は少ない．このような観点から当初，筆者（二間瀬）は特に天文学・宇宙物理学に関心のある学生を想定して，重力レンズや重力波などの一般相対論で説明される天体現象を例としてふんだんに取り入れた一般相対論の入門書を書く予定であった．ところが実際に執筆にとりかかるまでの数年間で重力レンズ，重力波の観測が著しく進展し，それらは天文学に不可欠な分野となってしまった．重力レンズ現象，重力波とも，その存在は一般相対論が提唱されてすぐに指摘されたが，その当時，その観測可能性は将来にわたって極めて低いと考えられていた．

しかし観測装置，観測技術の進歩によって重力レンズ現象は 1979 年に初めて発見された．そして 21 世紀に入ってすばる望遠鏡などの大望遠鏡の出現によって観測例が急速に増え，重力レンズ現象が普遍的な現象であることが明らかになった．重力波はアメリカの重力波望遠鏡 LIGO によって 2015 年に初めて直接検出された．この重力波は太陽質量の 30 倍程度の質量をもったブラックホール連星の合体現象からのものであり，ブラックホールの直接検出と呼べるものであった．太陽質量の 30 倍程度の質量をもったブラックホールの存在は一部の研究者以外には予想外であり，その後も同様の質量をもったブラックホール連星からの重力波が検出されている．

現在では重力レンズは暗黒物質，暗黒エネルギーを，重力波はブラックホールの直接観測，中性子星の物性を探るために不可欠な観測方法となっている．新たな宇宙望遠鏡，30 メートル級の大望遠鏡の登場，より大型の重力波望遠鏡の登場などで将来にわたって重力レンズ，重力波は天文学や宇宙論に重要な役割を果たすことは確実である．

一方でその重要性にもかかわらず，重力レンズ，重力波はこれまでの多くの一般相対論の教科書の中では単純な例のみが扱われ，実際の観測の理解の助けになるような日本語の教科書はほとんど存在しなかった．このため多くの例を短く取り上げて紹介するよりも，重力レンズと重力波だけを取り上げて，基礎である一般相対論の理解の上でそれらの教科書としても使える本にすることが多くの天文学，宇宙物理学を学ぶ学生，研究者にとって役に立つと考えるにいたった．それがこの本である．この変更に伴って，重力レンズ研究の一線で活躍している台湾中央研究院天文及天文物理研究所（ASIAA）の梅津敬一氏に重力レンズ部分の共同執筆を，また一般相対論における運動方程式の専門家であり，実際の重力波の

データ解析を行っている大阪公立大学の伊藤洋介氏に重力波部分の執筆をお願いした.

　このような理由で原稿が完成するまでにはかなりの時間がかかってしまった. しかし重力レンズや重力波がもたらす情報は, 天文学, 宇宙物理学のどの分野を学ぶにあたっても有用であり, また常識になるであろう. また観測であっても基礎理論を理解しておくことは非常に重要である. この本では重力理論として一般相対論だけを考えている. それは現在までのところ一般相対論の予言に矛盾する観測も実験も存在しないからであるが, 一般相対論だけでなく, 宇宙論, 重力波の観測などから重力理論の情報を得ることも可能である. その場合でもまず一般相対論を理解しておくことは必要である. この本が基礎である一般相対論を理解したうえで観測に直結した実際の重力レンズ天文学, 重力波天文学の教科書として使われることを期待したい.

　本書は我々がそれぞれ行ってきた講義や共同研究の経験, 同僚研究者たちとの日常的な議論によるところが大きい. 講義の受講者, 共同研究者, 同僚に深く感謝する. 最後に本書を執筆する機会を与えてくださり, その完成を辛抱強く待って下さった日本評論社の佐藤大器氏に感謝する.

2025 年　筆者を代表して
二間瀬敏史

目　次

はじめに……i

第1章　一般相対性理論……1

1.1　ニュートン重力……1

1.2　ニュートン重力の破綻とローレンツ変換……6

1.3　特殊相対性理論……11

1.4　ストレスエネルギーテンソル……22

1.5　等価原理と時空の曲がり……25

1.6　曲がった時空のベクトルとテンソル……27

1.7　測地線方程式と共変微分……29

1.8　曲率テンソル……34

1.9　曲がった時空における光線束の伝播……40

1.10　アインシュタイン方程式……43

1.11　線形近似……45

第2章　観測的宇宙論……51

2.1　観測のまとめ……52

2.2　一様・等方宇宙モデル……69

2.3　宇宙論的パラメータ……75

2.4　距離と赤方偏移……78

2.5　非一様宇宙と観測量……81

第3章　重力レンズ……89

3.1　重力レンズの基礎……89

3.2　コンバージェンスとシア……106

3.3 レンズモデル……118

3.4 強い重力レンズとその応用……134

3.5 弱い重力レンズとその応用……143

第4章　重力波……167

4.1 重力波の伝播と偏極……167

4.2 重力場のストレス・エネルギー……177

4.3 重力波の発生……183

4.4 四重極公式……188

4.5 曲がった時空中の重力波の伝播……190

4.6 コンパクト星連星合体からの重力波……193

4.7 インフレーション起源の重力波……216

4.8 その他の重力波源……222

4.9 重力波天文学・物理学……227

4.10 重力波の検出方法：レーザー干渉計型重力波検出器……239

4.11 重力波の検出方法：パルサータイミング……254

4.12 重力波データ解析……258

付録A　摂動論におけるゲージ変換……275

付録B　フェルミ正規座標……279

付録C　問題解答例……283

参考文献……305

索引……309

第1章

一般相対性理論

　近年の観測装置，観測技術の進展によって，それまで観測が困難と思われていた重力レンズ，重力波が日常的に観測できるようになり，それらを用いた天文学が急速に発展している．これら両者に共通するのは，重力で宇宙を見るということで，その理論的基礎は一般相対論である．この章では，後の章の重力レンズ，重力波の十分な理解のために一般相対論の基礎を解説する．

1.1 ニュートン重力

　一般相対論は重力が弱く考えている系の典型的な速度が光速度より十分小さい極限でニュートン重力に帰着するので，まずニュートン重力をみていく．力が働かない限り運動状態，すなわち物体の速度は変化しないという慣性の法則から，ニュートン（Newton）は運動方程式を導いた．

$$a = \frac{F}{m_I} \tag{1.1}$$

ここで a は速度の変化率，すなわち加速度であり，m_I を慣性質量と呼ぶ．したがって慣性質量とは，運動の変化し難さの指標である．同じ強さの力を作用させても慣性質量が大きければ，物体の加速は小さくなる．

　運動方程式の左辺の力として様々な力を考えることができるが，ここで興味があるのは重力である．当時，惑星の軌道運動についての詳細な観測がチコ・ブラーエ（Tycho Brahe）やヨハン・ケプラー（Johannes Kepler）によってなされており，時代背景としてその理論的説明が要求されていた．ニュートンは，質量

M_G の物体が質量 m_G に及ぼす重力が，各々の質量に比例し，それらの距離 r の
2 乗に反比例するとして，惑星の運動を見事に説明した．たとえば太陽と惑星の
運動のように物体の大きさが，物体間の距離に比べてはるかに小さいとき各々の
物体は質量をもった点粒子（質点と呼ぶ）とみなされ，2 つの物体間に働く力は
以下のように表される．

$$F = -\frac{GM_G m_G}{r^2} \tag{1.2}$$

r は 2 つの物体間の距離である．r の大きくなる方向を正の方向として，重力は
引力であるから負の符号を付けた．上式に現れる定数 G は重力定数と呼ばれ，物
理学の基礎定数のひとつである．

$$G = 6.67430 \times 10^{-11}\,\mathrm{m}^3\,\mathrm{kg}^{-1}\,\mathrm{s}^{-2} \tag{1.3}$$

　ここに現れている質量 M_G, m_G は相手に重力を及ぼしたり，あるいは重力を受
ける目安としての質量で重力質量と呼ばれる．どちらが重力を与えるか，あるい
は受け取るかはこの式が質量 M_G と m_G に対して対称であるから重力質量は両
方の意味をもっている．

　力は 3 次元ベクトルであるから方向を持つ．重力の方向は重力源の方向を向く
から，$M_G \gg m_G$ の状況を考えて重力質量 M_G の物体が空間座標の原点，重力質
量 m_G の物体が位置ベクトル $\boldsymbol{x}$ にあるとして，M_G のつくる重力を考える．(1.2)
式は次のように書くことができる．

$$\boldsymbol{F}(\boldsymbol{x}) = -Gm_G \frac{M_G}{r^2}\frac{\boldsymbol{x}}{r} \tag{1.4}$$

ここで $r = |\boldsymbol{x}|$．この式は $\nabla r = \dfrac{\boldsymbol{x}}{r}$ を用いると，以下のように書ける．

$$\boldsymbol{F}(\boldsymbol{x}) = m_G \nabla \frac{GM_G}{r} \tag{1.5}$$

ここで ∇ は，デカルト座標での位置ベクトル $\boldsymbol{x}$ の 3 成分についての微分
$\left(\dfrac{\partial}{\partial x}, \dfrac{\partial}{\partial y}, \dfrac{\partial}{\partial z}\right)$ を成分としてもつ微分演算子である．

　ここで以下の量 ϕ を定義して，ニュートンポテンシャルと呼び，ϕ と書くこと
にする．

$$\phi(\boldsymbol{x}) = -\frac{GM_G}{r} \tag{1.6}$$

すると重力はニュートンポテンシャルの勾配として書ける.

$$\boldsymbol{F}(\boldsymbol{x}) = -m_G \nabla \phi(\boldsymbol{x}) \tag{1.7}$$

したがって,重力質量 M_G のつくる重力場中の慣性質量 m_I,重力質量 m_G の質点の運動方程式がえられる.

$$\boldsymbol{a} = -\frac{m_G}{m_I} \nabla \phi \tag{1.8}$$

経験事実として物体の落下運動は,その質量に依存しないという等価原理に従えば,右辺の比 m_G/m_I は物質によらないある定数となる.この係数は質量の単位を適当に取ることで常に 1 にできるから,等価原理は「慣性質量と重力質量は同じものである」ということができる.以下,慣性質量,重力質量を区別することなく単に質量と呼ぶ.

ポテンシャルを使って運動方程式を書いたのは,重力を近接相互作用の形にするためである. (1.2) の重力の形は,距離 r 離れた 2 つの質点が直接力を及ぼすことを意味する.このような力を遠隔力という.一方,重力と並ぶ自然界の基本的な力である電磁気力の研究過程でファラデー (M. Faraday) は,電荷や磁石は周りの空間にそれぞれ電場,磁場と呼ばれる性質を与え,電荷と磁石はその位置での電場,磁場からそれぞれ電気力,磁気力を受けると考えた.このような力を近接力という.またその伝わり方を近接相互作用という.ファラデーにしたがって質量は重力場 ϕ をつくり,質点はその位置でのポテンシャルから重力を受けるとして重力を近接力とみなしたのである.

ポテンシャルは単位質量あたりのエネルギーの次元をもつから,重力場のエネルギーを考えることができる.

$$\boldsymbol{a} = -\frac{m_G}{m_I} \nabla \phi = -\nabla \phi \tag{1.9}$$

の両辺に速度 $\boldsymbol{v}$ を内積して,$\boldsymbol{a} \cdot \boldsymbol{v} = \frac{1}{2}\frac{d}{dt}(v^2)$ と $\boldsymbol{x}$ を粒子の軌道で時間の関数とすると,$\dot{\phi} = \nabla \phi \cdot \dot{\boldsymbol{x}}$ から

$$m\frac{d}{dt}\left(\frac{1}{2}v^2 + \phi\right) = 0 \tag{1.10}$$

と書けることからもわかるだろう.

1.1. ニュートン重力 003

複数の物体がつくる重力場は，それぞれの物体がつくる重力場を足したものである．質量 M_A の質点が $\boldsymbol{x}_A\,(A = 1, 2, \cdots, N)$ の位置にあるとすれば，それらのつくる重力ポテンシャルは N を粒子数として，以下で与えられる．

$$\phi(\boldsymbol{x}) = -\sum_{A=1}^{N} \frac{GM_A}{r_A} \tag{1.11}$$

ここで $r_A = \boldsymbol{x} - \boldsymbol{x}_A$ は，A 番目の質量の位置 $\boldsymbol{x}_A$ から重力を受ける質点の位置 $\boldsymbol{x}$ へ向かうベクトル，$r_A = |\boldsymbol{r}_A|$ はその距離である．

質量が連続的に分布している物体が及ぼす重力は，上式で M_A を物体の微小体積 $dV = d^3x'$ 内の質量として，$M_A = \rho(\boldsymbol{x}')d^3x'$ と物体の位置 $\boldsymbol{x}'$ での質量密度 $\rho(\boldsymbol{x}')$ を用いることで，以下のように積分形に書くことができる．

$$\phi(\boldsymbol{x}) = -G \int d^3x' \frac{\rho(\boldsymbol{x}')}{|\boldsymbol{x} - \boldsymbol{x}'|} \tag{1.12}$$

ポテンシャルや密度分布は時間の関数でもあるが，左辺と右辺の時刻は等しく，時間変数についての依存性は省略している．

近接力は場を通じて局所的に伝わると考えるから，積分形ではなくこの積分が解となるような微分方程式を重力場の基礎方程式とした方が適切である．実際，上の積分形は無限遠方で重力場が無視できるという境界条件が必要である．この基礎方程式を導くために次の式を思い出そう．

$$\Delta \frac{1}{|\boldsymbol{x}|} = -4\pi\delta(\boldsymbol{x}) \tag{1.13}$$

ここで Δ はラプラシアンと呼ばれる，以下で定義された微分演算子である．

$$\Delta = \nabla \cdot \nabla = \frac{\partial^2}{\partial x^2} + \frac{\partial^2}{\partial y^2} + \frac{\partial^2}{\partial z^2} \tag{1.14}$$

また $\delta(\boldsymbol{x})$ は無限遠で十分速く 0 になるような任意の滑らかな関数 $f(\boldsymbol{x})$ に対して次式で定義されたディラックのデルタ関数である．

$$\int_{-\infty}^{\infty} f(\boldsymbol{x})\delta(\boldsymbol{x})d^3x = f(0) \tag{1.15}$$

(1.13) 式は，単純計算で $r \neq 0$ のとき左辺は 0 になることが容易に示される．原点 $r = 0$ では，$\nabla\left(f\nabla\frac{1}{r}\right) = \nabla f \cdot \nabla\frac{1}{r} + f\Delta\frac{1}{r}$ を使うと

$$\int d^3x f(\boldsymbol{x})\Delta\frac{1}{r} = -\int d^3x \nabla f \cdot \nabla \frac{1}{r} = \int d^3x \nabla f \cdot \frac{\boldsymbol{x}}{r^3} \qquad (1.16)$$

ここで $\nabla f \cdot \boldsymbol{x}$ は動径方向に射影した微分であるから，$r\dfrac{df}{dr}$ と書けることに注意し，体積要素を極座標で $d^3x = r^2 d\Omega$ と書くと[*1]

$$\int d^3x f(\vec{x})\Delta\frac{1}{r} = \int d\Omega dr \frac{df}{dr} = \int d\Omega \left[f(r,\theta,\phi)\right]_0^\infty = -4\pi f(0) \qquad (1.17)$$

となって（1.15）式と比較すると，（1.13）式が導かれる.

（1.13）式で原点を移動すると

$$\Delta\frac{1}{|\boldsymbol{x} - \boldsymbol{x}'|} = -4\pi\delta(\boldsymbol{x} - \boldsymbol{x}') \qquad (1.18)$$

となるから，（1.12）式の両辺にラプラシアンを作用させると

$$\Delta\phi(\boldsymbol{x}) = -G\int d^3x' \rho(\boldsymbol{x}')\Delta\frac{1}{|\boldsymbol{x} - \boldsymbol{x}'|} \qquad (1.19)$$

したがって重力ポテンシャルの満たす式は以下となる.

$$\Delta\phi(\boldsymbol{x}) = 4\pi G\rho(\boldsymbol{x}) \qquad (1.20)$$

この式はポアソン（Poisson）方程式と呼ばれ，ニュートン重力理論の重力場の基礎方程式である.

　ここで記法について注意しておこう．3 次元ベクトルとは，座標系の回転に対して位置座標 $\boldsymbol{x}$ と同様の変換をする 3 成分量として定義される．任意の 3 次元ベクトル $\boldsymbol{A}$ の成分は上付きの添字で，$\boldsymbol{A} = (A^i)$ のように書く．したがって今後，特に断らない限り位置ベクトルも $x = x^1, y = x^2, z = x^3$ として $\boldsymbol{x} = (x^i)$ と書く．ベクトルの成分の値は座標系に依存するが，このように書いたときには上付きの添え字は，ある特定の座標系での i 成分の値ではなく，ベクトルであることを意味するとする．ベクトル $\boldsymbol{A}$ とベクトル $\boldsymbol{B}$ の内積は以下で定義される.

$$\boldsymbol{A} \cdot \boldsymbol{B} = \sum_{i=1}^3 A^i B^i \equiv A^i B^i \qquad (1.21)$$

2 番目の等号は，同じ添字が繰り返し現れたときは，その添字について，1 から 3 までの和を取ると約束することにして和の記号を省いた．この約束をアインシュ

[*1] $d\Omega = \sin^2\theta d\theta d\phi$ は 2 次元球面上の面要素である．この面要素を球面全体にわたって積分すれば 4π となる.

タインの規約と呼び，今後おなじ添字が繰り返さないときには，アインシュタインの規約が使われているものとする．

1.2 ニュートン重力の破綻とローレンツ変換

ニュートンの重力理論は地球上の重力による物体の運動や太陽系の天体の運動に対する経験的な観測事実を見事に説明するばかりか，海王星や冥王星など未発見の惑星の存在を予言するなど大きな成功を収めたが，19世紀末には破綻も見え始めた．

太陽に最も近い水星は，太陽を焦点とする離心率[*2] $e = 0.21$ の楕円軌道を運動している．水星に働く重力はそのほとんどが太陽の重力であるが，他の惑星の影響も受けている．そのためその軌道は完全な楕円軌道ではなく，水星が太陽に最も近づく点がわずかに移動する．これを近日点移動と呼ぶ．この移動は焦点である太陽から見た角度の変化で測り，100年で574.1秒角である．このうち一番寄与の大きいのが水星に一番近い金星で，277.8秒角，次に一番質量の大きな木星の重力で153.6秒角，次いで地球が90.0秒角を説明する．その他の惑星の寄与を合わせても531.2秒角となり，残りの42.9秒角が説明できない．これを水星の近日点異常と呼ぶ．

またニュートン重力理論は，特殊相対性理論の登場によって理論的にも破綻する．これはニュートン力学が，絶対時間の存在を暗黙のうちに前提としているからである．すなわち時間の進みは観測者や物体とは無関係に空間のいたるところで同じように進むと仮定されている．この絶対時間と同様に空間も観測者の運動や物体に無関係な存在で，ユークリッド幾何学が成り立っているとされる．この時間と空間の設定の下で慣性の法則を満たすようにニュートン力学は作られた．

ガリレオ変換と速度の合成則

慣性の法則が成り立つような座標系を慣性系というが，ある慣性系に対して等速直線運動をしている座標系はすべて慣性系となる．今，1つの質点の運動

[*2] 長軸と短軸の長さがそれぞれ $2a, 2b$ の楕円軌道の離心率は

$$e = \sqrt{\frac{a^2 - b^2}{a^2}} \tag{1.22}$$

で定義される．地球の離心率が約 0.0167 に対して水星の離心率は約 0.2056 である．

を，2 つの慣性系で記述することを考える．慣性系を記号 O で，そこでの質点の座標を (T, X^i), $i = 1, 2, 3$ と書く．別の慣性系を O' とし，その系での座標を (T', X'^i), $i = 1, 2, 3$ とする．2 つの慣性系 O と O' の相対速度を $\boldsymbol{V}$ とし，さらに 2 つの系の座標軸と空間原点は時刻 $T = T' = 0$ で一致していたとする．すると質点の 2 つの慣性系の座標には次のような関係がある．

$$T' = T \tag{1.23}$$

$$\boldsymbol{X}' = \boldsymbol{X} - \boldsymbol{V}T \tag{1.24}$$

これをガリレオ変換と呼ぶ．相対速度 $\boldsymbol{V}$ は定数ベクトルであるから，この変換に対して系 O と O' の速度と加速度の間には次の関係が成り立つ．

$$\boldsymbol{v}' = \frac{d\boldsymbol{X}'}{dT'} = \frac{d\boldsymbol{X}}{dT} - \boldsymbol{V} = \boldsymbol{v} - \boldsymbol{V} \tag{1.25}$$

$$\boldsymbol{a}' = \frac{d\boldsymbol{v}'}{dT'} = \frac{d\boldsymbol{v}}{dT} = \boldsymbol{a} \tag{1.26}$$

加速度は変化しないから，外力がないときの運動方程式 (1.1) は 2 つの系で同じ形をとる．これをニュートンの運動方程式はガリレオ変換に対して不変であるという．この不変性が慣性の法則の数学的な表現である．

ニュートンの運動方程式はまた座標系の平行移動と回転に対しても不変である．それは空間には特別な場所も方向もないという空間の一様性，等方性の帰結であり，後で述べるようにニュートンの運動方程式がベクトル方程式であることで保証されている．

1.2.1 ミンコフスキー時空とローレンツ変換

マイケルソン・モーレーの実験から，20 世紀初頭までには光速度が観測者や光源の運動に依存しないということが知られていた．しかし，ガリレオ変換に対する不変性は，この光速度の不変性とは明らかに矛盾する．上で見たように，どんな慣性系でも光速度が同じ値を取るためには慣性系間の座標変換はガリレオ変換ではありえない．絶対時間の概念を踏襲したままでは，光速度の普遍性は実現できない．そこでアインシュタインにならって，慣性系ごとに時間座標を割り当てて，慣性系間の座標変換として時間も座標変換を受けるとしよう．そのため新たに $X^0 = cT$ として時間座標を導入し，空間座標 X^i と同等に扱う．ここで c は光速度である．そしてすべての座標をまとめて，その添字を α, β, μ, ν などのギリ

1.2. ニュートン重力の破綻とローレンツ変換　007

シャ文字で表す. たとえば X^μ である. また i, j, k などのローマ文字は空間の添字を表すとする. 慣性系 O での質点の座標を $(X^\mu) = (X^0, X^i)$, 慣性系 O' での座標を $(X^{\mu'}) = (X^{0'}, X^{i'})$ とする. そして 2 つの慣性系の間の座標変換として次の形の線形変換を考える.

$$X^{\mu'} = \Lambda^{\mu'}{}_\nu X^\nu \tag{1.27}$$

(展開係数 $\Lambda^{\mu'}{}_\nu$ は定数) この式は 4 つの座標に対する 4 つの式である. たとえば $\mu' = 0$ とすると

$$X^{0'} = \Lambda^{0'}{}_0 X^0 + \Lambda^{0'}{}_1 X^1 + \Lambda^{0'}{}_2 X^2 + \Lambda^{0'}{}_3 X^3 \tag{1.28}$$

同様の式が $\mu' = 1, 2, 3$ に対しても成り立つ. また (1.27) 式でも同じ添字が上下に現れたときは, その添字について 0 から 3 までの和を取るというアインシュタインの規約をつかっている. 今後もいちいち断らずに, アインシュタインの規約を使う.

簡単な状況の場合で光速度の不変性がどのように表されるかを見てみよう. そのために慣性系 O' は慣性系 O に対して X 軸の方向にある速度で運動しているとする. したがって時間座標と 1 軸方向の座標だけを考えて, その他の空間座標は無視する. またお互いの時刻 0 で空間座標の原点は一致しているとする.

2 つの慣性系で時刻 0 に空間原点を通り過ぎる光の経路（世界線という）を考えると, 光の世界線の方程式はそれぞれの系で以下のように書くことができる.

$$\frac{dX^1}{dX^0} = \pm 1, \qquad \frac{dX^{1'}}{dX^{0'}} = \pm 1 \tag{1.29}$$

今, 仮想的な 2 次元平面（2 次元時空と呼ぶ）を考えて, この平面上でこの式を考えてみる. この平面にどのように時間座標と空間座標を決めるかは, この関係を満たす以外はそれぞれの慣性系の勝手であるとする（ただし時間原点と空間原点は一致している）. 慣例として時間方向は縦方向, 空間方向は横方向にとる（練習問題 1.2 参照）. 条件 (1.29) をたとえば, dX^0, dX^1 などを微小な座標差と考えると次の関係が満たされることが分かる.

$$0 = -(dX^{0'})^2 + (dX^{1'})^2 = -(dX^0)^2 + (dX^1)^2 \tag{1.30}$$

慣性系間の座標の関係は線形であるから, この関係は次式を意味する.

008　第 1 章　一般相対性理論

$$-(dX^{0'})^2 + (dX^{1'})^2 = f(|V|)\left(-(dX^0)^2 + (dX^1)^2\right) \tag{1.31}$$

ここで f は 2 つの慣性系の間の相対速度 V の任意の関数であるが，左右どちらの方向も特別ではないのでその大きさにしかよらない．ここで上と逆の状況，すなわち慣性系 O が慣性系 O' に対して運動していると考えてみる．すると上と同じような関係が成り立つはずである．すなわち同じ関数 $f(|V|)$ を用いて

$$-(dX^0)^2 + (dX^1)^2 = f(|V|)\left(-(dX^{0'})^2 + (dX^{1'})^2\right) \tag{1.32}$$

この 2 つの関係から $f^2 = \pm1$ が導かれるが，座標変換によって時間方向が逆転しないとすると $f = +1$ が得られて，最終的に次の組み合わせが 2 つの慣性系によって，その値を変えないことが分かる．

$$-(dX^0)^2 + (dX^1)^2 = -(dX^{0'})^2 + (dX^{1'})^2 \tag{1.33}$$

以上を 4 次元に一般化すると，4 次元時空上のどんな慣性系においても以下に定義される座標間隔の組み合わせの値は変わらないことになる．

$$ds^2 = -(dX^0)^2 + (dX^1)^2 + (dX^2)^2 + (dX^3)^2 \tag{1.34}$$

したがって慣性系同士の座標変換は，この組み合わせの値を変えないような変換であるということができる．

この組み合わせを 4 次元線素，あるいは単に線素（line element）と呼ぶ．線素を次のように書く．

$$ds^2 = \eta_{\mu\nu} dX^\mu dX^\nu \tag{1.35}$$

このとき $\eta_{\mu\nu}$ をミンコフスキーメトリックテンソルと呼ぶ．$\eta_{\mu\nu}$ は，4×4 行列とみなしたとき対角成分が $-1, 1, 1, 1$ をもつ対角行列である．このことを以下のように書く．

$$\eta = \mathrm{diag}(-1, 1, 1, 1) \tag{1.36}$$

線素を与えることはミンコフスキーメトリックテンソルを与えることと等価である．したがって，時空とはミンコフスキーメトリックテンソルで特徴付けられるということができる．このような時空をミンコフスキー時空と呼ぶ．

2 つの慣性系を結ぶ座標変換で光速度を変えない変換をローレンツ変換と呼ぶ．

1.2. ニュートン重力の破綻とローレンツ変換

線素を（1.35）と書けば，ローレンツ変換をミンコフスキーメトリックを使って定義することができる．慣性系 $O(X)$ から慣性系 $O(X')$ への変換（1.27）を微小変換の形に書けば，変換係数 $\Lambda^{\mu'}_{\ \nu}$ は定数であるから

$$dX^{\mu'} = \Lambda^{\mu'}_{\ \nu} dX^\nu \tag{1.37}$$

となり，線素を不変にする変換行列 Λ は以下の式を満たすことが分かる．

$$\eta_{\mu'\nu'} \Lambda^{\mu'}_{\ \alpha} \Lambda^{\nu'}_{\ \beta} = \eta_{\alpha\beta} \tag{1.38}$$

上で考えた X 軸方向のローレンツ変換を X 方向へのブースト変換という．この他に Y 方向，Z 方向のブースト変換も同様に考えることができる．また時間軸を変えない変換，すなわち3次元回転も明らかに光速度を変えないのでローレンツ変換である．こうして一般ローレンツ変換は，空間軸の回転角とそれぞれの方向のブースト速度の6つのパラメータをもった変換である．あらゆる慣性系は，ミンコフスキー時空上でローレンツ変換によって結びついている．

練習問題 1.1　慣性系 O' が慣性系 O に対して X^1 軸のプラスの方向に速度 V で運動しているとき，次のローレンツ変換を求めよ．また，その変換が $c = 1$ という単位系を取れば実際に（1.38）式を満たすことを示せ．

$$X^{0'} = \frac{1}{\sqrt{1 - V^2}}(X^0 - VX^1) \tag{1.39}$$

$$X^{1'} = \frac{1}{\sqrt{1 - V^2}}(X^1 - VX^0) \tag{1.40}$$

練習問題 1.2　練習問題 1.1 の状況で慣性系 O の座標系を直交座標系として縦軸を時間軸，X 軸を横軸に取る．このときミンコフスキー時空上で慣性系 O' の座標軸を書け．

ガリレオ変換との関係

練習問題 1.1 で求めたローレンツ変換とガリレオ変換との関係を見ておこう．そのために（1.39）式と（1.40）式のブースト変換を光速度 c を復活した形で書く．

$$T' = \frac{1}{\sqrt{1 - (V/c)^2}}\left(T - \frac{V}{c}X^1\right) \tag{1.41}$$

$$X^{1'} = \frac{1}{\sqrt{1 - (V/c)^2}}(X^1 - VT) \tag{1.42}$$

この式で $V/c \to 0$ の極限をとると，ガリレオ変換に移行する．こうしてガリレオ変換は慣性系間の相対速度が光速度に比べて十分小さい状況で成り立つ近似的な関係であることが分かる．

物理法則はローレンツ変換の下で不変でなければならない．ガリレオ変換で不変なニュートンの運動方程式は，速度が光速度に比べて十分小さな状況で成り立つ近似的な法則である．

1.3 特殊相対性理論

光速度の不変性から時間と空間は，4次元ミンコフスキー時空の座標系の座標軸とみなすことができた．次に物理法則を，ミンコフスキー時空での座標系の取り方に依存しない形に表そう．そのための指導原理が，あらゆる慣性系において物理法則は同じ形で表されるという相対性原理である．これは物理法則がローレンツ変換に対して，その形を変えないということである．光速度の不変性とローレンツ変換に対する相対性原理を満たす理論が特殊相対性理論である．

1.3.1 ガリレオの相対性原理から アインシュタインの相対性原理へ

ローレンツ変換に対して不変な運動方程式を求めるため，まずニュートン力学の場合を考えてみよう．上でみたガリレオ変換のほかに物理的要請としてニュートンの運動方程式は座標系の回転と平行移動に対して不変であることが要求される．回転の不変性は空間の等方性から，平行移動の不変性は空間の一様性の帰結である．ただしどちらの不変性も力が同様に不変であることを仮定した上での要請である．回転に対する不変性は以下に述べる．ガリレオ変換に対する不変性は，ガリレオの相対性原理と呼ばれるが，ここではその他に回転と平行移動に対する不変性も加えてガリレオの相対性原理と呼ぶ．

ニュートンの運動方程式の回転に対する不変性を詳しく見てみよう．この不変性は，加速度と力がどちらも3次元ベクトルであることから保証される．3次元ベクトルとはそもそも座標系の回転に対する変換則で定義される．このことを少し詳しく見てみよう．3次元回転においてある直交座標系の座標 X^i は次のように変換される．

$$X^{i'} = T^{i'}_j X^j \tag{1.43}$$

これが回転を表すためには，回転はベクトルの長さを変えないことに着目すればよい．

$$\delta_{ij} X^i X^j = \delta_{k'\ell'} X^{k'} X^{\ell'} \tag{1.44}$$

この式に（1.43）を代入すれば，変換 $T^{i'}_j$ に対して以下の条件が得られる．

$$\delta_{ij} = \delta_{k'\ell'} T^{k'}_i T^{\ell'}_j \tag{1.45}$$

これは $T^{i'}_j$ を3次元行列と見たとき，この行列が直交行列であることを意味している．直交行列の行列式は上の式から ± 1 であるが，回転を表すことから行列式は $+1$ とする．この回転の下で成分が座標と同じように変化する3成分量が3次元ベクトルである．

$$A^{i'} = T^{i'}_j A^j \tag{1.46}$$

ニュートンの運動方程式をある直交座標系で次のように書く．

$$ma^i = F^i \tag{1.47}$$

回転によって新たな直交座標系に移ったときの運動方程式は両辺に回転行列を作用させて

$$m T^{j'}_i a^i = T^{j'}_i F^i \tag{1.48}$$

（ただし質量は回転操作によって変わらないとした）だから

$$ma^{j'} = F^{j'} \tag{1.49}$$

となって，元の運動方程式と新しい座標系でも同じ形をとる．これがニュートンの運動方程式が回転に対して不変であるという意味である．

アインシュタインの特殊相対性原理と4元速度

さてローレンツ変換に対する相対性原理を満たす，すなわちローレンツ変換に対してその形を変えない運動方程式を導こう．

空間回転以外のローレンツ変換は3軸方向それぞれのブースト変換であるが，上で見たようにブースト変換はそれぞれの慣性系の時間座標と空間座標の間の線形関係で，回転を含む形で（1.37）式と（1.38）式で表された．空間回転に対する

012　**第1章　一般相対性理論**

3次元ベクトルと同様に4元ベクトルを，ローレンツ変換に対して座標と同じ変換をする4成分量として定義する．すなわち慣性系 O と O' がローレンツ変換 Λ でむすばれているとき，O 系での4成分 A^μ と O' 系での4成分 $A^{\alpha'}$ が次の関係にあるとき，この成分で表される量を4元ベクトルという．

$$A^{\alpha'} = \Lambda^{\alpha'}_{\ \mu} A^\mu \tag{1.50}$$

4元ベクトルは慣性系の取り方とは独立に決まっている量であり，その表現が慣性系ごとで違っているということである．このような座標系によらずに存在している量を幾何学的量という．ここで今後3次元ベクトルは $\boldsymbol{A}$ と太文字で表すことにして，4次元ベクトルは矢印 $\vec{A}$，あるいはその成分 A^μ を使って表すことにする．成分で4元ベクトルを表すときには，特定の座標系での成分という意味ではない．ローレンツ変換に対して値を変えない1成分量をスカラーという．

3次元の運動方程式の自然な拡張として4元加速度 a^μ と4元力 f^μ として次の形にかけば，どの慣性系での成分表示も同じ形になることは，上の3次元の場合とまったく同様に示される．

$$m_0 a^\mu = f^\mu \tag{1.51}$$

ただし m_0 はスカラーで静止質量と呼ばれる．これがアインシュタインの相対性原理を満たす運動方程式の形である．

1.3.2 | 4元速度，4元加速度

世界線と4元速度

では4元加速度や4元力とは何だろう？ そのために，まず4次元時空内での質点の運動を考える．質点の運動は各時刻でのその位置で指定されるので，運動の軌跡は4次元時空内のある一本の曲線となる．これを世界線という．時空内に一つ慣性系 O を設定すると，時空内の粒子の位置は，$(X^\mu) = (X^0, X^i)$ と書ける．ニュートン力学では運動の軌跡を $X^i = X^i(T)$ として時間の関数で表した（ここでは時間ということを明らかにするために X^0 ではなく T を用いた）．これはニュートン物理学では時間は絶対時間だからである．しかし相対性理論では時間は座標系の一つの変数にすぎないため，この表し方は適切ではない．そこで座標系の選択によらないある実数パラメータで時空内の粒子の位置を指定すること

1.3. 特殊相対性理論 013

にする．このパラメータを σ とおいて，一つの質点の世界線を次のように書く．

$$X^\mu = X^\mu(\sigma) \tag{1.52}$$

さて，ある時刻の3次元速度は，その時刻での接線ベクトルで書ける．

$$\boldsymbol{V} \underset{O}{\to} (V^i) \equiv \left(\frac{dX^i}{dT}\right) \tag{1.53}$$

ここで記号 $\underset{O}{\to}$ は，矢印の左側の量が慣性系 O では右の成分をもつという意味である．同様に4元速度は次のように書ける．

$$\vec{V} \underset{O}{\to} (V^\mu) \equiv \left(\frac{dX^\mu}{d\sigma}\right) \tag{1.54}$$

この4成分量が座標 X^μ とローレンツ変換に対して同じ変換をすることは定義から明らかであろう．なお座標 X^μ を使わないベクトルの表現として，そのベクトルを定義する世界線のパラメータ σ で次のように書くこともある．

$$\vec{V} = \frac{\vec{\partial}}{\partial\sigma} \tag{1.55}$$

この書き方を納得するには適当なスカラー関数 f の世界線に沿っての微分を考えればいい．

$$V^\mu \frac{\partial f}{\partial X^\mu} = \frac{dX^\mu}{d\sigma}\frac{\partial f}{\partial X^\mu} = \frac{\partial f}{\partial\sigma} \tag{1.56}$$

この操作を $\vec{V}(f)$ と書けば，ベクトルは微分演算子と解釈されることも分かる．

しかしこのベクトルは世界線のパラメータに依存するので，3次元速度と結び付けるにはパラメータを適切に選ばなければならない．そこでパラメータとして世界線の線素の平方根をとる．

$$d\tau \equiv \sqrt{-ds^2} = dX^0\sqrt{1 - \boldsymbol{V}^2} \tag{1.57}$$

ここで $\boldsymbol{V}^2 = (V^1)^2 + (V^2)^2 + (V^3)^2$ は3次元速度の大きさの2乗である．したがって3次元速度が光速度より十分小さな極限（非相対論的極限）では，$d\tau = dX^0$ となって，パラメータとして τ を使えば上で定義した量の空間成分は3次元速度となる．このパラメータ τ を固有時間という．粒子と同じ速度で運動している系（このような座標系を共動座標系という）からみると3次元速度が0となるので，この系では固有時間そのものが時間となる．こうしてパラメータ τ で定義された世界線の接線ベクトルを4元速度として次のように書く．

014　第1章　一般相対性理論

$$U^\mu = \frac{dX^\mu}{d\tau} \tag{1.58}$$

この定義から 4 元速度は共動座標系以外では，次のようにその系で測った 3 次元速度 $\boldsymbol{V}$ で与えられることが分かる．

$$U^0 = \frac{1}{\sqrt{1 - \boldsymbol{V}^2}}, \qquad U^i = U^0 V^i \tag{1.59}$$

また 4 元運動量は次式で定義する．

$$p^\mu = m_0 U^\mu \tag{1.60}$$

ベクトルの分類

ここで運動の 3 次元速度が光速度未満であるという条件を考えてみよう．質点の世界線上の任意の一点 P（事象）を考えて，その事象での世界線のパラメータの値を τ_P とする．事象 P の慣性系 O での座標を

$$P \underset{O}{\to} X^\mu(\tau_\mathrm{P}) \tag{1.61}$$

とする．世界線上の事象 P から微小間隔 $d\tau_\mathrm{P}$ だけ離れた事象 Q を考えると，この事象の慣性系 O での座標を

$$Q \underset{O}{\to} X^\mu(\tau_\mathrm{P} + d\tau_\mathrm{P}) = X^\mu(\tau_\mathrm{P}) + dX^\mu \tag{1.62}$$

と書くと，事象 P と事象 Q の座標の差は $\vec{dX} \underset{O}{\to} \left(dX^0, dX^i\right)$ である．3 次元速度が光速未満という条件は

$$\boldsymbol{V}^2 = \frac{(dX^1)^2 + (dX^2)^2 + (dX^3)^2}{(dX^0)^2} < 1 \tag{1.63}$$

であるから，事象 P，Q 間の線素は $ds_\mathrm{PQ}^2 < 0$ ということになる．

$$ds_\mathrm{PQ}^2 = -(dX^0)^2 + (dX^1)^2 + (dX^2)^2 + (dX^3)^2 < 0 \tag{1.64}$$

このとき，事象 P と事象 Q は時間的に離れているという．一方，$ds_\mathrm{PQ}^2 > 0$ である 2 事象 P，Q は空間的に離れているといい，$ds_\mathrm{PQ} = 0$ のとき P，Q はヌルの関係にあるという．$ds_\mathrm{PQ}^2 = 0$ ということは事象 P と Q が光の世界線で結ばれているということである．したがって質点の 3 次元速度が光速以下であるということは，その世界線上の任意の 2 事象が時間的，あるいはヌルの関係にあるということである．

1.3. 特殊相対性理論 015

このことは，また4元速度ベクトルに対する次の組み合わせが負，または0ということでもある．

$$V^2 \equiv -(V^0)^2 + (V^1)^2 + (V^2)^2 + (V^3)^2 < 0 \tag{1.65}$$

この組み合わせを，

$$V^2 = \vec{V} \cdot \vec{V} = \eta_{\mu\nu} V^\mu V^\nu \tag{1.66}$$

と書いてベクトル $\vec{V}$ の大きさという．大きさが負の4元ベクトルを時間的ベクトルという．4元速度の場合，固有時間の定義から時間的ベクトルである．

$$U^2 = \eta_{\mu\nu} U^\mu U^\nu = -1 \tag{1.67}$$

練習問題 1.3　任意の2つのベクトル A^μ, B^μ に対して定義された以下の量（ベクトルの内積という）がスカラーであることを示せ．

$$\vec{A} \cdot \vec{B} = \eta_{\mu\nu} A^\mu B^\nu \tag{1.68}$$

ちなみに $\vec{A} \cdot \vec{B} = 0$ のとき2つのベクトルは直交しているという．

任意のベクトル自身の内積はスカラーであるから，ベクトルはその大きさの符号によって，3種類に分類される．大きさが負のベクトルを時間的ベクトル，正のベクトルを空間的，そして大きさ0のベクトルをヌルベクトルという．

$$\vec{A} : \text{時間的ベクトル if } A^2 < 0 \tag{1.69}$$

$$\vec{A} : \text{ヌルベクトル if } A^2 = 0 \tag{1.70}$$

$$\vec{A} : \text{空間的ベクトル if } A^2 > 0 \tag{1.71}$$

質量をもった粒子の4元速度は，必ず時間成分が正の時間的ベクトルである．ミンコフスキー時空上の原点を通過する光の世界線の全体を光円錐と呼ぶ．未来方向が未来光円錐で，その内側は原点の事象が影響を与えうる範囲，過去方向が過去光円錐で，その内側は原点に影響を与えうる事象の全体である．以前に述べたミンコフスキー時空の縦方向とは適当に選んだ原点に対して未来光円錐内部のことである．

またミンコフスキーメトリックテンソルを使って，次の下付きの添字をもった4成分量を考える．

016　**第1章　一般相対性理論**

$$V_\mu = \eta_{\mu\nu} V^\nu \tag{1.72}$$

するとこの量は次の意味でベクトルと逆の変換をすることが分かる.

$$A_{\alpha'} = \Lambda^\nu{}_{\alpha'} A_\nu \tag{1.73}$$

ここで $\Lambda^\nu{}_{\mu'}$ は $\Lambda^{\rho'}{}_\sigma$ の逆行列である.

$$\Lambda^{\rho'}{}_\sigma \Lambda^\sigma{}_{\nu'} = \delta^{\rho'}{}_{\nu'}, \qquad \Lambda^{\rho'}{}_\sigma \Lambda^\mu{}_{\rho'} = \delta^\mu{}_\sigma \tag{1.74}$$

(1.73) 式で変換する下付き添字をもった 4 成分量を,共変ベクトル,または 1 形式と呼び記号 $\tilde{A}$ などと書く.

$$\tilde{A} \underset{O}{\to} (A_\mu) \tag{1.75}$$

1 形式を使うとベクトル $\vec{A}, \vec{B}$ の内積は次のように書くことができる.

$$\vec{A} \cdot \vec{B} = A_\mu B^\mu = A^\mu B_\mu \tag{1.76}$$

このように上付きの添字と下付きの添字をそろえて,その添字について 0 から 3 まで和をとる操作を縮約するという.縮約の場合の添え字は,どんな添え字でも同じ内容を表すことに注意する.

$$A^\mu B_\mu = A^\rho B_\rho \tag{1.77}$$

練習問題 1.4 あるスカラー関数 $f(\vec{X})$ が与えられたとき,慣性系 O での次の 4 成分を考える.

$$\left(\frac{\partial f}{\partial X^\alpha} \right) \tag{1.78}$$

このようにして定義された 4 成分量が 1 形式であり,かつ $f(\vec{X}) = $ 一定 面を指定することを示せ.この 1 形式を $\tilde{d}f$ と書き,勾配 1 形式という.

たとえば $\tilde{d}X^0$ は時間一定面 $X^0 = a$(定数)に直交すると解釈できる.また質点の 4 元速度 $\vec{U}$ は,固有時間 τ 一定面に直交するベクトルである.これは

$$d\tau = \frac{\partial \tau}{\partial X^\mu} dX^\mu \tag{1.79}$$

と $U_\mu U^\mu = -1$ から

$$\tilde{U} = -\tilde{d}\tau \underset{O}{\rightarrow} \left(-\frac{\partial \tau}{\partial X^\mu} \right) \tag{1.80}$$

であることから分かる.

したがって次の量は，ベクトル $\vec{A}$ の τ 一定の超曲面に直交する成分，すなわち考えている 4 元速度に平行な成分 $A_{//}$ であることが分かる.

$$A_{//} = -\vec{A} \cdot \vec{U} = -A^\mu U_\mu \tag{1.81}$$

ここで 4 元ベクトル $\vec{A}$ から 4 元速度に直交する τ 一定の 3 次元空間内の 3 次元ベクトル $A_\perp^\mu$ を計算してみよう. このために次の量を定義する.

$$\pi_{\mu\nu} \equiv \eta_{\mu\nu} + U_\mu U_\nu \tag{1.82}$$

この量 $\pi_{\mu\nu}$ は $\vec{U}$ に直交した 3 次元空間の線素である.

$$\pi_{\mu\nu} U^\mu = 0, \quad g^{\rho\sigma} \pi_{\rho\mu} \pi_{\sigma\nu} = \pi_{\mu\nu}, \quad \eta^{\mu\nu} \pi_{\mu\nu} = 3 \tag{1.83}$$

この 9 成分量 $\pi_{\mu\nu}$（対称性から独立な成分数は 6）をベクトル $\vec{U}$ に直交する 3 次元空間への射影テンソルという. テンソルという言葉の意味は以下で明らかになる.

任意のベクトル $\vec{A}$ の $\vec{U}$ に直交する成分は次のように与えられる.

$$A_\perp^\mu = \pi^\mu{}_\nu A^\nu \tag{1.84}$$

実際, $A_\perp^\mu U_\mu = 0$ は明らかであり, 特に粒子の静止系 C では, $\pi_{00} = 0, \pi_{0i} = 0, \pi_{ij} = \delta_{ij}$ となるから

$$A_\perp^0 = \pi^0{}_\mu A^\mu = 0, \quad A_\perp^i = \pi^i{}_\mu A^\mu = \delta_j^i A^j = A^i \tag{1.85}$$

となって $\vec{U}$ 方向の成分が 0 であることが分かる.

4 元加速度

4 元加速度は 4 元速度から次のように定義するのが自然である.

$$\vec{a} = \frac{d\vec{U}}{d\tau} \underset{O}{\rightarrow} \left(\frac{dU^\mu}{d\tau} \right) \tag{1.86}$$

この定義から4元加速度は4元速度と直交する.

$$\vec{a} \cdot \vec{U} = 0 \tag{1.87}$$

したがって4元加速度は空間的ベクトルである. このことから4元力が4元速度と直交することが分かる.

$$\vec{f} \cdot \vec{U} = 0 \tag{1.88}$$

これから $f^0 U^0 = f^i U^i = f^i U^0 V^i$ となるので, $f^0 = f^i V^i$ が導かれる. 運動方程式（1.51）の第0成分の式は

$$m_0 \frac{dU^0}{d\tau} = f^0 = f^i V^i \tag{1.89}$$

ここで4元ベクトルと3元ベクトルとの関係を4元力に適用して, 3次元力 F^i を $f^i = U^0 F^i$ として定義すれば, この式は, $-1 = U^\mu U_\mu = -(U^0)^2(1 - V^2)$ より $U^0 = 1/\sqrt{1 - V^2} \equiv \gamma$ として

$$\frac{d(m_0 \gamma)}{dT} = F^i V^i \tag{1.90}$$

となり, 運動方程式（1.51）の空間成分は

$$\frac{d(m_0 \gamma V^i)}{dT} = F^i \tag{1.91}$$

これから質量を

$$m = m_0 \gamma = \frac{m_0}{\sqrt{1 - V^2}} \tag{1.92}$$

として定義し, $p^i = mV^i$ を3次元運動量とすると, 上の式の第0成分の右辺は仕事率だから $m_0 \gamma$ は質点の相対論的エネルギーであり, 空間成分はニュートンの運動方程式と同じ形となる. したがって m_0 は静止質量と解釈され, 4元運動量 $\vec{p} = m_0 \vec{U}$ の時間成分は相対論的（静止質量のエネルギーを含んだ）エネルギーとして解釈される.

光子

ここで光子のような質量が0の粒子の場合について触れておく. そのような粒子の世界線上の任意の2事象間で $ds^2 = 0$ なので, 固有時間は定義できない. そのため任意のパラメータ σ に対して4元速度ではなく, 4元運動量 $\vec{k}$ を定義する.

1.3. 特殊相対性理論　019

$$\vec{k} = \frac{d\vec{X}}{d\sigma} \underset{O}{\to} \left(\frac{dX^\mu}{d\sigma} \right) \tag{1.93}$$

このとき

$$k^2 = \eta_{\mu\nu} k^\mu k^\nu = 0 \tag{1.94}$$

となる．したがって光子の 4 元運動量はヌルベクトルである．

また 4 元運動量 $\vec{U}$ をもった観測者が 4 元運動量 $\vec{k}$ の光子を観測したとき，観測者が測定するエネルギー E は次のように定義される．

$$E = -\vec{U} \cdot \vec{k} \tag{1.95}$$

これはスカラーであるから，どの系で測っても同じ値をもつ．観測者の静止系 C で測れば，$E = k^0$ であることが分かる．一般の系 O では

$$\vec{k} \underset{O}{\to} \left(E, k^i \right) \tag{1.96}$$

と書けば，$k^2 = 0$ から $E^2 = \sum_{i=1}^{3} (k^i)^2$ が成り立つから空間的 3 次元単位ベクトル $\boldsymbol{n}$ を用いて $k^i = En^i$，$\boldsymbol{n} \cdot \boldsymbol{n} = 1$ と書ける[*3]．

1.3.3 テンソル

次にベクトルと 1 形式の一般化であるテンソルを定義する．4 元ベクトルとはローレンツ変換に対して座標と同じように変換する 4 成分量であり，1 形式とはローレンツ変換行列の逆行列によって変換をする 4 成分量であった．そこでたとえば 2 つのベクトル $\vec{A}, \vec{B}$ から次の 16 成分量を作ってみる．

$$\vec{A} \otimes \vec{B} \underset{O}{\to} (A^\mu B^\nu) \tag{1.97}$$

左辺の記号 $\otimes$ は単に成分同士を掛け合わせたという意味である．この量はローレンツ変換に対して次のように変換する．

$$A^{\mu'} B^{\nu'} = \Lambda^{\mu'}{}_\alpha \Lambda^{\nu'}{}_\beta A^\alpha B^\beta \tag{1.98}$$

これと同じ変換をする 16 成分量を $(2,0)$ テンソルという．この記法ではベクトルは $(1,0)$ テンソルとなる．

[*3] $k^2 = 0$ の左辺は，$k_\mu k^\mu$ の意味であり，k^μ の第 2 成分ではない．

同様に $(1,1)$ テンソルは $\vec{A} \otimes \tilde{B}$ と，$(0,2)$ テンソルは $\tilde{A} \otimes \tilde{B}$ と同じ変換をする 16 成分量として定義される．(1.35) 式で定義された 16 成分量 $\eta_{\mu\nu}$ がミンコフスキーメトリックテンソルと呼ばれるのは，(1.38) より $(0,2)$ テンソルであるからであり，このテンソルはローレンツ変換してもその成分を変えないという性質を持った特別なテンソルである．1 形式は $(0,1)$ テンソルである．

縮約

テンソルの階数を 2 つ減らす操作を縮約という．大事な操作なので再び注意しておこう．具体的にはテンソルの添え字を 2 つ選んで，それらの添え字について 0 から 3 までの和を取る操作である．たとえば 4 階の $(4,0)$ テンソル $E^{\mu\nu\rho\sigma}$ の最初と 3 番目の添え字を縮約すると次のように 2 階の $(2,0)$ テンソルが得られる．

$$\eta_{\mu\rho}E^{\mu\nu\rho\sigma} = E^{\mu\nu}{}_{\mu}{}^{\sigma} \tag{1.99}$$

あるいは $(2,0)$ テンソル $A^{\mu\nu}$ の 2 番目の添え字と $(0,1)$ テンソルの B_ρ の縮約は $(1,0)$ テンソルとなる．

$$\delta^\rho_\nu A^{\mu\nu} B_\rho = A^{\mu\nu} B_\nu \tag{1.100}$$

このように縮約される添え字を上付き下付きに揃えて書くことで縮約が表される．このとき縮約される添え字は，0 から 3 まで和を取るということを表すだけなのでどんなものを選んでも構わない．ミンコフスキーメトリックテンソル $\eta_{\mu\nu}$ の縮約は，逆行列の定義

$$\eta^{\mu\rho}\eta_{\rho\nu} = \delta^\mu_\nu \tag{1.101}$$

から，$\eta_{\mu\nu}\eta^{\mu\nu} = 4$ となることに注意する．

練習問題 1.5 $(2,0)$ テンソルと $(0,1)$ テンソルの縮約が $(1,0)$ テンソルになることを示せ．

ミンコフスキーメトリックテンソルの他にもう一つローレンツ変換に対して，その成分の値が変わらないテンソルが存在する．それは 4 次元の完全反対称テンソル，あるいはレビ・チビタテンソルと呼ばれるもので成分が任意の 2 つの添え字の交換に対して符号を変え，かつ 0 でない成分が ± 1 となるテンソルで

1.3. 特殊相対性理論 021

$$\epsilon_{0123} = +1 \tag{1.102}$$

と定義される．ただしこのように定義された量はローレンツ変換に対してだけ
$(0,4)$ テンソルとして振る舞い，一般座標変換に対してはテンソルではない．そ
のため，完全反対称記号とかレビ・チビタ記号とも呼ばれる．

練習問題 1.6 完全反対称テンソルが（時間反転を含まない）ローレンツ変換
に対して成分の値を変えないことを示せ．

ミンコフスキーメトリックテンソル $\eta_{\mu\nu}$ と完全反対称テンソル $\epsilon_{\alpha\beta\mu\nu}$ の不変テ
ンソルはベクトルの積を定義する．メトリックテンソルは内積を，レビ・チビタ
テンソルは次式で定義されるベクトルの外積を定義する．

$$(\vec{A} \times \vec{B})_{\alpha\beta} = \epsilon_{\alpha\beta\mu\nu} A^\mu B^\nu \tag{1.103}$$

この事情は 3 次元ベクトル解析でも同じである．3 次元ベクトル解析と同様に上
で定義されたベクトルの外積は，4 次元時空内でそれらのベクトルで張られた面
積を定義する．3 つの 4 次元ベクトルの外積も同様に定義され，4 次元時空内の 3
位次元体積を，4 つのベクトルの外積はそれらのベクトルで張られた 4 次元体積
を定義する．

▌1.4 ▐ ストレスエネルギーテンソル

ニュートン重力は，ポテンシャルの 3 次元勾配で与えられる．4 元力にするには

$$f^\mu = \eta^{\mu\nu} \partial_\nu \phi \tag{1.104}$$

とすればよいと思うかもしれないが，そもそも重力ポテンシャルを決めているポ
アソン方程式 (1.20) は，明らかにアインシュタインの相対性原理を満たしてい
ない．したがって，まずアインシュタインの相対性原理を満たす重力場の方程式
を求めなければならない．求める方程式は運動の速度が光速度に比べて十分遅け
れば，ポアソン方程式に帰着するはずである．

ポアソン方程式のもっとも簡単な拡張は，ラプラシアンが $\Delta = \delta^{ij} \partial_i \partial_j$ と書く
ことができることから

$$\eta^{\mu\nu} \partial_\mu \partial_\nu \phi = 4\pi G\rho \tag{1.105}$$

とすることだろう．実際，ϕ と ρ が同じ変換性をもつとすれば，この式は時間変化が無視できるときにはポアソン方程式（1.20）に帰着する．

しかし ρ の変換性を考えると，そう簡単ではないことが分かる．ρ はエネルギー密度，すなわち単位体積当たりのエネルギーである．エネルギーはベクトルの成分であり，体積も座標系の変換によって変換を受けるから，ρ は上で定義したように 2 階のテンソルの成分とみなすことができそうである．それを確かめるために今，お互いに相互作用しない莫大な数の粒子からなる流体を考える．簡単のためすべての粒子は同じ質量 m_0 をもつとする．この流体中で多数の粒子を含む流体素片を考えると，この素片のエネルギー密度 ρ はその素片の静止系での単位体積に含まれるエネルギーであり，エネルギーは 4 元運動量 P^μ の時間成分であるから，ある 2 階のテンソル $T^{\mu\nu}$ が存在して

$$\rho = p^\tau = T^{\tau\mu}U_\mu \tag{1.106}$$

と書けることが予想される．ただし p^τ は 4 元運動量密度の固有時間成分である．したがって一般の座標系では

$$\rho = T^{\mu\nu}U_\mu U_\nu \tag{1.107}$$

と書けることが分かる．このことはこの量 T が一般に次の形にかけることを意味する．

$$T^{\mu\nu} = \rho U^\mu U^\nu + A^\rho U^\mu \pi^\nu{}_\rho + A^\rho U^\nu \pi^\mu{}_\rho + P\pi^{\mu\nu} \tag{1.108}$$

ここで $\pi^{\mu\nu} = \eta^{\mu\nu} + U^\mu U^\nu$ は上で定義したベクトル $\vec{U}$ に直交する 3 次元空間への射影演算子であり，角運動量の保存から T が対称テンソルであることを用いた（練習問題 1.7 参照）．

ベクトル $\vec{A}, \vec{B}$ と P の物理的意味を考えてみよう．$T^{\mu\nu}U_\nu$ は固有時間一定面（流体素片の静止系）での 4 元運動量密度と解釈される．

$$T^{\mu\nu}U_\nu = \rho U^\mu - A^\rho \pi^\mu{}_\rho \tag{1.109}$$

この式の空間成分 $\mu = i$ を $\vec{U}$ の静止系で考えてみると，$U_0 = \eta_{00}U^0 = -1, U^i = 0$ となって

$$T^{i\tau} = A^i \tag{1.110}$$

1.4. ストレスエネルギーテンソル 023

これは流体要素が静止しているにもかかわらず，エネルギーの流れが存在するということである．摩擦などによって熱の移動がある場合は，この項が存在するが宇宙論ではほとんどの状況で無視できるので，$\vec{A} = 0$ として今後この項は考えない．

またたとえば T^{XY} は $X = $ 一定面を通過する運動量密度の Y 成分と解釈される．このとき流体の静止系では $U^i = 0$ であるから

$$T^{XY} = P\eta^{XY} = 0 \tag{1.111}$$

となり，同様に T^{XX} は $X = $ 一定面を通過する X 方向の運動量密度となる．

$$T^{XX} = P \tag{1.112}$$

すなわち P は圧力である．同様に T^{YY}, T^{ZZ} はそれぞれ Y 方向，Z 方向の圧力である．

以上からエネルギー密度 ρ とは次式で与えられるストレスエネルギーテンソル（エネルギー運動量テンソルとも呼ぶ）T の静止系での時間成分であることが分かる．

$$T^{\mu\nu} = \rho U^\mu U^\nu + P\pi^{\mu\nu} = (\rho + P) U^\mu U^\nu + P\eta^{\mu\nu} \tag{1.113}$$

この形のストレスエネルギーテンソルで記述される流体を完全流体という．

上の議論から系全体にわたってストレスエネルギーテンソルの時間成分を積分すると系の全エネルギーが与えられ，またエネルギーは 4 元運動量の時間成分であることから次のように系全体の 4 元運動量が定義されることが分かる．

$$P^\mu \equiv \int_C d^3x\, T^{\mu 0} \tag{1.114}$$

系に外力が働いていなければ，系の 4 元運動量が保存することから，ストレスエネルギーテンソルは以下の式を満たす．

$$T^{\mu\nu}{}_{,\nu} = 0 \tag{1.115}$$

ここでカンマ , は偏微分を表す．実際，系が有限領域に含まれるとして積分領域をとれば

$$\frac{dP^\mu}{dt} = \int d^3x\, T^{\mu 0}{}_{,0} = -\int dS_k\, T^{\mu k} = 0 \tag{1.116}$$

024 第 1 章 一般相対性理論

右辺第 2 項は，系を取り囲む 2 次元表面上での積分である.

ここで再びポアソン方程式（1.105）を拡張した式に戻ってみよう.

$$\eta^{\mu\nu}\partial_\mu\partial_\nu\phi = 4\pi G\rho \tag{1.117}$$

この右辺は上の議論から次のように書ける.

$$4\pi G T^{\mu\nu}U_\mu U_\nu \tag{1.118}$$

そこで左辺のニュートンポテンシャル ϕ がある 2 階のテンソル E から

$$\phi = E^{\mu\nu}U_\mu U_\nu \tag{1.119}$$

と表されるのではないかと予想される. ニュートンポテンシャルを成分として持つこの 2 階のテンソル E とは何だろう. その答えの追及の過程で，特殊相対論の考える時空では不十分であることが明らかになる.

練習問題 1.7 相対論的な角運動量を次のように定義する. このとき角運動量保存則からストレスエネルギーテンソルが対称テンソルであることを示せ.

$$M^{\mu\nu} \equiv \int_D d\Sigma_\rho \left(x^\mu T^{\nu\rho} - x^\nu T^{\mu\rho} \right) \tag{1.120}$$

ここで $d\Sigma_\rho$ はある空間的 3 次元超曲面上の面積要素で，D は物質の占める 3 次元空間を囲む空間領域である.

■ 1.5 　等価原理と時空の曲がり

　本当の重力場の方程式にたどりつくには重力のもっとも重要な性質である等価原理に戻って考える必要がある. 等価原理とはあらゆる物体はその組成，質量によらず同じ加速度で落下するという主張であり，現在までこの原理は 10^{-12} の精度で成り立つことが実験的に示されている. 等価原理によって重力のない平坦な時空でも地上の重力加速度と同じ加速度で運動をしている観測者は見かけ上の重力を感じる. また地上の重力場中であっても自由落下（重力以外の力が働いていない落下運動）をしている観測者は重力を感じない.

　しかしこのことは時空の局所領域でしか成り立たない. たとえば違った高さか

1.5.　等価原理と時空の曲がり　　025

ら落下する2つの質点を考えると，当然高さの違いによって地面に付く時間が異なる．しかしそれ以外に微小ではあってもそれぞれの初期の高さの違いによる重力ポテンシャルの強さの違いのため落下時間に違いが出る．したがって2つの質点間の距離は落下するにつれてわずかではあるが広がっていく．この重力場の非一様性から現れる見かけの力は，ニュートン重力では潮汐力と呼ばれる．ミンコフスキー時空における加速度運動では，潮汐力を作り出すことができないため，加速度運動では潮汐力を消すことはできず，したがって特殊相対性理論の範囲で重力場を記述することはできないのである．

局所慣性系

一方で，2点間の距離が重力場が変動するスケールに比べて十分小さければ，潮汐力は無視できるから重力は加速度運動で消すことができる．したがって時空は局所的にはミンコフスキー時空で表されるはずである．このことはある事象Pの十分小さな時空領域では特殊相対論が成立し，局所的な慣性系が存在することを意味する．そのような局所慣性系では2事象間の線素がミンコフスキーメトリックテンソル η で表されると考えるのが自然であろう．事象Pから離れた別の事象Qでは，その近傍で別の局所慣性系が存在するだろう．その局所慣性系の違いが潮汐力として現れる．そして局所慣性系の違いは時空がミンコフスキー時空ではないことに起因するのだと，アインシュタインは考えた．

では曲がった時空はどのように表されるだろう．曲がった時空の数学を展開する手始めに，まず局所慣性系が成立するような任意の事象の近傍でより一般的な座標系を考えよう．曲がった時空では時空全体を覆うような慣性系は設定できず，したがってより一般の座標系が必要になる．その準備として，局所的な領域から始めるのである．

ある微小領域における局所慣性系を O とし，その座標を $(X^{\bar{\alpha}})$ と書く．添え字にバーを付けたのは，その添え字が局所慣性系の添え字であることを強調するためである．するとこの微小領域内の任意の2事象間の線素は以下のように書ける．

$$ds^2 = \eta_{\bar{\alpha}\bar{\beta}} dX^{\bar{\alpha}} dX^{\bar{\beta}} \tag{1.121}$$

この微小領域には局所慣性系の他に慣性系ではない無数の座標系が設定できる．その一つを S として座標を (x^μ) と書けば，同一事象Pは2つの座標で表される

から，それらには関数関係が存在する．

$$dX^{\bar{\alpha}} = \frac{\partial X^{\bar{\alpha}}}{\partial x^{\mu}}dx^{\mu}, \quad dx^{\mu} = \frac{\partial x^{\mu}}{\partial X^{\bar{\alpha}}}dX^{\bar{\alpha}} \tag{1.122}$$

これらの関係から局所慣性系ではない一般の座標系 S での線素は以下のように表される．

$$ds^2 = g_{\mu\nu}(x)dx^{\mu}dx^{\nu} \tag{1.123}$$

ここで以下の量を定義した．

$$g_{\mu\nu}(x) \equiv \eta_{\bar{\alpha}\bar{\beta}}e^{\bar{\alpha}}{}_{\mu}(x)e^{\bar{\beta}}{}_{\nu}(x), \quad e^{\bar{\alpha}}{}_{\mu}(x) \equiv \frac{\partial X^{\bar{\alpha}}}{\partial x^{\mu}} \tag{1.124}$$

次にこの微小領域内で局所慣性系でない一般座標系でのベクトルとテンソルの表現を求める．

■ 1.6　曲がった時空のベクトルとテンソル

　特殊相対論における相対性原理は，あらゆる慣性系で物理法則が同じ形となることであった．そのために物理法則はテンソルで表された．その拡張として重力を含めたあらゆる物理法則は，任意の座標系で同じ形に表されると要請することが自然である．この要請を一般相対性原理という．特殊相対性理論での議論から予想されるように，一般相対性原理を満たすためには物理法則は，一般の座標系におけるテンソル方程式で書かれるべきであろう．したがってまず一般座標系におけるテンソルを定義する必要がある．

ベクトル

　ある世界線 γ の接線ベクトルを考えよう．世界線のパラメータを σ とする．世界線上のある事象 P のパラメータの値を σ_{P} とする．P の近傍での局所慣性系を O，その座標を $(X^{\bar{\alpha}})$ とし，慣性系ではない一般の座標系 S，座標を (x^{μ}) とすると，世界線 γ は，それぞれ以下のように表せるだろう．

$$X^{\bar{\alpha}} = X^{\bar{\alpha}}(\sigma), \quad x^{\mu} = x^{\mu}(\sigma) \tag{1.125}$$

事象 P の近傍の事象 Q を考えると，それぞれの座標系でその座標は $d\sigma$ を無限小としてそれぞれ $(X^{\bar{\alpha}}(\sigma_{\mathrm{P}} + d\sigma))$，$(x^{\mu}(\sigma_{\mathrm{P}} + d\sigma))$ と書ける．したがって，事象 P での接線ベクトル $\vec{V}$ はそれぞれ以下のように書ける．

$$\vec{V} \underset{O}{\to} \frac{dX^{\bar{\alpha}}}{d\sigma}, \quad \vec{V} \underset{S}{\to} \frac{dx^{\mu}}{d\sigma} \tag{1.126}$$

したがって，これらの成分の間には次の関係があることが分かる．

$$V^{\bar{\alpha}} = \frac{\partial X^{\bar{\alpha}}}{\partial x^{\mu}} \frac{dx^{\mu}}{d\sigma} = e^{\bar{\alpha}}{}_{\mu}(x) v^{\mu} \tag{1.127}$$

ここで $v^{\mu} = \dfrac{dx^{\mu}}{d\sigma}$ とした．以上の関係は事象 P の近傍でだけ定義された．事象 P は世界線上の任意の点であるから時空内を埋め尽くす交差しない世界線を考えれば，その世界線上のあらゆる事象で，そこでの局所慣性系と一般座標系での成分の間に上と同じ関係を持つ 4 成分量を，その事象でのベクトルとすればよい．このように定義されたベクトル全体をベクトル場という．以下に定義される 1 形式，テンソルもこのように場として考える．後にベクトル場での近傍のベクトル同士の関係として時空が曲がっていることが正確に定義される．

また上の定義から一般座標系 S のベクトルを，同じ領域での局所慣性系 O での成分と（1.127）の関係にある 4 成分量として定義する．この定義から同じ時空領域を覆う 2 つの一般座標系 $S(x), S'(x')$ での成分間には次の関係があることが導かれる．

$$v^{\mu'} = \frac{\partial x^{\mu'}}{\partial x^{\nu}} v^{\nu} \tag{1.128}$$

同様に一般座標系 S での 1 形式 $\tilde{A}$ は，その成分 a_{μ} と対応する局所慣性系 O での成分 $A_{\bar{\alpha}}$ と次の関係がある 4 成分量として定義される．

$$A_{\bar{\alpha}} = e^{\mu}{}_{\bar{\alpha}} a_{\mu} \tag{1.129}$$

ここで $e^{\mu}{}_{\bar{\alpha}} = \dfrac{\partial x^{\mu}}{\partial X^{\bar{\alpha}}}$ は，$e^{\bar{\alpha}}{}_{\mu}$ の逆行列である．

一般の (p, q) テンソルは，p 個のベクトル的に変換する添え字と q 個の 1 形式的に変換する添え字をもった 4^{p+q} 個の成分量として定義される．たとえば $(1, 3)$ テンソル M の局所慣性系での成分と一般座標系での成分の間には以下の関係がある．

$$M^{\bar{\alpha}}{}_{\bar{\beta}\bar{\gamma}\bar{\delta}} = e^{\bar{\alpha}}{}_{\mu} e^{\nu}{}_{\bar{\beta}} e^{\rho}{}_{\bar{\gamma}} e^{\sigma}{}_{\bar{\delta}} \, m^{\mu}{}_{\nu\rho\sigma} \tag{1.130}$$

1.7 測地線方程式と共変微分

一般座標系での重力場中の自由落下運動は等価原理から局所慣性系では等速直線運動である。この自由落下運動を一般座標系で表してみよう。局所慣性系での等速直線運動

$$\frac{dU^{\bar{\alpha}}}{d\tau} = 0 \tag{1.131}$$

を一般座標系の4元速度 $u^\mu = \dfrac{dx^\mu}{d\tau}$ で表すのである。$U^{\bar{\alpha}} = e^{\bar{\alpha}}_{\ \mu} u^\mu$ なので

$$0 = \frac{d}{d\tau}\left(e^{\bar{\alpha}}_{\ \mu} u^\mu\right) = e^{\bar{\alpha}}_{\ \mu}\frac{du^\mu}{d\tau} + \frac{de^{\bar{\alpha}}_{\ \mu}}{d\tau}u^\mu \tag{1.132}$$

ここで τ 微分は世界線に沿った微分だから，

$$\frac{d}{d\tau} = u^\nu \frac{\partial}{\partial x^\nu} \tag{1.133}$$

と書くと

$$\frac{du^\mu}{d\tau} + e^\mu_{\ \bar{\alpha}} u^\rho u^\sigma \frac{\partial e^{\bar{\alpha}}_{\ \sigma}}{\partial x^\rho} = 0 \tag{1.134}$$

ここでクリストッフェル記号と呼ばれる次の量を定義する。

$$\Gamma^\mu_{\ \rho\sigma} \equiv e^\mu_{\ \bar{\alpha}} \frac{\partial e^{\bar{\alpha}}_{\ \sigma}}{\partial x^\rho} = \frac{\partial x^\mu}{\partial X^{\bar{\alpha}}} \frac{\partial^2 X^{\bar{\alpha}}}{\partial x^\rho \partial x^\sigma} \tag{1.135}$$

この定義からクリストッフェル記号は下の2つの添え字について対称であることが分かる。

クリストッフェル記号の定義から，この量はメトリックテンソルを用いてあらわすことができることがわかる。実際，$g_{\mu\nu} = \eta_{\bar{\alpha}\bar{\beta}} e^{\bar{\alpha}}_{\ \mu} e^{\bar{\beta}}_{\ \nu}$ から

$$\frac{\partial g_{\mu\nu}}{\partial x^\rho} = \eta_{\bar{\alpha}\bar{\beta}}\left(e^{\bar{\alpha}}_{\ \mu,\rho} e^{\bar{\beta}}_{\ \nu} + e^{\bar{\alpha}}_{\ \mu} e^{\bar{\beta}}_{\ \nu,\rho}\right) = \Gamma^\sigma_{\ \mu\rho} g_{\sigma\nu} + \Gamma^\sigma_{\ \rho\nu} g_{\mu\sigma} \tag{1.136}$$

添え字をサイクリックに変えて足し引きすると

$$2 g_{\mu\sigma} \Gamma^\sigma_{\ \rho\nu} = \frac{\partial g_{\mu\nu}}{\partial x^\rho} + \frac{\partial g_{\rho\mu}}{\partial x^\nu} - \frac{\partial g_{\nu\rho}}{\partial x^\mu} \tag{1.137}$$

これから

$$\Gamma^{\sigma}_{\mu\nu} = \frac{1}{2} g^{\sigma\rho} \left(\frac{\partial g_{\rho\mu}}{\partial x^{\nu}} + \frac{\partial g_{\nu\rho}}{\partial x^{\mu}} - \frac{\partial g_{\mu\nu}}{\partial x^{\rho}} \right) \tag{1.138}$$

クリストッフェル記号はテンソルではない．それは局所慣性系では，そのすべての成分が 0 となるからである[*4]．実際，テンソルは座標系の変換に対して斉次であるから，一つの座標系で成分のすべてが 0 なら，どんな座標系における成分もすべて 0 になってしまう．局所慣性系でクリストッフェル記号が消えるのは，局所慣性系で重力が消えることの表現である．

練習問題 1.8 クリストッフェル記号の一般座標系間の変換則を求めよ．

以上から一般座標系における重力場中の質点の運動方程式は以下のようになる．

$$\frac{du^{\mu}}{d\tau} + \Gamma^{\mu}_{\rho\sigma} u^{\rho} u^{\sigma} = 0 \tag{1.139}$$

この式を測地線方程式という．

練習問題 1.9 考えている系の速度が光速度より十分遅く，また重力が弱いとき，測地線方程式がニュートンの運動方程式となることを示せ．

共変微分

測地線方程式（1.139）は次の形にも書ける．

$$u^{\rho} \nabla_{\rho} u^{\mu} = 0 \tag{1.140}$$

ここでベクトル u^{μ} に対して定義された次の操作をベクトルの共変微分という．

$$\nabla_{\rho} u^{\mu} \equiv \frac{\partial u^{\mu}}{\partial x^{\rho}} + \Gamma^{\mu}_{\rho\sigma} u^{\sigma} \tag{1.141}$$

これから明らかなように，$\nabla_{\rho} u^{\mu}$ は $(1,1)$ テンソルの成分である．

実際，測地線方程式の導き方から

[*4] ブラックホール内の特異点以外の時空領域では時空は滑らかと仮定する．したがって局所慣性系でのメトリックテンソルは

$$g_{\mu\nu}(\mathrm{P}) = \eta_{\mu\nu} + \frac{1}{2} g_{\mu\nu,\rho\sigma}(\mathrm{P}) x^{\rho} x^{\sigma} + O(x^3)$$

と展開できる（ただし x は原点を P とするときの座標）．したがって，局所慣性系ではメトリックテンソルンの一階微分はすべて 0 となる．時空が曲がっている効果は展開の 2 次以上でのみ現れる．一つの時間的世界線に沿って，このような座標系が設定できフェルミ正規座標系と呼ばれる．

030　**第 1 章　一般相対性理論**

$$\frac{\partial U^{\bar{\alpha}}}{\partial X^{\bar{\beta}}} = e^{\bar{\alpha}}_{\mu} e^{\nu}_{\bar{\beta}} \nabla_{\nu} u^{\mu} \tag{1.142}$$

であることが分かる．すなわちベクトルの共変微分は $(1,1)$ テンソルである．

ベクトルと同様に考えると 1 形式の共変微分は

$$\frac{\partial V_{\bar{\alpha}}}{\partial X^{\bar{\beta}}} \tag{1.143}$$

を計算すればよい．局所慣性系と一般座標系での成分の関係 $V_{\bar{\alpha}} = e^{\mu}_{\bar{\alpha}} v_{\mu}$ と $e^{\bar{\alpha}}_{\mu} e^{\nu}_{\bar{\alpha}} = \delta^{\nu}_{\mu}$ の両辺を微分して得られる

$$\partial_{\rho} e^{\nu}_{\bar{\alpha}} = -\Gamma^{\nu}_{\rho\sigma} e^{\sigma}_{\bar{\alpha}} \tag{1.144}$$

を使うと次式が導かれる．

$$\frac{\partial V_{\bar{\alpha}}}{\partial X^{\bar{\beta}}} = e^{\mu}_{\bar{\alpha}} e^{\nu}_{\bar{\beta}} \left(\frac{\partial v_{\mu}}{\partial x^{\nu}} - \Gamma^{\rho}_{\mu\nu} v_{\rho} \right) \equiv e^{\mu}_{\bar{\alpha}} e^{\nu}_{\bar{\beta}} \nabla_{\nu} v_{\mu} \tag{1.145}$$

高階のテンソルに対しても同様に計算される．たとえば $(2,1)$ テンソル M の局所慣性系と一般座標系の成分の間には次の関係

$$M^{\bar{\alpha}\bar{\beta}}_{\bar{\gamma}} = e^{\bar{\alpha}}_{\mu} e^{\bar{\beta}}_{\nu} e^{\rho}_{\bar{\gamma}} m^{\mu\nu}_{\rho} \tag{1.146}$$

があることから，この共変微分は以下のようになる．

$$\partial_{\bar{\delta}} M^{\bar{\alpha}\bar{\beta}}_{\bar{\gamma}} = e^{\sigma}_{\bar{\delta}} e^{\bar{\alpha}}_{\mu} e^{\bar{\beta}}_{\nu} e^{\rho}_{\bar{\gamma}} \nabla_{\sigma} m^{\mu\nu}_{\rho} \tag{1.147}$$

ここで

$$\nabla_{\sigma} m^{\mu\nu}_{\rho} = \partial_{\sigma} m^{\mu\nu}_{\rho} + \Gamma^{\mu}_{\sigma\xi} m^{\xi\nu}_{\rho} + \Gamma^{\nu}_{\sigma\xi} m^{\mu\xi}_{\rho} - \Gamma^{\xi}_{\sigma\rho} m^{\mu\nu}_{\xi} \tag{1.148}$$

特にメトリックテンソルの共変微分は 0 になる．

$$\nabla_{\lambda} g_{\mu\nu} = 0 \tag{1.149}$$

これは一般座標系でのメトリックテンソル $g_{\mu\nu}$ の定義から

$$\eta_{\bar{\alpha}\bar{\beta}} = e^{\mu}_{\bar{\alpha}} e^{\nu}_{\bar{\beta}} g_{\mu\nu} \tag{1.150}$$

から明らかだろう．また $g^{\mu\rho} g_{\rho\nu} = \delta^{\mu}_{\nu}$ から $\nabla_{\rho} g^{\mu\nu} = 0$ となる．また行列式 $g \equiv \det(g_{\mu\nu})$ の共変微分も 0 となる．

練習問題 1.10 メトリックテンソルを 4 行 4 列の行列とみなしたとき，その行

1.7. 測地線方程式と共変微分 031

列式の微分を求めよ.

　一般座標系での測地線方程式は局所慣性系での運動方程式にあらわれる偏微分を共変微分に直せば自動的に求められる. このことを上で求めた測地線方程式でみてみよう. 局所慣性系での等速直線運動は (1.131) で与えられるが, $U^{\bar{\alpha}} = \dfrac{dX^{\bar{\alpha}}}{d\tau}$ に注意して, 局所慣性系での偏微分を $\partial_{\bar{\alpha}} = \dfrac{\partial}{\partial X^{\bar{\alpha}}}$ と書けばこの式は次のように書ける.

$$U^{\bar{\beta}} \partial_{\bar{\beta}} U^{\bar{\alpha}} = 0 \tag{1.151}$$

この式で 4 元速度を一般座標系の成分とし, 偏微分を共変微分にすれば測地線方程式となる. ここでベクトルの平行移動について説明しておこう. ベクトル $\vec{A}$ がベクトル $\vec{B}$ 方向に平行移動されるとは, ベクトル $\vec{A}$ の成分がベクトル $\vec{B}$ 方向に沿って変化しないということだから次のように表される.

$$B^{\bar{\beta}} \partial_{\bar{\beta}} A^{\bar{\alpha}} = 0 \tag{1.152}$$

したがって曲がった時空でのベクトル $\vec{A}$ のベクトル $\vec{B}$ 方向に沿った平行移動は次のように表される.

$$b^{\nu} \nabla_{\nu} a^{\mu} = 0 \tag{1.153}$$

ここでベクトルの一般座標系での成分を対応する小文字で表した. 以上から, 測地線とは接線ベクトルがその世界線に沿って平行になっている世界線のことであるということができる. このときの世界線のパラメータをアフィンパラメータという. したがって固有時間 τ はアフィンパラメータである. τ をアフィンパラメータとするとき, a, b を定数として線形変換

$$a\tau + b \tag{1.154}$$

で関係するすべてのパラメータは測地線方程式の形を変えないからアフィンパラメータである. 同様に, 以下でヌル測地線を説明するときに導入するパラメータ σ やその線形変換 $a\sigma + b$ もアフィンパラメータである[*5]. このように局所慣性系での物理法則が分かっていれば一般座標系での物理法則は偏微分を共変微分に

[*5]　アフィンパラメータ以外のパラメータ s を使うと, $f(s)$ を s のある関数として, 測地線は一般に $u^{\nu}\nabla_{\nu}u^{\mu} = f(s)u^{\mu}$ と書かれる. アフィンパラメータは右辺がゼロとなるようなパラメータのことである.

置き換えることで求められる. たとえばストレスエネルギーテンソルの保存則 (1.115) は一般座標系では以下のように書ける[*6].

$$\nabla_\nu T^{\mu\nu} = 0 \tag{1.155}$$

また偏微分を表す記号として, ; もよく使われる. この記号を使うと

$$T^{\mu\nu}{}_{;\nu} = 0 \tag{1.156}$$

となって, 偏微分との対応がより明確になる.

光子の運動方程式

光子は質量が 0 なので, その世界線のパラメータとして固有時間は存在しない. そこで光子の世界線のパラメータとして任意の実数パラメータ σ をとり, 世界線を $\vec{x} = \vec{x}(\sigma)$ と表したとき

$$\vec{k} = \frac{d\vec{x}}{d\sigma} \tag{1.158}$$

を光子の 4 元運動量とする. 光子の 4 元運動量はヌルベクトルで測地線方程式を満たす.

$$k^2 = 0, \qquad k^\nu \nabla_\nu k^\mu = 0 \tag{1.159}$$

重力赤方偏移

観測者 $\vec{u}$ が測る光子 $\vec{k}$ のエネルギーは次のように書ける.

$$E = -\vec{k} \cdot \vec{u} \tag{1.160}$$

実際, この量はスカラーであるから $u^\mu = (1, 0, 0, 0)$ となる局所慣性系で評価すれば $-\vec{k} \cdot \vec{u} = k^0$ となって光子のエネルギーとなって確かめられる.

この表式から放出されたときの振動数 ω_{em} と受け取った時の振動数 ω_{obs} の比

[*6] ただし以下で述べる曲率テンソルなどミンコフスキー時空で 0 となる量を加える自由度は残る. たとえば測地線方程式として

$$u^\nu \nabla_\nu u^\mu + \alpha R^\mu{}_\nu u^\nu = 0 \tag{1.157}$$

としても局所慣性系では同じ式が得られる. ここで α は任意の定数である. このような曲率との直接的な相互作用がない場合を最小結合という. 実験的な検証で α を決めることは一般には困難で通常は最小結合を仮定する.

1.7. 測地線方程式と共変微分 033

が計算できる.

$$\frac{\omega_{\mathrm{obs}}}{\omega_{\mathrm{em}}} = \frac{\vec{k} \cdot \vec{u}_{\mathrm{obs}}}{\vec{k} \cdot \vec{u}_{\mathrm{em}}} \tag{1.161}$$

たとえば平坦とみなされる時空で静止した観測者 $\vec{u}_{\mathrm{obs}} = (1,0,0,0)$ に対して重力場中の事象 $\mathrm{P_{em}}$ で静止している光源を考えると,その4元速度の規格化 $u_{\mathrm{em}}^2 = -1$ から $\vec{u}_{\mathrm{em}} = (1/\sqrt{-g_{00}(\mathrm{P_{em}})}, 0, 0, 0)$ となるから

$$\frac{\omega_{\mathrm{obs}}}{\omega_{\mathrm{em}}} = \sqrt{-g_{00}(\mathrm{P_{em}})} \tag{1.162}$$

これが重力赤方偏移と呼ばれる現象である.

▌1.8 ▏ 曲率テンソル

これまで曲がった時空という言葉を使ってきたが,一つの事象の近傍だけに話を限ってきた.時空が本当に曲がっているかどうかはメトリックテンソルやクリストッフェル記号だけでは分からない.局所的には局所慣性系でない一般座標系を採用すれば見かけ上重力場があるように見えるからである.時空が本当に曲がっているかどうかは,もとに戻って2事象の運動の違いを考える必要があり,そこから自然に時空の曲がりを表すテンソル量が現れる.

今,近傍の2つの粒子に対する測地線を考える.一方の粒子の局所慣性系での世界線を $X^{\bar{\alpha}}(\sigma)$ として,他方の粒子はその世界線から微小量 $\Xi^{\bar{\alpha}}$ だけ離れているとする[*7].したがって他方の粒子の世界線は,$\tilde{X}^{\bar{\alpha}} = X^{\bar{\alpha}} + \Xi^{\bar{\alpha}}$ と表される.対応する一般座標系での世界線を,それぞれ $x^{\mu}(\sigma)$, $\tilde{x}^{\mu}(\sigma) = x^{\mu}(\sigma) + \xi^{\mu}(\sigma)$ とすると,2つの測地線の接線ベクトルはそれぞれ以下のようになる.ベクトルであることを明示するため $\vec{e}_{\mu} = (e_{\mu}^{\bar{\alpha}})$ などのベクトル記号を使う.

$$\vec{U}(x) = u^{\mu}(x)\vec{e}_{\mu}(x) = \frac{dx^{\mu}}{d\sigma}\vec{e}_{\mu}(x)$$
$$\vec{U}(\tilde{x}) = \tilde{u}^{\mu}(\tilde{x})\vec{e}_{\mu}(\tilde{x}) = \frac{d\tilde{x}^{\mu}}{d\sigma}\vec{e}_{\mu}(\tilde{x}) \tag{1.163}$$

各々の世界線は測地線であるから

$$\frac{d\vec{U}}{d\sigma} = 0, \quad \frac{d\vec{\tilde{U}}}{d\sigma} = 0 \tag{1.164}$$

[*7] 以下の説明について,弘前大学の葛西真寿氏との議論に感謝する.

2 本の測地線の差を計算しよう. ベクトル $\vec{U}(\tilde{x})$ に対する測地線方程式

$$0 = \frac{d\vec{U}(\tilde{x})}{d\sigma} = \frac{d}{d\sigma}\left[\frac{d\tilde{x}^\mu}{d\sigma}\vec{e}_\mu(\tilde{x})\right] = \frac{d^2\tilde{x}^\mu}{d\sigma^2}\vec{e}_\mu(\tilde{x}) + \frac{d\tilde{x}^\mu}{d\sigma}\frac{d\tilde{x}^\nu}{d\sigma}\vec{e}_{\mu,\nu}(\tilde{x}) \quad (1.165)$$

この式を世界線 $x^\mu(\sigma)$ のまわりで微小量 ξ の 1 次まで展開すると, $\frac{d\vec{U}}{d\sigma} = 0$ を使って次式を得る.

$$0 = \frac{d^2\xi^\mu}{d\sigma^2}\vec{e}_\mu + 2u^\mu\frac{d\xi^\nu}{d\sigma}\vec{e}_{\mu,\nu} + \frac{d^2x^\mu}{d\sigma^2}\xi^\nu\vec{e}_{\mu,\nu} + u^\mu u^\nu \xi^\rho \vec{e}_{\mu,\nu\rho} \quad (1.166)$$

この式を $\vec{\Xi}$ に対する式にするため, $\vec{\Xi}$ の 2 階微分を計算すると

$$\begin{aligned}\frac{d^2\vec{\Xi}}{d\sigma^2} &= \frac{d^2}{d\sigma^2}\left(\xi^\mu\vec{e}_\mu\right)\\ &= \frac{d^2\xi^\mu}{d\sigma^2}\vec{e}_\mu + 2u^\mu\frac{d\xi^\nu}{d\sigma}\vec{e}_{\mu,\nu} + \frac{d^2x^\mu}{d\sigma^2}\xi^\nu\vec{e}_{\mu,\nu} + \vec{e}_{\mu,\rho\nu}u^\mu u^\nu \xi^\rho\end{aligned}$$

この式と (1.166) 式から次式が得られる.

$$\frac{d^2\vec{\Xi}}{d\sigma^2} = \left(\vec{e}_{\mu,\rho\nu} - \vec{e}_{\mu,\nu\rho}\right)u^\mu u^\nu \xi^\rho \quad (1.167)$$

この式の左辺がベクトルであることを考えると, この式は次のように書くことができる.

$$\frac{d^2\vec{\Xi}}{d\sigma^2} = u^\mu u^\sigma \xi^\rho R^\nu{}_{\mu\sigma\rho}\vec{e}_\nu \quad (1.168)$$

この式の左辺は

$$\frac{d\vec{\Xi}}{d\sigma} = \left(u^\alpha\nabla_\alpha\xi^\nu\right)\vec{e}_\nu \quad (1.169)$$

になることをつかうと, 2 つの測地線の差の方程式として以下の式が得られる.

$$u^\rho\nabla_\rho\left(u^\sigma\nabla_\sigma\xi^\mu\right) = -R^\mu{}_{\nu\rho\sigma}u^\nu u^\sigma \xi^\rho \quad (1.170)$$

この式を測地線偏差の式という.

測地線偏差の式の右辺に現れる 4 階のテンソルは以下のように定義された.

$$[\partial_\sigma, \partial_\rho]\vec{e}_\mu \equiv \vec{e}_{\mu,\rho\sigma} - \vec{e}_{\mu,\sigma\rho} = R^\nu{}_{\mu\sigma\rho}\vec{e}_\nu \quad (1.171)$$

この式と関係 $\vec{A} = A^\mu\vec{e}_\mu$ を用いると任意のベクトル $\vec{A}$ に対して容易に以下の式が示される.

1.8. 曲率テンソル 035

$$[\nabla_\sigma, \nabla_\rho] A^\mu = R^\mu{}_{\nu\sigma\rho} A^\nu \tag{1.172}$$

この 4 階のテンソルをリーマンテンソルといい，時空の曲がりを表す．リーマンテンソルのすべての成分が 0 のときに限り，2 つの測地線は平行のままで時空は平坦となる．

リーマンテンソルの具体的な形は上の定義とクリストッフェル記号の定義 $\partial_\nu e^{\bar\alpha}{}_\mu = \Gamma^\rho{}_{\mu\nu} e^{\bar\alpha}{}_\rho$ から容易に計算されて，以下のようになる．

$$R^\mu{}_{\nu\rho\sigma} = \Gamma^\mu{}_{\nu\sigma,\rho} - \Gamma^\mu{}_{\nu\rho,\sigma} + \Gamma^\mu{}_{\kappa\rho}\Gamma^\kappa{}_{\sigma\nu} - \Gamma^\mu{}_{\kappa\sigma}\Gamma^\kappa{}_{\rho\nu} \tag{1.173}$$

練習問題 1.11　関係式（1.169）を導け．

練習問題 1.12　リーマンテンソルの具体的な形（1.173）を導け．

リーマンテンソルの対称性

リーマンテンソルは 4 階のテンソルであるから，添え字の間に何の対称性もなければ独立な成分の数は $4^4 = 256$ 個ある．しかし以下に述べるようにさまざまな対称性があるため独立な成分の数は大幅に少なくなる．この対称性は（1.171）を用いると容易に導くことができる．以下 $\vec{e}_\mu = (e^{\bar\alpha}{}_\mu)$ という記法を用いる．すると（1.171）式は次のように書ける．ここでドットは局所慣性系での内積を表す．

$$R_{\mu\nu\rho\sigma} = \vec{e}_\mu \cdot (\vec{e}_{\nu,\sigma\rho} - \vec{e}_{\nu,\rho\sigma}) \tag{1.174}$$

これから $R_{\mu\nu\rho\sigma}$ は添え字 ρ, σ の交換に対して反対称であることが分かる．

$$R_{\mu\nu\rho\sigma} = -R_{\mu\nu\sigma\rho} \tag{1.175}$$

また最初の添え字を固定して残り 3 つの添え字を循環して和を取ると

$$R_{\mu\nu\rho\sigma} + R_{\mu\rho\sigma\nu} + R_{\mu\sigma\nu\rho} = \vec{e}_\mu \cdot (\vec{e}_{\nu,\sigma\rho} - \vec{e}_{\nu,\rho\sigma} + \vec{e}_{\rho,\nu\sigma} - \vec{e}_{\rho,\sigma\nu} + \vec{e}_{\sigma,\rho\nu} - \vec{e}_{\sigma,\nu\rho})$$

ここでクリストッフェル記号の下の添え字についての対称性から

$$\vec{e}_{\nu,\rho} = \vec{e}_{\rho,\nu} \tag{1.176}$$

を使うと上式の右辺の総和が 0 になることが分かる．

036　**第 1 章　一般相対性理論**

$$R_{\mu\nu\rho\sigma} + R_{\mu\rho\sigma\nu} + R_{\mu\sigma\nu\rho} = 0 \tag{1.177}$$

この式は次のようにも書ける.

$$R_{\mu[\nu\rho\sigma]} = 0 \tag{1.178}$$

ここで記号 [] はその中に挟まれた添え字の完全反対称化を表す. 具体的には

$$[\alpha\beta\gamma] = \alpha\beta\gamma + \beta\gamma\alpha + \gamma\alpha\beta - \beta\alpha\gamma - \gamma\beta\alpha - \alpha\gamma\beta \tag{1.179}$$

前 2 つの添え字の交換に対しても反対称である. 実際,

$$R_{\mu\nu\rho\sigma} + R_{\nu\mu\rho\sigma} = \vec{e}_\mu \cdot \vec{e}_{\nu,\sigma\rho} + \vec{e}_\nu \cdot \vec{e}_{\mu,\sigma\rho} - (\vec{e}_\mu \cdot \vec{e}_{\nu,\rho\sigma} + \vec{e}_\nu \cdot \vec{e}_{\mu,\rho\sigma})$$
$$= (\vec{e}_\mu \cdot \vec{e}_\nu)_{,\sigma\rho} - (\vec{e}_\mu \cdot \vec{e}_\nu)_{,\sigma\rho} = 0$$

となって

$$R_{\mu\nu\rho\sigma} = -R_{\nu\mu\rho\sigma} \tag{1.180}$$

練習問題 1.13 以上の対称性から次の対称性を導け.

$$R_{\mu\nu\rho\sigma} = R_{\rho\sigma\mu\nu} \tag{1.181}$$

リッチテンソルとリッチスカラー

リーマンテンソルの 1 番目と 3 番目の添え字を縮約した 2 階のテンソルをリッチテンソル, さらに縮約したスカラーをリッチスカラーという.

$$R_{\mu\nu} = R^\rho{}_{\mu\rho\nu} = g^{\rho\sigma} R_{\rho\mu\sigma\nu} \tag{1.182}$$
$$R = R^\mu{}_\mu = g^{\mu\nu} R_{\mu\nu} \tag{1.183}$$

リッチテンソルは対称テンソルである.

$$R_{\mu\nu} = R_{\nu\mu} \tag{1.184}$$

リーマンテンソルの独立な成分の数

以上の対称性からリーマンテンソルの独立な成分の数を計算しよう. ここでは時空の次元を一般に N とする. リーマンテンソルの前の 2 つの添え字の対を A, 後の 2 つの添え字の対を B と書いてリーマンテンソルを 2 つの添え字 A, B をも

1.8. 曲率テンソル　037

つ量 R_{AB} と考えると，A, B それぞれの取りえる数は 2 つの N 個の添え字が反対称であるから $N(N-1)/2$ 個である．したがって R_{AB} の数は $(N(N-1)/2)^2$ 個となるが，対称性 $R_{\mu[\nu\rho\sigma]} = 0$ の数だけさらに少なくなる．この数は最初の添え字 μ の取り方が N 通りあって，残りの 3 個の添え字はどれも同じものは取れないので選び方は ${}_N\mathrm{C}_3$ となる．したがってリーマンテンソルの独立な成分の数は

$$\left(\frac{N(N-1)}{2}\right)^2 - N\frac{N(N-1)(N-2)}{3!} = \frac{1}{12}N^2(N^2-1) \tag{1.185}$$

となる．したがって $N=4$ では 20 個である．この 20 個の成分がすべて 0 になるとき時空は平坦なミンコフスキー時空である．

リッチテンソルは対称テンソルであるから，その独立な成分の数は

$$N + \frac{N(N-1)}{2} = \frac{N(N+1)}{2} \tag{1.186}$$

$N=4$ の場合，リッチテンソルの独立な成分の数は 10 個となる．

ワイルテンソル

$N=2$ 次元ではリーマンテンソルの独立な成分の数は 1 であるから，リーマンテンソルは 1 成分量のリッチスカラー R で表され，リーマンテンソルの添え字の対称性を考えると次のように書ける．

$$R_{ijk\ell} = \frac{1}{2}(g_{ik}g_{j\ell} - g_{i\ell}g_{jk})R \tag{1.187}$$

練習問題 1.14 $N=3$ 次元でリーマンテンソルは以下のように表されることを示せ．

$$R_{ijk\ell} = g_{ik}R_{j\ell} - g_{i\ell}R_{jk} - g_{jk}R_{i\ell} + g_{j\ell}R_{ik} - \frac{1}{2}(g_{ik}g_{j\ell} - g_{i\ell}g_{jk})R \tag{1.188}$$

$N \geq 4$ 次元ではリーマンテンソルの独立な成分数はリッチテンソルの独立な成分数より多い．リッチテンソルで表されない成分を持つテンソルをワイルテンソルと呼び，以下のように表される．

$$\begin{aligned}
C_{\alpha\beta\mu\nu} = R_{\alpha\beta\mu\nu} &- \frac{1}{N-2}\left(g_{\alpha\mu}R_{\beta\nu} - g_{\alpha\nu}R_{\beta\mu} - g_{\beta\mu}R_{\alpha\nu} + g_{\beta\nu}R_{\alpha\mu}\right) \\
&+ \frac{R}{(N-1)(N-2)}\left(g_{\alpha\mu}g_{\beta\nu} - g_{\alpha\nu}g_{\beta\mu}\right)
\end{aligned} \tag{1.189}$$

038 第 1 章 一般相対性理論

ワイルテンソルはその構成から以下の条件を満たす.

$$C^\alpha_{\ \beta\alpha\nu} = 0 \tag{1.190}$$

ワイルテンソルの独立な成分の数はリーマンテンソルの独立な成分の数からリッチテンソルの独立な成分の数を引けば求まる.

$$\frac{1}{12}N^2(N^2-1) - \frac{1}{2}N(N+1) = \frac{1}{12}N(N+1)(N+2)(N-3) \tag{1.191}$$

　時空が平坦であるための必要十分条件はリーマンテンソルのすべての成分が0となることである. 一方, 後で見るように物質が存在しなければ $R_{\mu\nu} = 0$ となる. このことは物質が存在しない状況でもワイルテンソルが0とは限らないことを意味する. したがってアインシュタイン方程式は非自明な（平坦でないという意味）真空解をもつ. 実際, 重力波解やブラックホール解がそれにあたる.

微分恒等式

　リーマンテンソルにはもう一つ重要な微分を含んだ恒等式がある. 演算子 A, B に対する交換子積を以下のように定義する.

$$[A, B] \equiv AB - BA \tag{1.192}$$

すると次の関係が恒等式として成り立つ.

$$[A, [B, C]] + [B, [C, A]] + [C, [A, B]] = 0 \tag{1.193}$$

この恒等式をヤコビ恒等式という. ヤコビ恒等式を偏微分に適用して, $\vec{e}_\mu$ に作用させる.

$$([\partial_\rho, [\partial_\mu, \partial_\nu]] + [\partial_\mu, [\partial_\nu, \partial_\rho]] + [\partial_\nu, [\partial_\rho, \partial_\mu]])\,\vec{e}_\sigma = 0 \tag{1.194}$$

たとえばこの第1項は

$$\begin{aligned}
[\partial_\rho, [\partial_\mu, \partial_\nu]]\vec{e}_\sigma &= \partial_\rho\left(R^\lambda_{\ \sigma\mu\nu}\vec{e}_\lambda\right) - [\partial_\mu, \partial_\nu]\partial_\rho\vec{e}_\sigma \\
&= \left(\partial_\rho R^\lambda_{\ \sigma\mu\nu} + R^\chi_{\ \sigma\mu\nu}\Gamma^\lambda_{\chi\rho} - \Gamma^\chi_{\rho\sigma}R^\lambda_{\ \chi\mu\nu}\right)\vec{e}_\lambda
\end{aligned}$$

偏微分を共変微分になおせば

$$[\partial_\rho, [\partial_\mu, \partial_\nu]]\vec{e}_\sigma = \left(\nabla_\rho R^\lambda_{\ \sigma\mu\nu} + \Gamma^\chi_{\mu\rho}R^\lambda_{\ \sigma\chi\nu} + \Gamma^\chi_{\nu\rho}R^\lambda_{\ \sigma\mu\chi}\right)\vec{e}_\lambda \tag{1.195}$$

同様な計算をして足し合わせると以下の恒等式が得られる.

1.8. 曲率テンソル 039

$$\nabla_\rho R^\lambda_{\ \sigma\mu\nu} + \nabla_\mu R^\lambda_{\ \sigma\nu\rho} + \nabla_\nu R^\lambda_{\ \sigma\rho\mu} = 0 \tag{1.196}$$

この微分恒等式をビアンキ恒等式という．この恒等式で添え字 λ と μ について縮約すると

$$\nabla_\rho R_{\sigma\nu} + \nabla_\mu R^\mu_{\ \sigma\nu\rho} - \nabla_\nu R_{\sigma\rho} = 0 \tag{1.197}$$

この式に $g^{\rho\sigma}$ をかけて縮約して整理すると縮約されたビアンキ恒等式と呼ばれる次式が得られる．

$$\nabla_\rho \left(R^\rho_\nu - \frac{1}{2}\delta^\rho_\nu R \right) = 0 \tag{1.198}$$

この括弧の中の組み合わせをアインシュタインテンソルという．

$$G_{\mu\nu} \equiv R_{\mu\nu} - \frac{1}{2}g_{\mu\nu}R \tag{1.199}$$

▌ 1.9 ▏ 曲がった時空における光線束の伝播

上で見たように4次元以上ではリーマンテンソルはリッチテンソルとワイルテンソルに分けることができた．時空の曲がりに対するリッチテンソルとワイルテンソルの役割は，光の伝播における断面積の変化の様子を見ることで理解することができる．

時空を伝播している微小な断面積をもった光を考える．この光は無数の光線からなっているので光線束と呼ぼう．測地線偏差の方程式をこの光線束を構成する近傍の2本の光線に適用する．一本の光線の4元運動量を $\vec{k}$，2本の光線を同じパラメータの値で結ぶベクトルを $\vec{\xi}$ として，測地線偏差の方程式を次のように書く．

$$\frac{D^2\xi^\mu}{d\sigma^2} = R^\mu_{\ \nu\rho\sigma}k^\nu k^\rho \xi^\sigma \tag{1.200}$$

ここで $D/d\sigma$ は次式で定義され，局所慣性系での微分 $d/d\sigma$ に対応する．

$$\frac{D}{d\sigma} = k^\mu \nabla_\mu \tag{1.201}$$

光子の4元運動量はヌルで測地線方程式を満たす．

$$k^\nu \nabla_\nu k^\mu = 0, \qquad k^2 = g_{\mu\nu}k^\mu k^\nu = 0 \tag{1.202}$$

今，光線の進行方向に垂直な空間的2次元面の正規直交基底ベクトルを $\vec{e}_{(a)}$, $a =$

1, 2 と書き，光線に沿って平行移動するように選ぶ．

$$\vec{k} \cdot \vec{e}_{(a)} = 0, \qquad \vec{e}_{(a)} \cdot \vec{e}_{(b)} = \delta_{ab} \tag{1.203}$$

$$\frac{D}{d\sigma} \vec{e}_{(a)} = 0 \tag{1.204}$$

$\vec{\xi}$ をつねに $\vec{k}$ に直交するようにとって，$\vec{\xi}$ を $\vec{e}_{(a)}$ で展開する．

$$\xi^\mu(\sigma) = \sum_{a=1}^{2} \ell_a(\sigma) e^\mu_{(a)} \tag{1.205}$$

展開係数 ℓ_a は一般座標変換に対するスカラーである．この展開を測地線偏差の式に代入して整理すると

$$\frac{d^2 \ell_a}{d\sigma^2} = \sum_b K_{ab} \ell_b \tag{1.206}$$

ここで次の量を定義した．

$$K_{ab} = R_{\mu\nu\rho\sigma} e^\mu_{(a)} k^\nu k^\rho e^\sigma_{(b)} \tag{1.207}$$

ここで $N = 4$ としたときの（C.27）式を代入すると

$$K_{ab} = -\frac{1}{2} R_{\rho\sigma} k^\rho k^\sigma \delta_{ab} + C_{\mu\nu\rho\sigma} e^\mu_{(a)} k^\nu k^\rho e^\sigma_{(b)} \tag{1.208}$$

ここで光線束のパラメータが σ から微小量 $d\sigma$ 進んだときの断面の変化を以下のような式で定義された 4 成分量 A_{ab} で表す．この各成分はスカラーである．

$$\frac{d\ell_a}{d\sigma} = \sum_b A_{ab} \ell_b \tag{1.209}$$

A_{ab} は，光線束の進行方向に垂直な 2 次元面での回転に対する 2 階のテンソルとみなせるから，A_{ab} を 2 行 2 列の行列とみなせば，次のように対称行列と反対称行列 ω_{ab} に分解でき，さらに対称行列は単位行列 δ_{ab} に比例した部分と対角和が 0 の部分 σ_{ab} に分けることができる．

$$A_{ab} = \theta \delta_{ab} + \sigma_{ab} + \omega_{ab} \tag{1.210}$$

ここで

$$\sigma_{ab} = \sigma_{ba}, \ \sigma_{11} + \sigma_{22} = 0, \ \omega_{ab} = -\omega_{ba} \tag{1.211}$$

量 θ による変化はベクトルの方向を変えず長さだけを変えるから光線束の断面の形を変えずに面積が変わる効果を表し，収縮と呼ばれる．量 σ_{ab} はトレースが 0

1.9. 曲がった時空における光線束の伝播 041

だから面積は変えずに形をゆがめる効果を表し歪みと呼ばれる. ω_{ab} は反対称であるから断面積の回転を表す.

$\vec{\xi}$ が近傍の同じ σ の値を結ぶベクトルであることから, $\vec{\xi}, \vec{k}$ ともにそのパラメータに関する偏微分で表される. したがって関係 $[\vec{\xi}, \vec{k}] = 0$ が成り立ち, 次式が導かれる.

$$\frac{d\ell_a}{d\sigma} = \sum_b (\nabla_\nu k_\mu) e^\mu_{(a)} e^\nu_{(b)} \ell_b$$

この関係を使えば, 断面積の変形が光子の 4 元運動量で表される.

$$\theta = \frac{1}{2} \nabla_\mu k^\mu \tag{1.212}$$

$$\sigma_{ab} = \nabla_{(\nu} k_{\mu)} e^\mu_{(a)} e^\nu_{(b)} - \frac{1}{2} \delta_{ab} (\nabla_\mu k^\mu) \tag{1.213}$$

$$\omega_{ab} = \nabla_{[\nu} k_{\mu]} e^\mu_{(a)} e^\nu_{(b)} \tag{1.214}$$

リッチテンソルとワイルテンソルの重力効果は, 測地線偏差の式をこれらの量の伝播方程式として表すことで明らかになる.

（1.209）式を再度 σ で微分すると

$$\begin{aligned}
\frac{d^2\ell_a}{d\sigma^2} &= \sum_{b=1}^{2} (\theta\delta_{ab} + \sigma_{ab} + \omega_{ab}) \frac{d\ell_b}{d\sigma} + \sum_{b=1}^{2} \left(\frac{d\theta}{d\sigma}\delta_{ab} + \frac{d\sigma_{ab}}{d\sigma} + \frac{d\omega_{ab}}{d\sigma} \right) \ell_b \\
&= \sum_{b=1}^{2} \left[\left(\theta^2 + \sigma^2 - \omega^2 + \frac{d\theta}{d\sigma} \right) \delta_{ab} + \frac{d\sigma_{ab}}{d\sigma} + \frac{d\omega_{ab}}{d\sigma} + 2\theta\sigma_{ab} + 2\theta\omega_{ab} \right] \ell_b
\end{aligned}$$

$$\tag{1.215}$$

ここで σ_{ab}, ω_{ab} の成分を次のようにおいた[*8].

$$\sigma_{ab} = \begin{pmatrix} \sigma_1 & \sigma_2 \\ \sigma_2 & -\sigma_1 \end{pmatrix}, \quad \sigma^2 = (\sigma_1)^2 + (\sigma_2)^2, \quad \omega_{ab} = \begin{pmatrix} 0 & \omega \\ -\omega & 0 \end{pmatrix}$$

この（1.215）式と（1.206）式を比較することで, $\theta, \sigma_{ab}, \omega_{ab}$ それぞれの伝播の式が得られる.

$$\frac{d\theta}{d\sigma} + \theta^2 + \sigma^2 - \omega^2 = -\frac{1}{2} R_{\mu\nu} k^\mu k^\nu \tag{1.216}$$

$$\frac{d\sigma_{ab}}{d\sigma} + 2\theta\sigma_{ab} = C_{\mu\nu\rho\sigma} e^\mu_{(a)} k^\nu k^\rho e^\sigma_{(b)} \tag{1.217}$$

[*8] 慣例にしたがって $(\sigma_1)^2 + (\sigma_2)^2$ を σ^2 という記号で表しているが, アフィンパラメータの σ と混同しないようにしてほしい.

042　第 1 章　一般相対性理論

$$\frac{d\omega_{ab}}{d\sigma} + 2\theta\omega_{ab} = 0 \tag{1.218}$$

回転 ω_{ab} の式は ω_{ab} について線形で，しかも斉次であるから初期に 0 に取っておけば，それ以後つねに 0 のままとなるので考えないことにする．さらに光線束の断面積の変形が小さいとして，θ, σ の 2 次以上を無視する状況を考える．すると（1.216）式と（1.217）式から θ, σ を微小量として 2 次以上が無視できる状況では，リッチテンソルは光線束の形を変えずに断面積を変化させ，ワイルテンソルは面積を変えず形をゆがめることが分かる．またアインシュタイン方程式からリッチテンソルは物質の存在によって生成されるので，光線束の断面積の変化は光線が物質中を伝播することで起こることが分かる．なお，（1.216）式をレイチャウデューリ方程式（Raychaudhuri equation），θ, σ, ω を光学スカラー（optical scalars）と呼ぶ．

後に説明する弱い重力レンズは微小な遠方銀河が手前の銀河団などの重力源によってその形状がわずかに変形を受ける現象である．その変形はリッチテンソル（物質）によって背景銀河の大きさが拡大されて増光する効果とワイルテンソルによって形をゆがめる効果からなる．

▌1.10 アインシュタイン方程式

重力場の方程式を導こう．そのためにエネルギー密度 ρ をもった流体を考える．上で見たようにエネルギー密度はストレスエネルギーテンソルを用いて以下のように表される．

$$\rho = T_{\mu\nu}u^{\mu}u^{\nu} \tag{1.219}$$

この量がポアソン方程式の右辺であることから，重力場の方程式としてストレスエネルギーテンソルを重力源とする一般座標変換に対して不変な次の形の 2 階のテンソル方程式が予想される．

$$E^{\mu\nu} = kT^{\mu\nu} \tag{1.220}$$

この方程式に対する条件として，ストレスエネルギーテンソルが保存則

$$\nabla_{\nu}T^{\mu\nu} = 0 \tag{1.221}$$

をみたすことから，左辺のテンソル $E^{\mu\nu}$ も同じ式を満たさなければならない．

1.10. アインシュタイン方程式 043

$$\nabla_\nu E^{\mu\nu} = 0 \tag{1.222}$$

この式は縮約されたビアンキ恒等式（1.198）そのものであるから，求めるテンソルはアインシュタインテンソル（1.199）とみなそう．したがって求めるべき重力場の方程式は以下のように書けることが期待される．

$$G^{\mu\nu} = kT^{\mu\nu} \tag{1.223}$$

定数 k は，ニュートン極限でポアソン方程式に帰着するように決めればよい．この計算には（1.223）式を次の形にするのが便利である．

$$R_{\mu\nu} = k \left(T_{\mu\nu} - \frac{1}{2} g_{\mu\nu} T^\rho_\rho \right) \tag{1.224}$$

具体的な計算は練習問題 1.15 に譲るが，この式の 00 成分から $k = 8\pi G$ が導かれる．こうして次のアインシュタイン方程式が得られる．

$$G_{\mu\nu} = 8\pi G T_{\mu\nu} \tag{1.225}$$

アインシュタイン方程式から物質がない場合，時空は次式を満たす．

$$R_{\mu\nu} = 0 \tag{1.226}$$

上にも述べたようにリッチテンソルが 0 でもワイルテンソルが存在する可能性があるため，この式は必ずしも時空が平坦であることを意味しない．実際，ブラックホールや重力波など天文学的に興味のある真空解が存在する．

練習問題 1.15 （1.224）式の 00 成分を，ニュートン的な状況での線素（C.20）を用いて計算して係数 k を求めよ．

宇宙定数

上のアインシュタイン方程式の導出から分かるように左辺には $g_{\mu\nu}$ に比例する項を加える自由度がある．この項が 0 であるとする理論的理由はないのみならず，宇宙論において積極的にこの項の存在を支持する観測的証拠があるため，アインシュタイン方程式として以下の形をさすこともある．

$$G_{\mu\nu} + \Lambda g_{\mu\nu} = 8\pi G T_{\mu\nu} \tag{1.227}$$

左辺第2項を宇宙項，定数 Λ を宇宙定数という．この項は，宇宙膨張が発見される以前に宇宙は静的であると信じていたアインシュタインが宇宙項なしの重力場の方程式を宇宙全体に適用した結果，期待に反して静的な宇宙が得られなかったため，重力とバランスする反発力 ($\Lambda > 0$ に対応) として導入された．

宇宙項を右辺のストレスエネルギーテンソルに含めることもできる．そのためには次式で宇宙定数によるストレスエネルギーテンソルを定義する．

$$T_{\mu\nu}^{\Lambda} = -\frac{\Lambda}{8\pi G} g_{\mu\nu} \tag{1.228}$$

このストレスエネルギーテンソルは以下のエネルギー密度と圧力を持った完全流体とみなすこともできる．

$$\rho_{\Lambda} = \frac{\Lambda}{8\pi G}, \quad P_{\Lambda} = -\rho_{\Lambda} \tag{1.229}$$

密度と圧力の関係 $P = w\rho$ を状態方程式と呼び，w を状態方程式パラメータという．宇宙定数では $w = -1$ となる．後に見るように宇宙定数は現代の宇宙論においてきわめて重要な役割を果たしている．

■ 1.11 線形近似

アインシュタイン方程式はメトリックテンソルに対する非線形連立偏微分方程式で，球対称や軸対称のような高度な対称性を持った時空以外は解析的に解くのはきわめて困難である．現在ではブラックホール合体や中性子星合体のような天文学的に興味のある状況で数値計算によってアインシュタイン方程式を解く方法が発展している．しかし宇宙においては重力は弱く時空は適当な座標系では次のように平坦なミンコフスキー時空からの微小な摂動として扱うことができる状況が数多く存在する．

$$ds^2 = (\eta_{\mu\nu} + h_{\mu\nu})dx^{\mu}dx^{\nu} \tag{1.230}$$

ここで $h_{\mu\nu}$ は微小量であり，ミンコフスキー時空上のテンソルとして扱うことができる．摂動 $h_{\mu\nu}$ の2次以上を無視する時空のこのような記述を線形近似と呼ぶ．線形近似は後に述べる重力レンズや重力波の記述の基礎となる．

1.11.1 線形アインシュタイン方程式

上の線素における線形化されたアインシュタイン方程式を導こう．リーマンテンソルの定義から $h_{\mu\nu}$ の一次まででリーマンテンソルは以下となる．

$$R^{(\mathrm{L})}_{\mu\nu\rho\sigma} = \frac{1}{2}\left(h_{\mu\sigma,\nu\rho} - h_{\mu\rho,\nu\sigma} + h_{\nu\rho,\mu\sigma} - h_{\nu\sigma,\mu\rho}\right) \tag{1.231}$$

これから線形化されたアインシュタインテンソルをつくると以下のように書ける．

$$G^{(\mathrm{L})}_{\mu\nu} = \frac{1}{2}\left(h^{\rho}{}_{\mu,\nu\rho} - h_{,\mu\nu} + h^{\rho}{}_{\nu,\mu\rho} - h_{\mu\nu}{}^{,\rho}{}_{\rho}\right) - \frac{1}{2}\eta_{\mu\nu}\left(h^{\rho\sigma}{}_{,\rho\sigma} - h^{,\rho}{}_{,\rho}\right) \tag{1.232}$$

ここで $h = \eta^{\mu\nu}h_{\mu\nu}$ である．以下の量を定義する．

$$\bar{h}_{\mu\nu} = h_{\mu\nu} - \frac{1}{2}\eta_{\mu\nu}h \tag{1.233}$$

この変数を用いると線形化されたアインシュタインテンソルは以下のようになる．

$$G^{(\mathrm{L})}_{\mu\nu} = \frac{1}{2}\left(\bar{h}^{\rho}{}_{\mu,\nu\rho} - \eta_{\mu\nu}\bar{h}^{\rho\sigma}{}_{,\rho\sigma} + \bar{h}^{\rho}{}_{\nu,\mu\rho} - \bar{h}_{\mu\nu}{}^{,\rho}{}_{\rho}\right) \tag{1.234}$$

調和ゲージ条件

さらに次のような条件を変数 $\bar{h}_{\mu\nu}$ に課す．

$$\bar{h}^{\mu\nu}{}_{,\nu} = 0 \tag{1.235}$$

この条件は次の理由から調和ゲージ条件と呼ばれる．今，時空座標に対して次式を満たすことを要求する．

$$\eta^{\rho\sigma}\nabla_\rho\nabla_\sigma x^\mu = 0 \tag{1.236}$$

ここで時空座標をスカラー関数として（1.236）式を計算すると[*9]

$$\nabla_\rho\nabla^\rho x^\mu = \frac{1}{\sqrt{-g}}\frac{\partial\left(\sqrt{-g}\nabla^\rho x^\mu\right)}{\partial x^\rho} = \frac{1}{\sqrt{-g}}\frac{\partial\left(\sqrt{-g}g^{\mu\rho}\right)}{\partial x^\rho} = 0 \tag{1.237}$$

したがってこの条件はメトリックテンソルに対して次の条件となる．

$$\frac{\partial\left(\sqrt{-g}g^{\mu\rho}\right)}{\partial x^\rho} = 0 \tag{1.238}$$

[*9] 座標 x^μ の微小偏移 dx^μ は一般座標変換に対するベクトルであるが，座標そのものはベクトルではない．

正定値メトリックテンソルの場合，（1.236）式を満たす関数は調和関数と呼ばれるためこの条件（1.238）が調和ゲージ条件と呼ばれる．

重力場の基本変数として $\bar{g}^{\mu\nu} = \sqrt{-g}g^{\mu\nu}$ を取ることも可能で，この変数をランダウ–リフシッツ変数という．平坦な時空からの変化が微小な場合，ランダウ–リフシッツ変数に対して以下のように置いたときの変数 $\bar{h}^{\mu\nu}$ が微小量の 1 次の範囲で上で定義した $\bar{h}^{\mu\nu}$ そのものとなる．

$$\bar{g}^{\mu\nu} = \eta^{\mu\nu} - \bar{h}^{\mu\nu} \tag{1.239}$$

実際，この条件が（1.235）式となるため調和ゲージ条件，あるいは単に調和条件と呼ばれる．

練習問題 1.16　一般座標系から無限小座標変換

$$x^\mu \to x^{\mu'} = x^\mu + \xi^\mu \tag{1.240}$$

によって調和ゲージ条件を満たす座標系に移るためには，どのような関数 $\xi^\nu(x)$ を選べばよいか．

調和ゲージ条件の下での線形化されたアインシュタイン方程式は以下のように書ける．

$$\eta^{\rho\sigma}\partial_\rho\partial_\sigma\bar{h}^{\mu\nu} = \Box\bar{h}^{\mu\nu} = -16\pi G T^{\mu\nu} \tag{1.241}$$

ここで左辺の微分演算子

$$\Box = \eta^{\mu\nu}\partial_\mu\partial_\nu = -\frac{\partial^2}{\partial t^2} + \frac{\partial^2}{\partial x^2} + \frac{\partial^2}{\partial y^2} + \frac{\partial^2}{\partial z^2} \tag{1.242}$$

は平坦な時空での伝播速度が光速度の波動演算子である．したがって重力の影響は光速度で伝わることが分かる．線形化されたアインシュタイン方程式（1.241）の無限遠方で 0 となる解は以下で与えられる．

$$\bar{h}^{\mu\nu}(t, \boldsymbol{x}) = 4G \int_{C(t,\boldsymbol{x})} \frac{T^{\mu\nu}(t - |\boldsymbol{x} - \boldsymbol{y}|, \boldsymbol{y})}{|\boldsymbol{x} - \boldsymbol{y}|} + \bar{h}_{\mathrm{H}}^{\mu\nu}(t, \boldsymbol{x}) \tag{1.243}$$

この式が 4 章で学ぶ天体の運動による重力波放射の基礎式である．ここで $C(t, \boldsymbol{x})$ は観測点 $(t, \boldsymbol{x})$ を頂点とする過去光円錐である．したがって積分範囲は，この光円錐と物質の広がり $T^{\mu\nu}(t, \boldsymbol{y}) \neq 0$ が交差する時空領域となる．また $\bar{h}_{\mathrm{H}}^{\mu\nu}$ は方程

1.11. 線形近似 047

式（1.241）の斉次解（右辺を 0 としたときの解）であり，物理的には考えている系以外からの重力波を表す．考えている系からの重力の影響だけに関心がある場合がほとんどなので，一般に斉次解は 0 とおかれる．(1.241) 式の左辺が調和ゲージ条件を満たすことから，右辺のストレスエネルギーテンソルも以下の条件を満たす必要がある．

$$T^{\mu\nu}{}_{,\nu} = 0 \tag{1.244}$$

これは平坦な時空での保存則であるから（1.241）式は物質がつくる最低次の重力場を表すことができるが，重力場と物質の相互作用は記述できない．したがってこの近似では重力波の放射による天体のエネルギーの減少による運動の変化は扱えない．重力波の運ぶエネルギーやそれに伴う天体の運動の変化は $\bar{h}^{\mu\nu}$ の 2 次以上の効果を計算する必要があり 4 章で扱われる．

静的な天体のつくる重力場

太陽の周りの惑星の運動や以下で述べる重力レンズ効果のように重力場の周りの光の伝播を扱う場合など，天文学の多くの状況では時間変化が無視できる重力源として天体が扱われることが多い．ここではそのような時間微分が無視できる状況で天体が作る重力場を求めよう．

時間微分が無視できるから調和ゲージ条件の下での線形化されたアインシュタイン方程式は以下のように書ける．

$$\Delta \bar{h}^{\mu\nu} = -16\pi G T^{\mu\nu} \tag{1.245}$$

無限遠で平坦な時空になるという境界条件の下でこの式は次のような積分形で表される．

$$\bar{h}^{\mu\nu}(\boldsymbol{x}) = 4G \int d^3 y \, \frac{T^{\mu\nu}(\boldsymbol{y})}{|\boldsymbol{x} - \boldsymbol{y}|} \tag{1.246}$$

ここで興味があるのは天体から十分離れた領域における天体が作る重力場であるので，空間原点を物質内にとって $r = |\boldsymbol{x}| \gg |\boldsymbol{y}|$ の条件のもとで積分（1.246）を評価する．

$$\bar{h}^{\mu\nu}(\boldsymbol{x}) = \frac{4G}{r} \int d^3 y \, T^{\mu\nu}(\boldsymbol{y}) + O\left(\frac{1}{r^2}\right) \tag{1.247}$$

系の 4 元速度は $g_{\mu\nu}u^\mu u^\nu = -1$ から以下のように評価される．

$$u^\mu = \frac{1}{\sqrt{1 - v^2 - h_{00}}} \qquad (1.248)$$

空間原点を重心にとって系の全体としての速度 $\boldsymbol{v}$ を 0 とおけば h_{00} は微小量であるので $\rho = T^{00}$ となり，重力質量として以下の式が得られる.

$$M = \int d^3y\, T^{00} \qquad (1.249)$$

一方，$T^{\mu\nu}_{,\nu} = 0$ から

$$\frac{d}{dt}\int d^3y\, T^{i0} = \int d^3y\, T^{ij}_{,j} = -\oint d^2S_k\, T^{ik} = 0 \qquad (1.250)$$

（d^2S_k はストレスエネルギーテンソルを取り囲む空間領域の 2 次元表面積分要素）となって以下の量は定数となる.

$$P^i = \int d^3y\, T^{i0} \qquad (1.251)$$

いま重心系をとっているので $T^{0i} = \rho v^i = 0$ となる. また同様にして（ただしストレスエネルギーテンソルに対する保存則を 2 回使う）次式が導かれる.

$$\ddot{I}^{ij}(t) = \int d^3y\, T^{ij}(t, \boldsymbol{y}) \qquad (1.252)$$

ここで I^{ij} は次式で定義される系の 4 重極モーメントである.

$$I^{ij}(t) = \int d^3y\, y^i y^j T^{00}(t, \boldsymbol{y}) \qquad (1.253)$$

ここで今考えている系では時間変化を無視しているから四重極モーメントの時間微分は 0 となり，結局静的な天体から（系の広がりに対して）十分離れた距離における重力場は，以下のようになる.

$$\bar{h}^{00}(\boldsymbol{x}) = \frac{4GM}{r} + O\left(\frac{1}{r^2}\right), \qquad \bar{h}^{0i} = O\left(\frac{1}{r^2}\right), \quad \bar{h}^{ij} = O\left(\frac{1}{r^2}\right) \qquad (1.254)$$

これから静的な重力源の周りの時空の線素は以下のようになる.

$$ds^2 = -\left(1 - \frac{2GM}{r}\right)dt^2 + \left(1 + \frac{2GM}{r}\right)\left(dx^2 + dy^2 + dz^2\right) \qquad (1.255)$$

重力源である天体の空間的範囲が有限である系を孤立系というが，孤立系の外側の線素は孤立系内に適当にとった空間原点からの距離の逆冪 r^{-n} で展開できる. 上の線素はこの展開の最低次 $O(r^{-1})$ である. 次の次数 r^{-2} で天体の自転による寄与が現れる. 詳しくは参考文献 [56] を参照. 一般には自転する天体による重力

1.11. 線形近似　049

レンズ像には自転の効果が現れるが，回転するブラックホールのごく近傍を通る光を除いてこの効果はごく小さく観測精度以下であり無視できる．ニュートン重力では空間の曲がりは想定しないので，(1.255) 式の右辺第二項の係数が 1 となる．後に述べるようにこの違いが一般相対論における重力場による光の曲がりの角度がニュートン重力の曲がりの角度の 2 倍になる原因である．

より一般に質量分布のある重力源による時空の線素は，(1.255) 式で $-\dfrac{GM}{r}$ がニュートンポテンシャル ϕ であることから次のように書けることが分かる．

$$ds^2 = -(1+2\phi)\,dt^2 + (1-2\phi)\left(dx^2 + dy^2 + dz^2\right) \tag{1.256}$$

ニュートンポテンシャル ϕ は物質密度 ρ によって（1.20）式で与えられる．

$$\Delta\phi = 4\pi G\rho \tag{1.257}$$

2 章でみるように，この線素上での測地線方程式から光の進路の曲がりの角度が得られる．重力レンズ解析とはレンズ像の観測からレンズ天体のニュートンポテンシャルの情報を得て質量密度を再構成する方法である．

第 2 章

観測的宇宙論

　現在，我々はさまざまな観測から宇宙が約 138 億年前にビッグバンと呼ばれる超高温，超高密度状態から始まり膨張を続け，そして現在は加速膨張していることを知っている．また空間はほぼ平坦で星や私たちの体を作っている陽子，中性子，電子からできた物質（バリオン物質と呼ばれる）は宇宙のエネルギー密度のわずか 5% 程度を占めるにすぎず，残りの 95%は暗黒物質（ダークマター），暗黒エネルギー（ダークエネルギー）と呼ばれる正体不明のエネルギーであることも知っている．

　暗黒物質は電磁波と一切相互作用しないが，その重力によって初期宇宙の微小なゆらぎから銀河，銀河団，超銀河団という構造をつくり，また暗黒エネルギーは重力に対抗して宇宙を加速膨張させるという重要な役割を担っている．観測的宇宙論の目的の一つは，暗黒物質，暗黒エネルギーの正体をさぐり宇宙における構造形成の詳細を明らかにすることである．

　宇宙マイクロ波背景放射（Cosmic Microwave Background: CMB）や銀河の 3 次元分布などの観測から，宇宙は大域的に一様・等方性がよい近似で成り立っており，宇宙全体の時間発展や大域的な幾何学を扱う限りにおいては一様・等方性を仮定することは非常に有効である．しかし宇宙の中での構造の形成や，それを通してのより詳細な宇宙の時間進化を知るには一様・等方性からのずれを問題にする必要がある．この一様・等方性からのずれを扱うには一般相対論が不可欠である．この章では一般相対論の応用として観測的宇宙論の基礎について述べる．

2.1 観測のまとめ

現在の宇宙論は，多くの観測事実に基礎をおく実証的な科学である．それらの観測の中からここでは後の理解に必要となる宇宙膨張，銀河赤方偏移サーベイ，宇宙マイクロ波背景放射をとりあげてまとめておこう．

2.1.1 宇宙膨張

現代宇宙論の第一歩は，1910 年代のアメリカの天文学者リービット（Henrietta Swan Leavitt）によるセファイド変光星の周期と光度の関係の発見である．変光周期が長いほど平均光度が明るいという規則の発見によって，はじめて遠方銀河の距離が推定できるようになった．このような絶対的な明るさが正確に推定できる天体を標準光源という．絶対等級とは天体を $10\,\mathrm{pc}$ の距離に置いたときの見かけの等級として定義される．

$$m - M = 5 \log_{10} \left(\frac{d}{10\,\mathrm{pc}} \right) \tag{2.1}$$

ここで m は見かけの等級，M が絶対等級である[*1]．この関係によって定義された距離を正確には光度距離という．

当時の距離の推定は，セファイド変光星の種類の違いが認識されておらず正確ではなかったが，それでもアンドロメダ銀河が我々の天の川銀河の外の天体であることを認識させるには十分であった．さらにこの関係を利用してハッブル（E. Hubble）は遠くの銀河ほどその距離 d に比例した後退速度 V で運動している傾向を発見した．

$$V = H_0 d \tag{2.2}$$

これをハッブルの法則，あるいはハッブル–ルメートルの法則という．ルメートル（G. Lemaître）はハッブルに先駆けてこの法則を提案したベルギーの物理学者である．H_0 を（現在の）ハッブルパラメータという．

我々の銀河が宇宙の中心であるはずもなく，この法則があらゆる銀河から観測しても成立するためには，ハッブル–ルメートルの法則を空間の膨張としてとら

[*1] 実際の観測は特定の波長帯で行わる．等級の値は観測波長帯に依存する．

える必要がある．すなわち任意の2つの銀河は空間に固定されていて，その距離 ℓ も一定であるが，空間自体がある時間の関数 $a(t)$ に従って拡大しているとする．すると任意の時刻での物理的距離は次のように時間の関数として表される．

$$D(t) = a(t)\ell \tag{2.3}$$

このとき ℓ はスケール因子が1のときの距離である．現在の時刻でのスケール因子を1にとることが多い．この本でも特に断らない限りそのようにとる．この式を時間微分すると，ハッブル–ルメートルの法則が得られる．

$$V = \frac{dD(t)}{dt} = \frac{da}{dt}\ell = \frac{\dot{a}}{a}D(t) \tag{2.4}$$

こうしてハッブル–ルメートルの法則の発見は，空間の膨張，すなわち宇宙膨張として解釈される．ここで膨張を表す関数 a をスケール因子と呼び，ハッブルパラメータはスケール因子を用いて以下のように表される．

$$H(t) = \frac{\dot{a}}{a} \tag{2.5}$$

したがってハッブルパラメータは時間の関数であり，H_0 はその現在の値ということになる．

　ハッブルパラメータ H は時間の逆数の次元を持つため，その逆数はその時刻までの宇宙時間の目安を与える．これをハッブル時間といい，それに光速度をかけたものをハッブル半径，あるいはハッブル地平面半径という．任意の時刻でのハッブル地平面半径は，その時点で因果的に影響が及ぶスケールの目安を与える．現在のハッブルパラメータに対するハッブル時間は

$$t_{\mathrm{H},0} = \frac{1}{H_0} = 9.8 \times 10^9 h^{-1} \quad \mathrm{yr} \tag{2.6}$$

ここで h は次式で定義された無次元のハッブルパラメータである．

$$H_0 = 100h \quad \mathrm{km/s/Mpc} \tag{2.7}$$

h は1Mpc離れた銀河同士の相対速度が100km/sであるという単位でのハッブルパラメータの値である．

距離梯子

　図2.1はハッブル宇宙望遠鏡（Hubble Space Telescope: HST）によるセファイ

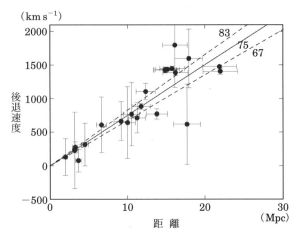

図 2.1 セファイド変光星を用いたハッブル–ルメートルの法則の観測例（Freemann *et al.* 2011, *Astronomical Journal*, 28, 7）．

ド変光星を用いた距離と後退速度の関係である．セファイド変光星の周期–光度関係は，ある特定の周期を持った変光星の絶対的な距離が分かって初めて実用的になる．そのためには年周視差（太陽と地球の距離を底辺とする三角測量）から距離が測定できる銀河系内の比較的近傍のセファイド変光星の観測が必要になる．現在ではハッブル宇宙望遠鏡や位置天文学衛星ガイアによって非常に精密に年周視差が測定され，HST では 1000 光年程度，ガイアでは数千光年まで正確に距離が測定できる．たとえば HST による数十個のセファイド変光星の距離測定から以下の変光周期・等級関係が得られている（Riess *et al. ApJ*, 826, 56, 2015）．

$$M_\mathrm{H} = -3.26\left(\log_{10} P(\mathrm{day}) - 1\right) - 5.93 \tag{2.8}$$

ここで M_H は波長 $1.63\,\mu\mathrm{m}$ 付近の H バンドと呼ばれる波長帯での絶対等級である．

セファイドの変光周期は 1 日から 100 日程度である．(2.8) 式からも分かるようにセファイド変光星の絶対等級は，最大に明るいものでも -8 等程度であり，太陽の絶対等級の $+4.82$ 等と比べると 10 万倍程度明るいが，それでも 30 Mpc 程度よりも遠方の銀河を星々に分解することは HST のような宇宙望遠鏡を用いても不可能である．そこでより遠方の銀河に対してもハッブル–ルメートルの法則が成り立っていることを示すには，より明るい標準光源が必要となる．円盤銀河

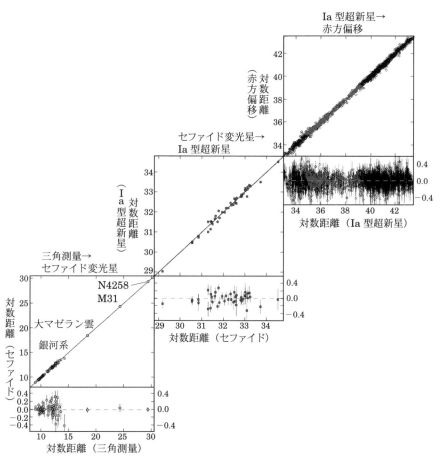

図 2.2 距離梯子．三角測量および標準光源の観測を組み合わせることで近傍から遠方への天体までの距離を決定する（A.G. Riess et al. 2022, *The Astrophysical Journal Letters*, 934, L7）．

の回転速度と明るさの関係など，現在までにいくつかの標準光源の候補が知られているが，その中でもっとも信頼されているのが Ia 型超新星と呼ばれる白色矮星の爆発現象である．この超新星の典型的な明るさは -19 等程度で小さな銀河の明るさに匹敵する．したがって 1 Gpc を超える遠方の銀河までの距離も推定できる．このときもセファイド変光星と Ia 型超新星が見つかっている比較的近傍の銀河に対して，それぞれの距離測定が矛盾のないことが示されている．このように三角測量から始めて異なる標準光源を矛盾なくつないで遠方の距離を測ること

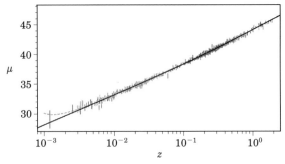

図 2.3 Ia 型超新星の明るさと赤方偏移の関係．赤方偏移 0.001 から 2.26 までの 1550 個の Ia 型超新星の光度曲線から求めた見かけの等級と絶対等級の差 μ と赤方偏移の関係（D. Brout *et al.* 2022 *The Astrophysical Journal*, Vol.938, 11）．

を距離梯子法という．2021 年に打ち上げられたジェームス・ウェッブ宇宙望遠鏡（JWST）によって従来の距離梯子の精度の正しさが検証されている．

図 2.3 は，このようにして求めた多数の Ia 型超新星の見かけの明るさと赤方偏移の関係である．縦軸は見かけの等級と絶対等級の差で距離指標と呼ばれ，(2.1) 式から距離を表す．横軸の赤方偏移 z は次式で定義される．

$$z = \frac{\lambda_{\mathrm{obs}} - \lambda_{\mathrm{em}}}{\lambda_{\mathrm{em}}} \tag{2.9}$$

ここで λ_{em} と λ_{obs} はそれぞれ銀河の静止系で放射された波長，それを観測したときの波長である．遠方銀河の後退速度は空間の膨張によるものであって，単純なドップラー効果ではないが赤方偏移が 1 に比べて十分小さい場合には，$v = cz$ という関係が成り立つ（c は光速度）．z が 0.1 程度以上に大きくなった場合は，後述するように別の考察を要するが，ここでは単に速度に対応すると思えばよい．したがって図 2.1 は，ハッブル–ルメートルの法則を表している．宇宙論における距離の概念は後に述べるように単純ではなく，観測量によって定義される．しかし赤方偏移が 1 に比べて十分小さな場合にはどの距離もほぼ一致するので，ここでは単純なユークリッド的距離と思っておけばよい．

現在の遠方の銀河や超新星の観測からハッブルパラメータに対して，おおよそ以下の値が得られている．

$$H_0 \simeq 73 \quad \mathrm{km/s/Mpc} \tag{2.10}$$

加速膨張の発見と暗黒エネルギー

宇宙膨張の速度を決めているのは重力であり，重力は引力であるから膨張速度は時々刻々減少（減速膨張）していると予想される．しかし20世紀末にこの予想を裏切る発見があった．詳細は後で述べるが，図2.3のような多数の遠方超新星の見かけの明るさと赤方偏移の関係は宇宙の膨張速度を反映している．この関係の観測によって宇宙の膨張速度は約30億年前から加速し始めたことが1999年に発見された．

この加速膨張の原因として暗黒エネルギーと呼ばれる反発力を及ぼす未知のエネルギーの存在が想定されている．アインシュタインが静的な宇宙を作るために導入した宇宙定数は，暗黒エネルギーの一種とみなすことができる．しかし現在のところ暗黒エネルギーの正体は全く不明である．このような正体不明のエネルギー源を想定するのではなく重力の法則が宇宙論的な距離スケールでは一般相対論とは違っているという可能性（修正重力理論）も議論されているが，現在までに一般相対論を積極的に修正するような実験，観測事実はまったく存在しないので本書では修正重力理論については触れない．この加速膨張の原因の究明は現代宇宙論のもっとも大きなテーマの一つであり，以下にふれるバリオン音響振動（Baryon Acoustic Oscillations: BAO）や次章で述べる弱い重力レンズを用いたコスミックシアの観測によって暗黒エネルギーの性質の解明が期待されている．

2.1.2 赤方偏移銀河サーベイと物質のパワースペクトル

現在の宇宙における銀河の空間分布には銀河群，銀河団，超銀河団などさまざまなスケールの構造が存在する．このような構造は宇宙初期につくられた物質密度の微小なゆらぎが自己重力によって成長してできたものである．したがって銀河の空間分布は，物質ゆらぎができたときの密度ゆらぎスペクトル（密度ゆらぎの大きさのスケール依存性），とその後の重力と宇宙膨張のバランスで決まる．ゆらぎのパワースペクトル（後述）は初期宇宙の物理で決まり，重力は物質の主要な成分である暗黒物質の量とその性質で決まる．また現在の宇宙膨張を支配しているのは暗黒エネルギーである．こうして銀河の空間分布の観測は，初期宇宙，暗黒物質，暗黒エネルギーに関する重要な情報を与える．

大規模な銀河分布の研究は1980年代から始まり，アメリカと日本が共同で始

2.1. 観測のまとめ 057

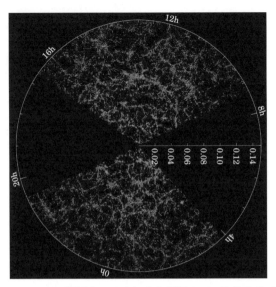

図 2.4 SDSS 銀河サーベイによる銀河の 3 次元分布（M. Blanton and the Sloan Digital Sky Survey. SDSS homepage: http://classic.sdss.org/home.php）.

めたスローン・デジタル・スカイ・サーベイ（SDSS）では，全天の 4 分の 1 という広大な領域で 22 等級までの天体が網羅的に観測された．このうち赤方偏移が測定された銀河は約 100 万個，クェーサーは約 10 万個にのぼっている．これによって銀河分布は一様ではなく多くの銀河は 2〜3 Mpc スケールの銀河団のメンバーとして存在し，銀河団同士はさらに大きなスケールの超銀河団を形成しつつあることも分かってきた．しかしこれらの構造も 100 Mpc スケールで平均すると，銀河の数密度には大きな差がなく，この意味で宇宙の物質分布は大域的に一様であると考えられている．

銀河の空間分布の情報からさまざまな情報を引き出すには，その分布を定量化する必要がある．そのために用いられるのが銀河の 2 点相関関数，あるいはそのフーリエ変換であるパワースペクトルである．銀河の数密度分布を以下のように定義する．

$$n_g(\boldsymbol{x}) = \bar{n}_g(t)\left(1 + \delta_g(\boldsymbol{x},t)\right) \qquad (2.11)$$

ここで $\bar{n}_g(t)$ は平均数密度である．このとき銀河の 2 点相関関数とパワースペク

トルは次のように表される.

$$\xi_g(r) = \langle \delta_g(\boldsymbol{x}) \delta_g(\boldsymbol{y}) \rangle \tag{2.12}$$

$$P_g(k) = \int d^3 x e^{-i\boldsymbol{k}\cdot\boldsymbol{x}} \xi_g(r) = 4\pi \int_0^\infty dr r^2 \xi_g(r) \frac{\sin kr}{kr} \tag{2.13}$$

2点相関関数は空間の等方性から2点間の距離 $r = |\boldsymbol{x} - \boldsymbol{y}|$ にのみ依存する. ただし宇宙の質量の大部分は暗黒物質によるので銀河の個数密度のゆらぎ δ_g は, 直接質量密度のゆらぎ δ_m を表してはいない. 銀河分布から質量分布を知るには, 銀河分布と暗黒物質分布の関係を知る必要がある. この関係をバイアスといい銀河形成の詳細に依存するため理論的に求めることは非常に困難であるが, 明るさ（銀河）と質量（暗黒物質）が比例しているという現象論的な仮定（線形バイアスという）が用いられることが多い.

$$\delta_m = b\delta_b \tag{2.14}$$

この比例係数 b は考えているスケールに依存する. 今後, 密度ゆらぎは暗黒物質も含めた物質密度とし, そのスペクトルを P_δ と書く.

$$\langle \tilde{\delta}(\boldsymbol{k})\tilde{\delta}^*(\boldsymbol{k}') \rangle = (2\pi)^3 \delta^{(3)}(\boldsymbol{k} - \boldsymbol{k}') P_\delta(k) \tag{2.15}$$

ここで $\delta^{(3)}$ は3次元のディラックデルタ関数, $\tilde{\delta}$ は密度ゆらぎのフーリエ成分である.

練習問題 2.1　密度ゆらぎの相関関数 $\xi(r) = \langle \delta(\boldsymbol{x})\delta(\boldsymbol{x}+\boldsymbol{r}) \rangle$ のフーリエ変換が上の定義のパワースペクトルを与えることを示せ.

　図 2.5 に現在の宇宙でさまざまな方法で観測されている物質密度ゆらぎのパワースペクトルを示した. なおほとんどの銀河は近傍の銀河の重力によって宇宙膨張以外にも固有の運動をしている. 観測量が赤方偏移であることから実際に観測される空間分布は赤方偏移の影響を受けた分布である. 上で議論したパワースペクトルはその効果を補正したものである. この効果はバリオン物質と暗黒物質の関係の情報を持っているので重要であるが, ここでは扱わない. これについては巻末にあげる参考文献 [70], [72] を参照してほしい.

---

*3　（60 ページ）中性水素雲がつくる遠方クェーサーのスペクトルに存在する多数のライマン α 線の吸収線. この観測によって宇宙空間における物質分布の情報が得られる.

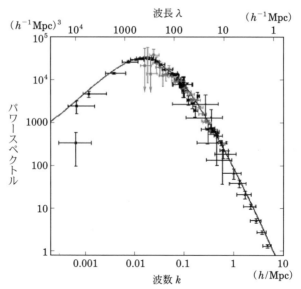

図 2.5 さまざまな観測から求めたパワースペクトル．波数 $0.01\,h/\mathrm{Mpc}$ 程度以下の大スケールは宇宙マイクロ波背景放射の温度揺らぎから，波数 $0.01\,h/\mathrm{Mpc}$ 程度から $0.2\,h/\mathrm{Mpc}$ 程度のスケールの制限は SDSS のデータによる銀河の 2 点相関関数と銀河団の個数密度の観測から，それ以下の小スケールはライマン α の森[*3] の観測などから得られる（M. Tegmark 2005, *Physics Scripta*, T121）．

2.1.3 宇宙マイクロ波背景放射の温度ゆらぎ

1964 年にペンジアス（A. Penzias）とウィルソン（R. Wilson）は宇宙をくまなく満たすマイクロ波を発見した．これは宇宙マイクロ波背景放射（CMB）と呼ばれ，宇宙のごく初期における超高温，超高密度の熱平衡状態の名残であり，ビッグバン理論の決定的な証拠である．その後，NASA の CMB 観測衛星による精密観測によって，このマイクロ波が絶対温度 2.726 K のプランク分布であることや，10 万分の 1 程度の温度の方向による違い（温度ゆらぎ）が確認された．この CMB の存在は宇宙初期が超高温，超高密度の熱平衡状態であったことの直接的な証拠であり，温度ゆらぎの発見とその観測によって宇宙論は精密科学となった．

CMB の起源

　現在の宇宙が熱平衡状態でないのにもかかわらず，宇宙全体を満たす CMB がプランク分布であることは初期宇宙が熱平衡状態だったことの証拠である．熱平衡状態では放射のエネルギー密度は温度の 4 乗に比例し，またスケール因子の 4 乗に反比例することから（3 乗は体積依存性，1 乗はエネルギーの波長依存性），放射の温度はスケール因子に反比例する．したがって宇宙の初期ほど高温となり，物質はより基本的な構成要素へと分解されていく．本書では数万度程度以下に下がった以降の宇宙を考える．ビッグバンから 50000 年ほどたち温度が 1 万度程度になった宇宙には完全電離した，電子，陽子，ヘリウム原子核からなるプラズマと大量の光子がトムソン散乱によって強く結びつき一体として振る舞う流体が満ちていた[*4]．この流体を光子・バリオン流体という[*5]．

　宇宙の温度が水素の電離エネルギーである $13.6\,\mathrm{eV} \simeq 1.5 \times 10^5\,\mathrm{K}$ 程度に下がっても，プランク分布の高振動数部分の光子が大量に存在するため，より低温度でもプラズマ状態は維持される．宇宙の温度が $3800\,\mathrm{K}$ 程度に下って水素の電離エネルギー $13.6\,\mathrm{eV}$ 以上のエネルギーを持った光子が少なくなると，陽子は電子を捕獲して水素原子ができ始める[*6]．そしてビッグバンから約 38 万年後，宇宙の温度が約 $3000\,\mathrm{K}$ に下がると自由電子の数が十分に減って光子はバリオン物質と相互作用を断って自由に直進し始める．この現象を宇宙の脱結合，あるいは宇宙の晴れ上がりと呼ぶ．この光子が宇宙膨張によって赤方偏移してマイクロ波として観測されたのが，CMB である．また光子が最後に散乱された時期（赤方偏移 $z_{\mathrm{dec}} \simeq 1090$）を最終散乱面と呼ぶ[*7]．

[*4] ニュートリノや暗黒物質は光子やバリオンと相互作用を断っているので，ここでの議論には関係しない．

[*5] バリオン粒子の数密度 n_b と光子の数密度 n_γ の比をバリオン・光子比 η と呼び，宇宙膨張によって変化せず我々の宇宙を特徴付ける重要なパラメータである．宇宙初期の軽元素合成の理論と観測から以下の値が得られている．

$$\eta \equiv \frac{n_b}{n_\gamma} = (5.9 - 6.4) \times 10^{-10}$$

この値を説明することは物質と反物質の非対称性を説明することに帰着し，現在も理解されていない．

[*6] ヘリウム原子核は温度が約 $7000\,\mathrm{K}$ ですでに 2 個の電子を捕獲して中性のヘリウム原子になっている．

[*7] その後，原始星の誕生などでほとんどの中性原子はまた電離される．これを宇宙の再電離という．

CMB の温度ゆらぎとその起源

1989 年，NASA が打ち上げた CMB 観測衛星 COBE によって，CMB が完全なプランク分布であること，および 10 万分の 1 の温度ゆらぎが発見された．温度ゆらぎは角度 θ 離れた 2 つの方向 $\boldsymbol{n}$, $\boldsymbol{n'}$ の温度の差として次のように定義される．

$$\Theta(\theta) = \frac{T(\boldsymbol{n}) - T(\boldsymbol{n'})}{T_{\mathrm{CMB},0}} \tag{2.16}$$

$T_{\mathrm{CMB},0} = 2.726\,\mathrm{K}$ は CMB の平均温度である．COBE は 7 度角の角度スケール程度の分解能しかなかったが，2009 年にヨーロッパ宇宙機構によって打ち上げられた Planck 衛星では 5 分角程度の分解能で温度ゆらぎが観測されている．

光子・バリオン流体中に存在したバリオンの密度ゆらぎは，強い放射圧のため成長できず振動して音波（粗密波）として流体中を伝わる．CMB の温度ゆらぎは，この音波振動のパターンが最終散乱面に残ったものである．その基本波長はビッグバンから宇宙の晴れ上がりまでに音波が伝播した距離（音響地平線半径と呼ばれる）である．音速は光子とバリオン粒子の数密度の比で決まり，宇宙の晴れ上がりの時刻は放射密度，物質（暗黒物質，バリオン物質）密度で決まっている．後で見るように宇宙初期の大域的幾何学や宇宙定数によらないので，温度ゆらぎの観測から空間曲率，宇宙定数と無関係に放射密度，バリオン数と光子数の比，物質密度などの情報を得ることができる．さらに晴れ上がり時点での音波の波長スケールは天球上である角度スケールを張るが，その角度は宇宙の大域的な幾何学に依存する．こうして CMB の温度ゆらぎの観測は，宇宙論パラメータに対する多くの情報を与えてくれる．またこの音波の名残は，宇宙の晴れ上がり以降の銀河分布に 147 Mpc 程度のわずかな周期的パターンを与える．これをバリオン音響振動（BAO）と呼ぶが，SDSS の銀河の 2 点相関関数の観測からこの周期パターンが観測されている．音響地平線や BAO の周期は以下で述べる標準物差しとして宇宙論パラメータの測定に重要な役割を果たしている．

図 2.6 は，ヨーロッパ宇宙機構によって 2009 年に打ち上げられた CMB 観測衛星 Planck の観測による温度ゆらぎの 2 乗平均に対応する量を，角度の関数として表した図である．より正確には以下のように定義される．温度ゆらぎを球面調和関数で展開する．

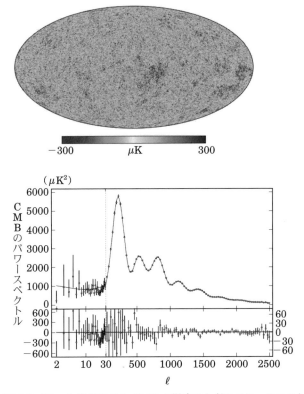

図 2.6 Planck 衛星による CMB の温度ゆらぎのパワースペクトル（M. Tristram *et al.* 2024, *Astronomy and Astrophysics*, 682, A37）．

$$\Theta_{\text{obs}}(\boldsymbol{n}) = \sum_{\ell=1}^{\infty} \sum_{m=-\ell}^{\ell} a_{\ell m} Y_{\ell m}(\boldsymbol{n}) \qquad (2.17)$$

展開係数 $a_{\ell m}$ は各 ℓ で指定される分布の振幅を表す．$\ell = 1$ が双極子分布を表し，地球の CMB が等方的に見える系に対する運動の情報を与える．CMB 固有の温度ゆらぎは，$\ell = 2$（四重極分布）以上のゆらぎである．ℓ が大きいほど，ゆらぎのスケールは小さくなる．ℓ はゆらぎの天球上の角度 θ の逆数で，$\ell = 1$ の双極子分布が 180 度に対応するから角度と次の関係がある．

$$\ell \simeq \frac{180^o}{\theta^o} \qquad (2.18)$$

温度ゆらぎは各方向でランダムな値をもつが，統計的には等方的であるので次の

アンサンブル平均で特徴づけられる.

$$\langle a_{\ell m} a_{\ell' m'}^* \rangle = \delta_{\ell \ell'} \delta_{mm'} C_\ell \tag{2.19}$$

この C_ℓ を温度ゆらぎのパワースペクトルという. 温度ゆらぎがガウス的であれば, このパワースペクトルだけで統計的な性質が決まる. 観測的にはゆらぎの3点相関などの非ガウス成分は非常に小さくまだ観測されていない. このパワースペクトルを用いて, 温度ゆらぎの2乗平均は次のように表される.

$$\langle |\Theta_{\mathrm{obs}}|^2 \rangle = \sum_{\ell,\ell',m,m'} \langle a_{\ell m} a_{\ell' m'}^* \rangle Y_{\ell m}(\boldsymbol{n}) Y_{\ell' m'}^*(\boldsymbol{n}) = \sum_\ell \frac{2\ell+1}{4\pi} C_\ell \tag{2.20}$$

$\ell \gg 1$ のとき, この和は以下のように積分で近似される.

$$\sum_\ell \frac{2\ell+1}{4\pi} C_\ell \simeq \int d\ln \ell \frac{\ell(2\ell+1)}{4\pi} C_\ell \simeq \int d\ln \ell \frac{\ell(\ell+1)}{2\pi} C_\ell \tag{2.21}$$

したがって $\ell(\ell+1)C_\ell/2\pi$ は角度空間の対数間隔当たりのパワーとなり, この量が図 2.6 でプロットされたものである. いくつかのピークが現れているのは, 上に述べた光子・バリオン流体中に伝播する音波のためである. このゆらぎのピークの位置や各ピーク間の高さの違いからさまざまな宇宙論パラメータを決めることができる.

図 2.6 で, $\ell \simeq 220$ のピークは第一音響ピークと呼ばれ宇宙の晴れ上がり時での音響地平線のスケールで角度として次の値が得られている. 以下この章では, $X = A \pm B$ とは, X というパラメータが 68% の確率で A のまわりの $\pm B$ の範囲にあるという意味である.

$$\theta_{\mathrm{H}}(z_{\mathrm{LS}}) = 0\overset{\circ}{.}59643 \pm 0\overset{\circ}{.}00046 \tag{2.22}$$

この角度はおもに宇宙の空間曲率に依存しているが, 物質密度やバリオン密度にもわずかに依存している. したがって角度の情報だけでは正確な曲率が完全には決まらないが他の情報も考慮すると以下のような厳しい制限が得られている.

$$\Omega_{\mathrm{K}} = -0.012 \pm 0.010 \tag{2.23}$$

この制限などから標準的なモデルとして宇宙は平坦であるとされている.

平坦な宇宙を仮定したうえで, 図 2.6 から宇宙論パラメータのベストフィットとして以下の値が得られている.

$$\Omega_{\mathrm{b},0}h^2 = 0.002226 \pm 0.00013$$

$$\Omega_{\mathrm{c},0}h^2 = 0.1190 \pm 0.0011$$

$$\Omega_{\mathrm{m},0} = 0.3092 \pm 0.0066$$

$$H_0 = 67.66 \pm 0.49 \,\mathrm{km/s/Mpc}$$

$$\sigma_8 = 0.8113 \pm 0.0050$$

$$t_0 = (13.7971 \pm 0.023) \times 10^{10} \,\mathrm{yr}$$

$$z_{\mathrm{dec}} = 1089.92 \pm 0.25$$

$$z_{\mathrm{eq}} = 3402 \pm 26$$

ただし，$\Omega_{\mathrm{c},0}, \Omega_{\mathrm{b},0}$ はそれぞれ暗黒物質（CDM，2.1.4 節を参照），バリオン物質の密度パラメータである（そのほかの記号の意味については以下の節を参照）．また，H_0 までは 2023 年のデータからの数値，それ以降は 2018 年のデータからの数値である．

ハッブルテンション

　ここでハッブルパラメータに 2 つの違った値が現れたことに気づくだろう．銀河の後退速度や超新星の見かけの明るさから求めたハッブルパラメータの値が約 $h \simeq 0.73$ であったのに対して，CMB の観測からは $h = 0.677$ であった．現在の宇宙論は，宇宙の大域的な空間が一様で等方的であるという観測結果に基礎をおいている．したがって宇宙の膨張率を表すハッブルパラメータはどのような方法で測っても同じ値になることが期待されるが，この結果は明らかにその期待に反している．この問題を，ハッブルテンションという．

　このハッブルパラメータの値が実際に違っているのか，あるいは観測誤差によって違っているように見えるだけで将来のより正確な観測では一致するかは分かっていない．銀河や超新星を用いた測定は実際に距離と速度を測っているのでいわば直接的な測定であるのに対して，CMB による測定は空間の一様・等方性と初期宇宙の物理法則に従って宇宙のモデルを構成し，それに基づいて CMB のパワースペクトルを再現し，それを観測されたパワースペクトルと一致させるように宇宙論パラメータを調節するという間接的な方法である．この方法は間接的ではあるが簡単な空間幾何学の仮定と明快な物理学に基礎をおくため，ハッブル

パラメータの測定値の誤差は $0.5\,\mathrm{km\,s^{-1}\,Mpc^{-1}}$ 程度と非常に小さい。一方，直接的な測定はセファイド変光星や Ia 型超新星が標準光源であることを大前提としているが，それらの天体は完全な意味で標準光源ではなくセファイド変光星それぞれ，Ia 型超新星それぞれに個性があり，それらを標準光源とみなすには経験的な補正を施して個性を消さなければならない。その点に曖昧さがどうしてもつきまとうが，上にも述べたように現在までのところ用いている距離梯子に矛盾はなく，誤差は $\pm1\,\mathrm{km^{-1}\,s^{-1}\,Mpc^{-1}}$ 程度であると報告されている。誤差はともに 2 つの測定値の差よりもはるかに小さく現在までのところハッブルテンションが現実のものである可能性が高いが，まだ結論は出ていない。

2.1.4 暗黒物質と構造形成

すでに述べたように現在の宇宙には銀河，銀河団，超銀河団のような構造が存在する。このような構造は宇宙初期に生成された微小なゆらぎが重力によって成長した結果である。ゆらぎの起源は宇宙のごく初期に起こったとされる急激な加速膨張（インフレーション）時の量子ゆらぎに起源をもつと考えられているが，実際に観測されているのは 10^{-5} 程度の CMB の温度ゆらぎである。宇宙の晴れ上がりまでは CMB 光子とバリオン物質は強く相互作用しているためバリオン物質の密度ゆらぎの振幅もその程度である。このゆらぎは宇宙の晴れ上がりの時点から成長を始めるが，ゆらぎの振幅が小さい限り宇宙膨張のためスケール因子に比例して成長することが知られている。晴れ上がり時での赤方偏移は約 1090 であるので，現在 $z=0$ までに 1090 倍しか成長できないことになる。$z=1090$ で $O(10^{-5})$ だったゆらぎが約 1000 倍に成長しても $O(10^{-2})$ にしかならず，現在見るような銀河に成長できるはずがない。そのため電磁波による直接的な観測では検出できない物質（暗黒物質）の存在を仮定する必要がある。

暗黒物質の存在はすでに 1930 年代に銀河団のメンバー銀河の運動から示唆されていた。銀河団は数千もの銀河がお互いの重力によって束縛されてある形状を保っている宇宙で最大の構造である。銀河団の形は自己重力とメンバー銀河の速度分散による圧力のバランスで保たれている。したがって銀河団内の各銀河の速度を測って，その分散を調べることで銀河団の重力，そしてそれを作り出す銀河団の総質量が推定できるはずである。この推定の下に 1930 年代，スイスの天文

066　第 2 章　観測的宇宙論

学者ツビッキーは「かみのけ座」方向にみえる銀河団に対してメンバー銀河の速度分散を測定した．その結果，メンバー銀河の明るさから推定される質量だけでは測定された速度分散を説明できないことを明らかにし，光を放出していない大量の物質が銀河団内に存在すると予言した．当時，その物質は行方不明の質量（missing mass）と呼ばれたが現在，暗黒物質と呼ばれている．この他に暗黒物質の存在は，X線観測や重力レンズの観測などからも支持されており，その存在を疑うことは非常に難しい．さまざまな観測によって暗黒物質の宇宙全体での質量密度は，バリオン物質の数倍であることが分かっている．暗黒物質はまだ直接には発見されていないが，宇宙における構造形成は暗黒物質の存在を前提として議論されている．

暗黒物質に基づく構造形成論

暗黒物質は電磁相互作用を持たないため，バリオン物質と違って物質優勢となる赤方偏移約 3400 の頃から成長を始めることができる．そして宇宙の晴れ上がりまでには，そのゆらぎは成長して暗黒物質ハロー[*8]と呼ばれる周りよりも密度の高い球状の領域をつくり，宇宙の晴れ上がりと同時にバリオン物質がハローの中心部に落ち込んで密度を急上昇させる．こうして，現在までに観測されている銀河やその空間分布を無理なく作ることが可能となる．ただ暗黒物質ハローの質量関数（単位体積当たりの質量 M のハローの数）はどのような暗黒物質を想定するかで非常に異なり，それによって構造形成がどのように進むかが違ってくる．

暗黒物質は冷たい暗黒物質（Cold Dark Matter: CDM）と熱い暗黒物質（Hot Dark Matter: HDM）に分類される．この分類は宇宙が放射優勢から物質優勢に変わった時点（等密度時）で，非相対論的か相対論的かによって決まる．非相対論的，すなわち速度分散が光速度に比べて非常に小さいものを CDM，速度分散が光速度程度のものを HDM という．このほか CDM と HDM の中間的な性質を持つ温かい暗黒物質（Warm Dark Matter: WDM）も考えることができるが，ここでは取り上げない．

HDM が暗黒物質の主成分であるとすると，そのゆらぎは暗黒物質粒子の運動

[*8] ハローとは，銀河や銀河団の周囲を取り囲む広がった構造を指し，主に暗黒物質から成り立つと考えられている．ハローは銀河や銀河団の重力的支配領域を形成しており，その内部構造や動力学的性質は，暗黒物質の性質や宇宙の構造形成についての重要な手がかりを提供する．

によってビッグバンから等密度時までの間に走る距離以下のスケールのハローをつくることができない．このスケールをフリーストリーミングスケールといい，次のように評価される．

$$L_{\mathrm{FS}} \simeq 250 \left(\frac{0.1\,\mathrm{eV}}{m} \right) \,\mathrm{Mpc} \tag{2.24}$$

ここで m は HDM 粒子の質量である．したがって HDM に基づく構造形成ではフリーストリーミングスケールよりも大きな構造がまず作られ，それが次々に分裂して小さい構造を作っていくことになる．これをトップダウンシナリオという．CDM の場合，そのような制限はなく小さな暗黒物質ハローも豊富に作られるので，小さなスケールの天体ができそれらが集合・合体して大きなスケールの構造をつくってくことになる．これをボトムアップシナリオという．このように HDM と CDM では構造形成の歴史がまったく異なる．

　ニュートリノは宇宙のごく初期では他の粒子と熱平衡にあり CMB 光子と同程度の数密度があるため 10 eV 程度の質量をもてば暗黒物質の主成分となりえるが，カミオカンデなどの観測から 0.1 eV 以下の質量しかもたないことがわかっており，暗黒物質の主成分とはなりえない．

CDM 理論の検証

　CDM に基づく構造形成のシミュレーションが観測されている宇宙の大規模な空間分布をよく説明することや，赤方偏移が 10 以上の宇宙ですでに原始銀河の候補が観測されていることから暗黒物質のほとんどは CDM であると考えられている．CDM 仮説に基づく構造形成の数値シミュレーションによれば，暗黒物質のつくるビリアル化したハローの平均的な密度分布はそのスケールによらず次式でよく近似できることが知られている．

$$\rho(r) = \frac{\rho_{\mathrm{s}}}{(r/r_{\mathrm{s}})(1 + r/r_{\mathrm{s}})^2} \tag{2.25}$$

この密度分布をシミュレーションによって発見した研究者の名前にちなんでナバーロ–フレンク–ホワイト（Navarro–Frenk–White: NFW）プロファイルという．NFW プロファイルについては重力レンズの章（第 3 章）で詳しく述べるが，弱い重力レンズを用いて測定された銀河団の質量分布は NFW プロファイルでよく近似できることが知られている．ただし銀河のようなより小さなスケールでは星

形成や超新星爆発などの影響で中心部分はこの分布からずれている.

CDM は質量 100 GeV 程度の弱い相互作用しか持たない素粒子と想定されているが，現在までの実験では検出されていない．このような素粒子は現在の素粒子の標準理論には存在しないため，もし検出されれば素粒子物理学に大きな影響を与える．また宇宙初期に $10^{-17} \sim 10^{-11} \, M_\odot$ の質量をもったブラックホール（原始ブラックホールという）[*9]が生成されたとすると，CDM として振る舞うため暗黒物質として余分な素粒子を導入することなしに宇宙の構造形成が説明できる.

本書では一様・等方性を仮定した現在の標準的な宇宙モデルの数学的な枠組みについて以下に述べる．また，以上の観測の他にたとえば初期宇宙起源のヘリウムやリチウムなどの軽元素の観測もビッグバン理論の検証に大きな役割を果たしているが，本書では初期宇宙については触れないので，それらについては巻末に挙げる適当な宇宙論の教科書 [62], [67], [70]–[73] を参照してほしい.

2.2 一様・等方宇宙モデル

すでに述べたように大規模銀河サーベイなどから少なくとも 100 Mpc 以上のスケールで平均すると銀河分布は一様でかつ等方的であり，CMB の温度が 10 万分の 1 の精度で等方的であることから第 0 近似としての宇宙は一様・等方空間であるとしてよいであろう.

空間が一様・等方であることは，数学的にはリーマンテンソルがある定数 K にしか依存せず，またメトリックテンソル（あるいはクロネッカーのデルタ）で書けるということである．このことは添え字の対称性を考えると，リーマンテンソルが次の形に書けることを意味する.

$$R_{ijk\ell} = K \left(g_{ik} g_{j\ell} - g_{i\ell} g_{jk} \right) \tag{2.26}$$

練習問題 2.2 3 次元一様等方空間のリーマンテンソルが上の形にかけることを示せ.

上のリーマンテンソルを縮約すると

[*9] この範囲以下の原始ブラックホールは現在までにガンマ線を放射して蒸発するため暗黒物質となりえない．またこの範囲以上の原始ブラックホールはそれが引き起こす重力レンズ効果が観測されていないことから除外される.

$$R_{ij} = 2Kg_{ij} \tag{2.27}$$

具体的にこの式を書き下してみよう．一様・等方性からどの点からみても空間は等方的であるので適当な点を原点にとる．すると空間の任意の点は，原点からの距離 r と方向（適当に取った z 軸からの角度 θ と x 軸からの角度 ϕ）によって指定できる．ここで動径座標 r を半径 r の球面の面積が $4\pi r^2$ になるように選ぶ．同じ半径 r にある点は球面上にあるから空間の線素は次のように書ける．

$$d\ell^2 = e^{2\lambda(r)}dr^2 + r^2\left(d\theta^2 + \sin^2\theta d\phi^2\right) \tag{2.28}$$

このメトリックに対してリッチテンソルを計算すると

$$R_{rr} = \frac{2}{r}\frac{d\lambda}{dr}, \quad R_{\theta\theta} = 1 - e^{-2\lambda} + re^{-2\lambda}\frac{d\lambda}{dr}, \quad R_{\phi\phi} = \sin^2\theta R_{\theta\theta} \tag{2.29}$$

したがって (2.27) 式から次の 2 つの式を得る．

$$\frac{\lambda'}{r} = Kg_{rr} = Ke^{2\lambda} \tag{2.30}$$

$$1 + re^{-2\lambda}\lambda' - e^{-2\lambda} = 2Kg_{\theta\theta} = 2Kr^2 \tag{2.31}$$

この 2 つの式から直ちに次式がえられる．

$$e^{-2\lambda} = 1 - Kr^2 \tag{2.32}$$

したがって 3 次元一様・等方空間の線素は以下のようになる．

$$d\ell^2 = \frac{dr^2}{1 - Kr^2} + r^2\left(d\theta^2 + \sin^2\theta d\phi^2\right) \tag{2.33}$$

K の定義から $R = 6K$．したがって $K > 0$ のとき曲率は正となり，また上の線素の動径部分から分かるように動径距離の値が有限となるので閉じた空間という．$K = 0$ のときは平坦な 3 次元ユークリッド空間を 3 次元極座標で表した線素である．$K < 0$ は曲率が負で動径距離が無限の範囲となるので開いた空間という．

　この空間が時々刻々膨張していくことは，膨張を表す時間の関数 $a(t)$ を用いて次のように書けばよい．

$$d\ell^2(t) = a^2(t)d\ell^2 \tag{2.34}$$

$a(t)$ をスケール因子という．このことは膨張しても空間座標 x^i は変化しないことを意味し，このような座標を共動座標系という．4 次元線素は，時刻 t 一定面

$(dt = 0)$ が上の形になることから一般に

$$ds^2 = g_{00}dt^2 + 2g_{0i}dtdx^i + a^2(t)d\ell^2 \tag{2.35}$$

とかける．宇宙には銀河が散らばっているが，時間座標として各銀河の固有時間をとろう．すると銀河の静止系では $dx^i = 0$ で，このとき固有時間の定義 $d\tau^2 = -ds^2 = g_{00}dt^2$ から

$$g_{00} = -1 \tag{2.36}$$

となる．次に各点 x^i にある銀河は自由落下しているとする．したがって銀河は宇宙膨張によって座標を変えない．銀河の4元速度はつねに $U^\mu = (1, 0, 0, 0)$ で測地線方程式の空間成分は単に

$$\Gamma^i{}_{00} = 0 \tag{2.37}$$

となる．ここで

$$\Gamma^i{}_{00} = g^{ij}g_{j0,0} \tag{2.38}$$

だから始めに $g_{i0} = 0$ としておけば，つねに $g_{i0} = 0$ となる．

こうして一様・等方膨張宇宙の4次元線素は次のように書けることが分かる．

$$ds^2 = -dt^2 + a^2(t)\left[\frac{dr^2}{1 - Kr^2} + r^2 d\Omega^2\right] \tag{2.39}$$

この線素で記述される時空を，ロバートソン–ウォーカー（Robertson–Walker）時空という．また，この線素で記述される宇宙を RW 宇宙，あるいは最初に一様・等方宇宙の膨張則を考察したフリードマンにちなんで FRW 宇宙と呼ぶ．

動径座標として，次の固有動径座標も使われる．

$$\chi(r) = \int \frac{dr}{\sqrt{1 - Kr^2}} = \begin{cases} \sin^{-1} r & K = +1 \\ r & K = 0 \\ \sinh^{-1} r & K = -1 \end{cases} \tag{2.40}$$

この座標を使うと線素は以下のようになる．

$$ds^2 = -dt^2 + a^2\left[d\chi^2 + r^2(\chi)\left(d\theta^2 + \sin^2\theta d\phi^2\right)\right] \tag{2.41}$$

この座標で表した $r(\chi)$ は共動角径距離とも呼ばれる．

2.2. 一様・等方宇宙モデル　071

2.2.1 赤方偏移

宇宙膨張によって遠方天体からの電磁波は赤方偏移を受け波長が伸びる．後で述べるように宇宙論における距離にはいくつかの定義があるが，実際の観測量は赤方偏移である．FRW宇宙での赤方偏移を導いておこう．

観測者（銀河）$\vec{U}$ が測る光のエネルギーは，光子の 4 元運動量を $\vec{k}$ とすると

$$E = -\vec{U} \cdot \vec{k} \tag{2.42}$$

と書ける．したがってアフィンパラメータ σ_S で放射された電磁波を σ_O で観測したとすると，観測者の測る赤方偏移の公式が導かれる．

$$1 + z = \frac{(\vec{U} \cdot \vec{k})(\sigma_O)}{(\vec{U} \cdot \vec{k})(\sigma_S)} \tag{2.43}$$

簡単のため観測者，光源ともに共動座標系に対して静止しているとしよう．するとどちらの 4 元速度も成分 $(1,0,0,0)$ をもつ．観測者を座標原点にとれば電磁波は動径方向に伝播するから，ヌルの条件を使うと $\vec{k} = (k^0, k^0/a, 0, 0)$ が得られる．したがって測地線方程式の時間成分は，

$$\frac{dk^0}{d\sigma} + \frac{1}{a^2}\Gamma^0{}_{\chi\chi}k^0 k^0 = 0 \tag{2.44}$$

となる．ここで $\Gamma^0{}_{\chi\chi} = a\dot{a}$ と $k^0 = dt/d\sigma$ に注意すれば，この式は

$$\frac{dk^0}{dt} + \frac{\dot{a}}{a}k^0 = 0 \tag{2.45}$$

これから $k^0 \propto 1/a$ となり，放射時のエネルギー $\hbar\omega_S$（$\hbar$ はプランク定数を 2π で割ったディラック定数）と受け取ったときのエネルギー $\hbar\omega_O$ の比は以下で与えられる．

$$\frac{\omega_O}{\omega_S} = \frac{k^0_O}{k^0_S} = \frac{a(\chi_S)}{a(\chi_O)} \tag{2.46}$$

こうして赤方偏移の公式が得られる．

$$1 + z = \frac{\lambda_O}{\lambda_S} = \frac{a(\chi_O)}{a(\chi_S)} \tag{2.47}$$

練習問題 2.3 観測者が静止し，光源が 3 次元速度 V^i で運動しているときの赤

方偏移をもとめよ．ただし 3 次元速度は光速度に比べて非常に小さいとする．

2.2.2 フリードマン方程式

　上のように一様・等方性の要請からメトリックの成分はスケール因子を除いてすべて決めることができる．空間の曲率をあらわす定数 K は初期条件によって決まる．スケール因子の従う式はアインシュタイン方程式から求められる．

　フリードマン–ロバートソン–ウォーカー時空のメトリックテンソルからアインシュタインテンソルの成分が以下のように計算される．

$$G_{00} = 3\left[\left(\frac{\dot{a}}{a}\right)^2 + \frac{K}{a^2}\right] \tag{2.48}$$

$$G^i_j = -\left[2\frac{\ddot{a}}{a} + \left(\frac{\dot{a}}{a}\right)^2 + \frac{K}{a^2}\right]\delta^i_j \tag{2.49}$$

アインシュタイン方程式の右辺のストレス・エネルギーテンソルも同じ成分が残って，次のように書くとストレスエネルギーテンソルの解釈から ρ がエネルギー密度，P が圧力であることが分かる．

$$T_{00} = \rho(t), \qquad T^i_j = P(t)\delta^i_j \tag{2.50}$$

　以上から宇宙膨張を表す式として次の 2 つの式が得られる．

$$\left(\frac{\dot{a}}{a}\right)^2 + \frac{K}{a^2} = \frac{8\pi G}{3}\rho \tag{2.51}$$

$$\frac{\ddot{a}}{a} = -\frac{4\pi G}{3}(\rho + 3P) \tag{2.52}$$

ここでストレスエネルギーテンソルとして完全流体を考えた．ρ はエネルギー密度，P は圧力である．これらの式をフリードマン（Friedmann）方程式という．第 2 式から $\rho + 3P < 0$ が満たされる場合に限り膨張の加速度 $\ddot{a}$ が正になることが分かる．またこの 2 つの方程式からエネルギー密度と圧力に対する以下の方程式が得られる．

$$\dot{\rho} + 3\frac{\dot{a}}{a}(\rho + P) = 0 \tag{2.53}$$

この式はストレス・エネルギーテンソルに対する保存則からも導かれる．宇宙論では宇宙のごく初期などを除けば状態方程式として次の簡単な形を仮定すれば十分である．

2.2. 一様・等方宇宙モデル 073

$$P = w\rho \tag{2.54}$$

宇宙に存在するエネルギー

観測的宇宙論で考えるエネルギーは，以下の3種類である.

1. $w = 0$, 非相対論的物質（暗黒物質とバリオン物質）

光速度に比べて速度が十分小さく静止質量エネルギーに比べて運動エネルギーが無視できるエネルギー．この場合，圧力は無視できるので $w = 0$ が十分よい近似である．このとき方程式 (2.53) 式からエネルギー密度はスケール因子の3乗に反比例することが分かる.

$$\rho_\mathrm{m} = \frac{\rho_\mathrm{m,0}}{a^3} = \rho_\mathrm{m,0}(1 + z)^3 \tag{2.55}$$

ここで現在のスケール因子を1とおいた．今後，特に断らない限りそうする．また注意すべきことは宇宙の初期の高温度の状況では熱エネルギーが静止質量エネルギーよりも大きくなり，そのため低温で非相対論的物質だったものが宇宙初期では相対論的な物質になることである．たとえば電子の質量は $0.51\,\mathrm{MeV}$ であるが，これは温度にして約60億度に対応する．したがってこれ以上の温度の初期宇宙では電子は相対論的な粒子である.

2. $w = 1/3$, 相対論的物質

光速度あるいはそれに十分近い速度で運動している粒子のエネルギー．静止質量エネルギーが0か，宇宙の熱エネルギーに対して無視できるほど小さい粒子の持つエネルギー．統計力学から $w = 1/3$ が導かれる．このとき保存則からエネルギー密度がスケール因子の4乗に反比例する.

$$\rho_\mathrm{r} = \frac{\rho_\mathrm{r,0}}{a^4} = \rho_\mathrm{r,0}(1 + z)^4 \tag{2.56}$$

3. $w \leq -1/3$, 暗黒エネルギー

$\rho + 3P < 0$, すなわち $w < -1/3$ を満たすエネルギーを暗黒エネルギーという．一般には係数 w は時間に依存する．たとえば w_0, w_a を定数として次の形が使われる.

$$w(a) = w_0 + (1 - a)w_a \tag{2.57}$$

このとき，エネルギー保存則を積分すれば以下が得られる

$$\rho_{\mathrm{DE}}(z) = \rho_{\mathrm{DE},0} a^{-3(1+w_0+w_a)} e^{-3w_a(1-a)} \tag{2.58}$$

宇宙定数は $w_0 = -1$, $w_a = 0$ に対応する。このときエネルギー密度は変化しない。

観測的宇宙論の一つの目標は，これらの係数を決めることである。現在，CMB の観測から次の制限が得られている。

$$w_0 = -0.957 \pm 0.080, \quad w_a = -0.29^{+0.32}_{-0.26} \tag{2.59}$$

したがって暗黒エネルギーは宇宙定数として矛盾はない。本書では暗黒エネルギーとしては宇宙定数のみを考え，暗黒エネルギーのエネルギー密度を ρ_Λ などと書く。暗黒エネルギーが宇宙定数の場合，現在の加速膨張は永遠に続くことになる。しかしもし $w_0 \neq -1$, あるいは $w_a \neq 0$ が観測的に確かめられると，暗黒エネルギーの正体がある種の素粒子場のもつエネルギーである可能性を示唆するばかりか，その詳細によって宇宙の未来は大きく異なることになる。

3種類のエネルギー密度のスケール因子の依存性から宇宙の膨張を支配している物質は，時間の順に相対論的物質，非相対論的物質，そして暗黒エネルギーであることが分かる。本書では特に断らない限り宇宙膨張に対する放射の影響は考えず，物質と宇宙定数によって支配された膨張を考える。

2.3 宇宙論的パラメータ

FRW 宇宙を特徴づけるパラメータを宇宙論的パラメータという。

まず膨張速度を決めるハッブルパラメータを次のように定義する。

$$H(t) \equiv \frac{\dot{a}}{a} \tag{2.60}$$

現在での値を示すときは，H_0 というように下付きの添え字 0 をつける。

ハッブルパラメータは時間の逆数の次元を持っているので，次のような量を定義すれば密度の次元を持った量ができる。この量を臨界密度と呼ぶ。

$$\begin{aligned}
\rho_{\mathrm{cr},0} = \frac{3H_0^2}{8\pi G} &\simeq 1.88 \times 10^{-29} h^2 \quad \mathrm{g\,cm^{-3}} \\
&\simeq 2.76 \times 10^{11} h^2 \quad M_\odot\,\mathrm{Mpc^{-3}}
\end{aligned} \tag{2.61}$$

ここで $M_\odot \simeq 1.99 \times 10^{33}$ g は太陽質量である。臨界密度で規格化したエネルギー密度を密度パラメータと呼ぶ。任意のスケール因子の値でのハッブルパラメータ

を使って任意のスケール因子の値での密度パラメータが定義され，次のように
書く．

$$\Omega_X(a) = \frac{\rho_X(a)}{\rho_{cr}(a)} \tag{2.62}$$

現在 $(a = 1)$ で定義された密度パラメータを $\Omega_{X,0} = \Omega_X(a = 1)$ と書く．添え字
X はエネルギー密度の種類で，以下に述べるように非相対論物質 (m)，放射 (r)，
あるいは暗黒エネルギー (DE) を想定している．以下，宇宙の晴れあがり以降を
扱うので放射成分は無視する．また簡単のため暗黒エネルギーは宇宙定数として
扱う．膨張速度の変化を表す減速パラメータと呼ばれるパラメータが用いられる
ことがあるが本書では使わない．また

$$\Omega_K(a) = -\frac{K}{a^2 H^2} \tag{2.63}$$

を曲率密度パラメータということもある．

　これらを用いるとフリードマン方程式は次のように書くことができる．

$$H^2 = H_0^2 \left(\frac{\Omega_{m,0}}{a^3} + \Omega_{\Lambda,0} - \frac{K}{a^2 H_0^2} \right) \tag{2.64}$$

この式は任意の時刻で成り立つが，特に現在の時刻 $a = 1$ で両辺を考えると，左
辺は H_0^2 となるから，曲率とエネルギー密度の関係が導かれる．

$$\Omega_{K,0} = -\frac{K}{H_0^2} = 1 - \Omega_{m,0} - \Omega_{\Lambda,0} \tag{2.65}$$

したがって平坦である条件は，（曲率密度パラメータを除く）密度パラメータの総
和が 1，あるいは各種のエネルギー密度の総和が臨界密度になるということであ
る．上で述べたように CMB の温度ゆらぎの観測からこの条件が 100 分の 1 以下
の精度で成り立っているので，今後は特に断らない限り平坦な宇宙で話を進める．

　練習問題 2.4　任意のスケール因子での物質の密度パラメータ $\Omega_m(a)$ と現在の
密度パラメータの関係を示せ．

2.3.1 物質優勢期から宇宙定数優勢期

　本書で取り扱う範囲で宇宙は物質優勢時代から宇宙定数優勢の時代へと移行す
る．ここでその範囲で宇宙の膨張則を導いておこう．

076　第 2 章　観測的宇宙論

フリードマン方程式の右辺で物質のエネルギー密度と宇宙定数のエネルギー密度が等しい条件は

$$1 + z_\Lambda = \frac{1}{a_\Lambda} = \left(\frac{\Omega_{\Lambda,0}}{\Omega_{m,0}} \right)^{1/3} \simeq 1.29 \tag{2.66}$$

となる．したがって $z_\Lambda \simeq 0.29$ となり，これはビッグバンから約 103 億年後に相当する．

今，考えている範囲でフリードマン方程式は次のように書ける．

$$\dot{a}^2 = H_0^2 \left(\frac{\Omega_{m,0}}{a} + \Omega_{\Lambda,0} a^2 \right) \tag{2.67}$$

したがって

$$H_0 t = \int_0^a \frac{\sqrt{a}\, da}{\sqrt{\Omega_{m,0} + \Omega_{\Lambda,0} a^3}} \tag{2.68}$$

練習問題 2.5 この積分を実行して以下になることを示せ．

$$a(t) = \left(\frac{\Omega_{m,0}}{1 - \Omega_{m,0}} \right)^{1/3} \sinh^{2/3} \left(\frac{3}{2} \sqrt{1 - \Omega_{m,0}} H_0 t \right) \tag{2.69}$$

この解が宇宙定数が無視できる極限で

$$a(t) = \Omega_{m,0}^{1/3} \left(\frac{3}{2} H_0 t \right)^{2/3} \tag{2.70}$$

となり，物質が無視できる極限で次式になることは容易に確かめられる．

$$a(t) = a_\Lambda \exp \left(H_0 \Omega_{\Lambda,0}^{1/2} (t - t_\Lambda) \right) \tag{2.71}$$

ただし $t = t_\Lambda$ でのスケール因子の値を a_Λ とおいた．スケール因子の関数として時間を求めると

$$t(a) = \frac{2}{3 H_0 \sqrt{1 - \Omega_{m,0}}} \ln \left[\left(\frac{a}{a_\Lambda} \right)^{3/2} + \sqrt{1 + \left(\frac{a}{a_\Lambda} \right)^3} \right] \tag{2.72}$$

上の式で，$a = 1$ とおけば現在の宇宙年齢が得られる．

$$t_0 = \frac{2}{3 H_0 \sqrt{1 - \Omega_{m,0}}} \ln \left[\frac{1 + \sqrt{1 - \Omega_{m,0}}}{\sqrt{\Omega_{m,0}}} \right] \simeq 13.8\,\mathrm{Gyr} \tag{2.73}$$

2.3. 宇宙論的パラメータ 077

2.4 距離と赤方偏移

距離が絶対的な意味を持つのはその両端を同時刻で測った固有距離であるが，宇宙論においてはこの概念は実用的ではない．というのは私たちが観測する銀河は何億光年，あるいは何十億光年かなたにあるからである．したがって遠方銀河に対して実際に観測される量は赤方偏移と距離を結び付ける必要がある．その場合，実際にどんな量を測定するかで距離が定義される．距離としてはいくつかの定義があるが，その中で代表的な光度距離と角径距離を説明しよう．

2.4.1 光度距離

光度距離は，標準光源（絶対的な光度が分かっている天体）があるものとして定義される概念である．光源である銀河の絶対光度（単位時間あたりに放射されるエネルギー）を L とすると，このエネルギーは四方八方に放射され，そのうちの一部を受け取る．3次元のユークリッド空間では，距離 D 離れた場所に光源があると，受け取る単位時間，単位面積当たりのエネルギー（エネルギー流速）f は次のように表される．

$$f = \frac{L}{4\pi D^2} \tag{2.74}$$

この関係をそのまま認めて，これを距離の定義としたものを光度距離 D_L という．すなわち絶対光度 L が分かっている天体を観測したときのエネルギー流速が f の時，その天体までの距離を

$$D_\mathrm{L} = \left(\frac{L}{4\pi f}\right)^{1/2} \tag{2.75}$$

と定義して光度距離という．

いま，赤方偏移 z_2 にある銀河 G_2 が放射したエネルギーを赤方偏移 z_1 にある銀河 G_1 が受け取ることを考えよう．それぞれの赤方偏移に対応する共動動径距離を，それぞれ χ_2, χ_1 とする．今，光は動径方向に進むとすると光の世界線上で時間間隔と動径間隔の関係は，線素 (2.41) で $d\theta = d\phi = 0$ とおいて

$$0 = ds^2 = -dt^2 + a^2(t)d\chi^2 \tag{2.76}$$

これから動径座標 χ と赤方偏移の間には次の関係があることが分かる．

078　**第2章　観測的宇宙論**

$$\int_{\chi_1}^{\chi_2} d\chi = \chi_2 - \chi_1 = \frac{1}{H_0} \int_{z_1}^{z_2} \frac{dz}{\sqrt{\Omega_{\mathrm{m},0}(1+z)^3 + \Omega_{\Lambda,0} - \Omega_{\mathrm{K},0}(1+z)^2}} \tag{2.77}$$

ただしここで時間積分を赤方偏移積分に変えるために次の関係を用いた.

$$\frac{dt}{a} = \frac{da}{a^2 H(a)} = -\frac{dz}{H(z)} \tag{2.78}$$

これから2つの銀河の間の動径距離 $r(z_1, z_2)$ は,閉じた宇宙,平坦な宇宙,開いた宇宙に対してそれぞれ以下の右辺の $\chi_2 - \chi_1$ に上の式を当てはめればよい.

$$r(z_1, z_2) = \begin{cases} \sin(\chi_2 - \chi_1) & K = +1 \\ \chi_2 - \chi_1 & K = 0 \\ \sinh(\chi_2 - \chi_1) & K = -1 \end{cases} \tag{2.79}$$

たとえば平坦な場合は

$$r(z_1, z_2) = \frac{1}{H_0} \int_{z_1}^{z_2} \frac{dz}{\sqrt{\Omega_{\mathrm{m},0}(1+z)^3 + (1 - \Omega_{\mathrm{m},0})}} \tag{2.80}$$

となる.

さて銀河 G_2 が時間間隔 δt_2 に放射したエネルギーを δE_2 とすると光度は $L_2 = \delta E_2/\delta t_2$ と書ける.動径距離 r の定義からこのエネルギーは,$\chi = \chi_1$ の銀河 G_1 に届くまでに $4\pi \left(a(z_1)r(z_1, z_2)\right)^2$ の球面に広がるから,銀河 G_1 が観測する単位時間,単位面積当たりのエネルギー流速は次のように書ける.

$$f_1 = \frac{\delta E_1/\delta t_1}{4\pi \left(a(z_1)r(z_1, z_2)\right)^2} \tag{2.81}$$

ただし $\delta E_1, \delta t_1$ は,$\delta E_2, \delta t_2$ に対応する銀河 G_1 が受け取ったエネルギーと時間間隔である.ここで宇宙膨張による赤方偏移を思い出すと

$$\frac{\delta E_2}{\delta E_1} = \frac{\delta t_1}{\delta t_2} = \frac{a(z_1)}{a(z_2)} = \frac{1 + z_2}{1 + z_1} \tag{2.82}$$

したがって

$$f_1 = \left(\frac{1 + z_1}{1 + z_2}\right)^2 \frac{\delta E_2}{4\pi \left(a(z_1)r(z_1, z_2)\right)^2 \delta t_2} \tag{2.83}$$

となり,光度距離の定義と比較することで

$$D_{\mathrm{L}}(z_1, z_2) = \left(\frac{L_2}{4\pi f_1}\right)^{1/2} = \frac{1 + z_2}{(1 + z_1)^2} r(z_1, z_2) \tag{2.84}$$

2.4. 距離と赤方偏移   079

となることが分かる. $r(z_1, z_2)$ は (2.77) と (2.79) 式で与えられる.

宇宙定数がある平坦な宇宙では, 現在から赤方偏移 z までの光度距離は以下となる.

$$D_L(z_1, z_2) = \frac{1}{H_0}\frac{1 + z_2}{(1 + z_1)^2}\int_{z_1}^{z_2}\frac{dz}{\sqrt{\Omega_{m,0}(1 + z)^3 + 1 - \Omega_{m,0}}} \tag{2.85}$$

この距離を超新星の距離指標 $m - M$ の式に用いることで宇宙の加速膨張が発見された. $z_1 = 0$ として $z = z_2$ を 1 に比べて大きくとると, 現在から非常に遠方までの光度距離として以下の近似式が得られる.

$$D_L(z) \simeq \frac{2}{H_0\Omega^{1/2}}(1 + z) \tag{2.86}$$

2.4.2 角径距離

光度距離のほかによく用いられるのが角径距離である. ユークリッド空間では, ある長さの物体は遠くにあればあるほど小さく見える. これを距離の定義として宇宙にも適用したのが, 角径距離である.

いま, 赤方偏移 z_2, 動径座標 χ_2 にある視線方向に垂直な方向の固有の長さ L を考える. この長さを赤方偏移 z_1 から見込む角度を $\delta\theta$ とすると, 赤方偏移 z_1 から z_2 までの角径距離は次のように定義される.

$$D_A(z_1, z_2) \equiv \frac{L}{\delta\theta} \tag{2.87}$$

固有距離は, 観測者の位置を座標原点とすると棒に沿って $dt_2 = d\chi_2 = d\phi_2 = 0$ だから

$$L = a(z_2)r(z_1, z_2)\delta\theta \tag{2.88}$$

と書ける. したがって

$$D_A(z_1, z_2) = a(z_2)r(z_1, z_2) = \frac{r(z_1, z_2)}{1 + z_2} \tag{2.89}$$

これから角径距離と光度距離の間には次の関係があることが分かる.

$$D_A(z_1, z_2) = \left(\frac{1 + z_1}{1 + z_2}\right)^2 D_L(z_1, z_2) \tag{2.90}$$

図 2.7 では, 角径距離 (左) と光度距離 (右) の宇宙論パラメータ依存性が示

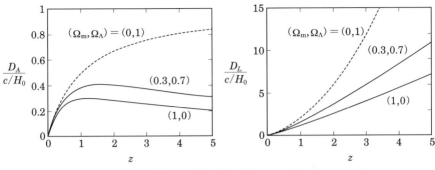

図 2.7 角径距離（左）と光度距離（右）の宇宙論パラメータ依存性.

されている. 角径距離はある赤方偏移で最大値となり，それ以遠はだんだん小さくなる. これはある赤方偏移より遠い天体は，遠くに行けばいくほど大きく見えるということである. 一見，このことは矛盾にみえるが，実際にそのように見えるため矛盾ではない. ある赤方偏移より遠い天体から出た光が，凸レンズを通ってくるように曲げられるため，このような現象が起こる. 実際に物質がないド・ジッター宇宙 $(\Omega_{m,0}, \Omega_{\Lambda,0}) = (0, 1)$ では角径距離は単調増加となっている. 角径距離，あるいは光度距離をさまざまな赤方偏移で直接測ることができれば，宇宙モデルを決めることができる. タイプ Ia 型超新星の光度・赤方偏移関係がまさにそれである.

この角径距離は，重力レンズや CMB 温度ゆらぎから宇宙論的情報を引き出す時に使われる.

練習問題 2.6 アインシュタイン・ドジッター宇宙の場合に角径距離 $D_A(0, z)$ が最大になる赤方偏移を求めよ.

2.5 非一様宇宙と観測量

これまでは観測によって物質分布は統計的に一様で等方的であることから一様・等方宇宙について述べた. しかし遠方銀河からやってくる光は統計的な物質分布を感じてくるわけではなく局所的な物質分布の凸凹を通ってやってくる. これによって遠方銀河の明るさや形状が変化し，極端な場合は複数のイメージとし

て観測される.

この節で物質分布の非一様性が電磁波の伝播に及ぼす一般的な影響について述べる. 物質分布の非一様性は, それに伴う重力ポテンシャルの非一様性をつくる. 電磁波はその中を測地線方程式に従って伝播する. したがってその詳細を調べるためにはまず物質分布の非一様性がある場合の宇宙論的なメトリックを知る必要がある. 宇宙論的な状況では個々の天体の作る重力場は特別な状況を除いてはそれほど強くなく, またその天体近傍中を電磁波が伝播する時間に比べて重力場の変動する時間スケールは十分長い場合がほとんどなので, ここでは重力場が弱く, かつその時間変動が無視できる場合に話を限る. このとき宇宙の線素は一様・等方時空からの微小な摂動として扱うことができる. 1章でみたように漸近的に平坦な時空の場合, 重力源から離れた領域の時空の線素は次のように表された.

$$ds^2 = -(1 + 2\Psi)\,dt^2 + (1 - 2\Psi)\left(dx^2 + dy^2 + dz^2\right) \qquad (2.91)$$

ここではニュートンポテンシャルを Ψ と書いた. 宇宙論的な状況を扱うため宇宙膨張の効果を入れて, これを次のように一般化しよう.

$$ds^2 = -(1 + 2\Psi)\,dt^2 + a^2\left(1 - 2\Psi\right)\left(dx^2 + dy^2 + dz^2\right) \qquad (2.92)$$

ただし簡単のため宇宙の平均密度 $\bar{\rho}_m$ は臨界密度に等しいとして平坦な宇宙からの摂動を考える.

$$\rho_m(z) = \rho_{cr}(z)\left(1 + \delta(z)\right) \qquad (2.93)$$

ここで物質密度ゆらぎ δ の平均はゼロである.

$$\langle \delta \rangle = 0 \qquad (2.94)$$

平均操作は本来は統計平均であるが, 実際には $100\,\mathrm{Mpc}$ 程度以上のスケールでの空間平均である. するとスケール因子は δ^2 を無視する近似で前節で与えたフリードマン方程式に従い, ニュートンポテンシャルは以下のポアソン式に従うことが導かれる.

$$\Delta\Psi = 4\pi G a^2 \rho_{cr,0}\,\delta \qquad (2.95)$$

上で与えた線素は, 密度ゆらぎが非常に大きい場合にも妥当であることを注意しておこう. 上の形の線素は平坦な宇宙の線素からのずれが十分小さいという近

似で求められたので，ニュートンポテンシャルが十分小さくなければならない．今，ϵ を微小量としてニュートンポテンシャルを ϵ^2 のオーダーとしよう（重力束縛系では，ϵ が重力と釣り合う典型的な速度のオーダーとなる）．

$$\Psi = O\left(\epsilon^2\right) \tag{2.96}$$

また臨界密度はその定義から宇宙の地平線の逆数のオーダーとなる．

$$G\rho_{\mathrm{cr},0} = \frac{3H_0^2}{8\pi} = O\left(\frac{1}{L_{\mathrm{H}}^2}\right) \tag{2.97}$$

したがってポアソン方程式（2.95）から密度ゆらぎのオーダーが求まる

$$\delta = O\left(\frac{\epsilon^2}{\ell^2/L_{\mathrm{H}}^2}\right) \tag{2.98}$$

ここで物質分布が変化する典型的なスケールを ℓ とした．したがって

$$\frac{\ell}{L_{\mathrm{H}}} \ll \epsilon \ll 1 \tag{2.99}$$

であれば，$\delta \gg 1$，すなわち密度ゆらぎが非線形になっても上で与えた線素は十分よい近似である．たとえば銀河の典型的なスケールを $10\,\mathrm{kpc}$ とすると，$\ell/L_{\mathrm{H}} \simeq 10^{-8}$ 程度で，銀河の速度分散，あるいは回転速度は $\epsilon \simeq 10^{-3}$ 程度であるから，上の近似は銀河スケールのゆらぎに対しても適用できることが分かる．

2.5.1 非一様宇宙での測地線方程式

非一様宇宙での光の伝播は，(2.41) 式の線素 ds^2 と

$$ds^2 = a^2(\eta)d\tilde{s}^2 \tag{2.100}$$

の関係にある線素 $d\tilde{s}^2$ 上で考えるのが便利である．

$$\begin{aligned}
d\tilde{s}^2 &\equiv \tilde{g}_{\mu\nu}dx^\mu dx^\nu \\
&= -\left(1+2\Psi\right)d\eta^2 + \left(1-2\Phi\right)\left(dx^2+dy^2+dz^2\right)
\end{aligned} \tag{2.101}$$

ここで $\eta = \displaystyle\int^t dt'/a(t')$ は共形時間である．後の CMB 温度ゆらぎへの応用のため，少しだけ一般化して時間部分の重力ポテンシャル Ψ と空間部分の曲率 Φ を変えておいた．この2つの違いは，ストレスエネルギーテンソルが非対角成分をもつときに表れる．

2.5. 非一様宇宙と観測量　083

練習問題 2.7 2つのメトリック $g, \tilde{g}$ が次の関係

$$g_{\mu\nu} = \Omega^2(x)\tilde{g}_{\mu\nu} \tag{2.102}$$

にあり, かつ $k^\nu = \dfrac{dx^\mu}{d\sigma}$ はメトリック $g_{\mu\nu}$ でヌルベクトルであり, ヌルの測地線方程式を満たすとする. このとき新しいアフィンパラメータ $\tilde{\sigma}$ を使って定義されたベクトル $\tilde{k}^\nu = \dfrac{dx^\mu}{d\tilde{\sigma}}$ がメトリック $\tilde{g}_{\mu\nu}$ で以下のヌル測地線方程式を満たすことを示せ.

$$\frac{d\tilde{k}^\mu}{d\tilde{\sigma}} + \tilde{\Gamma}^\mu_{\ \alpha\beta}\tilde{k}^\alpha\tilde{k}^\beta = 0 \tag{2.103}$$

$$\tilde{g}_{\mu\nu}\tilde{k}^\mu\tilde{k}^\nu = 0 \tag{2.104}$$

(2.103) (2.104) の測地線方程式を線素 (2.101) に対して具体的に書き下そう. 0 でないクリストッフェル記号は以下で与えられる (プライムは η 微分).

$$\tilde{\Gamma}^0_{\ 00} = \Psi', \ \tilde{\Gamma}^0_{\ 0i} = \Psi_{,i}, \ \tilde{\Gamma}^0_{\ ij} = -\Phi'\delta_{ij} \tag{2.105}$$

$$\tilde{\Gamma}^i_{\ 00} = \Psi_{,i}, \ \tilde{\Gamma}^i_{\ 0j} = -\Phi'\delta^i_j, \ \tilde{\Gamma}^i_{\ jk} = -\Phi_{,j}\delta^i_k - \Phi_{,k}\delta^i_j + \Phi^{,i}\delta_{jk} \tag{2.106}$$

測地線方程式の時間成分と CMB の温度ゆらぎ

まず時間成分を考えて宇宙マイクロ波背景放射の温度ゆらぎへ適用しよう. 少し計算すると, 第 0 成分は以下のように書けることが分かる.

$$\frac{d\tilde{k}^0}{d\eta} + \tilde{k}^0\left(\Psi' + 2\Psi_{,i}n^i - \Phi'\right) = 0 \tag{2.107}$$

ここで Ψ や Φ は微小量と考えているので, 2 次の微小量を無視する近似でそれにかかる光子の 4 元運動量は背景時空のもの $\tilde{k}^\mu = (\tilde{k}^0, \tilde{k}^0 n^i)$ を使っている. ただし n^i は 3 次元単位ベクトルの成分である. また光子の 4 元運動量はこの式を変形すると

$$\frac{d\tilde{k}^0}{d\eta} = \left(\Psi' + \Phi'\right)\tilde{k}^0 - 2\left(\Psi' + n^i\partial_i\Psi\right)\tilde{k}^0 = 0 \tag{2.108}$$

右辺第二項は測地線に沿った全微分であるから, 最終散乱面から現在まで積分すると

$$\frac{\tilde{k}^0(\eta_0) - \tilde{k}^0(\eta_{\mathrm{LS}})}{\tilde{k}^0(\eta_{\mathrm{LS}})} = \int_{\eta_{\mathrm{LS}}}^{\eta_0} d\eta'\left(\Psi' + \Phi'\right) - 2\left[\Psi(\eta_0) - \Psi(\eta_{\mathrm{LS}})\right] \tag{2.109}$$

ただし指数関数を展開してポテンシャルや曲率の2次以上は無視した．この式は光子の最終散乱面でのエネルギーと現在のエネルギーとの関係として書くことができる．

$$
\frac{\omega(\vec{n}, \eta_0) - \omega(\vec{n}, \eta_{\mathrm{LS}})}{\omega(\vec{n}, \eta_{\mathrm{LS}})} \simeq \int_{\eta_{\mathrm{LS}}}^{\eta_0} d\eta' \left(\Psi' + \Phi' \right)
$$
$$
- \left[\Psi(\eta_0) - \Psi(\eta_{\mathrm{LS}}) + n^i \left(v^i(\eta_{\mathrm{LS}}) - v^i(\eta_0) \right) \right] \tag{2.110}
$$

練習問題 2.8　この式を導け．

今興味があるのは観測点の影響ではないから，以下では観測点でのポテンシャルや速度を無視する．放射密度は絶対温度の4乗に比例するから，そのゆらぎは

$$
\delta_\gamma = \frac{\delta \rho_\gamma}{\rho_\gamma} = 4 \frac{\delta T}{T} \tag{2.111}
$$

したがって最終的に観測される CMB の温度ゆらぎとして次式が得られる．

$$
\frac{\delta T}{T} = \frac{1}{4} \delta \rho_\gamma(\eta_{\mathrm{LS}}) + \Psi(\eta_{\mathrm{LS}}) + \int_{\eta_{\mathrm{LS}}}^{\eta_0} d\eta' \left(\Psi' + \Phi' \right) + n^i v^i(\eta_{\mathrm{LS}}) \tag{2.112}
$$

右辺第一項は最終散乱面に存在する密度ゆらぎによる温度ゆらぎで高密度ほど平均値より高温となる．一方，密度の高いところは重力ポテンシャル $\Psi < 0$ も深く，第二項が重力赤方偏移による温度の低下を表している．観測される温度ゆらぎは第一項と第二項を足したものである．この2項を足したものをザックス–ボルフェ効果（Sachs-Wolfe effect）という．第一項は，$-2/3\Psi$ となることが次のように示される．温度はスケール因子に反比例し，さらに物質優勢時ではスケール因子は $a \propto t^{2/3}$ であるから

$$
\frac{1}{4} \frac{\delta \rho_\gamma}{\rho_\gamma} = \frac{\delta T}{T} = -\frac{\delta a}{a} = -\frac{2}{3} \frac{\delta t}{t} \tag{2.113}
$$

時間のゆらぎは重力ポテンシャル Ψ による時間の遅れと解釈できるので望みの関係が得られる．結局，この2項を足したものは

$$
\left(\frac{\delta T}{T} \right)_{\mathrm{LS}} = \frac{1}{3} \Psi \tag{2.114}
$$

となって密度が高い領域のほうが低温領域として観測される．以上の議論はフー（Wayne Hu）とホワイト（Martin White）にしたがった．

第三項の積分は，積分ザックス–ボルフェ効果（Integrated Sachs-Wolfe effect: ISW）と呼ばれ，ポテンシャルの時間変化があるときに現れる．物質優勢のとき

2.5.　非一様宇宙と観測量　085

にはポテンシャルは一定となるので，最終散乱面付近の放射の影響が残っている領域や物質優勢から暗黒エネルギー優勢に変わる時期に影響が表れる．最後の項は最終散乱面での電子の運動によるドップラー効果である．なおこの式では観測点でのポテンシャルやドップラー効果は無視している．

測地線方程式と重力レンズ方程式

次に測地線方程式の空間成分を考えよう．ここで考える重力レンズは宇宙の晴れ上がり以降の現象なので，ストレスエネルギーテンソルの非等方成分は無視できて $\Phi = \Psi$ とする．すると第 0 成分は

$$\frac{d^2\eta}{d\tilde{\sigma}^2} + 2\Psi_{,i}n^i\left(\frac{d\eta}{d\tilde{\sigma}}\right)^2 = 0 \tag{2.115}$$

ここでも 2 次の微小量を無視した．空間成分は

$$\frac{d^2x^i}{d\tilde{\sigma}^2} + \left(-2\Psi'n^i + 2(\delta^{ij} - n^in^j)\partial_j\Psi\right)\left(\frac{d\eta}{d\tilde{\sigma}}\right)^2 = 0 \tag{2.116}$$

この 2 つの式から非一様時空での光線の式として以下の式が得られる．

$$\frac{d^2x^i}{d\eta^2} - 2\frac{d\Psi}{d\eta}n^i + 2\left(\delta^{ij} - n^in^j\right)\partial_j\Psi = 0 \tag{2.117}$$

たとえば最初に光線が z 軸の正の方向に進んでいたとすると，$\boldsymbol{n} = (0,0,1)$ で，重力ポテンシャルによって進行方向は曲げられるが，その変化は小さいので 3 次元ベクトル $\boldsymbol{n}$ の各成分の変化は小さい．したがって 2 次の微小量を無視する近似では

$$\frac{d^2x^a}{d\eta^2} + 2\partial_a\Psi = 0, \quad a = 1, 2 \tag{2.118}$$

$$\frac{d^2x^3}{d\eta^2} - 2\frac{d\Psi}{d\eta} = 0 \tag{2.119}$$

次章で述べる重力レンズへの応用では，空間座標として極座標 (r, θ, ϕ) を使うほうが便利である．一般的な場合に計算できるので，3 次元空間の線素を平坦に限らず以下のようにおく

$$d\ell^2 = (1 - 2\Psi)\left(d\chi^2 + r^2(\chi)(d\theta^2 + \sin^2\theta d\phi^2)\right) \tag{2.120}$$

すなわち空間は平坦と仮定しない．(2.118)(2.119) を導いた計算との違いは，3 つの添え字のすべてが空間座標である場合のクリストッフェル記号の計算である．

086 第 2 章 観測的宇宙論

$$\tilde{\Gamma}^i{}_{jk} = -\Psi_{,j}\delta^i_k - \Psi_{,k}\delta^i_j + \Psi_{,\ell}{}^{(3)}g^{i\ell\,(3)}g_{jk} + {}^{(3)}\Gamma^i{}_{jk} \tag{2.121}$$

ここで $^{(3)}g_{ij}$ は $(1-2\Psi)$ を除いた 3 次元空間のメトリックであり, $^{(3)}\Gamma^i{}_{jk}$ は, 線素 $(d\chi^2 + r^2(\chi)(d\theta^2 + \sin^2\theta d\phi^2))$ の固有のクリストッフェル記号である (平坦な場合でも曲線座標を使っているのでクリストッフェル記号は 0 ではない). したがって求める方程式は

$$\frac{d^2x^i}{d\eta^2} - 2\frac{d\Psi}{d\eta}n^i + 2\left({}^{(3)}g^{ij} - n^i n^j\right)\partial_j\Psi + {}^{(3)}\Gamma^i{}_{jk}n^j n^k = 0 \tag{2.122}$$

今, 我々を空間座標原点として物質分布の非一様性がなければ光源からの光が直進 (動径方向) するとする. このとき $\boldsymbol{n} = (1,0,0)$ (ただし χ 方向, θ 方向, ϕ 方向をそれぞれ第 1, 2, 3 成分とする) である. 実際には非一様性のために進路が曲がり θ 成分, ϕ 成分が現れるが, それらは重力ポテンシャル Ψ のオーダーで 1 次の微小量である. $^{(3)}\Gamma^i{}_{jk}$ がオーダー 1 の量であることに注意すると以下の式が得られる.

$$\frac{d^2\chi}{d\eta^2} - 2\frac{d\Psi}{d\eta} = 0 \tag{2.123}$$

$$\frac{d^2\theta}{d\eta^2} + \frac{2}{r^2(\chi)}\frac{\partial\Psi}{\partial\theta} + 2\frac{d\ln r}{d\chi}\frac{d\theta}{d\eta} = 0 \tag{2.124}$$

$$\frac{d^2\phi}{d\eta^2} + \frac{2}{r^2(\chi)\sin^2\theta}\frac{\partial\Psi}{\partial\phi} + 2\frac{d\ln r}{d\chi}\frac{d\phi}{d\eta} = 0 \tag{2.125}$$

練習問題 2.9 この方程式系の解が以下で与えられることを示せ.

$$\chi = \eta_0 - \eta - 2\int_{\eta_0}^{\eta}\Psi d\eta' \tag{2.126}$$

$$\theta(\chi) = \theta_0 - 2\int_0^{\chi}d\chi'\frac{r(\chi_s - \chi')}{r(\chi_s)r(\chi')}\frac{\partial}{\partial\theta}\Psi(\chi\hat{n}, \eta_0 - \chi') \tag{2.127}$$

$$\phi(\chi) = \phi_0 - 2\int_0^{\chi}d\chi'\frac{r(\chi_s - \chi')}{r(\chi_s)r(\chi')}\frac{1}{\sin\theta}\frac{\partial}{\partial\phi}\Psi(\chi\hat{n}, \eta_0 - \chi') \tag{2.128}$$

ただし $\eta = \eta_0$ で $\chi = 0$ (我々の銀河を動径座標の原点とする) とし, 光源は $\chi = \chi_s$ にあるとした. したがって $\hat{n} = (\theta_0, \phi_0)$ は観測する光源の方向となる. $(\theta(\chi), \phi(\chi))$ は共動距離 χ での光線の進行方向である.

光線の曲がりの角度を $\boldsymbol{\alpha} = (\theta_0 - \theta, \sin\theta_0(\phi_0 - \phi))$ と定義すれば, この角度は銀河に対しては 1 秒程度, 銀河団に対しても 10 秒程度であるから天球上では非

2.5. 非一様宇宙と観測量 087

常に小さな領域であり，天球上に射影したとき光線の方向の変化は本来の（重力場による曲がりを受けなかったとする）光源方向まわりの微小平面内で起こると考えることができる．この平面をイメージ面といい本来の光源を中点とする2次元直交座標系 $(\theta_1, \theta_2) = (\theta\cos\phi, \theta\sin\phi)$ を導入すれば，この面での微分は $\nabla_\theta \equiv \left(\dfrac{\partial}{\partial\theta}, \dfrac{1}{\sin\theta}\dfrac{\partial}{\partial\phi}\right) = \left(\dfrac{\partial}{\partial\theta_1}, \dfrac{\partial}{\partial\theta_2}\right)$ となるから，曲がりの角度は次のように表される．

$$\boldsymbol{\alpha} = \nabla_\theta\psi \tag{2.129}$$

ここでレンズポテンシャルと呼ばれる次の量を定義した．

$$\psi(\boldsymbol{\theta}) = 2\int_0^{\chi_s} d\chi \frac{r(\chi_s - \chi)}{r(\chi)r(\chi_s)}\Psi(x^\mu(\chi)) \tag{2.130}$$

ここで光源は $\chi = \chi_s$ にあるとした．$\boldsymbol{\theta}$ は光線のやって来る方向である．右辺の θ 依存性はポテンシャルの持つ依存性である．厳密にはこの積分は光線の世界線 $x^\mu(\chi)$ に沿った積分であるが，実際上は重力ポテンシャルが微小量のため，一様等方な背景時空での光源と観測者を結ぶヌル測地線に沿って行われる．

練習問題 2.10　ニュートン重力での光線の曲がりの角度を計算せよ．一般相対論の半分になることを示せ．

088　第 2 章　観測的宇宙論

第3章

重力レンズ

3.1　重力レンズの基礎

　重力が光を曲げることは，ニュートン理論でも知られていた．すでに 1780 年頃，イギリスのキャベンディッシュ（Cavendish）とミッシェル（Michell）によって重力場による光の曲がりが指摘されており，1801 年にはドイツの天文学者ゾルトナー（Soldner）によって太陽の表面をかすめてくる光が約 0.9 秒角曲げられることが計算されている．これは正しい値のちょうど半分であるが，正しい値は太陽の重力場が周りの空間を曲げることを知らなければ計算することができない．この曲がりの計算の仕方を与えたのが一般相対論である．そして 1915 年，アインシュタインは正しい値を導き，1917 年，イギリスの天文学者エディントン（Eddington）率いる観測隊が日食時に太陽の周りの星の位置を測定し，一般相対論の予言と矛盾しないことを示した．

　1924 年，ロシアの物理学者フヴォリソン（Khvolson）は一般相対論に基づいて初めて重力がレンズの役割をして多重像ができることを示した．これが重力レンズの最初の論文と考えられている．また 1936 年，チェコの技術者マンドル（Mandle）はアインシュタインをプリンストンに訪ね，重力レンズの可能性について質問した．その議論に示唆されてアインシュタインは，遠方の星の視線上に星があると，その星の重力によってリング状のイメージができることを示した．それより少し前，フランスのリンク（Link）が質点による重力レンズでの曲がりや増光を計算し，リング状のイメージについても触れているが，今日，そのよう

なリング状の重力レンズイメージはアインシュタイン・リングと呼ばれている．

　アインシュタインは星による重力レンズが起こる確率は極端に小さく，現実には起こりえないだろうとした．翌年，スイスの天文学者ツビッキー（Zwicky）は銀河に対する重力レンズの確率は星に比べてはるかに大きいことを示し，銀河団の中の重力レンズイメージを探したが見つからなかった．その後，1964年にレフスダル（Refsdal）とリーベス（Liebes）が重力レンズによる複数のイメージの間隔からレンズ天体の質量を測定できることを示した．また光源が変光したときイメージが変光するが，複数像がある場合，イメージを作る光の経路が違うため変光時間に差ができる．この時間差は基本的には光源までの距離によるのでハッブル定数を測定できることも示した．

　1979年，くしくもアインシュタインが生まれて100年後，最初の重力レンズ天体が発見された．おおくま座にQSO0957+561A，Bと呼ばれる間隔が6秒角ほどのごく近くに2つのクェーサーがあり，それぞれが同じ赤方偏移0.355であることは以前から知られていた．実距離にすると約20光年となり，このような近くに偶然，クェーサーができることは考えにくい．1979年，それぞれのスペクトルが観測され，それがほぼ一致したのである．これはこの2つのクェーサーが同じものであり，一つのクェーサーの重力レンズイメージであることを意味している．その後，2002年にはレンズ天体である楕円銀河も発見された．

　それ以降，堰を切ったように多くの多重像を持つレンズ天体が発見され，現在ではその数は有に数百を超えている．1988年には，MG1131+0456という天体にアインシュタインリングも観測された．1980年代後半にはハッブル宇宙望遠鏡（Hubble Space Telescope: HST）による高解像度の観測によって銀河団中に多数のアーク状のイメージや多数の多重レンズ像が発見された（たとえば，Soucailら（1987））．2021年12月には口径6.5mを持つジェイムズ・ウェッブ宇宙望遠鏡（James Webb Space Telescope: JWST）が打ち上げられ，翌年7月から科学運用が始まっている．大口径を持つ宇宙望遠鏡による，近赤外・中間赤外観測は重力レンズ現象の観測や深宇宙探査にその威力を発揮する．ジェイムズ・ウェッブ宇宙望遠鏡は，鮮明な深宇宙の撮影画像を次々と公開している（図3.1参照）．

　重力レンズ現象[*1]は強い重力レンズ，弱い重力レンズ，そしてマイクロレンズの3種類に分類することができる（たとえば，Schneiderら（2006）やMeneghetti（2021）などを参照）．強い重力レンズは，QSO0957+561A，Bのような多重像を

図 3.1 ジェイムズ・ウェッブ宇宙望遠鏡が撮影した SMACS 0723–73 銀河団（赤方偏移 0.39）の中心領域の写真．近赤外線カメラ NIRCam を用いて 6 種類のフィルターを介して取得された赤外線画像から作成された．重力レンズ効果を受け，形が歪み大きく引き伸ばされた背景銀河像が多数捉えられている（出典: NASA, ESA, CSA, STScI）．

もったレンズ現象や，銀河団中心部に見られるような巨大なアーク状のイメージをつくるレンズ現象である．これに対して，弱い重力レンズ現象では，銀河などの背景光源の形状がわずかに歪められるだけであり，元の形状と向きが分からない．そのため，1 つのイメージだけでは重力レンズを受けているかどうかは分からない．弱い重力レンズの場合，多数の背景光源の形状を統計的に平均化することによって，重力レンズによる歪みの情報を得ることができる．強い重力レンズは銀河団の中心部のような質量密度が高い領域で起こり，これにより中心部の質量分布を調べることができる．一方で，周辺部の質量分布を調べるには，弱い重力レンズの観測が必要である．また，宇宙の大規模構造が背景銀河に対して引き起こす弱い重力レンズはコスミックシアと呼ばれ，後で述べるように，観測量は構造の成長の速さに依存する．一方，構造形成の速さは宇宙膨張の速さによって

[*1] （90 ページ）重力レンズに関する簡単な紹介として，日本評論社から刊行された以下の書籍を挙げる：『重力』ジェームズ・B・ハートル，『もうひとつの一般相対論入門』須藤靖，シリーズ現代の天文学（第 3 巻『宇宙論 II』，第 4 巻『銀河 I』，第 5 巻『銀河 II』）．

決まる．宇宙膨張の速さは暗黒エネルギーの性質に大きく依存するため，コスミックシアは暗黒エネルギーの観測手段として注目されている．

また，宇宙マイクロ波背景放射（Cosmic Microwave Background: CMB）を重力レンズの背景光源として用いることで，最終散乱面と観測者の間にある大規模構造が作る重力場の情報を捉えることができる．このような手法は CMB 重力レンズ，または CMB レンジングなどと呼ばれるが，本書では扱わない．マイクロレンズは恒星あるいはそれより小さい天体による重力レンズ現象である．一般に 2 つのイメージを作るが，その間隔はマイクロ秒からミリ秒のオーダーであり，分離して観測することはできないため，イメージの増光として観測される．暗黒物質の候補として，銀河スケールの自己重力系に存在する恒星サイズの暗い天体が考えられ，これは MACHO（MAssive Compact Halo Object）と呼ばれる．この MACHO が引き起こすマイクロレンズを発見することで，MACHO の存在とその量を推定しようという試みが 1990 年代から行われた．アインシュタインが指摘したように，恒星サイズの天体がレンズを引き起こす確率は非常に小さいが，専用望遠鏡を使い 1000 万個の恒星をモニターすることである程度の数のマイクロレンズ現象を観測できることが期待される．これまでの観測結果から，MACHO は存在したとしても必要とされる暗黒物質量の 20% 以下しか説明できないことが知られている．本書ではマイクロレンズは扱わない．興味のある読者は [41] を参照してほしい．

重力レンズ現象の天体光源は赤方偏移が 10 程度またはそれ以下であるので，以下では放射のエネルギー密度は無視する．したがってエネルギーとして考えるのは非相対論的物質（暗黒物質とバリオン物質）と暗黒エネルギーだけである．ここでは暗黒エネルギーとして宇宙定数 Λ を考える．

3.1.1 重力レンズ方程式

第 2 章では，非一様宇宙での測地線方程式および重力レンズ方程式の導出を行った．銀河や銀河団による重力レンズ現象では，レンズ天体は光源，観測者のどちらからも宇宙論的な距離（$\sim O(c/H_0)$）で離れている．後に述べる，コスミックシアと呼ばれる宇宙の大規模構造によるレンズ現象を取り扱う場合以外では，光源からの光はレンズ面のごく近傍でのみ曲がるという近似を用いることができる．これを薄いレンズ近似と呼ぶ．ここで，観測者とレンズ源を結ぶ直線に直交

する，レンズ源が位置する平面をレンズ面と呼ぶ．

このとき，χ_l をレンズのアフィンパラメータの値として，視線方向に射影した曲がりの角度，すなわち偏向角は以下のように近似される（式 (2.129) を参照）．

$$\boldsymbol{\alpha}(\boldsymbol{\theta}) \simeq \frac{2}{c^2} \frac{D_{ls}}{D_s} \int_{\chi_l - \Delta\chi/2}^{\chi_l + \Delta\chi/2} \boldsymbol{\nabla}_\perp \Psi(\chi, r(\chi_l)\boldsymbol{\theta}) \, d\chi \tag{3.1}$$

ここで $D_s = a(\chi_s)r(\chi_s)$ は観測者から光源までの角径距離，$D_{ls} = a(\chi_s)r(\chi_s - \chi_l)$ はレンズ源から光源までの角径距離，そして χ_s は観測者から光源までの共動動径距離である．また $\boldsymbol{\nabla}_\perp = r^{-1}(\chi_l) \times (\partial/\partial\theta, \theta^{-1}\partial/\partial\phi)$ とおいた．上式において，$\Delta\chi$ は χ_l や $\chi_s - \chi_l$ に比べて十分小さく，また対応する固有距離はレンズ天体の空間スケールに比べて十分大きいとする．この近似を薄いレンズ近似という．

このとき，レンズポテンシャルは以下のように近似される（式 (2.130) を参照）．

$$\psi(\boldsymbol{\theta}) \simeq \frac{2}{c^2} \frac{D_{ls}}{D_l D_s} \int_{\chi_l - \Delta\chi/2}^{\chi_l + \Delta\chi/2} \Psi(\chi, r(\chi_l)\boldsymbol{\theta}) \, a d\chi \tag{3.2}$$

ここで $D_l = a(\chi_l)r(\chi_l)$ は観測者からレンズ源までの角径距離である．以降，共動動径距離 χ_l および χ_s に対応する赤方偏移をそれぞれ $z_l = a^{-1}(\chi_l) - 1$, $z_s = a^{-1}(\chi_s) - 1$ と表す．

結果，薄いレンズ近似の場合の重力レンズ方程式は次式で与えられる．

$$\boldsymbol{\beta} = \boldsymbol{\theta} - \boldsymbol{\alpha}(\boldsymbol{\theta}) \tag{3.3}$$

$$\boldsymbol{\alpha} = \boldsymbol{\nabla}_\theta \psi(\boldsymbol{\theta}) \tag{3.4}$$

ここで $\boldsymbol{\theta}$ と $\boldsymbol{\beta}$ は，それぞれレンズを受けたイメージと光源への天球上の 2 次元位置ベクトルである（図 3.2 参照）．また $\boldsymbol{\nabla}_\theta = r(\chi_l)\boldsymbol{\nabla}_\perp$ である．

この重力レンズ方程式は，図 3.2 で示されるように，光源面でのベクトルの足し算として理解できる．

$$D_s \boldsymbol{\theta} = D_s \boldsymbol{\beta} + D_{ls} \hat{\boldsymbol{\alpha}} \tag{3.5}$$

ここで $\hat{\boldsymbol{\alpha}}$ は次式で定義される，実際の曲がり角である．

$$\hat{\boldsymbol{\alpha}} = \frac{D_s}{D_{ls}} \boldsymbol{\alpha} = \frac{2}{c^2} \int_{\chi_l - \Delta\chi/2}^{\chi_l + \Delta\chi/2} \boldsymbol{\nabla}_\perp \Psi(\chi, r(\chi_l)\boldsymbol{\theta}) \, d\chi \tag{3.6}$$

具体的に偏向角を評価してみよう．静的な重力源を考え，時間依存性は無視する．レンズ天体の質量密度の 3 次元空間分布を $\rho(\boldsymbol{x})$ として，ニュートンポテン

3.1. 重力レンズの基礎　093

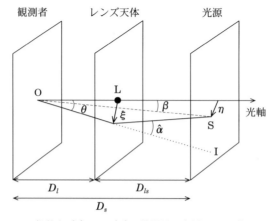

図 3.2 一般的な重力レンズ系の説明図．光源 S から放たれた光がレンズ天体 L によって曲げられ，観測者 O に届く．観測者と光源，レンズ天体との宇宙論的な距離に比べてレンズ天体の厚みは無視できるほど薄いとする．このとき，天球面上でのイメージ (I) と光源 (S) の位置の間には式 (3.5) の関係が成り立つ (Umetsu 2020, *The Astronomy and Astrophysics Review*, 28, 7)．

シャルは以下のよう書ける．

$$\Psi(\boldsymbol{x}) = -\int d^3 x' \frac{G\rho(\boldsymbol{x}')}{|\boldsymbol{x}-\boldsymbol{x}'|} \tag{3.7}$$

ここでレンズ天体の質量密度は宇宙の物質の平均密度 $\langle \rho \rangle = \bar{\rho}_m$ に比べて十分に大きい，すなわち $\rho \gg \langle \rho \rangle$ と仮定する．

このとき，レンズの偏向角は次のように書くことができる．

$$\begin{aligned}
\boldsymbol{\alpha} &= \frac{2G}{c^2}\frac{D_{ls}}{D_s}\int dz \int d^3 x' \frac{\boldsymbol{x}-\boldsymbol{x}'}{|\boldsymbol{x}-\boldsymbol{x}'|^3}\rho(\boldsymbol{x}') \\
&= \frac{2G}{c^2}\frac{D_{ls}}{D_s}\int d^3 x' \rho(\boldsymbol{x}') \int dz \frac{\boldsymbol{x}-\boldsymbol{x}'}{[(x-x')^2+(y-y')^2+(z-z')^2]^{3/2}} \\
&= \frac{4G}{c^2}\frac{D_{ls}D_l}{D_s}\int d^2\theta' \Sigma(\boldsymbol{\theta})\frac{\boldsymbol{\theta}-\boldsymbol{\theta}'}{|\boldsymbol{\theta}-\boldsymbol{\theta}'|^2}
\end{aligned} \tag{3.8}$$

ここで光の進行方向を空間 z 軸方向とし，$\boldsymbol{\theta} = \boldsymbol{x}_\perp/D_l$ は z 方向に垂直な面内の 2 次元ベクトルとした．また，視線方向に投影されたレンズ天体の面密度は

$$\Sigma(\boldsymbol{\theta}) = \int \rho(\boldsymbol{x})\, dz \tag{3.9}$$

である．ここでも $\rho \gg \langle \rho \rangle$ が仮定されている．

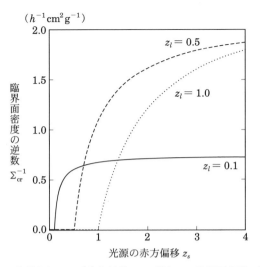

図 **3.3** 典型的なレンズ赤方偏移 z_l に対して，臨界面密度の逆数 $\Sigma_{\rm cr}^{-1}$ を光源の赤方偏移 z_s の関数として示した図．実線は $z_l = 0.1$, 破線は $z_l = 0.5$, 点線は $z_l = 1.0$ に対応する．標準 ΛCDM モデル ($\Omega_{\rm m,0} = 0.3, \Omega_{\Lambda,0} = 0.7, H_0 = 100\,h\,{\rm km\,s^{-1}\,Mpc^{-1}}$) を仮定している．

薄いレンズ近似が成り立つとき，レンズポテンシャルの 2 次元ラプラシアン $\triangle_\theta \equiv \boldsymbol{\nabla}_\theta^2$ は次のように表すことができる．

$$\Delta_\theta \psi = \boldsymbol{\nabla}_\theta \cdot \boldsymbol{\alpha}(\boldsymbol{\theta}) = \frac{D_{ls}D_l}{D_s}\frac{8\pi G}{c^2}\Sigma \equiv 2\frac{\Sigma}{\Sigma_{\rm cr}} \tag{3.10}$$

この規格化因子 $\Sigma_{\rm cr}$ は重力レンズの臨界面密度と呼ばれる．

$$\begin{aligned}\Sigma_{\rm cr} &= \frac{c^2 D_s}{4\pi G D_{ls} D_l} \\ &= 0.35 \left(\frac{D_{ls}D_l/D_s}{1\,{\rm Gpc}}\right)^{-1}\,{\rm g\,cm^{-2}}\end{aligned} \tag{3.11}$$

この臨界面密度はレンズ天体と光源の赤方偏移および宇宙モデルに依存する．臨界面密度の逆数 $\Sigma_{\rm cr}^{-1}(z_l, z_s)$ は系の幾何学的な重力レンズ効率を表す．光源がレンズ面またはレンズ天体の前景にある場合 ($z_s \leq z_l$) は，$\Sigma_{\rm cr}^{-1}(z_l, z_s) = 0$ と定義される．

図 3.3 と図 3.4 から以下の点が明らかである．まず，図 3.3 に示されるように，レンズの赤方偏移 z_l を固定すると，幾何学的な重力レンズ効率 $\Sigma_{\rm cr}^{-1}(z_l, z_s)$ は光

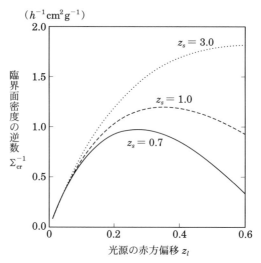

図 3.4 典型的な光源の赤方偏移 z_s に対して，臨界面密度の逆数 $\Sigma_{\rm cr}^{-1}$ をレンズの赤方偏移 z_l の関数として示した図．実線は $z_s = 0.7$，破線は $z_s = 1.0$，点線は $z_s = 3.0$ に対応する．標準 ΛCDM モデル（$\Omega_{\rm m,0} = 0.3, \Omega_{\Lambda,0} = 0.7, H_0 = 100\,h\,{\rm km\,s^{-1}\,Mpc^{-1}}$）を仮定している．

源の赤方偏移 z_s に対して単調に増加する．また，背景光源がレンズから十分に遠方にある場合，たとえば，レンズが近傍宇宙や低赤方偏移領域にある場合には，重力レンズ効率 $\Sigma_{\rm cr}^{-1}(z_l, z_s)$ の光源赤方偏移 z_s への依存性が弱くなる．逆に，観測者とレンズ，あるいはレンズと光源の間が十分に離れていない場合には，重力レンズ効率は低下する．

さらに，図 3.4 からは，光源の赤方偏移 z_s を固定した場合に，重力レンズ効率が最大となるレンズの赤方偏移が存在することがわかる．また，図 3.5 は，レンズ赤方偏移 z_l および宇宙論パラメータ（$\Omega_{\rm m,0}, \Omega_{\Lambda,0}$）を変化させた場合に，角径距離比 D_{ls}/D_s が z_s の関数としてどのように変動するかを示している．したがって，特定のレンズに対して，レンズ信号の強さ D_{ls}/D_s（幾何学的な重力レンズ効率に比例）を光源赤方偏移の関数として測定することで，宇宙論パラメータの推定が可能となる．

レンズ天体内で $\Sigma(\theta) > \Sigma_{\rm cr}$ の質量分布をもつ領域は光源の位置によっては多重像を作り，超臨界（supercritical）領域と呼ばれる．ただし，超臨界であること

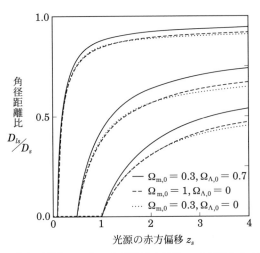

図 **3.5** 角径距離比 D_{ls}/D_s を光源赤方偏移 z_s の関数として表した図．宇宙論パラメータ $(\Omega_{m,0}, \Omega_{\Lambda,0}) = (0.3, 0.7)$（実線），$(1, 0)$（破線），$(0.3, 0)$（点線）に対して，レンズ赤方偏移 $z_l = 0.1$（上），0.5（中央），1.0（下）の3つの場合について示している．

は重力レンズが多重像を生み出すための十分条件ではあるが必要条件ではない．それは一般にはシアも多重像の形成に寄与するからである．とはいえ，臨界面密度は多重像ができるかどうかをおおまかに区別するための有用な指標となる．

レンズの面密度と臨界面密度の比を κ と書き，この無次元量をコンバージェンスという．

$$\kappa(\boldsymbol{\theta}) = \frac{\Sigma(\boldsymbol{\theta})}{\Sigma_{\mathrm{cr}}} \tag{3.12}$$

コンバージェンスの物理的な意味はあとで明らかになる．

レンズの面密度，またはコンバージェンスを用いた薄い重力レンズ方程式を書いておこう．

$$\begin{aligned}\boldsymbol{\beta} &= \boldsymbol{\theta} - \frac{4G}{c^2}\frac{D_l D_{ls}}{D_s}\int d^2\theta' \frac{\boldsymbol{\theta}-\boldsymbol{\theta}'}{|\boldsymbol{\theta}-\boldsymbol{\theta}'|^2}\Sigma(\boldsymbol{\theta}') \\ &= \boldsymbol{\theta} - \frac{1}{\pi}\int d^2\theta' \frac{\boldsymbol{\theta}-\boldsymbol{\theta}'}{|\boldsymbol{\theta}-\boldsymbol{\theta}'|^2}\kappa(\boldsymbol{\theta}')\end{aligned} \tag{3.13}$$

コンバージェンスを用いると，式 (3.10) は $\Delta_\theta \psi = 2\kappa$ と表される．上で議論したように，これは2次元ポアソン方程式である．2次元ラプラシアンのグリーン関数が $G(\boldsymbol{\theta}, \boldsymbol{\theta}') = \ln|\boldsymbol{\theta}-\boldsymbol{\theta}'|/(2\pi)$ であることを用いれば，レンズポテンシャル

を次のように表すことができる.

$$\psi(\boldsymbol{\theta}) = \frac{1}{\pi} \int d^2\theta' \ln|\boldsymbol{\theta} - \boldsymbol{\theta}'| \, \kappa(\boldsymbol{\theta}') \tag{3.14}$$

練習問題 3.1　質量分布が球対称の場合,式（3.8）で求めた偏向角が次のように表されることを示せ.

$$\boldsymbol{\alpha} = \frac{4G}{c^2} \frac{D_{ls}}{D_s D_l} \frac{M(\theta)}{\theta^2} \boldsymbol{\theta} \tag{3.15}$$

ここで $M(\theta)$ はレンズ天体の質量中心から角度 θ 以内に含まれる質量である.

練習問題 3.2　ポアソン方程式

$$\Delta_3 \Psi(\boldsymbol{x}) = 4\pi G \rho(\boldsymbol{x}) \tag{3.16}$$

を用いて式（3.10）を導け.ここで $\Delta_3 = \partial^2/\partial x^2 + \partial^2/\partial y^2 + \partial^2/\partial z^2$ は 3 次元空間のラプラス演算子である.

3.1.2 レンズ写像の性質

レンズ方程式

$$\boldsymbol{\beta} = \boldsymbol{\theta} - \boldsymbol{\alpha}(\boldsymbol{\theta}) \tag{3.17}$$

において,観測される天球上の位置ベクトル $\boldsymbol{\theta}$ をレンズ天体の視線方向に垂直な 2 次元面上のベクトルと考えて,この平面をイメージ面とする.これに対応して,レンズを受けていない光源の真の位置ベクトル $\boldsymbol{\beta}$ をレンズ天体の視線方向に垂直な 2 次元面上のベクトルとして,$\boldsymbol{\beta}$ によって定義されるこの平面をソース面とする.すると,レンズ方程式はイメージ面からソース面（あるいはその逆）への対応を与える写像と考えることができる.この写像は,光源を一つ与えたとき複数のイメージができることがあるので,一般には 1 対 1 ではない.

この写像の性質をみるために源を少し変形させてみよう.

$$\boldsymbol{\beta} \to \boldsymbol{\beta} + \delta\boldsymbol{\beta} \tag{3.18}$$

このときイメージも $\delta\boldsymbol{\theta}$ だけ変形するとすれば,両者の間にはレンズ方程式から次の関係がある.

$$\delta\beta_i = \delta\theta_i - \frac{\partial\alpha_i}{\partial\theta_j}\delta\theta_j \equiv A_{ij}\delta\theta_j \tag{3.19}$$

ここで行列 A を次のようにおいた.

$$A_{ij}(\boldsymbol{\theta}) := \frac{\partial\beta_i}{\partial\theta_j} = \delta_{ij} - \alpha_{i,j} = \delta_{ij} - \psi_{,ij} \tag{3.20}$$

ここで $\psi_{,ij} = \partial^2\psi(\boldsymbol{\theta})/\partial\theta_i/\partial\theta_j$ $(i,j=1,2)$ という記法を導入した. 行列 A はレンズ方程式が定義するイメージ面からソース面への写像のヤコビ行列である. この 2 行 2 列の対称行列は次のように単位行列 (I) に比例するトレース部分とトレースがゼロの対称部分に分けることができる.

$$A(\boldsymbol{\theta}) = \begin{pmatrix} 1-\kappa-\gamma_1 & -\gamma_2 \\ -\gamma_2 & 1-\kappa+\gamma_1 \end{pmatrix} = (1-\kappa)I - \Gamma \tag{3.21}$$

$$\Gamma(\boldsymbol{\theta}) = \begin{pmatrix} \gamma_1 & \gamma_2 \\ \gamma_2 & -\gamma_1 \end{pmatrix} \tag{3.22}$$

このトレーズがゼロの対称行列 Γ をシア行列という[*2]. シア行列の要素 $\gamma \equiv \gamma_1 + i\gamma_2$ を重力複素シアといい, 次のように定義した.

$$\begin{aligned} \gamma_1 &= \frac{1}{2}(\psi_{,11} - \psi_{,22}) \\ \gamma_2 &= \psi_{,12} = \psi_{,21} \end{aligned} \tag{3.23}$$

シア行列は微分演算子を用いて

$$\Gamma_{ij}(\boldsymbol{\theta}) = \left(\partial_i\partial_j - \delta_{ij}\frac{1}{2}\triangle_\theta\right)\psi(\boldsymbol{\theta}) \tag{3.24}$$

と表される. ここで $\partial_i = \partial/\partial\theta_i$ $(i=1,2)$ という記法を導入した.

また, 行列 A を次の形に表す.

$$A(\boldsymbol{\theta}) = (1-\kappa)\begin{pmatrix} 1-g_1 & -g_2 \\ -g_2 & 1+g_1 \end{pmatrix} \tag{3.25}$$

ここで複素量 $g = g_1 + ig_2$ を定義すると,

$$g(\boldsymbol{\theta}) = \frac{\gamma(\boldsymbol{\theta})}{1-\kappa(\boldsymbol{\theta})} \tag{3.26}$$

この量を既約シアという. すぐ後で見るように, 重力レンズによる背景銀河形状

[*2] シア行列 Γ_{ij} を前章のクリストッフェル記号 $\Gamma^\mu_{\rho\sigma}$ と混同しないように注意されたい.

の歪みは既約シアで表され，これが形状歪みの観測量と直接結びついた量である．

シア，あるいは既約シアは座標系の視線方向周りの回転に対して次のように変換する．

$$\begin{pmatrix} \gamma_1' \\ \gamma_2' \end{pmatrix} = \begin{pmatrix} \cos 2\varphi & \sin 2\varphi \\ -\sin 2\varphi & \cos 2\varphi \end{pmatrix} \begin{pmatrix} \gamma_1 \\ \gamma_2 \end{pmatrix} \tag{3.27}$$

ここで φ は座標系の回転角である．

複素シアを $\gamma = |\gamma|e^{2i\phi_\gamma}$ と表し，式 (3.27) を複素数化した量で書くと，

$$\gamma' = e^{-2i\varphi}\gamma = |\gamma|e^{2i(\phi_\gamma - \varphi)} \tag{3.28}$$

となる．一般に，ある複素量 a が座標系の回転に対して

$$a' = e^{-is\varphi}a \tag{3.29}$$

と変換するとき，この量はスピン s であるという．これは角度 $2\pi/s$ 回転したときにもとに戻る量といってもよい．したがって，コンバージェンスはスピン 0，シアはスピン 2 の量である．

このことはコンバージェンスやシアを極座標 (θ, ϕ) で表すと明らかである．

$$\kappa = \frac{1}{2}\left[\frac{\partial^2}{\partial\theta^2} + \frac{1}{\theta}\frac{\partial}{\partial\theta} + \frac{1}{\theta^2}\frac{\partial^2}{\partial\phi^2}\right]\psi$$

$$\gamma_1 = \frac{1}{2}\left[\cos 2\phi\left(\frac{\partial^2}{\partial\theta^2} - \frac{1}{\theta}\frac{\partial}{\partial\theta} - \frac{1}{\theta^2}\frac{\partial^2}{\partial\phi^2}\right) - \sin 2\phi\left(-\frac{2}{\theta^2}\frac{\partial}{\partial\phi} + \frac{2}{\theta}\frac{\partial^2}{\partial\theta\partial\phi}\right)\right]\psi$$

$$\gamma_2 = \frac{1}{2}\left[\sin 2\phi\left(\frac{\partial^2}{\partial\theta^2} - \frac{1}{\theta}\frac{\partial}{\partial\theta} - \frac{1}{\theta^2}\frac{\partial^2}{\partial\phi^2}\right) + \cos 2\phi\left(-\frac{2}{\theta^2}\frac{\partial}{\partial\phi} + \frac{2}{\theta}\frac{\partial^2}{\partial\theta\partial\phi}\right)\right]\psi$$

$$\tag{3.30}$$

複素微分演算子 $\partial = \partial_1 + i\partial_2$ を導入するとスピン表現が便利になる．また 2 次元極座標 $\boldsymbol{\theta} = (\theta\cos\phi, \theta\sin\phi)$ を用いると，∂ は次のように書ける．

$$\partial = \frac{\partial}{\partial\theta_1} + i\frac{\partial}{\partial\theta_2} = e^{i\phi}\left(\frac{\partial}{\partial\theta} + i\frac{1}{\theta}\frac{\partial}{\partial\phi}\right) \tag{3.31}$$

∂ は回転角 φ の座標系の回転に対して $\partial' = e^{-i\varphi}\partial$ と変換するから，スピン 1 の量である．このときコンバージェンスは $\kappa = \partial\partial^*\psi/2$ と表せる．ここで $\partial\partial^* = \boldsymbol{\nabla}_\theta^2$ はスピン 0 を持つ演算子である．同様に，複素シアは次のように表される．

$$\gamma = \frac{1}{2}\partial\partial\psi \equiv \widehat{\mathcal{D}}\psi \tag{3.32}$$

第 3 章　重力レンズ

ここで複素演算子 $\widehat{\mathcal{D}}$ を次のように定義した.

$$\widehat{\mathcal{D}} = \partial\partial/2 = \frac{1}{2}(\partial_1^2 - \partial_2^2) + i\partial_1\partial_2 \tag{3.33}$$

$\widehat{\mathcal{D}}$ はスピン 2 を持つ演算子であり, 座標系の回転に対して $\widehat{\mathcal{D}}' = e^{-2i\varphi}\widehat{\mathcal{D}}$ と変換する.

練習問題 3.3 式（3.27）を導け.

練習問題 3.4 式（3.30）を導け.

3.1.3 | レンズ写像の固有値と固有ベクトル

行列 A の形からコンバージェンスとシアの物理的な意味が分かる. まず, 固有値と対応する固有ベクトルは

$$\Lambda_\pm := 1 - \kappa \pm |\gamma| = (1-\kappa)(1 \pm |g|) \tag{3.34}$$

$$\boldsymbol{v}_- = \begin{pmatrix} \cos\phi_\gamma \\ \sin\phi_\gamma \end{pmatrix}, \quad \boldsymbol{v}_+ = \begin{pmatrix} -\sin\phi_\gamma \\ \cos\phi_\gamma \end{pmatrix} \tag{3.35}$$

である. ここで $\phi_\gamma = \frac{1}{2}\tan^{-1}(\gamma_2/\gamma_1)$ である. したがって, この行列 A は座標系の回転角 ϕ_γ の回転で対角化される. 対角化された行列を $\tilde{A}$ とおくと,

$$\begin{aligned} \tilde{A} &= P^T A P = \mathrm{diag}(\Lambda_-, \Lambda_+) \\ P &= (\boldsymbol{v}_-, \boldsymbol{v}_+) \end{aligned} \tag{3.36}$$

である.

ここでソース面で微小円光源を考える. 適当に長さの単位をとって半径を 1 とすれば, この円は次の方程式を満たす.

$$|\delta\boldsymbol{\beta}|^2 = (\delta\beta_1)^2 + (\delta\beta_2)^2 = 1 \tag{3.37}$$

$\delta\boldsymbol{\beta}$ は円の中心から円周上への微小ベクトルである. レンズを受けると $\delta\beta_i = A_{ij}\delta\theta_j$ だから, この式は次のように書ける.

$$|\delta\boldsymbol{\beta}|^2 = A_{ki}A_{li}\delta\theta_k\delta\theta_l = 1 \tag{3.38}$$

行列式で書くと, $\delta\boldsymbol{\beta}^T\delta\boldsymbol{\beta} = \delta\boldsymbol{\theta}^T A^T A\delta\boldsymbol{\theta} = 1$ となる. $O(\phi) = P^T$ として座標系を

3.1. 重力レンズの基礎 101

ϕ だけ反時計周りに回転させた系では

$$\delta\boldsymbol{\theta}' = O(\phi)\delta\boldsymbol{\theta} \tag{3.39}$$

であるから，$\delta\boldsymbol{\beta}^T\delta\boldsymbol{\beta} = \delta\boldsymbol{\theta}'^T(\tilde{A})^2\delta\boldsymbol{\theta}' = 1$，すなわち

$$\left(\frac{\delta\theta'_1}{1/\Lambda_-}\right)^2 + \left(\frac{\delta\theta'_2}{1/\Lambda_+}\right)^2 = 1 \tag{3.40}$$

となる．この式は，$\kappa < 1$ のとき $1/|\Lambda_-| > 1/|\Lambda_+|$ だから ϕ_γ 方向に伸びた長径 $1/|\Lambda_-|$，短径 $1/|\Lambda_+|$ の楕円となる．$\kappa > 1$ の場合は，方位角 $\phi_\gamma + \pi/2$ 方向に長軸をもった長径 $1/|\Lambda_+|$，短径 $1/|\Lambda_-|$ の楕円となる（図 3.6 参照）．

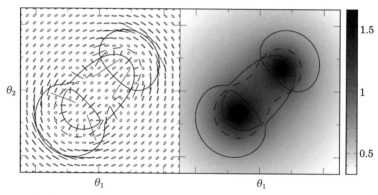

図 **3.6** レンズモデルとして，2 つの円対称ピークを持つ面密度分布を考える（右図）．イメージ面上の一様なグリッドの各点に，レンズを受けて歪んだ点光源のイメージが描かれている（左図）．ここでは，レンズによる増光に依らず，すべての楕円を同じ面積で表示している．実線は臨界曲線，破線は局所的に歪みが消える閉曲線 $\kappa = 1$ を示す（Umetsu 2020, *The Astronomy and Astrophysics Review*, 28, 7）．

ソース面からイメージ面へのレンズ写像はヤコビ行列の逆行列，A^{-1} で表される．微小な光源に対してコンバージェンスが単独で作用した場合はその形を変えず拡大，あるいは縮小する働きをし，一方でシアは面積を変えず形を変えるという働きをする（図 3.7 参照）．これはコンバージェンスがレンズ方程式のヤコビ行列 A のトレース部分に対応し，シアはトレースに寄与しないことからも理解できる．一般には，コンバージェンスとともにシアも光源の像の拡大，あるいは縮小に寄与する．

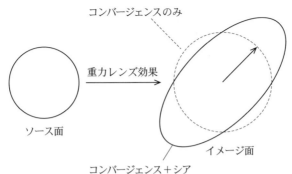

図 3.7 コンバージェンスとシアのレンズ効果の説明図. 仮想的な微小円光源（左）が重力レンズ効果（右）によって拡大され，楕円形に変形している（Umetsu 2020, *The Astronomy and Astrophysics Review*, 28, 7）.

また，$\kappa(\boldsymbol{\theta}) = 1$ の領域では $|\Lambda_-| = |\Lambda_+|$ となるから，写像されたイメージは円のままで変形を受けない（図 3.6 参照）．一般にレンズ天体のコンバージェンスは質量中心から外側に向かって減少するので $\kappa(\boldsymbol{\theta}) = 1$ を境にして内側のイメージはもとのイメージを反転したものになる．また $\kappa(\boldsymbol{\theta}) \sim 1$ でありかつ $|\gamma(\boldsymbol{\theta})| \ll 1$ の領域付近に現れるイメージは大きく拡大されるが，ほとんど変形しない（詳細は二間瀬ら（1998）を参照）．このようなイメージは MACS J1149.5+2223 銀河団の中に見つかっている（図 3.8 参照）．

3.1.4 コースティックと臨界曲線

重力レンズによって光源の表面輝度 $I(\boldsymbol{\theta})$ は変わらないので，レンズによってイメージが増光されたり減光されたりするのは，面積（立体角）が拡大，あるいは縮小されることに他ならない．

まず，微小時間 dt の間に微小面積 dA を通って立体角 $d\Omega$ に放射される振動数間隔 $d\nu$ のエネルギー $dE = I dt dA d\nu d\Omega$ を考える．このとき，表面輝度 $I(\boldsymbol{\theta})$ が不変なことは以下のように示される．まず dE は光子の分布関数 $f(x, p)$ を用いて次式のように表されることに注意しよう．

$$I dt dA d\nu d\Omega = h\nu f d^3 x d^3 p = \frac{h^4}{c^2} \nu^3 f dt dA d\nu d\Omega \tag{3.41}$$

したがって表面輝度 I は $\nu^3 f$ に比例することになるが，リュービルの定理から分

図 3.8 銀河団 MACS J1149.5+2223（赤方偏移 0.544）で観測された背景渦巻銀河（赤方偏移 1.49）の多重像．レンズ天体は衝突銀河団であり，中心領域に平坦な密度コアを持つ．原著によれば，全イメージの総増光率はおよそ 200 に及ぶ（Zitrin & Broadhurst 2009, *The Astrophysical Journal Letters*, 703, L132）．

布関数 f は保存し，また重力レンズによってエネルギーは変化しないから振動数も一定となる．よって，表面輝度 I は変化しないことが分かる．よってイメージの増光率は単に光源の面積とイメージの面積の比で与えられる．この面積比はヤコビ行列の逆行列の行列式に等しいから，増光率は

$$\mu(\boldsymbol{\theta}) = \frac{1}{\det A(\boldsymbol{\theta})} = \frac{1}{(1-\kappa)^2 - |\gamma|^2} \tag{3.42}$$

と表される．$\det A > 0$（$\Lambda_- > 0$ あるいは $\Lambda_+ < 0$）となるイメージは光源と同じパリティをもち，$\det A < 0$（$\Lambda_+ > 0$ および $\Lambda_- < 0$）をもつイメージは光源と反対のパリティをもっている．

　イメージ面で $\Lambda_\pm(\boldsymbol{\theta}) = 0$ を満たす領域はイメージ面で閉じた曲線となり，その上では点光源が無限に拡大される．この曲線を臨界曲線と呼ぶ．臨界曲線に対応するソース面の領域をコースティック（caustic）という．したがってコースティックに点光源が置かれると，重力レンズを受けたイメージは無限に大きくなる．実際には，光源は銀河像のように広がっているので無限に拡大されることはないが，大きく引き伸ばされたアーク状のイメージができる．臨界曲線を境にしてイメージ面は偶パリティ（$+,+$ または $-,-$）と奇パリティ（$+,-$）の領域に分けられる．

もしレンズ天体の重力ポテンシャルが十分に強く，どこかで $\kappa(\boldsymbol{\theta}) > 1$ を満たすならば，イメージ面のどこかで $\det A(\boldsymbol{\theta}) = 0$ が満たされ，よって臨界曲線が存在する．コンバージェンスがレンズ天体の中心から外側への減少関数の場合，$\Lambda_+(\boldsymbol{\theta}) = 0$ で定義される臨界曲線を内部臨界曲線（動径臨界曲線）といい，$\Lambda_-(\boldsymbol{\theta}) = 0$ で定義される臨界曲線を外部臨界曲線（接線臨界曲線）という．内部臨界曲線上では $\kappa > 1$ であるから，イメージは動径方向に引き伸ばされる（動径アーク）．よって内部臨界曲線は動径臨界曲線とも呼ばれる．これに対して，外部臨界曲線上では $\kappa < 1$ であり，その上ではイメージは接線方向に引き伸ばされる（接線アーク）．この外部臨界曲線は接線臨界曲線とも呼ばれる．

条件 $\kappa(\boldsymbol{\theta}) = 1$，つまり $\Sigma(\boldsymbol{\theta}) = \Sigma_{\mathrm{cr}}$ で決まる曲線は，シアが無ければ臨界曲線である．一般にはシアはゼロではないが，$\kappa(\boldsymbol{\theta}) \geq 1$ を満たす領域を多重像ができる可能性がある強いレンズ領域といい，$|\kappa(\boldsymbol{\theta})| \ll 1$ および $|\gamma(\boldsymbol{\theta})| \ll 1$ を満たす領域を弱いレンズ領域という．

ソース面でのコースティックの配置は，重力レンズがつくるイメージの数を決める．図 3.9 に典型的な円対称レンズモデルのレンズ写像を示す．ここでは，中心に有限な密度コアを持つ円対称レンズ（3.3.5 節参照）を考える．図 3.9 では，L 字型の光源を考える．この L 字光源の動径方向と方位角方向のパリティは，それぞれ (+1, +1) である．イメージ I1 のパリティも光源と同じ (+1, +1) であり，これは光源と一致する．同様に，イメージ I2 のパリティは (-1, -1) で，その積は光源と同じ偶パリティ +1 となる．したがって，I2 を適切に回転させることで光源と一致させることが可能である．一方で，イメージ I3 のパリティは (+1, -1) であり，その積は -1 となるため奇パリティを持つ．この結果，I3 は光源の鏡像として現れる．

図 3.10 に示すように，円対称の場合，接線臨界曲線に対応するコースティックはどれもソース面の原点であるが，コアを持つモデルでは動径臨界曲線に対応するコースティックが現れる．図 3.10 に示されるように，光源が動径コースティックの内側にある場合，3 つのイメージができる．光源が動径コースティックに接近するにつれて，反対のパリティを持った 2 つのイメージが動径臨界曲線に対して垂直に近づいてくる．光源が動径コースティック上に位置すると，2 つのイメージが合体し，動径方向に伸びたアーク上のイメージができる．そして，光源が動径コースティックを通過すると，2 つのイメージは消滅する．光源が外側か

3.1. 重力レンズの基礎 105

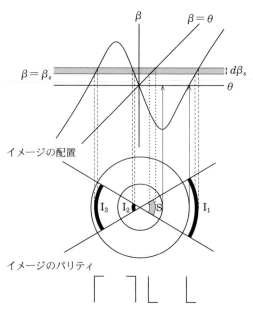

図 3.9 典型的な円対称レンズの写像 $\beta = \beta(\theta)$ の説明図. 中心に有限な密度コアを持つ円対称レンズを考える. $\beta = \beta_s$ に位置する厚み $d\beta_s$ の光源 S が重力レンズを受けて 3 つのイメージ (I_1, I_2, I_3) が作られる. イメージの面積は増光率に比例している. これらのイメージは $\beta = \beta(\theta)$ と $\beta = \beta_s$ との交点にできる. 臨界曲線は $\beta(\theta) = 0$ および $d\beta(\theta)/d\theta = 0$ が作る閉曲線であり, 中央図の 2 つの同心円で示される. 光源 (L 字型) とイメージのパリティは図の下段で示されている (Umetsu 2020, *The Astronomy and Astrophysics Review*, 28, 7).

ら動径コースティックに近づき通過すると，これとは逆のことが起こり，反対のパリティを持った2つのイメージができる．質量分布が円対称ではない場合でも，コースティックが局所的に直線ならば同じことがおこる．このように局所的に直線であるコースティックをフォールド (fold) と呼ぶ．

3.2 コンバージェンスとシア

ここでは，レンズ写像を記述するヤコビ行列の構成要素であるコンバージェンスとシアの関係について詳しく見ていく．

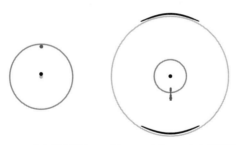

図 3.10 コア有り円対称レンズのコースティックと臨界曲線．左図がソース面におけるコースティックを，右図がイメージ面における臨界曲線を表している．接線方向のコースティックはソース面の原点に位置し，右図の外側の円が対応する接線臨界曲線である．ソース面の円は動径方向のコーステックであり，それに対応する動径臨界曲線がイメージ面の内側の円である．また，各ソース位置に対応するイメージも示している（Hattori et al. 1999, Progress of Theoretical Physics Supplement, 133, 1）．

3.2.1 接線シアとクロスシア

銀河や銀河団ハローなどの天体の重力場によるシアを扱うときには，その中心に対して接線方向のシア成分を考えると有用である．今，適当に決めた中心を原点として極座標 (θ, ϕ) を考える．原点から角距離 θ，x 軸からの角度 ϕ にある楕円形の銀河像を考えて，その主軸の方向を x 軸から測って角度 ψ とする．このときの銀河像のシアは

$$\gamma = |\gamma|e^{2i\psi} \tag{3.43}$$

と書ける．これに対して銀河像の位置での接線方向を x' 軸として直交座標 (x', y') を定義すると，楕円の主軸は x' 軸から角度 $-\pi/2 - \phi + \psi$ にあるからシアは，この座標系では次のように書ける．

$$\gamma'(\boldsymbol{\theta}) = |\gamma|e^{2i(-\pi/2-\phi+\psi)} = -\gamma e^{-2i\phi} \tag{3.44}$$

銀河の位置での原点に対する接線方向は x' 軸だから，原点に対するシアの接線成分は実数部をとればよい．これは接線シアと呼ばれ，以下で定義される．

$$\gamma_t(\boldsymbol{\theta}) = -\mathrm{Re}(\gamma e^{-2i\phi}) = -\gamma_1 \cos 2\phi - \gamma_2 \sin 2\phi \tag{3.45}$$

$\mathrm{Re}(z)$ は複素数 z の実部である.これに対して,接線シアを反時計回りに 45 度回転した成分($\phi \to \phi + 4/\pi$)を次のように定義し,クロスシアと呼ぶ.

$$\gamma_\times(\boldsymbol{\theta}) = -\mathrm{Im}(\gamma e^{-2i\phi}) = \gamma_1 \sin 2\phi - \gamma_2 \cos 2\phi \tag{3.46}$$

$\mathrm{Im}(z)$ は複素数 z の虚部である.

空間座標の反転に対して,これらの量は次のように変換する.

$$\begin{aligned} \gamma_t &\to \gamma_t \\ \gamma_\times &\to -\gamma_\times \end{aligned} \tag{3.47}$$

同様にして,既約シアの接線(g_t)およびクロス成分($g_\times$)は $-ge^{-2i\phi} = g_t + ig_\times$ で定義される.

3.2.2 コンバージェンスとシアの関係

コンバージェンスとシアは同じレンズポテンシャルの 2 階微分で表されるので,両者には非局所的な関係が成り立つ.この関係はフーリエ変換した波数空間で考えると簡単に導くことができる.レンズポテンシャルの 2 次元フーリエ変換を次のように定義する.

$$\psi(\boldsymbol{\theta}) = \int d^2\ell\, \tilde{\psi}(\boldsymbol{\ell}) e^{i\boldsymbol{\ell}\cdot\boldsymbol{\theta}} \tag{3.48}$$

ここで $\boldsymbol{\ell} = (\ell_1, \ell_2)$ は 2 次元波数ベクトルである.するとコンバージェンスとシアのフーリエ成分はそれぞれ次のように書ける.

$$\begin{aligned} \tilde{\kappa}(\boldsymbol{\ell}) &= -\frac{1}{2}\ell^2 \tilde{\psi}(\boldsymbol{\ell}) \\ \tilde{\gamma}(\boldsymbol{\ell}) &= -\left[\frac{1}{2}(\ell_1^2 - \ell_2^2) + i\ell_1\ell_2\right]\tilde{\psi}(\boldsymbol{\ell}) \end{aligned} \tag{3.49}$$

これからすぐに次の関係を導くことができる.

$$\tilde{\gamma}(\boldsymbol{\ell}) = \frac{1}{\pi}\tilde{D}(\boldsymbol{\ell})\tilde{\kappa}(\boldsymbol{\ell}) \quad (\boldsymbol{\ell} \neq 0) \tag{3.50}$$

ここで

$$\tilde{D}(\boldsymbol{\ell}) = \pi \frac{\ell_1^2 - \ell_2^2 + 2i\ell_1\ell_2}{\ell^4} = \pi e^{2i\phi_\ell} \tag{3.51}$$

108　第 3 章　重力レンズ

最後の等号では，2次元フーリエ空間での極座標 $\boldsymbol{\ell} = (\ell\cos\phi_\ell, \ell\sin\phi_\ell)$ を用いた．これより，

$$\tilde{D}(\boldsymbol{\ell})\tilde{D}^*(\boldsymbol{\ell}) = \pi^2 \tag{3.52}$$

であるから，フーリエ空間でのコンバージェンスとシアの関係が分かる．$\tilde{D}^{-1}(\boldsymbol{\ell}) = \pi^{-2}\tilde{D}^*(\boldsymbol{\ell})$ より，

$$\tilde{\kappa}(\boldsymbol{\ell}) = \frac{1}{\pi}\tilde{D}^*(\boldsymbol{\ell})\tilde{\gamma}(\boldsymbol{\ell}) \tag{3.53}$$

を得る．したがって，シア場が与えられればコンバージェンス場，すなわち物質の面密度分布が分かることになる．図3.11にすばる望遠鏡の観測で得られた銀河団領域の重力シア場の一例を示す．

式 (3.50) をフーリエ逆変換して実空間の角度座標に戻ると次の表式を得る．

$$\gamma(\boldsymbol{\theta}) = \frac{1}{\pi}\int d^2\theta'\, D(\boldsymbol{\theta}-\boldsymbol{\theta}')\kappa(\boldsymbol{\theta}') \tag{3.54}$$

ここで $D(\boldsymbol{\theta})$ は次で定義されるカーネル関数である．

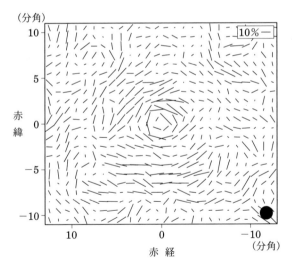

図 **3.11** すばる望遠鏡主焦点カメラの観測で得られた銀河団 Cl0024+1654（赤方偏移 0.395）領域の重力シア場．銀河団中心 $(0,0)$ を中心とする円周接線方向を向いた系統的なシアのパターンが見られる（Umetsu *et al.* 2010, *The Astrophysical Journal*, 714, 1470）．

$$D(\boldsymbol{\theta}) = \widehat{\mathcal{D}} \ln |\boldsymbol{\theta}| = \frac{\theta_2^2 - \theta_1^2 - 2i\theta_1\theta_2}{|\boldsymbol{\theta}|^4} = -\frac{e^{2i\phi}}{\theta^2} \tag{3.55}$$

最初の等号で式（3.33）で定義した複素演算子 $\widehat{\mathcal{D}}$ を用いた．最後の等号では極座標 $\boldsymbol{\theta} = (\theta\cos\phi, \theta\sin\phi)$ を導入した．

この表式からコンバージェンスに定数 κ_0 を足してもシアが変わらないことが分かる．したがって，シアを不変にする次のような大域的な変換が存在することが分かる．

$$\kappa(\boldsymbol{\theta}) \to \kappa(\boldsymbol{\theta}) + \kappa_0 \tag{3.56}$$

物理的には，一様な面密度を持つシートがあっても背景天体の形状を歪ませることはないということである．したがって，与えられたシア場からコンバージェンス場を求める表式は次のようになる．

$$\kappa(\boldsymbol{\theta}) - \kappa_0 = \frac{1}{\pi}\int d^2\theta' \, D^*(\boldsymbol{\theta} - \boldsymbol{\theta}')\gamma(\boldsymbol{\theta}') \tag{3.57}$$

図 3.11 に示した重力シア場の観測から再現した銀河団領域の表面質量密度分布の一例を図 3.12 に示す．

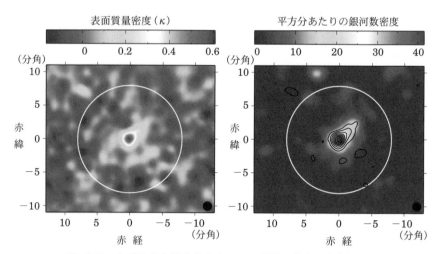

図 **3.12** すばる望遠鏡主焦点カメラの観測で得られた銀河団 Cl0024+1654（赤方偏移 0.395）領域の表面質量密度（左図）および銀河団銀河の表面数密度（右図）分布．表面質量密度分布はシア場の観測（図 3.11）から求められた（Umetsu *et al.* 2010, *The Astrophysical Journal*, 714, 1470）．

3.2.3 質量シート縮退

3.2.2 節で述べたように，イメージの変形の情報だけを使ってレンズ天体の質量分布を再現する方法には，一様な質量シート（κ_0）に対応する一自由度の不定性が存在する．この自由度に対応する解の不定性を質量シート縮退（Mass Sheet Degeneracy）と呼ぶ．

一般には，シアではなく既約シアがイメージの歪みの観測量と直接結びついた量である．臨界曲線の外部領域（$\det A(\boldsymbol{\theta}) > 0$）では，イメージの形の歪みから $g = \gamma/(1-\kappa)$ を推定することができる．弱い重力レンズ領域（$|\kappa| \ll 1$）では $g \simeq \gamma$ が成り立つ．一方，臨界曲線の内部にある奇パリティ領域ではイメージの歪みは $1/g^* = g/|g|^2$ と結びついている．

観測量である既約シア $g(\boldsymbol{\theta})$ は，以下の大域的な変換に対して不変であることが分かる．

$$\kappa(\boldsymbol{\theta}) \rightarrow \lambda\kappa(\boldsymbol{\theta}) + 1 - \lambda$$
$$\gamma(\boldsymbol{\theta}) \rightarrow \lambda\gamma(\boldsymbol{\theta}) \tag{3.58}$$

ここで λ は任意の定数であり，$\lambda \neq 0$ とする．この変換はレンズ写像のヤコビ行列を $A(\boldsymbol{\theta}) \rightarrow \lambda A(\boldsymbol{\theta})$ のようにスケーリングすることと等価である．この変換では，臨界曲線の位置（$\det A(\boldsymbol{\theta}) = 0$）も不変であることに留意する．つまり，強い重力レンズの観測から臨界曲線の位置を高精度で決定しても，この縮退を解くことはできない．さらに，局所的に形の歪みが消える $\kappa(\boldsymbol{\theta}) = 1$ で定義される曲線も，この変換後も不変に保たれる．一般的な結論として，背景光源の形状情報のみに基づく質量分布の再現手法には，線形変換パラメータ λ に対応する自由度が1つ残り，不定性が生じる．そのため，このような観測だけでは，コンバージェンス場とシア場を一意に決定することはできない．

原理的には，$\mu(\boldsymbol{\theta})$ は式（3.58）の大域変換により $\mu(\boldsymbol{\theta}) \rightarrow \lambda^{-2}\mu(\boldsymbol{\theta})$ のように変形するので，たとえば臨界曲線の外部領域でイメージの増光率を測定することにより，この縮退を解消または緩和することができる．

それでは，解の不定性に着目して観測量である既約シアとコンバージェンスの関係について見てみよう．シアを $\gamma = g(1-\kappa)$ と表し式（3.57）に代入すると，コ

ンバージェンスに対する次の積分方程式を得る.

$$\kappa(\boldsymbol{\theta}) - \kappa_0 = \frac{1}{\pi} \int d^2\theta' \, D^*(\boldsymbol{\theta} - \boldsymbol{\theta}')g(\boldsymbol{\theta}')\left[1 - \kappa(\boldsymbol{\theta}')\right] \tag{3.59}$$

既約シア場 $g(\boldsymbol{\theta})$ が与えられると,たとえば初期条件を $\kappa(\boldsymbol{\theta}) = 0$ などと置くことで,この積分方程式を逐次的に解くことができる.

また,以下のように,式 (3.59) は形式的にべき級数展開で表すことができる.

$$\begin{aligned}
\kappa(\boldsymbol{\theta}) - \kappa_0 &= (1 - \kappa_0)\left(\widehat{\mathcal{G}} - \widehat{\mathcal{G}} \circ \widehat{\mathcal{G}} + \widehat{\mathcal{G}} \circ \widehat{\mathcal{G}} \circ \widehat{\mathcal{G}} - \cdots\right) \\
&= (1 - \kappa_0)\sum_{n=1}^{\infty}(-1)^{n-1}\widehat{\mathcal{G}}^n
\end{aligned} \tag{3.60}$$

ここで $\widehat{\mathcal{G}}$ は畳み込み演算子であり,

$$\widehat{\mathcal{G}}(\boldsymbol{\theta}, \boldsymbol{\theta}') = \frac{1}{\pi}\int d^2\theta' \, D^*(\boldsymbol{\theta} - \boldsymbol{\theta}')g(\boldsymbol{\theta}') \tag{3.61}$$

で定義される.この演算子 $\widehat{\mathcal{G}}(\boldsymbol{\theta}, \boldsymbol{\theta}')$ は $\boldsymbol{\theta}'$ の関数に作用する.弱い重力レンズの極限 $(g \simeq \gamma)$ はこのべき級数展開の一次近似に対応するものである.式 (3.60) より,大域変換のパラメータ(式 (3.58) 参照)は

$$\lambda = 1 - \kappa_0 \tag{3.62}$$

に対応することが分かる.このように,非線形領域 $(g \neq \gamma)$ での質量分布の再現法は一般化された質量シート縮退に従う解の不定性を持つ.

3.2.4 微分面密度

3.2.3 節では,イメージの形状情報だけを使って求めたレンズ源の質量分布には,質量シート縮退と呼ばれる一自由度の不定性が存在することについて述べた.一方で,接線シアとコンバージェンスの間には質量シートの不定性によらない,次の有用な恒等関係が成り立つ.

$$\langle \gamma_{\mathrm{t}} \rangle(\theta) = \overline{\kappa}(\theta) - \langle \kappa \rangle(\theta) \tag{3.63}$$

ここで $\langle f \rangle(\theta) = (2\pi)^{-1}\oint f(\theta, \phi)\,d\phi$ は量 $f(\theta, \phi)$ の半径 θ における円周平均であり,$\overline{f}(\theta)$ は半径 θ の円の内部平均である.上式はレンズ天体の質量分布に依らず,任意のイメージ面上の位置 $\boldsymbol{\theta}$ を中心に取った場合に成り立つことが重要である.

コンバージェンスが面密度 Σ に比例することを思い出すと,背景銀河の接線シ

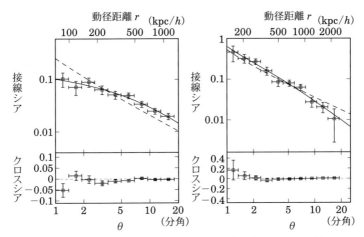

図 3.13 銀河団 A2142（左）と A1689（右）で観測された接線シア（図上段）とクロスシア（図下段）の動径分布．すばる望遠鏡主焦点カメラの観測データを用いて，銀河団中心からの動径距離を変えながら，円環領域内での各シア成分の平均値を推定している（Umetsu *et al.* 2009, *The Astrophysical Journal*, 694, 1643）．

アを観測することでレンズ天体の面密度の情報が得られることが分かる（図 3.13 参照）．この意味で

$$\langle \gamma_{\rm t} \rangle(\theta) = \frac{\Delta\Sigma(\theta)}{\Sigma_{\rm cr}} \tag{3.64}$$

と書き，$\Delta\Sigma(\theta)$ を微分面密度と呼ぶ．

なお，クロスシアに関しては次の恒等式が成り立つ．

$$\langle \gamma_\times \rangle(\theta) = 0 \tag{3.65}$$

接線シアの円周平均がレンズ天体の微分面密度に比例するのに対して，接線シアを 45 度回転させたクロスシアの円周平均は統計的にゼロと一致することが期待される．よって，クロスシア信号の測定は，系統誤差に対する強力なヌルテストを提供する（図 3.13 参照）．

練習問題 3.5 式 (3.63) を導け．

3.2.5 開口質量測定法

ここでは，接線シアの測定から，視線方向に投影されたレンズ質量を推定する手法を紹介する．式（C.74）を同心円の 2 つの半径 $\theta_a, \theta_b\ (> \theta_a)$ の間で積分すると，次の表式を得る．

$$\zeta(\theta_a, \theta_b) := \overline{\kappa}(\theta_a) - \overline{\kappa}(\theta_a, \theta_b)$$
$$= \frac{2}{1 - (\theta_a/\theta_b)^2} \int_{\theta_a}^{\theta_b} d\ln\theta'\, \langle\gamma_{\mathrm{t}}\rangle(\theta') \tag{3.66}$$

ここで，$\overline{\kappa}(\theta_a, \theta_b)$ は $\theta_a \leq \theta \leq \theta_b$ で定義される円環内のコンバージェンスの平均値であり，次のように表される．

$$\overline{\kappa}(\theta_a, \theta_b) = \frac{1}{\pi(\theta_b^2 - \theta_a^2)} \int_{\theta_a}^{\theta_b} d\theta'\, \theta'\, \langle\kappa\rangle(\theta') \tag{3.67}$$

弱い重力レンズ領域の場合は $g \simeq \gamma$ であるから，円環内で測定される形の歪みの情報だけを使って $\zeta(\theta_a, \theta_b)$ の値を一意に決定することができる．これは，一様質量シート κ_0 の不定性は式（3.66）で相殺されるからである．なお，この手法は開口質量測定法（Aperture Mass Densitometry）と呼ばれる．$\overline{\kappa}(\theta_a, \theta_b)$ はレンズ天体の周りで正であることが期待されるため，$\zeta(\theta_a, \theta_b)$ は $\overline{\kappa}(\theta_a)$ の下限を与える．すなわち，$\pi(D_l\theta_a)^2 \Sigma_{\mathrm{cr}} \zeta(\theta_a, \theta_b)$ という量を測定することで，角半径 θ_a の円形領域内の投影レンズ質量の下限値を推定することができる．

次に，開口質量測定法の変形として，次のように定義される量を考える．

$$\zeta_{\mathrm{c}}(\theta|\theta_a, \theta_b) := \overline{\kappa}(\theta) - \overline{\kappa}(\theta_a, \theta_b)$$
$$= 2\int_{\theta}^{\theta_a} d\ln\theta'\, \langle\gamma_{\mathrm{t}}\rangle(\theta') + \frac{2}{1 - (\theta_a/\theta_b)^2} \int_{\theta_a}^{\theta_b} d\ln\theta'\, \langle\gamma_{\mathrm{t}}\rangle(\theta'), \tag{3.68}$$

ここで，開口半径 $(\theta, \theta_a, \theta_b)$ は，$\theta < \theta_a < \theta_b$ を満たすように選ぶ．上式の 2 行目の第 1 項と第 2 項は，それぞれ $\overline{\kappa}(\theta) - \overline{\kappa}(\theta_a)$ と $\overline{\kappa}(\theta_a) - \overline{\kappa}(\theta_a, \theta_b)$ に等しい．弱い重力レンズの場合，$\zeta_{\mathrm{c}}(\theta|\theta_a, \theta_b)$ は観測可能であり，

$$M_\zeta(\theta) = \pi(D_l\theta)^2 \Sigma_{\mathrm{cr}} \zeta_{\mathrm{c}}(\theta|\theta_a, \theta_b) \tag{3.69}$$

で定義される量は角半径 θ の円形領域内の投影レンズ質量，すなわち $M(\theta) = \pi(D_l\theta)^2 \overline{\Sigma}(\theta)$ の下限を与える．

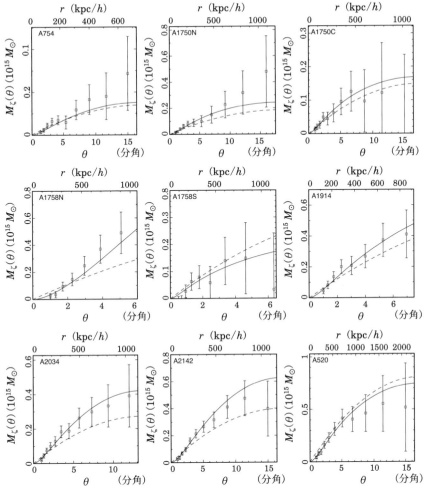

図 **3.14** すばる望遠鏡主焦点カメラによる観測データを用いた弱い重力レンズ解析から測定された近傍衝突銀河団サンプルの開口質量の動径分布 (Okabe & Umetsu 2008, *Publications of the Astronomical Society of Japan*, 60, 345).

なお，固定した (θ_a, θ_b) に対して $\zeta_c(\theta|\theta_a, \theta_b)$ を θ の関数とみなし，いくつかの開口半径 θ で $M_\zeta(\theta)$ を測定することができる．前述の標準的な手法の場合と同様に，内半径と外半径 (θ_a, θ_b) は弱い重力レンズ領域となるように選択することができる．図 3.14 は，すばる望遠鏡で観測された衝突銀河団のサンプルに対して，

弱い重力レンズ解析により測定された $M_\zeta(\theta)$ の動径方向の分布を示している.

3.2.6 E/B モード分解

スピン 2 異方性を記述するシア行列は,自由度数に対応する 2 成分の行列和で表すことができる.2 つのスカラー場を導入することで,シア行列 Γ_{ij} は次のように独立した 2 つのモードに分解される.

$$\Gamma(\boldsymbol{\theta}) = \begin{pmatrix} \gamma_1 & \gamma_2 \\ \gamma_2 & -\gamma_1 \end{pmatrix} = \Gamma^{(E)}(\boldsymbol{\theta}) + \Gamma^{(B)}(\boldsymbol{\theta}) \tag{3.70}$$

上式で行列 $\Gamma^{(E)}$ と $\Gamma^{(B)}$ は以下で定義される.

$$\begin{aligned} \Gamma_{ij}^{(E)}(\boldsymbol{\theta}) &= \left(\partial_i \partial_j - \delta_{ij} \frac{1}{2} \triangle_\theta \right) \psi_E(\boldsymbol{\theta}) \\ \Gamma_{ij}^{(B)}(\boldsymbol{\theta}) &= \frac{1}{2} \left(\epsilon_{kj} \partial_i \partial_k + \epsilon_{ki} \partial_j \partial_k \right) \psi_B(\boldsymbol{\theta}) \end{aligned} \tag{3.71}$$

ここで ϵ_{ij} は 2 次元のレビ・チビタ記号であり,$\epsilon_{11} = \epsilon_{22} = 0$, $\epsilon_{12} = -\epsilon_{21} = 1$ のように定義される.上式で ψ_E に比例する第一項は勾配またはスカラー成分,ψ_B に比例する第二項はカール成分または擬スカラー成分と呼ばれる.この意味で,$\Gamma^{(E)}$ と $\Gamma^{(B)}$ をそれぞれ E モード,B モードのシア行列と呼ぶ.なお,両行列はトレースがゼロの対称行列であることに留意する.

このとき,シア成分 γ_1 と γ_2 はスカラーポテンシャル ψ_E と擬スカラーポテンシャル ψ_B を用いて次のように記述される.

$$\begin{aligned} \gamma_1 &= \Gamma_{11} = -\Gamma_{22} = \frac{1}{2} \left(\psi_{E,11} - \psi_{E,22} \right) - \psi_{B,12} \\ \gamma_2 &= \Gamma_{12} = \Gamma_{21} = \psi_{E,12} + \frac{1}{2} \left(\psi_{B,11} - \psi_{B,22} \right). \end{aligned} \tag{3.72}$$

3.1.2 節で議論したように,シアはスピン 2 の異方性を持つ量であり座標系に依存する.一方で,座標系のとり方に依存しない E モードと B モード成分はシア行列 $\Gamma = \Gamma^{(E)} + \Gamma^{(B)}$ から次のように抽出することができる.

$$\begin{aligned} 2 \nabla_\theta^2 \kappa_E &\equiv \nabla_\theta^4 \psi_E = 2 \partial^i \partial^j \Gamma_{ij} \\ 2 \nabla_\theta^2 \kappa_B &\equiv \nabla_\theta^4 \psi_B = 2 \epsilon_{ij} \partial^i \partial^k \Gamma_{jk}, \end{aligned} \tag{3.73}$$

ここでスカラーポテンシャル ψ_E と擬スカラーポテンシャル ψ_B に対応するコンバージェンスをそれぞれ $\kappa_E = (1/2) \triangle_\theta \psi_E$, $\kappa_B = (1/2) \triangle_\theta \psi_B$ のように定義した.

このようにスピン2の異方性を持つ場を勾配およびカール成分に分解する手法を E/B モード分解と呼ぶ. 式 (3.73) から, E/B モードとスピン2を持つ歪み場の関係は本質的に非局所的であることが分かる.

レンズポテンシャルによるシア行列が $\Gamma_{ij} = (\partial_i \partial_j - \delta_{ij} \triangle_\theta/2)\psi(\boldsymbol{\theta})$ と書けることを思い出せば (式 (3.24) 参照), $\psi_E(\boldsymbol{\theta}) = \psi(\boldsymbol{\theta})$, $\psi_B(\boldsymbol{\theta}) = 0$ であることが分かる. つまり, スカラー重力場由来の場合は自由度は1であり, E モードの信号はコンバージェンス κ, すなわちレンズ源の面密度分布の情報に直結し, B モードの信号は恒等的にゼロである.

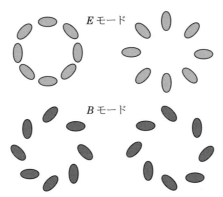

図 **3.15** E モード (上) と B モード (下) が作る形状歪みの特徴的パターンの説明図 (van Waerbeke & Mellier 2003, arXiv:astro-ph/0305089).

図 3.15 は, E モードと B モードから得られる特徴的な歪みパターンを示したものである. 弱い重力レンズ領域の場合, ソース面からイメージ面へのレンズ写像は $A^{-1} \simeq (1+\kappa)I + \Gamma$ で記述される. よって, 弱い重力レンズ効果はカール成分を持たず, E モードの歪みしか発生させない. 弱い重力レンズ領域では, 接線方向の E モードのパターンは正の密度ゆらぎ (銀河や銀河団などの高密度領域) で生成され, 動径方向の E モードのパターンは負の密度ゆらぎ (ボイドなどの低密度領域) で生成される.

次に, 重力シア場から E/B モード信号を再構築する問題に着目する. 式 (3.73) を複素シア $\gamma = \gamma_1 + i\gamma_2$ を用いて書き直すと, 次の表式を得る.

$$\triangle_\theta \kappa_E = \mathrm{Re}\,(\partial^* \partial^* \gamma) \tag{3.74}$$

$$\triangle_\theta \kappa_B = \mathrm{Im}\,(\partial^* \partial^* \gamma) \tag{3.75}$$

ここで複素コンバージェンス $\kappa = \kappa_E + i\kappa_B$ を定義すると，上式は第 3.2.2 章で導いたコンバージェンスとシアの関係式と等価であることが分かる．B モードのコンバージェンス κ_B は式（3.57）の虚数部分として求めることができ，この虚数部分は弱い重力レンズ信号の場合にはゼロに一致すると期待される．さらに式（3.75）より，$\gamma'(\boldsymbol{\theta}) = i\gamma(\boldsymbol{\theta})$（$\gamma_1' = -\gamma_2, \gamma_2' = \gamma_1$）という変換は $\kappa_E'(\boldsymbol{\theta}) = -\kappa_B(\boldsymbol{\theta})$，$\kappa_B'(\boldsymbol{\theta}) = \kappa_E(\boldsymbol{\theta})$ という E/B モードの交換操作と等価であることが分かる．また，シアはスピン 2 の異方性を持つことから，この操作は各位置ベクトルを固定して各楕円を 45 度だけ回転させたものと等価である．なお重力レンズは，たとえば光の経路が複数のレンズ天体によって曲げられる場合などは，B モードを誘発することがある．しかし，このような B モード信号は高次の効果で作られるため，その寄与は E モードの寄与に比べ大きなファクターで抑制される．

実際の弱い重力レンズ効果の観測では，銀河固有の形状も重力シアの推定に寄与する．天球面に投影した銀河固有の楕円率の方向（3.1.5 節参照）がランダムであると仮定すると，このような等方的な楕円率分布は E モードと B モードに統計的に同一の寄与をもたらすことになる．したがって，弱い重力レンズ効果の観測では，B モード信号の測定を用いてノイズ特性を評価したり系統誤差を検証することができる．クロスシアの測定を用いた系統誤差の検証については，3.2.4 節を参照されたい．

練習問題 3.6 式（3.74）と式（3.75）からコンバージェンスとシアの関係式（3.57）を導け．

3.3 レンズモデル

3.3.1 円対称レンズの性質

ここでいくつか具体的なレンズのモデルに触れておこう．まず，3 次元の質量分布が球対称の場合を取り上げる．この場合，天球面に投影されたレンズ天体の質量分布は中心を軸に円対称となる．イメージ面，ソース面の座標原点をレンズ天体の中心にとると，原点から角距離 $\theta = |\boldsymbol{\theta}|$ での偏向角 $\boldsymbol{\alpha}(\boldsymbol{\theta})$ は，その角距離を

半径とする円内に含まれる視線方向に投影されたレンズ質量 $M(\theta)$ によって，次のように与えられる.

$$\boldsymbol{\alpha}(\boldsymbol{\theta}) = \frac{M(\theta)}{\pi\Sigma_{\mathrm{cr}}D_l^2\theta^2}\boldsymbol{\theta} \tag{3.76}$$

この場合，レンズ方程式 $\beta = \boldsymbol{\theta} - \boldsymbol{\alpha}(\boldsymbol{\theta})$ の右辺は $\boldsymbol{\theta}$ に比例するから，$\boldsymbol{\beta}$ も $\boldsymbol{\theta}$ に比例することが分かる. よって，円対称レンズのレンズ方程式は次のように 1 次元に帰着できる.

$$\beta = \theta - \alpha(\theta) \tag{3.77}$$

ここで，$\alpha(-\theta) = -\alpha(\theta)$ である.

偏向角の発散から，コンバージェンスに対する次の表式を得る.

$$\kappa(\theta) = \frac{1}{2}\boldsymbol{\nabla}_\theta \cdot \boldsymbol{\alpha} = \frac{1}{\pi\Sigma_{\mathrm{cr}}D_l^2}\frac{1}{2\theta}\frac{dM(\theta)}{d\theta} \tag{3.78}$$

同様に $\psi_{,ij} = \alpha_{i,j}$ に注意すればシアも次のように計算される.

$$\begin{aligned}
\gamma_1(\theta) &= \frac{1}{2\pi\Sigma_{\mathrm{cr}}D_l^2}\left[\frac{\partial}{\partial\theta_1}\left(\frac{\theta_1 M(\theta)}{\theta^2}\right) - \frac{\partial}{\partial\theta_2}\left(\frac{\theta_2 M(\theta)}{\theta^2}\right)\right] \\
&= -\frac{1}{\pi\Sigma_{\mathrm{cr}}D_l^2}\frac{\theta_1^2 - \theta_2^2}{\theta^2}\left[\frac{M(\theta)}{\theta^2} - \frac{1}{2\theta}\frac{dM(\theta)}{d\theta}\right]
\end{aligned} \tag{3.79}$$

$$\begin{aligned}
\gamma_2(\theta) &= \frac{1}{\pi\Sigma_{\mathrm{cr}}D_l^2}\frac{\partial}{\partial\theta_2}\left(\frac{\theta_1}{\theta^2}M(\theta)\right) \\
&= -\frac{1}{\pi\Sigma_{\mathrm{cr}}D_l^2}\frac{\theta_1\theta_2}{\theta^2}\left[\frac{M(\theta)}{\theta^2} - \frac{1}{2\theta}\frac{dM(\theta)}{d\theta}\right]
\end{aligned} \tag{3.80}$$

ここで $(\theta_1, \theta_2) = (\theta\cos\phi, \theta\sin\phi)$ と極座標表示をとれば，式（3.30）と式（C.71）から，$(\gamma_1, \gamma_2) = (-\gamma_{\mathrm{t}}\cos 2\phi, -\gamma_{\mathrm{t}}\sin 2\phi)$ となることが分かる. ここで γ_{t} はレンズ中心に対する接線シアであり，次のように表される.

$$\gamma_{\mathrm{t}}(\theta) = \overline{\kappa}(\theta) - \kappa(\theta) = \frac{1}{\pi\Sigma_{\mathrm{cr}}D_l^2}\left[\frac{M(\theta)}{\theta^2} - \frac{1}{2\theta}\frac{dM(\theta)}{d\theta}\right] \tag{3.81}$$

これらの関係は，半径 θ の円内で平均化されたコンバージェンス $\overline{\kappa}(\theta)$ を用いると簡単に書ける. まず，視線方向に投影されたレンズ質量は

$$M(\theta) = \pi\Sigma_{\mathrm{cr}}(D_l\theta)^2\overline{\kappa}(\theta) \tag{3.82}$$

と書けるから，円対称レンズの場合，以下の関係が成り立つ.

3.3. レンズモデル 119

$$\alpha(\theta) = \theta\overline{\kappa}(\theta) \tag{3.83}$$

$$\kappa(\theta) = \overline{\kappa}(\theta) + \frac{1}{2}\frac{d\overline{\kappa}(\theta)}{d\ln\theta} \tag{3.84}$$

$$\gamma_{\rm t}(\theta) = -\frac{1}{2}\frac{d\overline{\kappa}(\theta)}{d\ln\theta} \tag{3.85}$$

上の議論から，レンズ写像のヤコビ行列の固有値は次のように与えられる．

$$\Lambda_+ = 1 - \kappa + \gamma_{\rm t} = 1 - \frac{d(\theta\overline{\kappa})}{d\theta} = \frac{d\beta}{d\theta} \tag{3.86}$$

$$\Lambda_- = 1 - \kappa - \gamma_{\rm t} = 1 - \overline{\kappa} = \frac{\beta}{\theta} \tag{3.87}$$

一般にレンズ天体のコンバージェンスは正でありレンズ中心からの減少関数であることから，$\gamma_{\rm t}(\theta) > 0$ である．

すでに説明したように，固有値 Λ_- は幾何学的な効果による接線方向の歪みを記述し，Λ_+ は潮汐力による動径方向の歪みを記述する．動径方向の歪みはレンズ天体の動径方向の密度分布によって決まる．

3.3.2 アインシュタイン半径

対称性から，円対称レンズの接線コースティックは $\beta(\theta) = 0$ で与えられる．光源が $\beta = 0$ にあるとき，もしレンズ系が超臨界でなければ，接線臨界曲線上にリング状のイメージができる．このイメージをアインシュタインリングといい，その角半径をアインシュタイン半径（$\theta_{\rm E}$）と呼ぶ．円対称レンズのアインシュタイン半径は，レンズ方程式で $\beta(\theta) = 0$ として次のように得られる．

$$\begin{aligned}
\theta_{\rm E} &= \left[\frac{4GM(\theta_{\rm E})}{c^2}\frac{D_{ls}}{D_l D_s}\right]^{1/2} \\
&= 29\,\text{arcsec}\left[\frac{M(\theta_{\rm E})}{10^{14}M_\odot}\right]^{1/2}\left(\frac{D_l D_s/D_{ls}}{1\,\text{Gpc}}\right)^{-1/2}
\end{aligned} \tag{3.88}$$

ここで arcsec は角度の単位であり，秒角を表す．

実際の重力レンズ現象では，レンズ天体は完全な円対称ではなく，また光源も完全に $\beta = 0$ となるわけではない．その場合，接線臨界曲線に沿って2つの一次元的に拡大され引き伸ばされたアーク状のイメージが中心に対してお互いに反対側にできる．このときに短いアークは臨界曲線のすぐ内側，長いアークは臨界曲線のすぐ外側にできる．こうして，アークの位置 $\theta_{\rm arc}$ はほぼアインシュタイン半径上にある．よって，アークの位置を観測できれば，アインシュタイン半径内に投影されたレンズ質量を次のように評価できる．

120　第3章　重力レンズ

$$M(\theta_{\mathrm{arc}}) \approx M(\theta_{\mathrm{E}}) = 4.9 \times 10^{13} \left(\frac{D_l D_s / D_{ls}}{1\,\mathrm{Gpc}} \right) \left(\frac{\theta_{\mathrm{E}}}{20\,\mathrm{arcsec}} \right)^2 M_\odot \tag{3.89}$$

分光観測による赤方偏移が既知の重力レンズ多重像が複数組存在する場合，詳細なモデリングを行うことでレンズの臨界曲線を決定することができる．そして，得られたレンズモデルを用いて，臨界曲線で囲まれた全レンズ質量を正確に推定することができる．この文脈で，アインシュタイン半径は，外部（接線）臨界曲線 $\Lambda_-(\boldsymbol{\theta}) = 0$ の半径サイズを指すことがある．ただし，アインシュタイン半径の定量的な定義は，文献によって異なる場合があることに注意が必要である．一例として，有効アインシュタイン半径 $\theta_{\mathrm{E,eff}}$ は

$$\theta_{\mathrm{E,eff}} = \sqrt{\frac{A_{\mathrm{c}}}{\pi}} \tag{3.90}$$

で定義される．ここで，A_{c} は外部臨界曲線で囲まれた角領域の面積である．円対称レンズの場合，$\theta_{\mathrm{E,eff}} = \theta_{\mathrm{E}}$ であり，$\bar{\kappa}(\theta_{\mathrm{E,eff}}) = 1$ である．一般的な非円対称レンズの場合でも，有効アインシュタイン半径付近 $\theta \sim \theta_{\mathrm{E,eff}}$ のレンズ質量

$$M(\theta) = \Sigma_{\mathrm{cr}} D_l^2 \int_{\theta' \le \theta} \kappa(\boldsymbol{\theta}')\, d^2\theta' \tag{3.91}$$

はモデリングの仮定から影響を受けにくい．このため，有効アインシュタイン半径内のレンズ質量は，強いレンズ領域における基本的な観測量である．

円対称レンズの場合，レンズ写像は 1 次元問題となり，(β, θ) 面の曲線を指定することで決められる（例: 図 3.9 参照）．この曲線は動径方向の質量分布によって決まる．次にいくつかの例をあげる．

3.3.3 | 質点レンズ

MACHO のような恒星質量程度のレンズ天体，あるいは銀河中心核に存在する巨大ブラックホールによる重力レンズを記述するモデルとして，一点に質量が集中した質点モデルが用いられる．

レンズ面の原点に質量 M_{P} の質点がある場合，レンズ方程式は以下のようになる．

$$\beta = \theta - \frac{D_{ls}}{D_s} \frac{4GM_{\mathrm{P}}}{c^2 D_l \theta} \tag{3.92}$$

この式から $\beta = 0$ としてアインシュタイン半径 θ_{E} が次のように求まる．

$$\theta_{\mathrm{E}} = \sqrt{\frac{4GM_{\mathrm{P}}}{c^2}\frac{D_{ls}}{D_l D_s}} \tag{3.93}$$

これを恒星質量と銀河質量の典型的な値で評価すると次のようになる.

$$\theta_{\mathrm{E}} = 0.9\,\mathrm{mas}\left(\frac{M_{\mathrm{P}}}{M_\odot}\right)^{1/2}\left(\frac{D_l D_s/D_{ls}}{10\,\mathrm{kpc}}\right)^{-1/2} \tag{3.94}$$

$$= 0.9\,\mathrm{arcsec}\left(\frac{M_{\mathrm{P}}}{10^{11}M_\odot}\right)^{1/2}\left(\frac{D_l D_s/D_{ls}}{1\,\mathrm{Gpc}}\right)^{-1/2} \tag{3.95}$$

ここで $D_l D_s/D_{ls}$ は考えている系の典型的な距離に対応する. 最初の等号で, mas は ミリ秒角（milli arcsec）を表す.

アインシュタイン半径 θ_{E} を使うとレンズ方程式は次のようになる.

$$\beta = \theta - \frac{\theta_{\mathrm{E}}^2}{\theta} \tag{3.96}$$

レンズ方程式を解くと, 2つのイメージが観測される角度が次のように求まる.

$$\theta_\pm = \frac{1}{2}\left(\beta \pm \sqrt{\beta^2 + 4\theta_{\mathrm{E}}^2}\right) \tag{3.97}$$

また, ヤコビ行列の固有値は

$$\Lambda_\pm(\theta) = 1 \pm \left(\frac{\theta_{\mathrm{E}}}{\theta}\right)^2 \tag{3.98}$$

となる.

質点レンズモデルの動径方向と接線方向の拡大率は, それぞれ次のように得られる.

$$W = \frac{d\theta}{d\beta} = \frac{1}{1 + (\theta_{\mathrm{E}}/\theta)^2} \tag{3.99}$$

$$L = \frac{\theta}{\beta} = \frac{1}{1 - (\theta_{\mathrm{E}}/\theta)^2} \tag{3.100}$$

各イメージの増光率は次のように求められる.

$$\mu_\pm = \frac{1}{1 - (\theta_{\mathrm{E}}/\theta_\pm)^4} = \pm\frac{u^2 + 2}{2u\sqrt{u^2 + 4}} + \frac{1}{2} \tag{3.101}$$

ここで $u = \beta/\theta_{\mathrm{E}}$ である. 2つのイメージは異なるパリティを持つため, $\beta > 0$ の場合には $\mu_+ > 0$ および $\mu_- < 0$ となる. また, これらの関係から $\mu_+ + \mu_- = 1$ が成り立つ. MACHO のような恒星質量レベルのレンズではイメージ間の分離角はマイクロ秒からミリ秒のオーダーであり, 光学観測では分離できないので2つ

122　　第3章　重力レンズ

の像は重なって観測され，全体の増光率 μ_{tot} (≥ 1) は以下のようになる．

$$\mu_{\text{tot}} = |\mu_+| + |\mu_-| = \frac{u^2 + 2}{|u|\sqrt{u^2 + 4}} \tag{3.102}$$

$u = 1$ のとき，$\mu_{\text{tot}} = 1.34$ となり，これは 0.32 等級明るくなることを意味している．また，$|u| \ll 1$ ($|\beta| \ll \theta_{\text{E}}$) の場合，全体の増光率は $\mu_{\text{tot}} \approx 1/|u|$ と振る舞う．

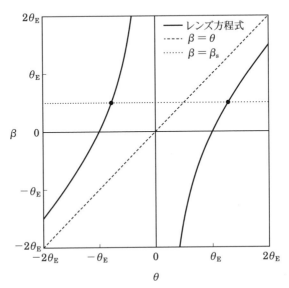

図 3.16 質点モデルのレンズ写像．黒い実線はレンズ方程式 $\beta = \theta - \theta_{\text{E}}^2/\theta$，破線は $\beta = \theta$，点線は光源の位置 $\beta = \beta_{\text{s}}$ を表す．レンズ方程式と $\beta = \beta_{\text{s}}$ の交点に 2 つのイメージ $\theta_\pm$ (丸) ができる．

このレンズ写像を表したのが図 3.16 である．この図からも分かるように，質点レンズではレンズポテンシャルが中心で発散するために 2 つのレンズ像しか現れず，動径方向には必ず縮小される ($d\theta/d\beta < 1$)．

練習問題 3.7 質点レンズのコンバージェンスとシアを求めよ．

3.3.4 特異等温球モデル

銀河のような広がった天体による重力レンズの最も単純なモデルは，物質密度が半径の逆 2 乗に比例する特異等温球分布 (Singular Isothermal Sphere: SIS) と

呼ばれるモデルである．このモデルは，円盤銀河で観測される平坦な回転速度曲線から，その物質密度分布が距離の逆 2 乗に従うと予想されるため，採用されたものである．等温というのは，多数の粒子系からなる質量分布を考えたとき，その重力は粒子のランダムな速度分布によって支えられるが，この系の速度分散が至るところで一定であるという意味である．特異というのは 3 次元密度が中心で無限大に発散するという意味である．このような分布は現実には起こらないが，銀河領域の質量分布に対する粗い近似としては有用である．

まず，3 次元の密度分布は σ_v を 1 次元の速度分散とすると次のように書ける．

$$\rho(r) = \frac{\sigma_v^2}{2\pi G r^2} \tag{3.103}$$

なお，この系の回転速度に対応するのは $V_c = \sqrt{2}\sigma_v$ である．SIS レンズモデルの面密度分布は

$$\Sigma(\xi) = 2\int_0^\infty dz\, \rho(\sqrt{\xi^2 + z^2}) = \frac{\sigma_v^2}{2G\xi} \tag{3.104}$$

のように求まる．視線方向に投影された半径 $\xi = D_l\theta$ 内のレンズ質量は次のようになる．

$$M(\theta) = 2\pi \int_0^\xi d\xi\, \xi\Sigma(\xi) = \frac{\pi\sigma_v^2}{G} D_l\theta \tag{3.105}$$

これより，偏向角は

$$\boldsymbol{\alpha}(\boldsymbol{\theta}) = 4\pi \left(\frac{\sigma_v}{c}\right)^2 \frac{D_{ls}}{D_s} \frac{\boldsymbol{\theta}}{|\boldsymbol{\theta}|} \tag{3.106}$$

となる．したがって，1 次元化したレンズ方程式は次のようになる．

$$\beta = \theta - \theta_{\mathrm{E}} \frac{\theta}{|\theta|} \tag{3.107}$$

なお，SIS モデルの偏向角 $\alpha(\theta)$ の大きさは一定であり，アインシュタイン半径 θ_{E} に等しい．

$$\theta_{\mathrm{E}} = 4\pi \left(\frac{\sigma_v}{c}\right)^2 \frac{D_{ls}}{D_s} = 1.2\,\mathrm{arcsec}\left(\frac{\sigma_v}{200\,\mathrm{km\,s^{-1}}}\right)^2 \frac{D_{ls}}{D_s} \tag{3.108}$$

ここで $\sigma_v = 200\,\mathrm{km\,s^{-1}}$ は典型的な楕円銀河の速度分散の値である．なお，天の川銀河の回転速度は $V_c = 230\,\mathrm{km\,s^{-1}}$ 程度と見積もられている．

式（3.107）より，SIS モデルは $|\beta| < \theta_{\mathrm{E}}$ のときに限り 2 つのイメージを作るこ

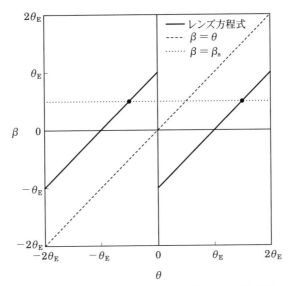

図 **3.17** SIS モデルのレンズ写像. 黒い実線はレンズ方程式 $\beta = \theta - \theta_\mathrm{E}\theta/|\theta|$, 破線は $\beta = \theta$, 点線は光源の位置 $\beta = \beta_\mathrm{s}$ を表す. $|\beta| \leq \theta_\mathrm{E}$ のとき, レンズ方程式と $\beta = \beta_\mathrm{s}$ の交点に 2 つのイメージ $\theta_\pm$ (丸) ができる.

とができる. このとき, イメージの位置は $\theta_\pm = \beta \pm \theta_\mathrm{E}$ である.

練習問題 3.8 SIS モデルに対するレンズポテンシャル, およよにコンバージェンスとシアを求めよ.

3.3.5 コア有り等温球モデル

密度分布の中心に平坦なコアを持ち, 周辺部が等温分布になっている構造をコア有り等温球 (Isothermal Shpere with a Core: ISC) モデルと呼ぶ. この密度分布は次のように与えられる.

$$\rho(r) = \frac{\sigma^2}{2\pi G}\frac{1}{r^2 + r_\mathrm{c}^2} = \frac{\rho_0}{1 + (r/r_\mathrm{c})^2} \tag{3.109}$$

ここで $\rho_0 = \sigma_v^2/(2\pi G r_\mathrm{c}^2)$ は中心密度, r_c はコア半径である.

視線方向を z 軸にとって ISC モデルの面密度を求めると,

$$\Sigma(\xi) = 2 \int_0^\infty dz\, \rho(\sqrt{\xi^2 + z^2}) = 2\rho_0 \int_0^\infty dz\, \left(1 + \frac{\xi^2}{r_{\rm c}^2} + \frac{z^2}{r_{\rm c}^2}\right)^{-1}$$

$$= \frac{\sigma^2}{2Gr_{\rm c}} \left(1 + \frac{\xi^2}{r_{\rm c}^2}\right)^{-1/2} \tag{3.110}$$

これに対応する射影半径 $\xi = D_l\theta$ 内のレンズ質量は次のようになる.

$$M(\theta) = 2\pi \int_0^\xi d\xi'\, \xi'\Sigma(\xi') = \frac{\pi\sigma_v^2}{G} D_l \left(\sqrt{\theta^2 + \theta_{\rm c}^2} - \theta_{\rm c}\right) \tag{3.111}$$

ここで $\theta_{\rm c} = r_{\rm c}/D_l$ である. したがって, 偏向角は

$$\boldsymbol{\alpha}(\boldsymbol{\theta}) = \frac{\alpha_{\rm E}\left(\sqrt{\theta^2 + \theta_{\rm c}^2} - \theta_{\rm c}\right)}{\theta^2}\boldsymbol{\theta} \tag{3.112}$$

と書ける. 上式で, $\alpha_{\rm E} \equiv 4\pi(\sigma_v/c)^2 D_{ls}/D_s$ は SIS モデルのアインシュタイン半径であり, レンズの強さを決める. このとき, 1 次元化したレンズ方程式は次のように表される.

$$\beta = \theta - \alpha_{\rm E}\frac{\sqrt{\theta^2 + \theta_{\rm c}^2} - \theta_{\rm c}}{\theta} \tag{3.113}$$

なお, 3.1.4 節で議論したように, ISC モデルは光源の配置によっては 3 つのイメージを作ることができる (図 3.9 参照).

このモデルのレンズポテンシャルは以下のように表される.

$$\psi(\theta) = \alpha_{\rm E}\left[\sqrt{\theta^2 + \theta_{\rm c}^2} - \theta_{\rm c}\ln\left(\sqrt{\theta^2 + \theta_{\rm c}^2} + \theta_{\rm c}\right)\right] \tag{3.114}$$

実際の応用では, レンズポテンシャルとして以下のような単純化された形が用いられることが多い.

$$\psi(\theta) = \alpha_{\rm E}\sqrt{\theta^2 + \theta_{\rm c}^2} \tag{3.115}$$

これは SIS モデルのレンズポテンシャル (3.3.4 節参照) にコア半径を導入したものである.

練習問題 3.9 このポテンシャルの場合の偏向角 $\boldsymbol{\alpha}$ とレンズの面密度を求めよ.

3.3.6 冪乗則モデル

動径方向の面密度分布が次のような冪乗則に従う円対称モデルを考えてみよう.

$$\overline{\kappa}(\theta) = \left(\frac{\theta}{\theta_{\mathrm{E}}}\right)^{-n} \tag{3.116}$$

このモデルは $\overline{\kappa}(\theta_{\mathrm{E}}) = 1$ と規格化されており，アインシュタイン半径 θ_{E} と冪指数 n の 2 つのパラメータで指定される．このとき，偏向角は次のように表される．

$$\alpha(\theta) = \theta_{\mathrm{E}} \left(\frac{\theta}{\theta_{\mathrm{E}}}\right)^{1-n} \tag{3.117}$$

また，コンバージェンスは $\kappa(\theta) = (1 - n/2)\overline{\kappa}(\theta)$ となる．$n = 1$ の場合は SIS モデル（3.3.4 節参照），$n = 2$ は質点モデル（3.3.3 節参照）に対応する．$n = 0$ の場合は，コンバージェンスが一定のレンズ，$\kappa(\theta) = 1$ となる．このようなレンズでは，$\alpha(\theta) = \theta$，つまり任意の θ に対して $\beta = 0$ に完全に収束する．

　動径アークができる一般的な条件を見てみよう．ここでは，冪指数の範囲を $0 < n < 1$ とする．3.1.4 節で示したように，動径臨界曲線ができる条件は $\Lambda_+ = 0$ である．円対称レンズの場合，この条件は $d(\theta\overline{\kappa})/d\theta = 1$ であるから，動径臨界曲線の半径は

$$\theta_{\mathrm{r}} = (1 - n)^{1/n}\,\theta_{\mathrm{E}} \tag{3.118}$$

となる．図 3.18 は動径臨界曲線と動径コースティックの半径サイズを n の関数として表したものである．こうして，$0 < n < 1$ の面密度分布をもったレンズが動径臨界曲線を持つことが分かる．このように動径アークの統計はレンズ天体の中心領域の密度分布を調べるのに有用である．

　練習問題 3.10　冪指数 $n \to 0$ および $n \to 1$ の極限における動径臨界曲線と動径コースティックの半径サイズの振る舞いを調べよ．

3.3.7　NFW モデル

　等温球モデルの場合，天体の質量は半径とともに線形に増えていく．実際にはビリアル化した構造，すなわち自己重力ハローの質量の増加はビリアル化した有限の範囲で止まり，その外側では降着物質の質量を反映する．ハロー中心での質量密度も r^{-2} のような急勾配にはならず，r^{-1} のような中心密度が発散するカスプ構造が形成される．宇宙大規模構造の詳細な数値計算によれば，冷たい暗黒物質（Cold Dark Matter: CDM）の密度ゆらぎが作る無衝突系自己重力ハローの密

3.3. レンズモデル 127

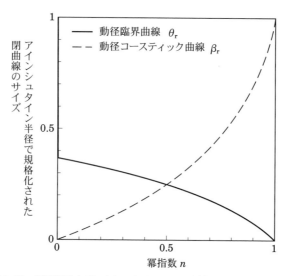

図 3.18 面密度分布が $\bar{\kappa}(\theta) = (\theta/\theta_{\rm E})^{-n}$ に従う冪乗則レンズモデルに対して，動径臨界曲線（実線）と動径コースティック（破線）の半径サイズを冪指数 n の関数として表した図．両曲線のサイズはアインシュタイン半径 $\theta_{\rm E}$ 単位で示してある．

度分布は，平均的に，次の形でよく記述できることが知られている．

$$\rho(r) = \frac{\rho_{\rm s}}{(r/r_{\rm s})(1+r/r_{\rm s})^2} \tag{3.119}$$

発見した研究者の名前にちなんで，この動径密度分布 $\rho(r)$ を NFW モデルと呼ぶ（2.1.4 節参照）．上式で，$\rho_{\rm s}$ は中心密度パラメータである．宇宙の臨界密度 $\rho_{\rm crit}(z) = 3H^2(z)/(8\pi G)$ を用いて $\rho_{\rm s} = \rho_{\rm crit}(z_l)\delta_{\rm c}$ と書くこともある．このとき，無次元量 $\delta_{\rm c}$ はハローの特徴的な密度ゆらぎを表すと解釈される．$r_{\rm s}$ は動径分布の密度勾配が $d\ln\rho(r)/d\ln r = -[1+3(r/r_{\rm s})]/[1+(r/r_{\rm s})] = -2$ となる特徴的スケールを表すパラメータである．実際には，ビリアル半径近傍，$r \sim r_{200}$，およびその外側では降着物質の寄与が大きく，ハロー周辺の密度分布は NFW モデルから乖離する．

ここで，r_Δ はその内側の平均質量密度が宇宙の臨界密度 $\rho_{\rm crit}$ の Δ 倍になるハロー半径を表す．球対称モデルでは，アインシュタイン・ドジッター宇宙で重力崩壊してビリアル平衡に至る領域の密度ゆらぎは，形成時点で超過密度 $\Delta \simeq 18\pi^2 \approx 178$ を持つことから，$\Delta = 200$ がハロー質量の共通の定義として用いられ

るようになった. なお, r_Δ の定義より, $M_\Delta = (4\pi/3)\Delta\rho_{\rm crit}r_\Delta^3$ は r_Δ 内部の球質量である[*3].

式 (3.119) から, 半径 r_Δ 以内に含まれる NFW ハローの球質量 M_Δ が次のように与えられる.

$$M_{\rm NFW}(r_\Delta) = \frac{4\pi\rho_{\rm s}r_\Delta^3}{c_\Delta^3}\left[\ln(1+c_\Delta) - \frac{c_\Delta}{1+c_\Delta}\right] \tag{3.120}$$

ここで, r_Δ とスケール半径 $r_{\rm s}$ の比を $c_\Delta \equiv r_\Delta/r_{\rm s}$ というパラメータとして導入した. この c_Δ を中心集中度パラメータという. このように, NFW モデルは $(\rho_{\rm s}, r_{\rm s})$, または (M_Δ, c_Δ) の 2 つのパラメータで表すことができる. 中心集中度を用いると, NFW モデルの密度パラメータ $\rho_{\rm s}$ は

$$\rho_{\rm s} = \frac{\Delta}{3}\rho_{\rm crit}(z_l)\frac{c_\Delta^3}{\ln(1+c_\Delta) - c_\Delta/(1+c_\Delta)} \tag{3.121}$$

と表される.

式 (3.119) で与えられる密度分布 $\rho(r)$ に対して, 視線方向に投影した NFW ハローの面密度分布は解析的に求められる. 射影半径 $\xi = D_l\theta$ での面密度 $\Sigma(\xi)$ とその半径内で平均した面密度 $\overline{\Sigma}(\xi)$ をそれぞれ $\Sigma(\xi) = 2\rho_{\rm s}r_{\rm s}f_{\rm NFW}(\xi/r_{\rm s})$, $\overline{\Sigma}(\xi) = 2\rho_{\rm s}r_{\rm s}g_{\rm NFW}(\xi/r_{\rm s})$ と表せば, 動径分布関数 $f_{\rm NFW}(x)$, $g_{\rm NFW}(x)$ は次のように与えられる.

$$f_{\rm NFW}(x) = \begin{cases} \dfrac{1}{1-x^2}\left(-1 + \dfrac{2}{\sqrt{1-x^2}}{\rm arctanh}\sqrt{\dfrac{1-x}{1+x}}\right) & (x < 1) \\[3mm] \dfrac{1}{3} & (x = 1) \\[3mm] \dfrac{1}{x^2-1}\left(1 - \dfrac{2}{\sqrt{x^2-1}}\arctan\sqrt{\dfrac{x-1}{x+1}}\right) & (x > 1) \end{cases} \tag{3.122}$$

$$g_{\rm NFW}(x) = \begin{cases} \dfrac{2}{x^2}\left[\dfrac{2}{\sqrt{1-x^2}}{\rm arctanh}\sqrt{\dfrac{1-x}{1+x}} + \ln\left(\dfrac{x}{2}\right)\right] & (x < 1) \\[3mm] 2\left[1 + \ln\left(\dfrac{1}{2}\right)\right] & (x = 1) \\[3mm] \dfrac{2}{x^2}\left[\dfrac{2}{\sqrt{x^2-1}}\arctan\sqrt{\dfrac{x-1}{x+1}} + \ln\left(\dfrac{x}{2}\right)\right] & (x > 1) \end{cases} \tag{3.123}$$

これより, $\kappa_{\rm s} \equiv 2\rho_{\rm s}r_{\rm s}\Sigma_{\rm cr}^{-1}(z_l, z_s)$ と定義すれば, NFW レンズのコンバージェンス

[*3] 文献によっては, ハロー質量を $M_\Delta = (4\pi/3)\Delta\overline{\rho}_{\rm m}r_\Delta^3$ と定義する場合もある. このとき, 宇宙の物質の平均密度 $\overline{\rho}_{\rm m}(z)$ を基準に超過密度 Δ を定義していることに留意せよ.

3.3. レンズモデル

と接線シアは次のように求められる.

$$\kappa(\theta) = \kappa_{\rm s} f_{\rm NFW}(\theta/\theta_{\rm s}) \tag{3.124}$$

$$\gamma_{\rm t}(\theta) = \kappa_{\rm s}\left[g_{\rm NFW}(\theta/\theta_{\rm s}) - f_{\rm NFW}(\theta/\theta_{\rm s})\right] \tag{3.125}$$

ここで, $\theta_{\rm s} = r_{\rm s}/D_l$ と定義した. また,

$$h_{\rm NFW}(x) = \frac{1}{2}\ln^2\frac{x}{2} + \begin{cases} 2\,{\rm arctanh}^2\sqrt{\dfrac{1-x}{1+x}} & (x < 1) \\ 0 & (x = 1) \\ -2\arctan^2\sqrt{\dfrac{x-1}{x+1}} & (x > 1) \end{cases} \tag{3.126}$$

とすると, NFW モデルのレンズポテンシャルは

$$\psi(\theta) = 2\kappa_{\rm s}\theta_{\rm s}^2 h_{\rm NFW}(\theta/\theta_{\rm s}) \tag{3.127}$$

と表される.

すでに述べたように, NFW モデルはビリアル半径以上の暗黒物質のハロー密度分布 $\rho(r)$ を正しく再現しない. 実際に, $r \to \infty$ の極限では, ハロー質量 $M_{\rm NFW}(r)$ は対数的に発散する. 一方, NFW レンズモデル (図 3.19 参照) は, 銀

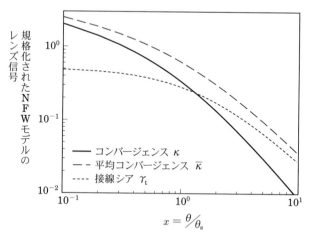

図 **3.19** NFW レンズモデルのコンバージェンス κ (実線), 平均コンバージェンス $\bar{\kappa}$ (破線), 接線シア $\gamma_{\rm t}$ (点線) の動径分布. 横軸は NFW レンズモデルの特徴的半径 $\theta_{\rm s}$, 縦軸は特徴的コンバージェンス $\kappa_{\rm s}$ で規格化されている.

河団スケールでのハロー内部および周辺（$\xi < 2r_{200}$）の重力レンズの観測結果をよく再現することがわかっている.

3.3.8 楕円レンズポテンシャル

ここまでは球対称の質量分布を仮定してきたが，個々の星以外の実際のレンズ天体は一般に重力多体系であり，その質量分布はもっと複雑な形状をしている. 特に，銀河，銀河群，銀河団領域，および暗黒物質が支配するハロースケールでは，重力レンズとなる天体は無衝突自己重力系と考えられる. そのため，これらの天体の密度構造は構造形成の初期条件や系の緩和状態，または暗黒物質の物理的性質を反映した形状をしている. 宇宙論的数値シミュレーションによれば，冷たい暗黒物質の密度ゆらぎが作るハローの密度分布は球対称ではなく，3 軸不等である. よって，円対称よりも楕円モデルの方がハロースケールの面密度分布をよりよく記述することが期待される.

重力レンズ研究の実際のモデル化においては，計算速度の高速化のために，レンズ天体の 3 次元の密度分布あるいはレンズ天体の面密度分布を与える代わりに，レンズポテンシャル $\psi(\boldsymbol{\theta})$ を直接与えて観測を再現することが行われる. 代表的な非円対称ポテンシャルとして，楕円レンズが用いられる. レンズポテンシャルと面密度分布は 2 次元ポアソン方程式に従うため，楕円ポテンシャルを持つレンズの面密度構造は楕円形からずれることになる. この意味で，楕円ポテンシャルは疑似楕円質量モデルと呼ばれることもある. なお，楕円ポテンシャルの楕円率が大きいほど，その密度形状の楕円からの乖離が大きくなる.

典型的な楕円ポテンシャルは，レンズの強さを決めるアインシュタイン半径，コア半径，密度勾配を決める冪指数，楕円率，楕円の長軸方向の少なくとも 5 つのパラメータを持っている. 楕円ポテンシャルは，円対称ポテンシャル $\psi(\theta)$ の表式に以下の代入を行うことで得られる.

$$\theta^2 \rightarrow (1 - \epsilon_{\mathrm{p}})\theta_1^2 + (1 - \epsilon_{\mathrm{p}})^{-1}\theta_2^2 \tag{3.128}$$

ここで，ϵ_{p} はレンズポテンシャルの楕円率パラメータである. 上式では，楕円ポテンシャルの中心を座標原点とし，座標の θ_1 軸を長軸方向に取っている. レンズポテンシャルの楕円率が小さい（$\epsilon_{\mathrm{p}} \ll 1$）ことを仮定し，$\theta^2 \rightarrow (1 - \epsilon_{\mathrm{p}})\theta_1^2 + (1 + \epsilon_{\mathrm{p}})\theta_2^2$ と書くこともある.

3.3. レンズモデル 131

代表的なものとして，たとえばコア有り等温楕円モデルは，式 (3.115) で上式の置き換えをすることで次のように表される.

$$\psi(\boldsymbol{\theta}) = \alpha_E \sqrt{\theta_c^2 + \theta_1^2(1 - \epsilon_p) + \theta_2^2(1 + \epsilon_p)} \tag{3.129}$$

もう少し一般的なモデルとして，次の関数形（Tilted Plummer Elliptical Potential）を考えることもできる.

$$\psi(\boldsymbol{\theta}) = \frac{\alpha_E^2}{\eta} \left[\frac{\theta_c^2 + \theta_1^2(1 - \epsilon_p) + \theta_2^2(1 + \epsilon_p)}{\alpha_E^2} \right]^{\eta/2} \tag{3.130}$$

ここで，θ_c はレンズポテンシャルのコア半径，ϵ_p は楕円率，η は冪指数である．特に，$\eta = 1$ の場合は等温分布に対応する.

図 3.20 は，単純な楕円モデルによるレンズ写像の具体的な例を示す．円対称レンズ（図 3.10 参照）とは異なり，楕円レンズでは有限の広がりを持った内部（接線）コースティックが現れる（図 3.20 のパネル S 参照）．内部コースティックには接線ベクトルが定義できない点が存在し，その尖った先端をカスプと呼ぶ．内部コースティック内に光源があると，5 つのイメージが現れる．外部コースティックと内部コースティックに挟まれた領域に光源がある場合には，3 つのイメージが現れる．図 3.20 から分かるように，光源が内側からカスプに近づく（8 → 7 → 6）と，3 つのイメージが近づいていく．そのうち 2 つが臨界曲線の外側で臨界曲線に沿って近づき，残りの一つが臨界曲線の内側から臨界曲線に垂直方向から近づく．光源がカスプを通り過ぎる（8 → 7 → 6）と 3 つのイメージが合体する．光源が外側からカスプに近づくとこの逆の現象が起こり，コースティックに対応する内部臨界曲線の対応する点に 3 つのイメージが現れる.

3.3.9 楕円質量レンズモデル

楕円質量レンズモデルは，任意の円対称質量分布 $\kappa(\theta)$ の表式に以下の代入を行うことで得られる.

$$\kappa(\theta) \to \kappa(\theta_q) \tag{3.131}$$

ここで，θ_q は

$$\theta_q = \sqrt{qX^2 + q^{-1}Y^2} \tag{3.132}$$

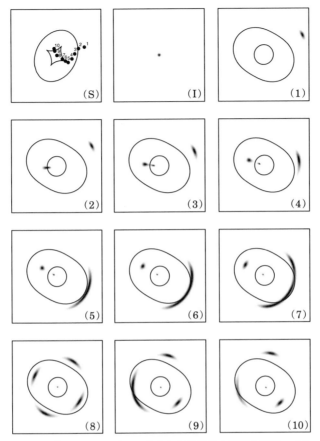

図 3.20 楕円モデルによって作られる多重像と光源の配置．パネル (S) にソース面におけるコースティックを示す．1 から 10 の番号はコースティックに対する光源の位置を表す．パネル (I) は重力レンズを受けていない光源の位置，パネル (1) から (10) は各光源位置の重力レンズを受けたイメージを示している（Kneib & Natarajan 2011, *The Astronomy and Astrophysics Review*, 19, 47）．

で定義される楕円半径座標であり，q は楕円の短軸と長軸の比（$0 < q \leq 1$）である．上式では，楕円質量分布の中心を座標原点とし，座標の X 軸（Y 軸）を長軸方向（短軸方向）に取っている．このように楕円率を導入することで，$\theta = $ 一定と $\theta_q = $ 一定で定義される等面密度領域の面積が変わらないことが分かる．同様

3.3. レンズモデル 133

に，$X_q = \sqrt{q}X$，$Y_q = \sqrt{q}Y$ を定義すれば，$\theta_q = \sqrt{X_q^2 + Y_q^2/q^2}$ と表せる．軸比 $q = 1$ の場合，楕円半径は $\theta_q = \theta = \sqrt{X^2 + Y^2}$ となる．

楕円質量モデルのレンズポテンシャルの1階および2階微分は次のように求められる．

$$\psi_{,X}(X,Y) = qX_q\mathcal{J}_0(X_q, Y_q)$$
$$\psi_{,Y}(X,Y) = qY_q\mathcal{J}_1(X_q, Y_q)$$
$$\psi_{,XX}(X,Y) = 2qX_q^2\mathcal{K}_0(X_q, Y_q) + q\mathcal{J}_0(X_q, Y_q) \tag{3.133}$$
$$\psi_{,YY}(X,Y) = 2qY_q^2\mathcal{K}_2(X_q, Y_q) + q\mathcal{J}_1(X_q, Y_q)$$
$$\psi_{,XY}(X,Y) = 2qX_qY_q\mathcal{K}_1(X_q, Y_q)$$

ここで，$\mathcal{J}_n, \mathcal{K}_n$ は次のように定義される．

$$\mathcal{J}_n(X_q, Y_q) = \int_0^1 \frac{\kappa(\xi^2(u))}{[1-(1-q^2)u]^{n+1/2}}\, du$$
$$\mathcal{K}_n(X_q, Y_q) = \int_0^1 \frac{u\kappa'(\xi^2(u))}{[1-(1-q^2)u]^{n+1/2}}\, du \tag{3.134}$$
$$\xi^2(u) = u\left[X_q^2 + \frac{Y_q^2}{1-(1-q^2)u}\right]$$

上式において，$\kappa'(\xi^2) = d\kappa(\xi^2)/d(\xi^2)$ である．式（3.134）から分かるように，楕円質量モデルの場合，シア場や曲がり角を求めるにはポアソン方程式に対応する積分計算が必要となる．

練習問題 3.11 動径方向の質量分布が NFW モデルに従う場合，楕円質量モデルのコンバージェンスとシアを計算せよ．

▌3.4 ▏ 強い重力レンズとその応用

強い重力レンズ現象からは，多重像のイメージ間の相対位置，相対的な増光率，および光度変化の時間差など，さまざまな観測量が測定される．これにより，レンズ天体の質量分布や宇宙論パラメータの情報を引き出すことが可能である．

具体的には，3.3 節で説明したようないくつかのパラメータで記述されるレンズモデルを導入し，観測量を再現するような光源の位置（β）およびモデルのパラメータを統計的手法を用いて推定する．一般に，強い重力レンズは高面密度領

134　第3章　重力レンズ

域で起こる稀な現象であるので，レンズポテンシャルの形を観測データの情報だけから決定することは難しい．そこで，レンズ天体の質量分布と光（星）の分布間に強い相関があるという仮定がしばしば用いられる．この方法は「光が質量分布をなぞっている」という意味で，LTM（Light Traces Mass）法，あるいはパラメトリック法とも呼ばれる．

　一方，特定の関数形のレンズポテンシャルを仮定することなく，ソース面とイメージ面をグリッド状に細分し，レンズ方程式に基づいてピクセル間の対応を与える方法がある．この場合，ピクセル化したレンズ天体の面密度分布 $\kappa(\boldsymbol{\theta}_n)$ やレンズポテンシャル $\psi(\boldsymbol{\theta}_n)$（$n = 1, 2, \cdots, N_{\mathrm{pixel}}$）をレンズモデルとして用いる．このレンズ質量モデルはピクセル数，つまり N_{pixel} 個のパラメータを持つ．これを Free-form 法，あるいは Non-LTM 法と呼ぶ．この手法は，ハッブル宇宙望遠鏡，ジェイムズ・ウェッブ宇宙望遠鏡や 8–10 m 級の地上光学望遠鏡の活躍により，銀河団の場合，レンズ天体当たり 100 を超える多重像や無数のアークが観測されるようになり，可能になった．現在，LTM 法，Non-LTM 法，および両者のハイブリッド法，共に解析ソフトウェアが開発され，観測データに適用されている．メネゲッティ（Meneghetti）らによるシミュレーションデータを用いたさまざまなレンズモデル法のテストおよびパフォーマンスの比較，そしてナタラジャン（Natarajan）らによる総説を参照していただきたい．ここでは強い重力レンズの観測量について詳しく説明し，それによってどのような情報が得られるかを述べる．

3.4.1 イメージの増光

　重力レンズを受けたイメージの表面輝度は変化しないので，重力レンズによる増光率はイメージの面積の拡大率に比例する．面積の絶対的な拡大率は，光源の光度の情報はないので分からない．しかし，多重像のイメージ間の増光率の比は（レンズを受けていない）光源の面積によらないので，観測される相対的な増光率からレンズモデルの質量分布に制限を与えることができる．

　イメージの増光率は，レンズ写像のヤコビ行列の逆行列（増光行列と呼ばれる）$M(\boldsymbol{\theta}) = A^{-1}(\boldsymbol{\theta})$ の行列式で与えられる．ここで，強い重力レンズを受けたイメージのペア A，B を考える．各々のイメージについての増光行列をそれぞれ M_A，M_B とする．光源の輝度分布内の重心からの位置ベクトルを $\delta\boldsymbol{\beta}$ とし，同様に，

各イメージの対応する位置ベクトルを $\delta\boldsymbol{\theta}_A, \delta\boldsymbol{\theta}_B$ とすると，以下の関係を得る．

$$\delta\boldsymbol{\theta}_B = M(\boldsymbol{\theta}_B)\delta\boldsymbol{\beta} = M(\boldsymbol{\theta}_B)M^{-1}(\boldsymbol{\theta}_A)\delta\boldsymbol{\theta}_A \equiv M_{BA}\delta\boldsymbol{\theta}_A \tag{3.135}$$

単一の銀河による重力レンズ現象において，通常は単一の楕円レンズなどの単純で滑らかなレンズポテンシャルが，イメージの位置情報だけを適切に再現するのに十分である．しかしながら，このような単純なレンズモデルでは，イメージ間の表面輝度の比を説明することが難しい場合がある．これが，多重像の表面輝度異常と呼ばれる現象である．

表面輝度異常を説明する一つの方法は，スムーズなレンズポテンシャルに加えて，小スケールの質量構造を記述するポテンシャルを導入することである．最初に仮定されるスムーズなポテンシャルは，レンズ銀河を大きく取り囲む暗黒物質のハローによるものであり，これをメインハローという．新たに導入されるポテンシャルは，メインハロー中に存在する暗黒物質のサブ構造によるものとして解釈される．まず，暗黒物質の作るポテンシャルの中にバリオンが落ち込み，それが冷えて星を形成することで原始銀河が作られる．原始銀河は伴銀河（または衛星銀河）との衝突，合体を繰り返すことで成長する．したがって，銀河のメインハロー中には，衛星銀河に伴う暗黒物質のサブハローが存在するはずである．また，メインハローによって形成されるイメージの近くにサブハローがあれば，そのイメージだけが局所的に増光される可能性がある．このようにして表面輝度異常が発生すると考えられる．

3.4.2 時間遅延とハッブル定数

強い重力レンズによって生じる多重像は，各イメージが異なる光の経路を経て観測者に届く．そのため，光源の明るさが時間変動する場合，イメージ間で光度変化が時間差を持って観測される．光の到達時間の遅延は宇宙の膨張率，つまり宇宙全体のスケールを決めているハッブル定数 H_0 に反比例する．よって，イメージ間の変光の時間差を観測することでハッブル定数を測定することができる．この可能性は，1964 年にレフスダルによって初めて指摘された．

従来，ハッブル定数は遠方の天体までの距離と赤方偏移の関係を観測によって測定し，宇宙の膨張則と比較することで推定される．実際の距離測定においては，年周視差，セファイド変光星の周期–光度関係，Ia 型超新星の観測など異なる手

法を次々に組み合わせ，銀河系内から近傍銀河，そしてより遠方のハッブル膨張が優勢となる領域（$z \gg 0.01$）まで天体の距離を測定していく．これを「距離梯子」と呼ぶ（図 2.2 参照）．この手法では，各段階での系統誤差の理解と補正が重要になる．

一方，重力レンズの時間遅延を用いた手法では，上述の近傍宇宙の距離梯子とは独立に，宇宙の十分に広い領域で平均されたハッブル定数を測定することができるという利点がある．ただし，この手法では光度曲線のモニター観測から時間遅延を正確に測定することに加えて，主レンズ天体の質量分布や周辺域，さらに視線方向の質量構造からの寄与を正確にモデル化する必要がある．そのため，重力レンズを受けたイメージの数や質量分布に対する観測的な制限が不足している場合，ハッブル定数に対する正確な推定が難しくなる．たとえば，RXJ1131−1231というクェーサーの 4 重像重力レンズ系をハッブル宇宙望遠鏡で撮像すると，広がりを持ったアインシュタインリングが観測されている（図 3.21 参照）．その情報を用いると，レンズ銀河の質量分布モデルの不定性は時間遅延の測定の不定性よりも小さいことが示されている．現在ではプランク（Planck）衛星による CMB 観測などの精密観測から，空間的に平坦な ΛCDM モデルの仮定の下，ハッブル定数が 1% 以下の精度で $H_0 = 67.4 \pm 0.5 \,\mathrm{km\,s^{-1}\,Mpc^{-1}}$ と推定されている．そこで，CMB の情報と時間遅延の観測を組み合わせることで暗黒エネルギーの理論モデルを制限することが注目されている．

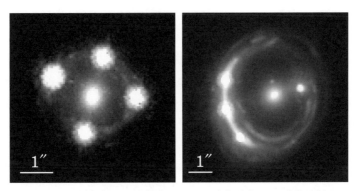

図 3.21 時間遅延が測定された 4 重像重力レンズ系の例: HE 0435−1223（左）と RXJ1131−1231（右）(Wong et al. 2020, *Monthly Notices of the Royal Astronomical Society*, 498, 1420).

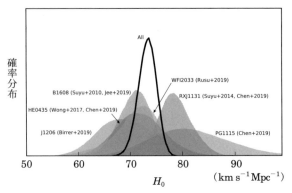

図 **3.22** 時間遅延が測定された 6 つの多重像重力レンズ系の解析から推定されたハッブル定数 H_0 の事後確率分布．この推定では平坦な ΛCDM モデルが仮定されている（Wong *et al.* 2020, *Monthly Notices of the Royal Astronomical Society*, 498, 1420）．

ここで，以下で定義される時間遅延距離 $D_{\Delta t}$ を導入する．

$$D_{\Delta t} \equiv (1+z_l)\frac{D_l D_s}{D_{ls}} \tag{3.136}$$

$D_{\Delta t}$ は $1/H_0$ に比例し，また他の宇宙論パラメータに依存する．近年の詳細な強い重力レンズ系の観測では，時間遅延距離が各系ごとに 6–7% 程度の誤差で測定されている．2020 年，ウォン（Wong）らは時間遅延が測定されたクェーサーの多重像重力レンズ系 6 つを同時に統合解析し，ハッブル定数を 2.4% の精度で $H_0 = 73.3^{+1.7}_{-1.8}\,\mathrm{km\,s^{-1}\,Mpc^{-1}}$ と推定した（図 3.21 および図 3.22 参照）．この推定値は，近傍宇宙で距離梯子の方法から測定したハッブル定数の値と一致するが，上述の CMB の精密観測から推定されたハッブル定数の値とは 3.1σ で矛盾する．ここで σ は推定値の統計誤差を示す．このように，比較的近傍の宇宙の観測から求められたハッブル定数と，宇宙初期の CMB 観測から推定された値との間に矛盾が見られることをハッブルテンションと呼ぶ．ΛCDM モデルの大枠は変えることなく，観測の系統誤差で矛盾を説明できるのか，あるいは新しい物理理論を導入する必要があるのか，さまざまな仮説が提案されている．

将来，時間遅延距離が精密に測定されるレンズ系のサンプルが 40 個程度まで増えれば，距離梯子や CMB 観測とは独立に，ハッブル定数を約 1% の統計精度

で推定できることになる．ただし，これを達成するには時間遅延の測定やレンズ天体の質量モデルに関する系統誤差を 1% よりも十分に小さく抑える必要がある．最近の観測の詳細や議論については，トゥルー（Treu）らによる総説を参照されたい．

さて，光源のイメージ間の時間遅延を求めよう．ここでは，単一の背景光源の多重像が観測されている場合を考える．まず，$\boldsymbol{\beta}$ にある光源に対する重力レンズによる時間の遅れ $\tau(\boldsymbol{\theta})$ は

$$\begin{aligned}
\tau(\boldsymbol{\theta}) &= \frac{D_{\Delta t}}{c} \left[\frac{1}{2} (\boldsymbol{\theta} - \boldsymbol{\beta})^2 - \psi(\boldsymbol{\theta}) \right] \\
&= \frac{1 + z_l}{H_0} \frac{d_l d_s}{d_{ls}} \left[\frac{1}{2} (\boldsymbol{\theta} - \boldsymbol{\beta})^2 - \psi(\boldsymbol{\theta}) \right]
\end{aligned} \tag{3.137}$$

と表される．ここで d_X（$X = l, s, ls$）は c/H_0 を単位とする角径距離である．式（3.137）の第 1 項は重力レンズによる経路長の変化，第 2 項は重力ポテンシャルによる時間の遅れを表す．したがって，2 つのイメージ A と B 間の時間遅延は以下のようになる．

$$\begin{aligned}
\tau_{BA} &= \tau(\boldsymbol{\theta}_B) - \tau(\boldsymbol{\theta}_A) \\
&= \frac{1 + z_l}{H_0} \frac{d_l d_s}{d_{ls}} \left(\frac{1}{2} \left[(\boldsymbol{\theta}_B - \boldsymbol{\beta})^2 - (\boldsymbol{\theta}_A - \boldsymbol{\beta})^2 \right] - [\psi(\boldsymbol{\theta}_B) - \psi(\boldsymbol{\theta}_A)] \right)
\end{aligned} \tag{3.138}$$

式（3.138）から明らかなように，イメージ間の時間遅延 τ_{BA} が測定された場合，ハッブル定数を求めるためにはレンズの質量分布を正確にモデル化したレンズポテンシャル $\psi(\boldsymbol{\theta})$ を決定する必要がある．しばしば，主レンズ銀河は銀河群や銀河団など，より大きなハローの構成銀河であることがある．このような場合，主銀河のレンズポテンシャルに加えて，次のような外場ポテンシャルで周辺の質量構造の寄与を近似できる．

$$\begin{aligned}
\psi_c(\boldsymbol{\theta}) &\simeq \psi_c(0) + \boldsymbol{\nabla}_\theta \psi_c(0) \cdot \boldsymbol{\theta} + \frac{1}{2} \kappa_c(0) \left(\theta_1^2 + \theta_2^2 \right) \\
&\quad + \frac{1}{2} \gamma_{1c}(0) \left(\theta_1^2 - \theta_2^2 \right) + \gamma_{2c}(0) \theta_1 \theta_2
\end{aligned} \tag{3.139}$$

ここでレンズ銀河中心を座標原点とし，外場の空間変化のスケールはイメージの分離角に比べて十分大きいと仮定し，高次の項は無視している．また展開係数は以下の通りである．

$$\kappa_c = \frac{1}{2} (\psi_{c,11} + \psi_{c,22}), \quad \gamma_{1c} = \frac{1}{2} (\psi_{c,11} - \psi_{c,22}), \quad \gamma_{2c} = \psi_{c,12} \tag{3.140}$$

3.4. 強い重力レンズとその応用 139

この外場ポテンシャルが強い重力レンズの観測量にどのような寄与を与えるのか見ていこう．第1項は定数なので明らかに観測量を変えない．したがって第2項と第3項の効果を考えてみる．$\boldsymbol{c}$ をある定数ベクトルとして，次のようなレンズポテンシャルの変換を考えてみる．

$$\psi(\boldsymbol{\theta}) \to \psi(\boldsymbol{\theta}) + \boldsymbol{c} \cdot \boldsymbol{\theta} \tag{3.141}$$

すると偏向角は，$\boldsymbol{\alpha}(\boldsymbol{\theta}) \to \boldsymbol{\alpha}(\boldsymbol{\theta}) + \boldsymbol{c}$ と変化する．しかし，同時に光源の位置を $\boldsymbol{\beta} \to \boldsymbol{\beta} - \boldsymbol{c}$ と変えると，観測量であるイメージの位置が変わらないことはレンズ方程式から明らかである．また，観測される時間遅延の差 τ_{BA}（式（3.138）参照）も変わらない．

次に，λ をある定数として，以下のような変換を考えてみよう．

$$\psi(\boldsymbol{\theta}) \to \lambda\psi(\boldsymbol{\theta}) + \frac{1-\lambda}{2}|\boldsymbol{\theta}|^2 \tag{3.142}$$

この変換によって偏向角 $\alpha(\boldsymbol{\theta})$ は次のように変化する．

$$\boldsymbol{\alpha}(\boldsymbol{\theta}) \to \lambda\boldsymbol{\alpha}(\boldsymbol{\theta}) + (1-\lambda)\boldsymbol{\theta} \tag{3.143}$$

しかし，同時に光源の位置を $\boldsymbol{\beta} \to \lambda\boldsymbol{\beta}$ と変えると，レンズ方程式からイメージの位置 $\boldsymbol{\theta}$ は不変となることが分かる．一方，レンズ写像のヤコビアンは $A(\boldsymbol{\theta}) \to \lambda A(\boldsymbol{\theta})$ と変わり，したがって増光行列は $M(\boldsymbol{\theta}) \to M(\boldsymbol{\theta})/\lambda$ と変わる．しかし，観測量は相対増光行列 $M_{BA} = M_B M_A^{-1}$ であり，これは変わらない．もう一つの観測量である時間遅延は次のように変わる．

$$H_0 \Delta\tau_{BA} \to \lambda^{-1} H_0 \Delta\tau_{BA} \tag{3.144}$$

ところが，同時にハッブルパラメータを $H_0 \to \lambda H_0$ と変換すれば，観測量である $\Delta\tau_{BA}$ は変わらない．結局，以下の一連の大域変換を同時に行えば，どの観測量も変わらないことが分かる．

$$\psi(\boldsymbol{\theta}) \to \lambda\psi(\boldsymbol{\theta}) + \frac{1-\lambda}{2}\theta^2 \tag{3.145}$$

$$\boldsymbol{\beta} \to \lambda\boldsymbol{\beta} \tag{3.146}$$

$$H_0 \to \lambda H_0 \tag{3.147}$$

なお，この変換はコンバージェンスとシアを以下のように変える．

$$\kappa(\boldsymbol{\theta}) \to \lambda\kappa(\boldsymbol{\theta}) + 1 - \lambda$$
$$\gamma(\boldsymbol{\theta}) \to \lambda\gamma$$

(3.148)

これは 3.2.3 節で議論した質量シート縮退に他ならない。よって，λ パラメータは質量シートの自由度（$\lambda = 1 - \kappa_c$）に対応すると考えられる。

このことは，イメージ間の相対位置，時間遅延，明るさの比という観測量をすべて用いてレンズモデルを決めたとしても，ハッブル定数の推定に関しては次の不定性が残るということである。

$$H_0 = 100\,h\,(1 - \kappa_c)\,\mathrm{km\,s}^{-1}\,\mathrm{Mpc}^{-1}$$

(3.149)

この質量シートの不定性 κ_c は主レンズ天体の周辺での平均の面密度であり，強い重力レンズの情報だけからは決めることができない。この不定性を取り除く，または軽減するために，相補的な弱い重力レンズの観測や，レンズ天体の質量分布に関する独立な情報が必要となる。後で議論するように，一般に銀河団スケールでは，異なる赤方偏移にある（つまり，異なる D_{ls}/D_s を持つ）複数の光源天体の多重像が観測されるため，質量シート縮退の影響を受けにくい。

3.4.3 レンズ統計

強い重力レンズの応用の一つとしてレンズ統計がある。レンズ統計では，クェーサーなどの特定の天体の光源サンプルに対して，サンプル中の強い重力レンズを受けている天体の割合や，重力レンズを受けている光源天体の赤方偏移分布などの統計的な性質を調べる。重力レンズ現象の頻度が背景にある光源天体の数に比例することなどから，レンズ統計は光源天体の赤方偏移分布，その進化，およびある赤方偏移までの宇宙の体積などに依存する。したがって，レンズ統計の研究により，光源天体の統計的な性質や宇宙論パラメータの情報を得ることができる。このことは，1984 年にターナー（Turner）らによって指摘された。1992 年には，福来・葛西・二間瀬・ターナーによってレンズ統計が宇宙定数に大きく依存することが指摘され，また宇宙定数の存在を大きく示唆する結果が得られた。

特に近年のスローンデジタルスカイサーベイ（SDSS）に代表される大規模な撮像分光サーベイによって，一定の条件を満たす天体の統計的に完全なサンプルが観測から得られるようになった。また，8–10 m 級の光学望遠鏡の活躍により，

遠方銀河の赤方偏移分布が分かるようになった．このような観測の進展により，レンズ統計を用いた宇宙論パラメータの決定は大きく進歩している．ここではクェーサー統計を例にとって，その基礎を説明しよう．

遠方にあるクェーサーが，赤方偏移が $(z_l, z_l + dz_l)$ にある銀河によって重力レンズを受ける確率は次のように書ける．

$$
\begin{aligned}
d\tau(z_l) &= n(z_l)\sigma_l \frac{d^2 V}{dz_l d\Omega} dz_l \\
&= n(z_l)\sigma_l D_l^2 (1+z_l)^3 \frac{cdt}{dz_l} dz_l
\end{aligned}
\tag{3.150}
$$

ここで $n(z_l) = dN/dV$ は単位共動体積に含まれるレンズ天体の個数，σ_l は光源が特定の重力レンズを受ける領域の面積，すなわちレンズの断面積である．このレンズ断面積は，レンズの質量分布と赤方偏移，および光源であるクェーサーの赤方偏移の関数である．

以下の例で示すように，与えられたレンズポテンシャルに対してレンズ方程式を解くことでこの断面積を求めることができる．この計算では，本来暗く検出されない光源が重力レンズによる増光を受けて明るくなり，観測される効果を考慮する必要がある．この効果は増光バイアスと呼ばれ，クェーサーの光度関数を $\Phi(L) \equiv dn(L)/dL$ とすると次のように表される．

$$
\sigma_l = \int_S d^2\beta \frac{\Phi(L/\mu)}{\mu \Phi(L)}
\tag{3.151}
$$

ここで積分領域 S はソース面で多重像ができる領域の全体である．被積分項の分母の μ はレンズによって面積が拡大される効果を表し，分母と分子の光度関数の比は増光によって観測される光源が増えた効果を表す．クェーサーは暗いものほど多くあるので，この比は 1 以上となる．光度関数とは，単位光度あたり，単位共動体積あたりに含まれる天体数を光度と赤方偏移を変数として表した関数である．

宇宙論パラメータの依存性は cdt/dz_l にある．実際，平坦な FRW 宇宙では，この量は以下のように計算される．

$$
\left| \frac{cdt}{dz_l} \right| = \frac{c}{H_0(1+z_l)} \frac{1}{\sqrt{\Omega_{\mathrm{m},0}(1+z_l)^3 + \Omega_{\Lambda,0}}}
\tag{3.152}
$$

レンズ銀河の平均数密度の具体的な計算は，銀河の光度関数 $\Phi(L) = dn(L)/dL$，

あるいは速度関数 $\psi(\sigma_v) = dn(\sigma_v)/d\sigma_v$ を使って行われる．速度関数とは，銀河の平均数密度を銀河を構成している星々の速度分散 σ_v の分布関数として表したものである．たとえば速度関数を使うと，z_s にあるクェーサーが $(z_l, z_l + dz_l)$ の間にある銀河によって重力レンズを受けて分離角 $\Delta\theta$ の多重像を作る確率は次のように計算される．

$$\frac{d^2\tau}{d\Delta\theta dz_l} = \int d\sigma_v \, \psi(\sigma_v) D_l^2 (1+z_l)^3 \frac{cdt}{dz_l} \frac{d\sigma_l}{d\Delta\theta} \tag{3.153}$$

このような統計では，観測に基づいて定義される光源（ここではクェーサー）サンプルの統計的一様性と完全性が重要である．使用されるサンプルは，一定の限界等級以上の明るいもの，あるいはある赤方偏移までの体積に含まれるものなど，さまざまな定義がある．実際には，観測から得られたサンプルの不完全性を統計的に特徴づけ，これを補正したり理論モデルで考慮する必要がある．

　1990 年代後半から米・日・独の共同研究で行われた SDSS 撮像分光サーベイでは，100 万以上の銀河や 10 万以上のクェーサーが撮像観測され，天体の一様な統計サンプルが得られるようになった．ただし，一定の限界等級の下では遠方になるほど明るいものが選ばれやすくなるので，レンズ統計には，観測できる限界の明るさよりも十分に明るいクェーサー，あるいは観測できる最遠方のものよりも十分に近いものだけを集めた見落としのないサンプルが用いられる．そのようなサンプルとして赤方偏移が $0.6 < z < 2.2$ の範囲内にあり $i = 19.1$ 等級より明るいクェーサーを集めるとおよそ 5 万個あり，そしてその中の 26 個が強い重力レンズを受けて多重像を作っていることがわかった．この結果から，平坦な宇宙を仮定した場合，宇宙定数に $\Omega_{\Lambda,0} = 0.79^{+0.06}_{-0.07} \pm 0.06$[4] という制限が得られている．詳しくは大栗ら（2012）による原著を参照されたい．

3.5 弱い重力レンズとその応用

　レンズ統計（3.4.3 節参照）で詳しく見たように，強い重力レンズはアインシュタイン半径程度の高密度領域で起こる稀な現象である．それに対して，遠方天体からやってくる光の大部分は途中にある銀河や銀河団ハローの外縁部や大規模構造が作る重力場を通ってくる．このような場合，背景天体のイメージの形状はわずかに歪み，またわずかに増光される．レンズを受ける前の背景天体の個々の情

---

[4]　ここで ± 0.06 は $\Omega_{\Lambda,0}$ への推定値の系統誤差を表す．

報はわからないので，個々の歪みからレンズの重力源の情報を引き出すことはできない．一方で，多数の背景天体から観測される歪みは，伝播途中の重力場に特徴的なスケールの系統的なパターンを作り出す．この系統的な歪みのパターンを統計的手法を用いて定量化することで，光の経路にあるレンズ質量分布の情報を得ることを，弱い重力レンズ解析という．

弱い重力レンズ解析は，銀河団ハロー領域内やその周辺の質量分布を調べるための非常に強力で信頼性の高い方法である．銀河団スケールの弱い重力レンズ研究の詳細については，梅津（2020）による総説を参照されたい．また，大規模構造によって生じるコスミックシアと呼ばれる弱い重力レンズ効果も，暗黒エネルギーの性質を調べる方法として注目されている．

3.5.1 シアの観測量と測定法

銀河団やコスミックシアの弱い重力レンズ解析では，光源となる個々の背景銀河に対してその形状を測定する．弱い重力レンズ効果による背景銀河の形状の変化はごく微小である．たとえば，銀河を楕円形とすれば，長径と短径の軸比が1%（コスミックシア）から10%（銀河団ハロー領域）程度変化するに過ぎない．このため，天体像の形状を精密に定量化するためには，点光源に対する光学系の応答特性を表す点像分布関数（Point Spread Function: PSF）の影響を考慮することが不可欠である．

銀河像の四重極モーメントを用いたカイザー（Kaiser）らによる先駆的な論文以来，PSF の影響を補正し，背景銀河の画素化されたノイズ込み撮像データからレンズ信号を正確に抽出する方法が数多く提案および実装されている．このモーメント測定に基づく手法は著者の名前にちなんで KSB 法と呼ばれる．一方で，現実的な銀河のイメージを使ったシミュレーションにより，シア測定における系統的なバイアスの理解とコントロールについても飛躍的な進展があった．詳しくは，マンデルバウム（Mandelbaum）による総説を参照されたい．ここでは，モーメント測定に基づく KSB 法の基本的な考え方と本質的な側面に焦点を当てる．なお，精密な形状測定に用いる背景サンプルの選択基準や，多色の撮像データからレンズ天体の背後にある銀河を選択する方法については，梅津（2020）による総説を参照されたい．

四重極モーメントと楕円率

まず，表面輝度分布 $I(\boldsymbol{\theta})$ の四重極モーメント Q_{ij} $(i,j=1,2)$ を用いて背景銀河の形状を記述する．

$$Q_{ij} \equiv \frac{\int d^2\theta \, q_I[I(\boldsymbol{\theta})]\Delta\theta_i\Delta\theta_j}{\int d^2\theta \, q_I[I(\boldsymbol{\theta})]}, \tag{3.154}$$

ここで $q_I[I(\boldsymbol{\theta})]$ は重み関数であり，位置ベクトル $\boldsymbol{\theta}$ には陽に依存しないとする．$\Delta\theta_i = \theta_i - \overline{\theta}_i$ である．ただし $\overline{\theta}_i$ は次のようにして決めた輝度分布の中心である．

$$0 = \int d^2\theta \, \Delta\theta_i q_I[I(\boldsymbol{\theta})] \tag{3.155}$$

この 4 重極モーメントから次のような組み合わせを作る．

$$(e_1, e_2) \equiv \left(\frac{Q_{11}-Q_{22}}{Q_{11}+Q_{22}}, \frac{2Q_{12}}{Q_{11}+Q_{22}} \right) \tag{3.156}$$

この量を楕円率と呼ぶ[*5]．また，3.1.2 節で複素シアを定義した際と同様に，$e \equiv e_1 + ie_2$ という複素楕円率を導入する．たとえば，短軸と長軸の比が $q \, (\leq 1)$ で，長軸の方位角が ϕ である楕円の場合，複素楕円率は $e = (1-q^2)/(1+q^2)e^{2i\phi}$ と表される．上式の代わりに $e := \epsilon/(1+|\epsilon|^2)$ で定義される複素楕円率 ϵ を定義すると，この楕円に対して $\epsilon = (1-q)/(1+q)e^{2i\phi}$ となる．

同様に，重力レンズを受ける前のもともとの背景銀河の形状に対しても，それぞれ 4 重極モーメント $Q_{ij}^{(\mathrm{s})}$ と複素楕円率 $e^{(\mathrm{s})}$ を定義する．4 重極モーメントの定義に用いたイメージの中心からの位置ベクトル $\delta\boldsymbol{\theta}$ とソース面での対応する位置ベクトル $\delta\boldsymbol{\beta}$ は微小量であるから，それらの間には以下の関係が成り立つ（3.1.2 節参照）．

$$\delta\beta_i = A_{ij}\delta\theta_j \tag{3.157}$$

これを用いると，観測される 4 重極モーメント Q_{ij} とレンズを受けているもともとの 4 重極モーメント $Q_{ij}^{(\mathrm{s})}$ の間に，$Q^{(\mathrm{s})} = A^T Q A$ という関係がなりたつことが分かるだろう．

したがって，4 重極モーメントから定義された複素楕円率の間にも次の関係が成り立つことが分かる．

[*5] 文献によって楕円率の定義が異なることに留意せよ．

3.5. 弱い重力レンズとその応用

$$e^{(\mathrm{s})} = \frac{e - 2g + e^* g^2}{1 + |g|^2 - 2\mathrm{Re}(e^* g)} \qquad (3.158)$$

ここで $g = \gamma/(1-\kappa)$ は既約シアである。重力レンズを受ける前の銀河固有の楕円率はわからないが，背景銀河の複素楕円率の方向が統計的にランダムであれば，上式の左辺の期待値はゼロ，つまり $E[e^{(\mathrm{s})}] = 0$ である。これにより，観測された背景銀河の楕円率の平均 $\langle e \rangle(\boldsymbol{\theta})$ からレンズ源の既約シア $g(\boldsymbol{\theta})$ の値を推定することが可能になる。

円形の光源に対しては $e^{(\mathrm{s})} = 0$ であるから，レンズを受けたイメージの複素楕円率は

$$e = \frac{2g}{1 + |g|^2} \simeq 2\gamma \qquad (3.159)$$

となる。複素楕円率 ϵ に対しては，$\epsilon = g \simeq \gamma$ となる。

弱い重力レンズの極限 $(|\kappa|, |\gamma| \ll 1)$ では，式 (3.158) は次のように簡単になる。

$$e^{(\mathrm{s})} \simeq e - 2g \qquad (3.160)$$

天球上で近くに見える銀河同士も，実空間の距離が十分に遠い場合，お互いの形状に強い相関を持たないことが期待される。よって，多数の背景銀河について平均をとれば，銀河固有のランダム成分起源の統計誤差を小さくできる。

$$\frac{\langle e \rangle}{2} \sim g \pm O\left(\frac{\sigma_g}{\sqrt{N}}\right) \qquad (3.161)$$

ここで N は平均する背景銀河の数を表し，$\sigma_g \sim 0.4$ は背景銀河像の楕円率の分散である[*6]。シア測定において，銀河固有の形状ノイズが主要なノイズ源となる。

地上からの光学観測は大気ゆらぎの影響を強く受けるため，弱い重力レンズの深い撮像観測はシーイング（大気ゆらぎでぼやけた星像の角直径）が1秒以下の条件の下で行われる。ハワイ島のマウナケア山頂にあるすばる望遠鏡は，主鏡口径 8.2 m を有する。最も優れた観測条件であるシーイングが 0.5 秒から 0.6 秒の場合，1平方分あたり約 50 個の背景銀河が観測されるが，通常の条件では1平方分あたり約 30 個程度である。銀河団による弱いレンズの場合，背景銀河の変形は $\sim 10\%$ 程度あるため，背景銀河の数が数 10 個でも重力レンズの信号を検出す

[*6] 複素楕円率 ϵ に対しては，$\langle \epsilon \rangle = g \pm O\left(\dfrac{\sigma_g}{\sqrt{N}}\right)$ を得る。よって，σ_g は ϵ の定義に対応する楕円率の分散であることが分かる。

ることができる．ただし，こうして得られるシアないしレンズ源の面密度は背景
銀河の局所サンプルを含む領域にわたって平均化されたもので，この領域以下の
構造を見ることはできない．したがって，背景銀河の数密度が高いほどより小さ
な角度スケールの構造が観測できることになる．

　非常に暗く淡い銀河に対しては，後で述べる PSF の効果で正確に形状測定が
できないため，ある程度以上の大きさと明るさの銀河だけが弱い重力レンズ解析
に用いられる．星像の直径程度の大きさの背景銀河像からは，重力レンズの信号
を正確に抽出することは困難である．大気のゆらぎのない宇宙からの観測の場
合，観測される背景銀河の数密度は 1 平方分あたり 100 個程度から，最近のジェ
イムズ・ウェッブ宇宙望遠鏡の観測では 200 個以上に達することがある（詳細は
Finner ら（2023）参照）．

PSF 補正

　実際の観測で得られる背景銀河のイメージは，もとの銀河が単に重力レンズを
受けたものではない．観測されるイメージは，大気のゆらぎや光学系の歪み，光
学像の CCD への画素化やノイズなど，さまざまな効果を受けてさらに歪められ
たり逆にぼやけたものである．これらの影響を補正して初めてシアの情報が得ら
れ，レンズ源の正確な面密度分布が得られる．

　輝度分布 $I(\boldsymbol{\theta})$ への重力レンズ以外の効果を次のように表す．

$$I^{(\mathrm{obs})}(\boldsymbol{\theta}) = \int d^2\theta'\, I(\boldsymbol{\theta}')P(\boldsymbol{\theta} - \boldsymbol{\theta}') \tag{3.162}$$

この関数 $P(\boldsymbol{\theta})$ は点像分布関数（PSF）と呼ばれる．PSF 自体やその形状モーメ
ントをモデル化し，大気や光学系の異方性および平滑化の影響を受ける前の，つ
まり重力レンズを受けた光源像 $I(\boldsymbol{\theta})$ の情報を復元するプロセスを PSF 補正と
いう．

　この補正には撮像データの視野内に写っている星像を用いる．このような星は
天の川銀河内の天体なので重力レンズの影響を受けていない．このような星像は
点源とみなせるが，前述のように PSF によって歪んで観測される．星の表面輝度
分布は点であることから，2 次元のディラックのデルタ関数 $\delta^{(2)}(\boldsymbol{\theta})$ で表される．

$$I(\boldsymbol{\theta}) = F_*\delta^{(2)}(\boldsymbol{\theta} - \boldsymbol{\theta}_*) \tag{3.163}$$

3.5.　弱い重力レンズとその応用　147

ここで F_* は星像のエネルギー流束,$\boldsymbol{\theta}_*$ は星像の位置ベクトルである.これを式(3.162)に代入すれば,

$$I^{(\mathrm{obs})}(\boldsymbol{\theta}) = F_* P(\boldsymbol{\theta} - \boldsymbol{\theta}_*) \tag{3.164}$$

となり,観測された星像の輝度分布が星の位置の周りでの PSF を与える.実際の観測では,画像内の星像の表面数密度が高いほど,PSF $P(\boldsymbol{\theta})$ の空間情報を密にサンプリングできるため,PSF をより正確にモデル化できるようになる.

淡く暗い銀河ほど形状測定は困難であり,また非線形な誤差伝播(式(3.158)参照)の影響でランダムノイズからシアの推定に系統誤差が生じる.式(3.154)において,$q_I[I(\boldsymbol{\theta})]$ の代わりにイメージの中心からの距離 $\Delta\theta_i$ に陽に依存する重み関数 $W(\boldsymbol{\theta})$ を導入することで,より高精度の形状モーメントの測定が可能となる.KSB 法では,各銀河像のサイズに合わせた円形の 2 次元ガウス関数が重み関数として用いられる.このような重み関数で得られた四重極モーメントは,さらなる平滑化を受けるので,$Q^{(\mathrm{s})} = A^T Q A$ の変換法則に従わない.その結果,得られる複素楕円率は式(3.158)の変換法則にも従わない.

KSB 法は,ガウシアン重み関数および PSF による形状の平滑化,そして PSF 異方性による歪みの効果を明示的に考慮している.また,KSB 法およびその変形法では,PSF が小さな異方性を持つカーネルと等方的な関数の畳み込みで表されると仮定される.シアと PSF 異方性の高次の効果が無視できるような線形応答の極限において,KSB はレンズを受けていない楕円率 $e^{(\mathrm{s})}$ と観測された楕円率 e の間の変換法則を導出した.この線形変換は,形式的に以下のように表現できる.

$$e_i = e_i^{(\mathrm{s})} + (C^g)_{ij} g_j + (C^q)_{ij} q_j \quad (i,j = 1,2) \tag{3.165}$$

ここで q_i は PSF の異方性カーネルを表し,$(C^q)_{ij}$ は PSF 異方性 q_i に対する線形応答行列,$(C^g)_{ij}$ は既約シア g_i に対する線形応答行列である.PSF の異方性カーネルと各天体像の応答行列は,銀河像および星像の観測可能な重み付き形状モーメントから計算できる.PSF の異方性カーネルは,星のサンプルに対して観測された形状歪み e_* から推定できる.前景にある星像に対して $e^{(\mathrm{s})} = g = 0$ が成り立つから,$q_i(\boldsymbol{\theta}) = (C^q)_{ij}^{-1} e_{*j}$ となる.銀河固有の楕円率の期待値がゼロであると仮定すると,既約シアとアンサンブル平均された背景銀河像の楕円率との間には次のような線形関係が得られる.

$$g_i = E\left[(C^g)_{ij}^{-1}(e - C^q q)_j\right] \quad (i, j = 1, 2) \tag{3.166}$$

このように KSB 法にしたがって補正されたシアの推定量も，実際の観測データに適用すると，10% 以上の系統誤差が残ることが知られている．シア補正におけるこの系統的なバイアスは，現実的な銀河イメージを使用したシミュレーションの解析を通じて，定量的に評価することが可能である．

一般に，シア補正のバイアスの程度は，真の入力信号 g^{true} と測定された信号 g^{obs} との間の次の関係を通じて定量化される．

$$g_i^{\text{obs}} = (1 + m)g_i^{\text{true}} + c \quad (i = 1, 2) \tag{3.167}$$

ここで m は乗法的なバイアスを，c は加算的なバイアスを表している．乗法的バイアスの程度は背景銀河像のサイズや検出の信号対雑音比（SN 比）に依存することが分かっている．さらに詳細な議論については，マンデルバウムによる総説を参照されたい．

3.5.2 増光バイアス

次に，増光効果の観測からレンズ源の質量分布を探る方法を見ていく．シア解析の場合と同様に，統計的な手法を用いることで多数の背景光源の観測からレンズ天体，またはそのサンプルによる増光効果を測定することが可能である．ここでは増光バイアスの測定からレンズ天体の質量分布の情報を求める方法を紹介する．3.4.3 節とは異なり，ここではレンズ天体のアインシュタイン半径の外側の領域を考える．

増光バイアスの観測量

第 3.4.3 節と同様に，特定の天体（銀河やクェーサーなど）を光源とする背景サンプルを考える．サンプルを定義する際に，見かけの等級の上限値 m_{cut} を設定し，それよりも明るい光源天体を選ぶ[*7]．増光バイアスを考慮した場合，m_{cut} に対応するエネルギー流束 F より明るい背景光源の計数（単位立体角あたりのカウント数）は次のように書くことができる[*8]．

[*7] サンプルの統計的な不完全性の影響を考慮し，等級の上限値 m_{cut} は限界等級よりも十分に小さくなるように選ぶ．

[*8] 等級とエネルギー流束の間には，$m = -2.5 \log_{10} F + $ 定数，という関係がある．

$$n_\mu(\boldsymbol{\theta}| > F) = \int dz \, \frac{1}{\mu(\boldsymbol{\theta}, z)} \frac{d^2 V}{dz d\Omega} \int_{L(z)/\mu(\boldsymbol{\theta}, z)}^\infty dL' \, \Phi(L', z) \qquad (3.168)$$

ここで $L(z) = 4\pi D_L^2(z) F$ は等級の上限値に対応する赤方偏移 z での光度を表し，$\Phi(L, z) = d^2 N(L, z)/dL/dV$ は背景光源の光度関数（3.4.3 節参照）である．上式で明らかなように，増光バイアスはレンズ天体の背景光源に対して，次の 2 つの効果を及ぼす．まず，背景の表面積を $d\Omega \to \mu d\Omega$ と拡大することで計数を下げる．その一方で，個々の光源天体を $L \to \mu L$ と増光させ，本来観測できないはずの暗い天体が観測されることで，計数を増加させる．この競合する効果のバランスは光源天体の光度関数に依存する．

式（3.168）で赤方偏移 z の積分を離散化し，増光バイアスを受けた背景光源の計数を次のように表す．

$$\begin{aligned} n_\mu(> F) &= \sum_s \frac{1}{\mu(\boldsymbol{\theta}, z_s)} n_0(z_s| > L_s/\mu(\boldsymbol{\theta}, z_s)) \\ &\equiv \sum_s n_\mu(\boldsymbol{\theta}, z_s| > L_s) \end{aligned} \qquad (3.169)$$

上式で $n_0(z_s| > L_s) = dV(z_s)/d\Omega \int_{L_s}^\infty \Phi(L, z_s) dL$ は赤方偏移が $[z_s, z_s + \Delta z]$ にある背景光源の宇宙平均の計数を表し，$n_\mu(\boldsymbol{\theta}, z_s| > L_s)$ は増光バイアスを受けた場合の光源計数である．

ここで，与えられた $m_{\rm cut}$ に対応する光度 L_s において，増光による明るさの変化 $\Delta L = (\mu - 1)L$ が光度関数の勾配が変化する光度幅に比べて十分に小さいと見なせる場合を考える．このとき，増光バイアスを受けた光源計数 $n_\mu(\boldsymbol{\theta}, z_s)$ は次のように近似できる．

$$n_\mu(\boldsymbol{\theta}, z_s| > L_s) \simeq n_0(z_s| > L_s)\, \mu^{\alpha_s - 1}(\boldsymbol{\theta}, z_s) \qquad (3.170)$$

ここで α_s は次式で定義される光源計数の対数勾配である[*9]．

$$\alpha_s = -\left. \frac{d \log_{10} n_0(z_s| > L)}{d \log_{10} L} \right|_{L = L_s} \qquad (3.171)$$

光度関数が $\Phi(L)dL \propto L^{\alpha_{\rm LF}} dL = L^{\alpha_{\rm LF} + 1} d\ln L$ と表される場合，光度関数の冪指数 $\alpha_{\rm LF}$ (< -1) と計数勾配 α_s (> 0) との間には $\alpha_s = -(\alpha_{\rm LF} + 1)$ という関係が成

[*9] 実際の観測では，光源計数を $m_{\rm cut}$ の関数 $n_0(z_s| < m_{\rm cut})$ として表すことがある．このとき，$\alpha_s = 2.5 d \log_{10} n_0(z_s| < m_{\rm cut})/dm_{\rm cut}$ である．

150　　第 3 章　重力レンズ

り立つ. 式 (3.170) より, 増光バイアスによる正味の変化は, $\alpha_s > 1$ ならば計数の増加であり, $\alpha_s < 1$ ならば計数の減少である. $\alpha_s = 1$ の場合, 2つの効果が相殺し, 正味の変化がゼロになる. 計数減少の領域 ($\alpha_s < 1$) では主に幾何学的効果, すなわち表面積の歪み ($d\Omega \to \mu d\Omega$) が支配的であるため, 増光バイアスが具体的な光度関数の形状に強く依存しないという利点がある.

なお, $|\kappa(\boldsymbol{\theta})| \ll 1$ を満たす弱いレンズ領域では $\mu \simeq 1 + 2\kappa$ であるから, レンズ効果あり, なしの計数比は

$$\frac{n_\mu(\boldsymbol{\theta})}{n_0} = \mu^{\alpha_s - 1}(\boldsymbol{\theta}) \simeq 1 + 2(\alpha_s - 1)\kappa(\boldsymbol{\theta}) \tag{3.172}$$

となる. 上式より, 弱いレンズ領域における増光バイアスはコンバージェンス $\kappa(\boldsymbol{\theta})$ の局所的な観測量を与えることが分かる. このことから, シアとコンバージェンスの観測を組み合わせることで質量シートの不定性を解消または軽減することが可能となる. なお, 弱いレンズ領域におけるコンバージェンスの応答係数は $2(\alpha_s - 1)$ であるから, $\alpha_s = 1$ を境にして正負が逆転することに留意する. 増光バイアスの信号を効率的に検出するためには, α_s が大きく異なる天体を区別することが重要になる.

実際の観測では赤方偏移の広い範囲にわたる光源を観測する. 式 (3.169) と (3.170) より, 増光バイアス $b_\mu \equiv n_\mu(> F)/n_0(> F)$ に対する次の表式を得る.

$$b_\mu(\boldsymbol{\theta}) = \frac{\sum_s n_0(z_s| > L_s)\, \mu^{\alpha_s - 1}(\boldsymbol{\theta}, z_s)}{\sum_s n_0(z_s| > L_s)} \equiv \langle \mu^{\alpha_s - 1} \rangle_s \tag{3.173}$$

最後の等式の $\langle\ \rangle_s$ は $n_0(z_s| > L_s)$ を重みとする加重平均を表す. この重みは光源サンプルの赤方偏移分布関数に比例するので, $\langle \mu^{\alpha_s - 1} \rangle_s$ は光源の赤方偏移分布による平均となる.

口径 8.2 m のすばる望遠鏡による弱い重力レンズ解析で用いられる背景銀河サンプルでは, 赤方偏移の平均値は $\langle z_s \rangle \sim 1$ 程度である. また, 深い限界等級における冪のふるまいは比較的平坦であり, $\alpha_s \sim 0.4$ ($\alpha_{\mathrm{LF}} \sim -1.4$) と観測されている. したがって, $\alpha_s < 1$ であるから背景銀河の計数はレンズ領域では周囲に比べて減少すると期待される. 実際に, このようなバイアスは多数の銀河団に対して観測されており, 銀河団質量の正確な推定に利用されている. 詳しくは, 梅津 (2020) による総説を参照されたい.

シアと増光バイアス

実際の観測では，信号検出の有意性を向上させるためにレンズ中心から円環ごとに増光バイアス $b_\mu(\boldsymbol{\theta})$ の平均を取り，その動径分布 $b_\mu(\theta)$ を求める．図 3.23 は銀河団レンズの接線シアと増光バイアスの動径分布の観測例である．

平均に用いる背景銀河の数を N とすれば，増光バイアス検出の SN 比は

$$(\text{S/N})_\mu = 2\kappa|\alpha_s - 1|\sqrt{N} \sim 4\frac{|\alpha_s - 1|}{0.6}\left(\frac{N}{10^4}\right)^{1/2}\frac{\kappa}{0.03} \quad (3.174)$$

と見積もられる[*10]．上式の最初の等号では弱いレンズ近似を用いた．これにより，サンプルの等級の上限値 m_cut を適切に選ぶことによって，増光バイアスの

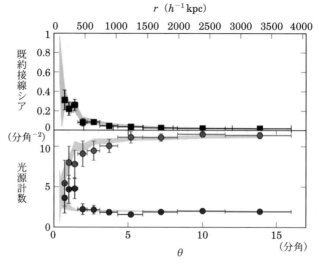

図 3.23 すばる望遠鏡主焦点カメラによる弱いレンズ観測から得られた銀河団レンズの既約接線シア（上図の四角）と増光バイアス $n_\mu = n_0 b_\mu$（下図の丸）の動径分布の一例．下図は，赤い背景銀河サンプル（$z_s \sim 1$）およびより遠方の青い背景銀河サンプル（$z_s \sim 2$）に対する増光バイアスを示す．レンズ中心に向かって，前者では計数の減少が，後者では計数の増加が観測されている（Umetsu 2013, *The Astrophysical Journal*, 769, 13）．

[*10] 統計誤差の主な要因は，測定に用いる背景銀河数 N に起因するポアソン誤差である．しかし，これに加えて背景銀河のクラスタリング（空間集積）もノイズとして寄与する．銀河は互いの重力の影響で，ランダムに分布する場合よりも空間的に集まりやすく，背景銀河サンプルにも同様の傾向が見られる．このため，背景銀河が局所的に集まることで計数に局所的なばらつきが生じ，これが増光バイアス測定におけるノイズ源となる．

検出 SN 比を最適化できることが分かる.

これに対して,接線シアの検出 SN 比は

$$(\text{S/N})_\gamma = \frac{\sqrt{N}\gamma_{\text{t}}}{\sigma_g/\sqrt{2}} \sim 11 \left(\frac{\sigma_g}{0.4}\right)^{-1} \left(\frac{N}{10^4}\right)^{1/2} \frac{\gamma_{\text{t}}}{0.03} \tag{3.175}$$

となる.したがって,$\kappa \sim \gamma_{\text{t}}$ とすれば[*11],シア測定の SN 比が増光バイアス測定よりも 2–3 倍程度大きいことが示唆される(図 3.23 参照).

実際の弱いレンズ解析では,シアと増光バイアスを測定するための背景銀河サンプルの選択基準が異なるため,両サンプルが異なるサイズおよび異なる赤方偏移分布を有することになる.たとえば,増光バイアス解析には背景銀河の精密な形状測定は必要ない一方で,背景銀河の精密な測光観測とサンプルの不完全性の影響に対する厳格な等級制限が必要となる.また,シア測定と増光バイアス測定は異なる系統誤差を持つため,両手法は相補的であり,併用することで信頼性の高いレンズ解析が可能となる.

さらに前述のように(3.5.2 節参照),シアと増光バイアスの相補的な情報を組み合わせることで,質量シートの不定性を改善することが可能になる.具体的には,銀河団レンズのシアと増光バイアスの観測を同時に統合解析することで質量シートの不定性を取り除き,データからコンバージェンス,つまり銀河団の面密度分布を再構築できるようになる.図 3.24 はその一例であり,図 3.23 に表示された観測データから再構築された銀河団面密度の動径分布を示す.

ヌルテスト

重力レンズを受けていない光源サンプルの光度関数 $\Phi(L, z)$,または光源計数の対数勾配 α_s が等級の上限値 m_{cut} の関数として与えられた場合を考える.式 (3.170) より,m_{cut} を適切に選ぶことによって,$\alpha_s(m_{\text{cut}}) = 1$,つまり増光バイアスの信号の期待値がゼロになるように光源サンプルを定義することができる.このとき,シア解析の場合のクロスシア(B モード)信号と同様に,増光バイアスの観測は強力なヌルテストを提供する.増光バイアス効果の観測のヌルテストの一例を図 3.25 に示す.この解析には,すばる望遠鏡の超広視野主焦点カメラ(Hyper Suprime-Cam: HSC)を用いた大規模観測プログラムで取得された広天域

[*11]　等温レンズの場合は厳密に $\kappa = \gamma_{\text{t}}$ であるが,NFW レンズの場合は $\theta \gg \theta_{\text{s}}$ の外縁領域では密度分布が等温レンズよりも急勾配になるため,$\kappa < \gamma_{\text{t}}$ である(図 3.19 参照).

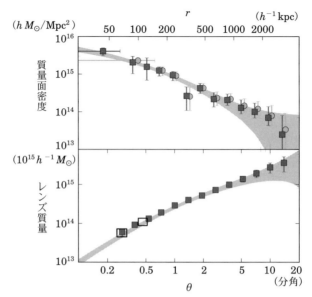

図 3.24 接線シアと増光バイアス観測の統合解析から再構築されたレンズ質量分布の例. 上図は図 3.23 に表示されたデータから得られた銀河団面密度の動径分布を示す. 下図はこれに対応する, 天球面上に射影されたレンズ質量を示す (Umetsu 2013, *The Astrophysical Journal*, 769, 13).

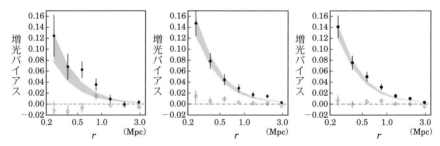

図 3.25 3029 個の CAMIRA 銀河団サンプルの解析から得られた増光バイアス $b_\mu - 1$ の動径分布. 左図は低赤方偏移 (low-z) の背景銀河サンプル, 中央は高赤方偏移 (high-z) サンプル, 右図は両サンプルを用いた結果を示す. 各図では, $\alpha_s > 1$ (丸) および $\alpha_s = 1$ (ひし形) のサブサンプルによる測定結果が表示されている. 後者のヌルテスト・サンプルに対しては, 増光バイアスの正味の効果がゼロであると期待される (Chiu et al. 2020, *Monthly Notices of the Royal Astronomical Society*, 495, 428).

の多色撮像データが使われている.

3.5.3 弱い重力レンズの応用

弱い重力レンズは1分角程度よりも大きな質量構造を観測することができるので,銀河団や大規模構造の研究に幅広く応用されている.以下,それぞれの応用について少し詳しく見てみよう.

銀河団

現在観測される銀河や銀河団は,宇宙初期に存在した原始密度ゆらぎのピーク領域が重力的に成長して形成されたと考えられている.特に銀河団は宇宙で最大の自己重力系であり,その総質量は $10^{14} \sim 10^{15}$ 太陽質量以上にも達する.質量の大部分は暗黒物質として存在し,銀河団全体のおよそ8割を占める.そのため,銀河団の統計的な性質,たとえば質量関数や平均的な質量密度分布などは,宇宙の密度ゆらぎの初期条件や非線形成長,そして暗黒物質の性質に関する重要な情報を含んでいる.

現在の標準的な宇宙モデルである ΛCDM における階層的な構造形成では,まず暗黒物質の小さなハローが形成され,バリオン物質がその重力ポテンシャルに落ち込むことで星形成が進む.これにより銀河が形成され,さらに銀河ハロー同士が重力的に合体し,銀河群や銀河団などのより大きな構造が形成される.宇宙論的 N 体数値シミュレーションによれば,このようにしてできる無衝突の CDM ハローの平均的な質量分布は NFW モデルでよく近似できることが知られている[*12].したがって,観測から銀河団の計数や質量分布などの統計的,普遍的な性質を正確に決定することで,宇宙論や構造形成理論に対して重要な制限を与えることができる.

銀河団の質量測定のもっとも直接的な方法は重力レンズである.従来,銀河団の質量測定は弱いレンズ効果のみを用いて行われてきた.しかし,最新の観測技術,たとえばハッブル宇宙望遠鏡やジェイムズ・ウェッブ宇宙望遠鏡などによる非常に深い撮像観測により,大質量銀河団の場合($M_{200} \gtrsim 10^{15} M_\odot$),銀河団あ

[*12] 近年のより精密な N 体数値シミュレーションによれば,CDM ハローの平均的な密度分布 $\rho(r)$ はスケールに依存し,ハローの質量によっては密度分布が NFW モデルから系統的にずれることが分かっている.これは,無衝突自己重力系の密度分布 $\rho(r)$ が,周辺領域からの質量降着などの他の自由度の影響を受ける可能性を示唆している.

たり数十から数百もの多重像が検出されるようになった．これにより，個々の銀河団の質量分布が精密に測定できる状況になっている．したがって，中心部の強い重力レンズ解析と周辺部の弱い重力レンズ解析を併用することで，銀河団中心から周辺部にわたって正確な質量分布が求められるようになっている．まずは，弱い重力レンズ観測から得られた結果を見ていこう．

弱い重力レンズによる銀河団の観測では，銀河団内高温ガスのX線観測や中心部の巨大楕円銀河の存在などからハロー中心の位置が推定できるので，既約接線シア $g_t = \gamma_t/(1 - \kappa)$ の測定からレンズとなる銀河団の質量分布を推定するのが便利である．また，3.2.4 節で議論したように，クロスシア $\gamma_\times$ は重力レンズでは生成されないので，系統誤差のヌルテストに使うことができる．

図 3.26 は，LoCuSS サーベイがすばる望遠鏡主焦点カメラを用いて観測した 50 個の銀河団サンプルに基づく弱い重力レンズ解析の結果を示している．LoCuSS サンプルは，赤方偏移が 0.15 から 0.3 の間にある X 線で明るい銀河団で構成されている．このサンプルに対して平均された接線シア信号，つまり微分面密度 $\langle \Delta\Sigma \rangle(r)$ の動径分布が，$r \in [100, 2800]\, h^{-1}\,\mathrm{kpc}$ の範囲にわたり普遍的な NFW モデルとよく一致していることがわかる．岡部ら（2016）はこの $\langle \Delta\Sigma \rangle(r)$ に NFW モデルを当てはめ，LoCuSS サンプルに対してハロー質量 $M_{200} = (9.1 \pm 0.4) \times 10^{14} M_\odot$ および中心集中度 $c_{200} = 3.69^{+0.26}_{-0.24}$ と推定した[*13]．これはサンプルの平均赤方偏移 $\langle z_l \rangle = 0.23$ において，標準的な ΛCDM モデルを仮定した宇宙論的数値シミュレーションが予測する中心集中度の値と誤差の範囲内で一致している．

先に述べたように，大質量銀河団の中心域はハッブル宇宙望遠鏡やジェイムズ・ウェッブ宇宙望遠鏡による多色撮像観測から強い重力レンズによる多重像系が複数検出され，追観測によって赤方偏移も測定されている．臨界曲線の位置は光源の赤方偏移に依存するため，異なる赤方偏移にある背景銀河の多重像が観測されている場合には，より広い動径域にわたり，銀河団のレンズ質量を決定できるようになる[*14]．このように，強い重力レンズと弱い重力レンズ効果を併用することにより，銀河団中心から周辺域まで幅広い領域にわたり，レンズ質量分布をより精密に測定することができる．また 3.5.2 節で述べた通り，弱いレンズ領域で相

[*13] ここでは，ハッブルパラメータの値 $h = 0.7$ を仮定している．

[*14] 3.4.2 節で述べた通り，これは複数の背景光源の多重像の情報を用いることにより，質量シート縮退が緩和されることを意味する．

第 3 章 重力レンズ

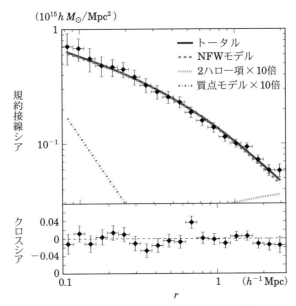

図 **3.26** LoCuSS サーベイが観測した 50 個の X 線銀河団サンプルの解析から得られた弱い重力レンズ信号の動径分布. 銀河団サンプルに対して平均された既約接線シア $\Sigma_{cr}g_+$（上図）およびクロスシア $r \times \Sigma_{cr}g_\times$（下図）が示されている（Okabe & Smith 2016, *Monthly Notices of the Royal Astronomical Society*, 461, 3794）.

補的なシアと増光バイアスの情報を組み合わせることにより，より高精度の質量分布測定が可能となる．そのような複数の重力レンズ効果を併用した系統的な銀河団サンプルの研究は，CLASH サーベイによって実現されている．

CLASH サーベイは 2010 年から 2013 年にかけて，ハッブル宇宙望遠鏡を用いて，25 個の大質量銀河団の中心領域に対して 16 の波長帯で非常に深い多色撮像を遂行した．梅津ら（2016）はこのハッブル宇宙望遠鏡の観測データとすばる望遠鏡主焦点カメラの広視野観測を使用して，CLASH 銀河団サンプルの強弱重力レンズの詳細な解析を行った．図 3.27 は，この強弱重力レンズの詳細解析から得られた，CLASH サンプルの平均の面密度分布 $\langle\Sigma\rangle(r)$ である．銀河団中心域（$r \lesssim 200h^{-1}\,\mathrm{kpc}$）ではハッブル宇宙望遠鏡の観測から強いレンズ解析が行われ，その外側の弱いレンズ領域（$r \gtrsim 200h^{-1}\,\mathrm{kpc}$）ではすばる望遠鏡の観測を用いたシアと増光バイアスの統合解析が行われた．この図では，$r \in [40, 4000]\,h^{-1}\,\mathrm{kpc}$

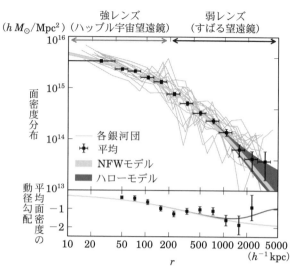

図 3.27　ハッブル宇宙望遠鏡とすばる望遠鏡の観測データを用いた強弱重力レンズの詳細解析から得られた CLASH 銀河団サンプルの平均の面密度分布（上図，エラーバー付きの四角）．個々の銀河団の面密度分布は薄線で示されている．下図では平均面密度の動径勾配が示されている（Umetsu et al. 2016, The Astrophysical Journal, 821, 116, 29）．

の 2 桁の動径範囲にわたり，CLASH サンプルの面密度分布が普遍的な NFW モデルと一致していることが示されている[*15]．銀河団最中心域（$r \lesssim 20h^{-1}\,\mathrm{kpc}$）では巨大楕円銀河内のバリオンの影響が無視できなくなるが，レンズ観測域（$r \geq 40h^{-1}\,\mathrm{kpc}$）の物質分布は暗黒物質が支配的である．この CLASH サンプルの $\langle \Sigma \rangle(r)$ 分布に NFW モデルを適用し，梅津ら（2016）はハロー質量 $M_{200} = 14.4^{+1.1}_{-1.0} \times 10^{14} M_\odot$ および中心集中度 $c_{200} = 3.76^{+0.29}_{-0.27}$ と推定した．この中心集中度は，CLASH サンプルの平均赤方偏移 $\langle z_l \rangle = 0.34$ において，標準的な ΛCDM モデルの理論予測と誤差の範囲内で一致している．

[*15] より詳細な理論モデルによれば，ハローのビリアル半径の外側の領域では，周囲の大規模構造からの物質の降着の影響により，密度勾配が NFW モデルよりも緩やかになる．図 3.27 に示されているハローモデルでは，この大規模構造から $\langle \Sigma \rangle(r)$ への寄与（2 ハロー項）が考慮されている．なお，一様な質量シートは微分面密度には寄与しないことから，2 ハロー項が $\langle \Delta\Sigma \rangle(r)$ に有意に影響を与えるのは，ビリアル半径の 5 から 6 倍以上の動径域になる（図 3.26 参照）．なお，図 3.26 および図 3.27 に示される観測データがカバーするのは，銀河団のビリアル半径の約 2 倍程度までである．

LoCuSS と CLASH の銀河団レンズ解析の結果はともに，銀河団質量の動径分布の形が冷たい暗黒物質（CDM）モデルの理論予測と一致し，またその質量分布の中心集中の度合いも銀河団スケールでの標準的な ΛCDM モデルの理論予測と定量的に一致することを示唆している．

コスミックシア

宇宙の加速膨張の起源を特定することは，現代宇宙論のもっとも重要なテーマの一つである．宇宙の大規模構造が引き起こす弱い重力レンズ効果はコスミックシアと呼ばれ，この現象の観測は物質の密度ゆらぎの進化を測定する手段を提供する．密度度ゆらぎの進化は宇宙の膨張率によって決まっているので，コスミックシアは加速膨張の性質を詳細に測定し，その原因を解明する上で重要な役割を果たすと考えられている．

コスミックシアの初の観測は 2000 年頃，複数の研究グループによって行われた．しかしながら，大規模構造によるシアは背景銀河の形状にわずか 1%程度の歪みしか引き起こさず，その歪みを正確に測定して加速膨張の起源に対して有用な制限を与えるためには，非常に高い統計精度が必要である．これには，大規模な広域撮像観測から膨大な数の背景銀河の精密な形状測定とその赤方偏移分布の情報，そして解析手法の高精度化が不可欠である．一方で，近年では形状測定法やシアの宇宙論的解析手法も著しく進歩している．ここではコスミックシア測定の基本について説明する．

コスミックシアの観測量は，背景銀河の莫大なサンプルから得られる微小で系統的な形状歪みの統計量である．3.2.2 節から，フーリエ空間でのシアとコンバージェンスの間の関係式は以下の通りである．

$$\tilde{\gamma}(\boldsymbol{\ell}) = e^{2i\phi_\ell} \tilde{\kappa}(\boldsymbol{\ell}) \tag{3.176}$$

したがって，シアの分散はコンバージェンスの分散と等しい．

$$\langle \tilde{\gamma}(\boldsymbol{\ell}) \tilde{\gamma}^*(\boldsymbol{\ell}') \rangle = \langle \tilde{\kappa}(\boldsymbol{\ell}) \tilde{\kappa}^*(\boldsymbol{\ell}') \rangle \equiv (2\pi)^2 C_\kappa(\ell) \delta_D^2(\boldsymbol{\ell} - \boldsymbol{\ell}') \tag{3.177}$$

ここで $C_\kappa(\ell)$ はコンバージェンスの角度パワースペクトルである．

コンバージェンスの角度パワースペクトル $C_\kappa(\ell)$ は密度ゆらぎの非線形パワースペクトル $P_\delta(k)$ と次のように関係している．

3.5. 弱い重力レンズとその応用 159

$$C_\kappa(\ell) = \frac{9}{4}\Omega_{m,0}^2 \left(\frac{H_0}{c}\right)^4 \int_0^{\chi_h} d\chi\, q_s^2(\chi) a^{-2}(\chi) P_\delta\left(k = \frac{\ell}{r(\chi)};\chi\right) \tag{3.178}$$

ここで積分の上端 χ_h は地平線スケールである．なお，シアの強度は背景銀河サンプルの視線方向の距離分布に依存することを考慮し，$p_s(\chi)$ を背景サンプル (s) の銀河が共動動径距離 χ に存在する確率分布として，カーネル関数 $q_s(\chi)$ を次のように定義した[*16]．

$$q_s(\chi) = \int_\chi^{\chi_h} d\chi'\, p_s(\chi') \frac{r(\chi'-\chi)}{r(\chi')} \tag{3.179}$$

背景サンプルの分布関数は $\int_0^{\chi_h} d\chi\, p_s(\chi) = 1$ と規格化されている．

式（3.178）を導出しよう．大規模構造による弱い重力レンズを記述するため，次のレンズポテンシャルの表式を用いる[*17]．

$$\psi(\boldsymbol{\theta}) = \frac{2}{c^2} \int_0^{\chi_h} d\chi\, \frac{q_s(\chi)}{r(\chi)} \Psi(\chi, r(\chi)\boldsymbol{\theta}) \tag{3.180}$$

コンバージェンスの定義から，

$$\begin{aligned}
\kappa(\boldsymbol{\theta}) &= \frac{1}{c^2} \int_0^{\chi_h} d\chi\, \frac{q_s(\chi)}{r(\chi)} \left(\frac{\partial^2}{\partial\theta_1^2} + \frac{\partial^2}{\partial\theta_2^2}\right) \Psi(\chi, r(\chi)\boldsymbol{\theta}) \\
&= \frac{1}{c^2} \int_0^{\chi_h} d\chi\, q_s(\chi) r(\chi) \left(\Delta - \frac{\partial^2}{\partial\chi^2}\right) \Psi(\chi, r(\chi)\boldsymbol{\theta}) \\
&\simeq \frac{3H_0^2}{2c^2} \Omega_{m,0} \int_0^{\chi_h} d\chi\, \frac{q_s(\chi) r(\chi)}{a(\chi)} \delta_m(\chi, r(\chi)\boldsymbol{\theta})
\end{aligned} \tag{3.181}$$

最後の等式では，部分積分を行い $\partial^2\Psi/\partial\chi^2$ の表面項を落とし，重力ポテンシャルに対する以下のポアソン方程式を使った．

$$\Delta\Psi(\boldsymbol{\chi}) = 4\pi G a^2 \bar{\rho}_m \delta_m = \frac{3}{2} H_0^2 \Omega_{m,0} \frac{\delta_m}{a} \tag{3.182}$$

このコンバージェンスの2点相関関数を計算して，角度パワースペクトルを3次元の物質密度のパワースペクトルで表す．物質密度のパワースペクトルは以下で定義される．

$$\langle \delta_m(\boldsymbol{k};\chi)\delta_m^*(\boldsymbol{k}';\chi')\rangle = (2\pi)^3 \delta_D^3(\boldsymbol{k}-\boldsymbol{k}') P_\delta(k;\chi,\chi') \tag{3.183}$$

[*16] $\chi' \leq \chi$ においては，被積分関数であるレンズ効率がゼロであることに留意する．

[*17] 背景銀河サンプルの分布関数がデルタ関数 $p_s(\chi) = \delta_D(\chi-\chi_s)$ に従う場合，$q_s(\chi) = \mathcal{H}(\chi_s - \chi) r(\chi_s - \chi)/r(\chi)$ となり，第2章で導出したレンズポテンシャルを再現する．ここで $\mathcal{H}(x)$ はヘビサイド関数である．

第3章 重力レンズ

練習問題 3.12 コンバージェンスの角度パワースペクトル $C_\kappa(\ell)$ を計算せよ.

シアの 2 点相関関数や角度パワースペクトルの解析では, 背景銀河サンプルを赤方偏移の範囲ごとに区切り複数のサブサンプル $(s = 1, 2, \cdots, N_z)$ を定義し, 異なるサンプル間の相互相関を測定することで, 密度ゆらぎの進化の情報を引き出すことができる. これらのサブサンプル (s) は, 共動動径距離 (または赤方偏移) の確率分布関数 $p_s(\chi)$ (または $p_s(z) = p_s(\chi)d\chi/dz$) を持つものとする. たとえば, s 番目と s' 番目のサブサンプルの相互相関を取ると, コンバージェンスの角度パワースペクトルは次のように表すことができる.

$$C_\kappa^{ss'}(\ell) = \frac{9}{4}\Omega_{\mathrm{m},0}^2 \left(\frac{H_0}{c}\right)^4 \int_0^{\chi_h} d\chi\, q_s(\chi)q_{s'}(\chi)a^{-2}(\chi)P_\delta\left(k = \frac{\ell}{r(\chi)}; \chi\right) \quad (3.184)$$

背景銀河サンプルを N_z 個のサブサンプルに分けると, $N_z(N_z+1)/2$ 個の相関の組み合わせがある.

以上から, コスミックシアを測定することで, 密度ゆらぎのパワースペクトルの情報が得られることが分かるだろう. 密度パワースペクトルの時間変化は宇宙膨張に強く依存しており, したがって, この変化は加速膨張の原因と考えられている暗黒エネルギーにも強く影響を受ける. コスミックシアは, 銀河分布のパワースペクトルとは異なり, バリオン物質と暗黒物質の関係を仮定することなしに, 直接物質分布のパワースペクトルを測定する手段である. このため, 暗黒エネルギーの観測手段としてコスミックシアが注目されている.

シア 2 点相関関数

弱い重力レンズのシア観測では, 背景銀河の複素楕円率を測定する. 以下, 弱い重力レンズの極限 $(|\kappa|, |\gamma| \ll 1)$ を考える. 天球面上の位置 $\boldsymbol{\theta}$ にある m 番目の銀河の観測される楕円率を $e(\boldsymbol{\theta}_m)$ とすると, 銀河固有の楕円率 $e^{(\mathrm{s})}(\boldsymbol{\theta}_m)$ との関係は次のとおりである.

$$e(\boldsymbol{\theta}_m) = e^{(\mathrm{s})}(\boldsymbol{\theta}_m) + 2\gamma(\boldsymbol{\theta}_m) \quad (3.185)$$

次に, 一定の角距離 $\theta = |\boldsymbol{\theta}_m - \boldsymbol{\theta}_n|$ にあるすべての背景銀河のペア (m,n) に対して複素楕円率の相関を測定すると, この相関関数は次のように書くことができる.

$$\langle e(\boldsymbol{\theta}_m)e^*(\boldsymbol{\theta}_n)\rangle = \sigma_e^2 \delta_{mn} + 4\langle\gamma\gamma^*\rangle(\theta) \quad (3.186)$$

3.5. 弱い重力レンズとその応用 161

ここで背景銀河の形状の固有の向きはランダムであると仮定し，その複素楕円率の分散を $\sigma_e^2 = \langle |e^{(s)}|^2 \rangle$ とした．したがって，直接観測量である背景銀河の複素楕円率の2点相関から，弱い重力レンズの2点相関関数 $\langle \gamma\gamma^* \rangle(\theta)$ を測定することができることがわかる．

実際に用いられるシアの2点相関関数は次のような組み合わせである．

$$\xi_+(\theta) := \langle \gamma\gamma^* \rangle(\theta) = \langle \gamma_t \gamma_t \rangle(\theta) + \langle \gamma_\times \gamma_\times \rangle(\theta) \tag{3.187}$$

$$\xi_-(\theta) := \mathrm{Re}[\langle \gamma\gamma e^{-4i\phi} \rangle] = \langle \gamma_t \gamma_t \rangle(\theta) - \langle \gamma_\times \gamma_\times \rangle(\theta) \tag{3.188}$$

ここで背景銀河ペアの相対位置ベクトルを $\boldsymbol{\theta} = (\theta\cos\phi, \theta\sin\phi)$ とした．$\gamma_t = -\mathrm{Re}(\gamma e^{-2i\phi})$ および $\gamma_\times = -\mathrm{Im}(\gamma e^{-2i\phi})$ は，それぞれ $\boldsymbol{\theta}$ 方向に対する複素シアの接線成分とクロス成分である．

一方で，重力レンズでは，パリティ変換に対して $\gamma_t \to \gamma_t$, $\gamma_\times \to \gamma_\times$ と振る舞うため，

$$\xi_\times(\theta) = \langle \gamma_t \gamma_\times \rangle(\theta) \tag{3.189}$$

は測定誤差がなければ恒等的にゼロと期待される．したがって，$\xi_\times(\theta)$ は測定誤差の指標として用いられる．

これらの相関関数をコンバージェンスの角度パワースペクトルで表そう．

$$\begin{aligned}
\xi_+(\theta) &= \int \frac{d^2\ell}{(2\pi)^2} \int \frac{d^2\ell'}{(2\pi)^2} e^{i\boldsymbol{\ell}\cdot(\boldsymbol{\theta}'+\boldsymbol{\theta})-i\boldsymbol{\ell}'\cdot\boldsymbol{\theta}'} \langle \tilde{\gamma}(\boldsymbol{\ell})\tilde{\gamma}^*(\boldsymbol{\ell}') \rangle \\
&= \int \frac{\ell d\ell}{2\pi} J_0(\ell\theta) C_\kappa(\ell)
\end{aligned} \tag{3.190}$$

ここで $J_n(x)$ は n 次の第1種ベッセル関数である．

$$J_n(x) = \frac{1}{2\pi} \oint d\phi\, e^{in\phi - ix\sin\phi} \tag{3.191}$$

同様に，

$$\begin{aligned}
\langle \gamma\gamma e^{-4i\phi} \rangle(\theta) &= \xi_-(\theta) + 2i\xi_\times(\theta) \\
&= \int \frac{d^2\ell}{(2\pi)^2} \int \frac{d^2\ell'}{(2\pi)^2} \langle \tilde{\gamma}(\boldsymbol{\ell})\tilde{\gamma}(-\boldsymbol{\ell}) \rangle e^{i\boldsymbol{\ell}\cdot(\boldsymbol{\theta}'+\boldsymbol{\theta})-i\boldsymbol{\ell}'\cdot\boldsymbol{\theta}'} e^{-4i\phi} \\
&= \int \frac{d^2\ell}{(2\pi)^2} C_\kappa(\ell) e^{i\ell\theta\cos(\phi_\ell-\phi)} e^{4i(\phi_\ell-\phi)} \\
&= \int \frac{\ell d\ell}{2\pi} J_4(\ell\theta) C_\kappa(\ell)
\end{aligned} \tag{3.192}$$

162　第3章　重力レンズ

上式で3つ目の等式では次の関係式を使っている．

$$\langle \tilde{\gamma}(\boldsymbol{\ell})\tilde{\gamma}(-\boldsymbol{\ell}')\rangle = e^{4i\phi_\ell}\langle \tilde{\kappa}(\boldsymbol{\ell})\tilde{\kappa}^*(\boldsymbol{\ell}')\rangle = e^{4i\phi_\ell}(2\pi)^2\delta_D(\boldsymbol{\ell}-\boldsymbol{\ell}')C_\kappa(\ell) \tag{3.193}$$

重力レンズの信号に対しては $\xi_\times(\theta)=0$ であるため，次の関係が成り立つ．

$$\xi_-(\theta) = \text{Re}[\langle \gamma\gamma e^{-4i\phi}\rangle(\theta)] = \int \frac{d\ell\ell}{2\pi} J_4(\ell\theta) C_\kappa(\ell) \tag{3.194}$$

これからベッセル関数の直交性

$$\int_0^\infty dx\, x J_n(ux) J_n(vx) = \frac{1}{u}\delta_D(u-v) \tag{3.195}$$

に注意すると，コンバージェンスの角度パワースペクトルがシアの相関関数で表される．

$$C_\kappa(\ell) = 2\pi \int d\theta\, \theta \xi_+(\theta) J_0(\ell\theta) = 2\pi \int d\theta\, \theta \xi_-(\theta) J_4(\ell\theta) \tag{3.196}$$

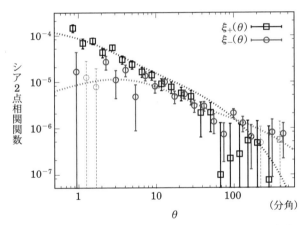

図 **3.28** カナダ・フランス・ハワイ望遠鏡による 154 平方度の弱い重力レンズ観測から得られたコスミックシアの 2 点相関関数 $\xi_\pm(\theta)$．この解析では，測光赤方偏移が 0.2 から 1.3 にある約 420 万個の背景銀河の形状測定が用いられている（Kilbinger *et al.* 2013, *Monthly Notices of the Royal Astronomical Society*, 430, 2200）．

コスミックシアの測定法はこの他にもいくつかあるが，興味のある読者はキルビンガー（Kilbinger）による総説論文などを参照していただきたい．図 3.28 は，ハワイ島のマウナケア山頂にある口径 3.6 m のカナダ・フランス・ハワイ望遠鏡

を用いたコスミックシアの観測結果を示す．この観測では，154 平方度にわたる天域を 5 つの波長帯で撮像し，解析に使用した背景銀河の数は約 420 万個に達する．図はコスミックシアの 2 点相関関数 $\xi_+(\theta)$ と $\xi_-(\theta)$ を角度スケール 0.8 分角から 350 分角にわたって測定したものである．この観測では，背景銀河の赤方偏移は分光観測ではなく，多波長域の測光データから推定された測光赤方偏移を用いている．コスミックシアの信号は背景銀河の動径距離に依存するため，背景サンプルの正確な赤方偏移情報が不可欠である．ただし，分光観測には膨大な時間がかかるため，現状の観測ではこの方法がとられている．このコスミックシアの観測と宇宙背景放射，バリオン音響振動，近傍宇宙の距離梯子の観測結果を合わせると，暗黒エネルギーの状態方程式 $P = w\rho$ における w パラメータが定数の場合，宇宙論パラメータに対して次のような制限が得られている．

$$
\begin{aligned}
\Omega_{\mathrm{m},0} &= 0.27 \pm 0.03 \\
\sigma_8 &= 0.83 \pm 0.04 \\
w &= -1.10 \pm 0.15 \\
\Omega_{\mathrm{K},0} &= 0.006^{+0.006}_{-0.004}
\end{aligned}
\tag{3.197}
$$

2014 年から 2021 年にかけて，日本，台湾，米国（主にプリンストン大学）の研究者からなる国際共同研究チームが，ハワイ島マウナケア山頂にある口径 8.2 m のすばる望遠鏡の超広視野主焦点カメラによる大規模広域サーベイ（Hyper Suprime-Cam Subaru Strategic Program: HSC-SSP）を遂行した．HSC-SSP では，およそ 1100 平方度という広い天域にわたって，莫大な数の銀河の精密な多色測光および形状測定が行われた．日影ら（2019）と浜名ら（2020）は，HSC-SSP の初年度データからコスミックシアの角度パワースペクトルおよび 2 点相関関数を測定し，それに基づく宇宙論的な解析を行った．この初年度データは 137 平方度の天域をカバーしており，弱い重力レンズ解析には $i \sim 24.5\mathrm{AB}$ 等級までの約 1000 万個の背景銀河の観測データが用いられた[*18]．図 3.29 は，浜名らが HSC-SSP の初年度データから測定したコスミックシアの 2 点相関関数 $\xi_+(\theta)$ を示す．この解析では，背景銀河サンプルが 4 つの測光赤方偏移のビンに分けられ，これらサブサンプルの相関から $\xi_+(\theta)$ が測定されている．HSC-SSP で取得された観測データ

[*18]　AB 等級とは，特定のエネルギー流速値を基準にして天体の見かけの明るさを表す等級である．

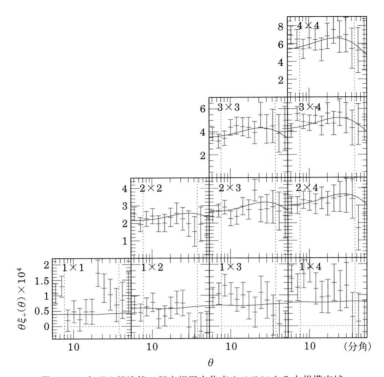

図 3.29　すばる望遠鏡の超広視野主焦点カメラによる大規模広域サーベイの初年度データから測定されたコスミックシアの 2 点相関関数 $\xi_+(\theta)$. 図中には，4 つの背景銀河サブサンプルの相関から得られた 10 の相関関数の組み合わせが示されている．各パネルの縦軸は $\theta\xi_+(\theta) \times 10^4$ である（Hamana *et al.* 2020, Publications of the Astronomical Society of Japan, 72, 16）．$\theta\xi_+$ とは $\theta * \xi_+$ を示す．θ は横軸．減少関数である ξ_+ に θ をかけることで，縦軸に示される $\theta\xi_+$ の分布がより平坦になり，視覚的な比較が容易になる．なお，ξ_+, ξ_- は共に本文で定義されている．

をもとにコスミックシアの 2 点相関関数や角度パワースペクトルが測定され，さまざまな系統誤差のテストが注意深く行われ，宇宙論パラメタに対する制限が得られた．しかし，現時点では，宇宙の加速膨張の起源をより詳細に制限するには至っていない．現在，さらに精密なコスミックシアの測定を目指した国際的な大規模銀河サーベイが進行中であり，またユークリッド（Euclid）やナンシー・グレース・ローマン（Nancy Grace Roman）望遠鏡など，宇宙望遠鏡を用いたサー

ベイ計画も進行中である.

第 4 章

重力波

　2015 年 9 月 14 日（世界協定時）にアメリカ合衆国のワシントン州ハンフォード（Hanford）とルイジアナ州リヴィングストン（Livingston）に建設された 2 台の重力波検出器（LIGO: Laser Interferometer Gravitational-wave Observatory）がブラックホール連星からの重力波を検出し，重力波物理学・天文学が始まった．現在までに多くの中性子星連星[*1]，中性子星とブラックホールの連星およびブラックホール連星からの重力波が検出され，その質量，自転等についての情報が得られ，これらの天体の起源や性質についての研究や，重力理論のテストなどがおこなわれている．この章では重力波物理学・天文学を理解するための基礎的事項，さらに最近の発見や，検出原理およびデータ解析手法について概説する．

▍4.1　重力波の伝播と偏極

　第 1 章で線形化したアインシュタイン方程式からメトリック（計量）の摂動が調和ゲージ条件のもとで波動方程式になることを見た．この節では真空中の線形化されたアイシュタイン方程式を考える．基礎となる式は $\bar{h}^{\mu\nu}{}_{,\nu} = 0$ および $\Box \equiv \eta^{\mu\nu}\partial_\mu\partial_\nu$ を平坦な時空のダランベルシアン（d'Alembertian）として，

$$0 = \Box \bar{h}^{\mu\nu} = -\frac{1}{c^2}\frac{\partial^2 \bar{h}^{\mu\nu}}{\partial t^2} + \frac{\partial^2 \bar{h}^{\mu\nu}}{\partial x^2} + \frac{\partial^2 \bar{h}^{\mu\nu}}{\partial y^2} + \frac{\partial^2 \bar{h}^{\mu\nu}}{\partial z^2} \tag{4.1}$$

[*1] 両方の星が中性子星である連星のことを，この本では中性子星連星と呼ぶ．

である．さて，n を 3 次元単位ベクトル，$F^{\mu\nu}, G^{\mu\nu}$ を 2 階微分可能な適当な 1 変数関数とすると，

$$\bar{h}^{\mu\nu}(t, \boldsymbol{x}) = F^{\mu\nu}\left(ct - \boldsymbol{n}\cdot\boldsymbol{x}\right) + G^{\mu\nu}\left(ct + \boldsymbol{n}\cdot\boldsymbol{x}\right) \tag{4.2}$$

が（4.1）式の解であることがわかる．このような解をダランベールの解と呼ぶ．この解は，n の正方向もしくは負方向に重力場が光速 c で伝わることを示している．このように，（4.1）は光の速度で伝播する解を含み，それを重力波と呼ぶ.

次に重力波のさらなる解析のためにフーリエ成分について考えよう．

$$\bar{h}^{\mu\nu} = A^{\mu\nu}\exp\left(ik_\alpha x^\alpha\right) = A^{\mu\nu}\exp\left(-i(\omega t - \boldsymbol{k}\cdot\boldsymbol{x})\right). \tag{4.3}$$

この式で $k^\alpha = (k^0, \boldsymbol{k}) = (\omega/c, \boldsymbol{k})$ は波数ベクトルであり，振幅 $A^{\mu\nu}$ は複素定数の対称テンソルである．もちろん物理量として答えを求めるときには最後に（4.3）の実部をとる．（4.3）式を調和ゲージ条件 $\bar{h}^{\mu\nu}{}_{,\nu} = 0$ に代入すると，$iA^{\mu\nu}k_\nu\exp\left(ik_\alpha x^\alpha\right) = 0$ を得る．これが任意の x^α で成立するためには

$$A^{\mu\nu}k_\nu = 0 \tag{4.4}$$

が必要である．またアインシュタイン方程式（4.1）は

$$0 = \Box\bar{h}^{\mu\nu} = -A^{\mu\nu}\eta^{\lambda\sigma}k_\lambda k_\sigma\exp\left(ik_\alpha x^\alpha\right) \tag{4.5}$$

となる．当然 $A^{\mu\nu} \neq 0$ としたいので，この条件が満たされるためには，$k_\alpha k^\alpha = 0$ が満たされる必要があるから，4 元ベクトル k^μ はヌルベクトルで，重力波は光速度で進むことがわかる．たとえば，z 軸方向に進む波では，$ck^\mu = \omega(1, 0, 0, 1)$ とすれば $k_\alpha k^\alpha = 0$ は満たされる．

さて我々は調和ゲージ条件を課したが，これだけでは座標系は完全には固定されない*2．実際，座標系 x^μ が調和ゲージ条件を満たしたとしよう．ここで $\Box\zeta^\mu = 0$ を満たすような ζ^μ を加えて作られる座標系 $x'^\mu = x^\mu + \epsilon\zeta^\mu$ もまた調和ゲージ条件を満たすことがわかるだろう*3．このような ζ^μ として，k_α をヌルベクトルとして $\zeta^\mu = b^\mu\exp\left(ik_\alpha x^\alpha\right)$ を選べる．ζ^μ による微小座標変換によってメトリックの摂動は $h'_{\mu\nu} = h_{\mu\nu} + \zeta_{\mu,\nu} + \zeta_{\nu,\mu}$ と変化するだろう．この式から $A'_{\mu\nu}, A_{\mu\nu}, b_\mu$

---

*2 ゲージ変換と座標変換の関係については，付録 A を参照.

*3 ここで $\epsilon \ll 1$ は摂動展開の次数を明示するためのパラメータである．またこの章ではメトリックの摂動を，$\epsilon h_{\mu\nu} = g_{\mu\nu} - \eta_{\mu\nu}$ と定義している.

168　第 4 章　重力波

といった係数に対して

$$A'_{\mu\nu} = A_{\mu\nu} + i(b_\mu k_\nu + b_\nu k_\mu - \eta_{\mu\nu} b^\alpha k_\alpha) \tag{4.6}$$

という条件を得る．b_μ の 4 つの成分は自由に選べるので，メトリックの摂動の振幅に対して 4 つの条件を課すことができる．

b_μ の選び方については，重力波の記述には以下で定義されるトランスバース・トレースレスゲージ（Transverse-Traceless gauge，略して TT ゲージ，重力波を表すメトリックの摂動のトレースがゼロとなり，明示的に横波になるゲージ）が便利なことが多い．4 元速度ベクトル U^μ で運動する観測者が TT ゲージを採用するならば，b^μ を適当に選んで以下の 4 つの条件が満たされるようにするだろう．

$$A'^\mu{}_\mu = A^\mu{}_\mu - 2ib^\mu k_\mu = 0, \tag{4.7a}$$

$$A'_{\mu\nu} U^\nu = A_{\mu\nu} U^\nu + i(b_\mu k_\nu U^\nu + k_\mu b_\nu U^\nu - U_\mu b^\alpha k_\alpha) = 0. \tag{4.7b}$$

これら 5 本の式のうち，1 本は独立ではない．実際，2 番目の式に k^μ を掛けると $k^\mu A'_{\mu\nu} U^\nu = k^\mu A_{\mu\nu} U^\nu = 0$ となる．この式は b^μ を決める式にはなっていないことから，(4.7) 式は 4 つの b^μ に対する 4 つの条件式になっていることがわかる．

練習問題 4.1 $U^\mu = (c, 0, 0, 0)$, $ck^\mu = \omega(1, 0, 0, 1)$ ととるとき，(4.7) 式を満たす b^μ を求めよ．ただし $\omega \neq 0$ とする．

以下では b^μ を適当に選ぶことで，TT ゲージをとれたとしよう．また，表記の簡単のために (4.7) 式を満たす座標系 x'^μ を改めて x^μ と書き，対応して $A_{\mu\nu}$ や $\bar{h}_{\mu\nu}$ にプライム記号 $'$ をつけない．

さて，TT ゲージにおける重力波の成分を具体的に見てみるために，重力波の進行方向を z 軸の正の方向とし，観測者は静止しているとしよう．このとき $U^\mu = (c, 0, 0, 0)$ となるから，$A_{\mu 0} = 0$，よって $A^\mu{}_\mu = \sum_{i=1}^{3} A_{ii} = 0$ という 3 次元のトレースレス条件を得る．さらに (4.4) 式を考えると，$A_{\mu 3} = 0$ となって横波となることがわかる．こうして TT 条件のもとでの重力波の振幅は $A_{11} = -A_{22}$，$A_{12} = A_{21}$ のみが残る．$A_{11} e^{ik_\alpha x^\alpha} = h_+^{\mathrm{TT}}$，$A_{12} e^{ik_\alpha x^\alpha} = h_\times^{\mathrm{TT}}$ と改めて書くと，TT ゲージにおける重力波 $h_{\mu\nu}^{\mathrm{TT}}$ は，

4.1. 重力波の伝播と偏極 169

$$h_{\mu\nu}^{\text{TT}} = h_+^{\text{TT}} e_{\mu\nu}^+ + h_\times^{\text{TT}} e_{\mu\nu}^\times \tag{4.8}$$

のように書ける. ただし, $e_{\mu\nu}^{+,\times}$ は

$$e_{\mu\nu}^+ \equiv \begin{pmatrix} 0 & 0 & 0 & 0 \\ 0 & 1 & 0 & 0 \\ 0 & 0 & -1 & 0 \\ 0 & 0 & 0 & 0 \end{pmatrix}, \quad e_{\mu\nu}^\times \equiv \begin{pmatrix} 0 & 0 & 0 & 0 \\ 0 & 0 & 1 & 0 \\ 0 & 1 & 0 & 0 \\ 0 & 0 & 0 & 0 \end{pmatrix} \tag{4.9}$$

と定義され, (z 方向に伝播する重力波の) 偏極テンソルと呼ばれる.

　以上より重力波には 2 つの偏極があることが分かった. もともと 10 個あった成分は, 調和ゲージ条件とトランスバース・トレースレス条件のおかげで, 結局 2 個まで減らすことができた. この 2 成分のうち, h_+^{TT} をプラスモード, $h_\times^{\text{TT}}$ をクロスモードと呼ぶ.

▌4.1.1 トランスバース・トレースレス座標系と重力波の影響

　我々は重力波を記述する便利なゲージとしてトランスバース・トレースレス (TT) ゲージを採用した. では, TT ゲージに対応する座標系 (TT 座標系) はどのような座標系なのだろうか?

　TT ゲージでは, z 軸方向に進行する重力波が存在する時空を表すメトリックは線形摂動の範囲で,

$$ds^2 = -c^2 dt^2 + (1 + h_+^{\text{TT}})dx^2 + 2h_\times^{\text{TT}} dxdy + (1 - h_+^{\text{TT}})dy^2 + dz^2 \tag{4.10}$$

と書ける. $h_{+,\times}^{\text{TT}}$ は $ct - z$ の関数である. この線素を使って質点の運動への重力波の影響を調べてみよう. まず測地線の方程式を考える. 重力波入射前は, $U^\mu = (c, 0, 0, 0)$ であったとする. すると $\tau = 0$ で,

$$\frac{dU^\mu}{d\tau} = -\Gamma^\mu{}_{\alpha\beta} U^\alpha U^\beta = -c^2 \Gamma^\mu{}_{00} \tag{4.11}$$

だが, TT ゲージでは $\Gamma^\mu{}_{00} \simeq 0$ であるから U^μ は一定である. つまり, いつまでたっても $U^\mu = (c, 0, 0, 0)$ のままで, とくに質点の位置を示す空間座標の値は変化しない. 逆にいうと, TT ゲージに対応する座標系は, 測地線をたどる観測者群の空間座標値が一定になるように定義されている.

　では重力波の影響はどうやって見れば良いのだろうか? 1 つの質点でわからな

170　第 4 章　重力波

ければ，2つの質点を使ってみよう．2本の時間的測地線を結ぶ空間的ベクトルを ξ^μ とすると，測地線偏差の方程式は

$$\frac{D^2 \xi^\mu}{d\tau^2} = R^\mu{}_{\alpha\beta\nu} U^\alpha U^\beta \xi^\nu. \tag{4.12}$$

右辺は $\tau = 0$ で，$R^0{}_{\alpha\beta\nu} U^\alpha U^\beta \xi^\nu = 0$，$R^i{}_{\alpha\beta\nu} U^\alpha U^\beta \xi^\nu = c^2 R^i{}_{00j} \xi^j$ と計算される．線形近似のもとではリーマン曲率は（A.6）式で書けるので，TT ゲージでは

$$R_{i00j} \simeq \frac{1}{2} h^{\mathrm{TT}}_{ij,00} \tag{4.13}$$

である．一方左辺については TT 座標系において

$$\Gamma^i{}_{0j,0} \xi^j \simeq \frac{1}{2} h^{\mathrm{TT}}_{ij,00} \xi^j \tag{4.14}$$

であることに注意する．さらに初期 $\tau = 0$ に速度 $d\xi^j/d\tau$ がゼロだったとすると，測地線偏差の方程式は $\tau = 0$ で以下を意味する．

$$\frac{d^2 \xi^\mu}{d\tau^2} \simeq 0. \tag{4.15}$$

したがって TT 座標系において2本の測地線の空間座標値の差を見ても重力波の影響を見ることはできない．これは驚くことでもない．TT 座標系においては測地線の空間座標は一定だからだ．計算すべき量は，たとえば座標系の選択によらない量である $\xi^\alpha \xi_\alpha$ の時間変化だろう．

$$\frac{d^2}{d\tau^2}(g_{\alpha\beta} \xi^\alpha \xi^\beta) = \frac{d}{d\tau}\left(U^\gamma g_{\alpha\beta,\gamma} \xi^\alpha \xi^\beta + 2 g_{\alpha\beta} \frac{d\xi^\alpha}{d\tau} \xi^\beta \right) \simeq c^2 h^{\mathrm{TT}}_{ij,00} \xi^i \xi^j \neq 0. \tag{4.16}$$

したがって $\xi^\alpha \xi_\alpha$ はたしかに重力波によって変化する．

重力波の影響を見る別の方法として，近接する2人の観測者の間で光をやりとりすることが考えられる．簡単のため $h^{\mathrm{TT}}_\times = 0$ とし，x 軸に沿って光を飛ばすとすると，（4.10）から光は

$$\frac{dx}{dt} = \frac{c}{\sqrt{1 + h^{\mathrm{TT}}_+}} \simeq c\left(1 - \frac{1}{2} h^{\mathrm{TT}}_+\right) \tag{4.17}$$

にしたがう．TT 座標系では座標距離は変化しないが，光速度が変化するので，原理的には到達時刻の変化から重力波の影響を検出できる．

4.1. 重力波の伝播と偏極　171

4.1.2 フェルミ正規座標系

トランスバース・トレースレス座標系では重力波の表現が簡単になり便利であった．重力波の影響を見る別の面白い座標系は，ある観測者の自由落下系である．等価原理の説明で，「自由落下するエレベーターに乗った観測者にとって物理法則は特殊相対論に基づくそれと一致する」，ということがあるが，この観測者の採用するであろう自然な座標系としてフェルミ正規座標系と呼ばれる座標系がある[*4]．導出方法は付録 B で述べるが，ある 1 本の時間的測地線（γ と呼ぼう）に沿って，フェルミ正規座標系では線素は以下の形をとる．

$$ds^2 = \left(-1 + R_{\bar{0}\bar{a}\bar{b}\bar{0}}x^{\bar{a}}x^{\bar{b}} + \mathcal{O}(x^3)\right)(dx^{\bar{0}})^2 - \frac{4}{3}\left(R_{\bar{0}\bar{b}\bar{a}\bar{c}}x^{\bar{b}}x^{\bar{c}} + \mathcal{O}(x^3)\right)dx^{\bar{0}}dx^{\bar{a}}$$
$$+ \left(\delta_{\bar{a}\bar{b}} - \frac{1}{3}R_{\bar{a}\bar{c}\bar{b}\bar{d}}x^{\bar{c}}x^{\bar{d}} + \mathcal{O}(x^3)\right)dx^{\bar{a}}dx^{\bar{b}}. \tag{4.18}$$

ローマ字の添え字は空間的な添え字である．$R_{\bar{\alpha}\bar{\beta}\bar{\gamma}\bar{\delta}}$ は γ 上の各点でのリーマンテンソルのフェルミ正規座標系における成分で，時間座標 $x^{\bar{0}}$ の関数である．また，$\mathcal{O}(x^3)$ というのは空間座標についてメトリックをテーラー展開したときの，3 次以上の項という意味である．

フェルミ正規座標系では基準となる観測者は空間座標の原点で常に静止しており，またフェルミ正規座標系の時間座標は，基準となる観測者の固有時に一致する．我々にとって重要な性質として，フェルミ正規座標系では重力波の影響が空間座標の変化として現れる．このため，重力波の影響の直観的な理解をしやすい．

フェルミ正規座標系におけるリーマンテンソルがどのようになるか考えてみよう．まず，式 (4.18) のメトリックは，測地線 γ に十分近ければ，つまり $|R_{\bar{\alpha}\bar{c}\bar{\beta}\bar{d}}x^{\bar{c}}x^{\bar{d}}| \ll 1$ ならば平坦な時空からの摂動の形で書けていることに注意する．また，ここで現れるリーマンテンソルは重力波によるものだから，λ を重力波の波長として，$R_{\bar{\alpha}\bar{c}\bar{\beta}\bar{d}}$ は $h_{\bar{\mu}\bar{\nu}}/\lambda^2$ の程度の大きさである．以上の考察から少なくとも γ 近傍においては，微小座標変換 $x^{\bar{\mu}} = x^{\mu}_{\mathrm{TT}} + \epsilon\zeta^{\mu}(x_{\mathrm{TT}})$ によってトランスバース・トレースレス (TT) 座標系からフェルミ正規座標系へ移ることができると期待される．ここで線形近似のもとでのリーマンテンソルの表式 (A.6) を使うと，フェルミ正規座標系における基準測地線 γ の近傍など，TT 座標系から微少変換

[*4] 観測者は自分の運動状態とは無関係に適当な座標系を採用できるから，フェルミ正規座標系をとる必要はない．それで，「自然な」座標系と書いている．

172　第 4 章　重力波

によって移ることのできる座標系におけるリーマンテンソルは,

$$R_{\bar{\alpha}\bar{\beta}\bar{\mu}\bar{\nu}} = R^{\mathrm{TT}}_{\alpha\beta\mu\nu} + \mathcal{O}(\epsilon) \tag{4.19}$$

となって実は TT 座標系におけるリーマンテンソルと等しいことがわかる.

練習問題 4.2 （4.19）を示せ.

4.1.3 フェルミ正規座標系における重力波の影響と偏極

次にこの重力波がフェルミ正規座標系においてどのような影響を物体に与えるかを見てみよう. 以下表記を簡単にするためフェルミ正規座標系における量の添え字にバーをつけない（$x^{\bar{\alpha}}$ でなく x^{α} などと書く）. 近傍にある 2 本の時間的測地線を結ぶ空間的微小ベクトルを ξ^{μ} として測地線偏差の方程式（4.12）を考えよう. ξ^{μ} を測定する観測者はフェルミ正規座標系における空間座標の原点にいるとする. フェルミ正規座標系においては共変微分に現れるクリストッフェル記号は, 観測者の測地線に沿ってゼロであることに注意すると, 左辺の共変微分は通常の微分に置き換えられる.

$$\frac{d^2\xi^{\mu}}{dt^2} = c^2 R^{\mu}{}_{00\nu}\xi^{\nu}. \tag{4.20}$$

（4.19）式で見たように, 右辺のリーマンテンソルの成分は TT ゲージにおけるリーマンテンソルの成分と等しく, その値は, （4.13）式で与えられる. ここでたとえば (x, y) 平面上の 2 つの質点 A,B に対する, z 軸方向に伝播する重力波の影響を考える. A,B は互いに近くにあるとし, A を原点として初期に B が, ℓ, θ を定数として $(\xi^1, \xi^2) = (\ell\cos\theta, \ell\sin\theta)$ にあったとする. 重力波の影響で B の A に対する相対位置は $(\xi^1, \xi^2) = ((\ell + \delta\ell)\cos(\theta + \delta\theta), (\ell + \delta\ell)\sin(\theta + \delta\theta))$ と変化するだろう. ただし $\delta\ell$ や $\delta\theta$ は重力波の影響によるものだから $h^{\mathrm{TT}}_{\mu\nu}$ 程度の微小量だと考えられる. そこで測地線偏差の方程式（4.20）で $h^{\mathrm{TT}}_{\mu\nu}$ の 2 次以上の微小量を無視すると

$$\frac{d^2\xi^1}{dt^2} = \frac{1}{2}\ell\cos\theta\frac{d^2 h^{\mathrm{TT}}_+}{dt^2} + \frac{1}{2}\ell\sin\theta\frac{d^2 h^{\mathrm{TT}}_\times}{dt^2}, \tag{4.21a}$$

$$\frac{d^2\xi^2}{dt^2} = -\frac{1}{2}\ell\sin\theta\frac{d^2 h^{\mathrm{TT}}_+}{dt^2} + \frac{1}{2}\ell\cos\theta\frac{d^2 h^{\mathrm{TT}}_\times}{dt^2} \tag{4.21b}$$

となる. 初期に質点の速度がゼロであったとして積分すると,

$$\xi^1 = \ell \left(\cos\theta + \frac{1}{2}\cos\theta h_+^{\rm TT} + \frac{1}{2}\sin\theta h_\times^{\rm TT} \right), \tag{4.22a}$$

$$\xi^2 = \ell \left(\sin\theta - \frac{1}{2}\sin\theta h_+^{\rm TT} + \frac{1}{2}\cos\theta h_\times^{\rm TT} \right) \tag{4.22b}$$

を得る．以上の式から，まずは $h_\times^{\rm TT}=0$ として $h_+^{\rm TT}$ の効果を見てみよう．$\theta=0$ で質点 A,B が x 軸に沿ったときには x 軸方向に力が働き，$\theta=\pi/2$ で質点 A,B が y 軸に沿ったときには y 軸方向に力が働くが，それらの力は差動的であることがわかる．つまり，x 軸に並んだ質点間の距離がのびるとき，y 軸に並んだ質点間の距離は縮む．同様に $h_+^{\rm TT}=0$ としてみれば，$h_\times^{\rm TT}$ の及ぼす影響がわかる．図 4.1 は正の z 方向の進行する重力波に対して (x,y) 面に円状においた無数の質点が重力波の伝播にしたがって変形する様子を示す．

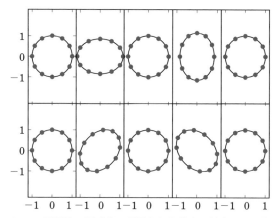

図 **4.1** x-y 平面上で円状に配置された質点に対する，z 軸正方向に進む重力波が及ぼす影響．上の 5 つの図が $h_+^{\rm TT}$ の影響，下の 5 つの図が $h_\times^{\rm TT}$ の影響を表す．$h_{+,\times}^{\rm TT} \propto \sin\phi, \phi \equiv \omega(t-z/c)$ という重力波が入射したとして，左から重力波の位相が $\phi=0, \phi=\pi/2, \phi=\pi, \phi=3\pi/2, \phi=2\pi$ のときを示す．

重力波の影響は，フェルミ座標系では 2 質点間の座標距離に現れた．TT 座標系では (4.17) 式で見たように光の座標速度 (dx/dt) に現れ，2 質点間の座標距離は変わらなかった．このように座標系に依存する量を扱っている場合，どの座標系を使っているかは意識しておく必要がある[*5]．なお，検出器の感度について解析する場合，検出器の長さに制限のない TT ゲージを使うと便利なことが多い．

[*5] レーザー干渉計で重力波を検出できることに疑問を感じるなら，複数の座標系での結果を混同している可能性がある．

練習問題 4.3 式 (4.22) において $h_\times^{\mathrm{TT}} = 0$ のときに

$$\left(\frac{\xi^1}{\ell\left(1 + \frac{1}{2}h_+^{\mathrm{TT}}\right)}\right)^2 + \left(\frac{\xi^2}{\ell\left(1 - \frac{1}{2}h_+^{\mathrm{TT}}\right)}\right)^2 = 1 \tag{4.23}$$

が成り立つことを示せ. 図 4.1 に示したように, この方程式は, 初期にさまざまな θ を持つ, 円状に分布した粒子群があったときに, 重力波の侵入によって粒子群が楕円状に分布するようになることを示す. 同様に $h_+^{\mathrm{TT}} = 0$ のときに 45 度傾いた楕円となることを示せ.

4.1.4 リーマンテンソルによる見方

我々はトランスバース・トレースレスゲージ条件を用いることで重力波に 2 成分あることや, 重力波が横波であることを見た. しかし, これはゲージ条件のとり方によるのではないかと考えるかもしれない. そこで, ゲージ条件によらない議論として, リーマンテンソルの成分とその物質に対する影響を見てみよう.

真空中で平坦な背景時空上のリーマンテンソルの摂動を考えよう[*6]. このときビアンキ恒等式は近似的に偏微分で書くことができる.

$$R_{\alpha\beta\gamma\delta,\epsilon} + R_{\alpha\beta\epsilon\gamma,\delta} + R_{\alpha\beta\delta\epsilon,\gamma} = 0. \tag{4.24}$$

α と γ について縮約をとって真空中のアインシュタイン方程式を使うと, $R_{\alpha\beta\gamma\delta}$ の発散はゼロであることがわかる. 次に (4.24) 式の両辺を x^ζ で偏微分し, 添字 ζ と ϵ について縮約をとると, リーマンテンソルは波動方程式 $\Box R_{\alpha\beta\gamma\delta} = 0$ にしたがい, 波として振る舞う解（重力波）があることがわかる.

今度は趣を変えてアインシュタイン方程式をしばらく仮定せずに, リーマンテンソルで記述される重力の理論が平坦な背景時空上で波動解（重力波解）を持つとしよう. たとえば z 方向に進行する重力波 $R_{\alpha\beta\gamma\delta} = R_{\alpha\beta\gamma\delta}(ct - z)$ を考える. リーマンテンソルの 20 個の独立な成分としてたとえば以下を考える（下線や括弧の意味はすぐ説明する）.

[*6] 背景時空のリーマンテンソルはゼロなので, 以下では $R_{\alpha\beta\gamma\delta}$ が摂動を表すとする.

4.1. 重力波の伝播と偏極 175

R_{0101}	R_{0102}	R_{0103}	$\underline{R_{0112}}$	(R_{0113})	(R_{0123})	$\underline{R_{1212}}$	$\underline{R_{1213}}$	$\underline{R_{1223}}$
$-$	R_{0202}	R_{0203}	$\underline{R_{0212}}$	(R_{0213})	(R_{0223})	$-$	(R_{1313})	(R_{1323})
$-$	$-$	R_{0303}	$-$	(R_{0313})	(R_{0323})	$-$	$-$	(R_{2323})

さて，ビアンキ恒等式 (4.24) で $\gamma = 1, \delta = 2$ とすると $R_{\alpha\beta12,\epsilon} = 0$ となって，$R_{\alpha\beta12}$ は定数となり波動を表さないから無視しよう（上のリストで下線を引いた成分）．次に $\gamma = 1, \delta = 3, \epsilon = 0$ とすると $R_{\alpha\beta13,0} = -R_{\alpha\beta01,3} = R_{\alpha\beta01,0}$，よって $R_{\alpha\beta13} = R_{\alpha\beta01}$ を得る．同様に $\gamma = 2, \delta = 3, \epsilon = 0$ とすれば，$R_{\alpha\beta23} = R_{\alpha\beta02}$ である（つまり，括弧をつけた成分は他の成分で書くことができる）．以上で R_{0i0j} の 6 個が独立な成分であることがわかる．これ以上条件が得られないことは，たとえば $\alpha = 0, \beta = 1, \gamma = 0, \delta = 1$ としても，$R_{0101,\epsilon} + R_{011\epsilon,0} = 0$ となって新しい情報が得られないことからわかる．

ここで真空中のアインシュタイン方程式 $\eta^{\alpha\mu} R_{\alpha\beta\mu\nu} = -R_{0\beta0\nu} + R_{k\beta k\nu} = 0$ を課そう．$\nu = 3, \beta = 1, 2$ とすると，$R_{0103} = R_{k1k3} = R_{2123} = R_{2102} = -R_{0212}$，$R_{0203} = R_{k2k3} = R_{1213}$．したがって R_{0103}, R_{0203} は波動のように振る舞う成分ではないので無視できる．次に $\beta = 0, \nu = 0$ および $\beta = 3, \nu = 3$ とすると $R_{k0k0} = R_{0101} + R_{0202} + R_{0303} = 0$，$R_{0303} = R_{k3k3} = R_{1313} + R_{2323} = R_{0113} + R_{0223} = R_{0101} + R_{0202}$ となり，これらの式より $R_{0303} = 0, R_{0202} = -R_{0101}$ を得る．以上より，リーマンテンソルの性質から R_{0i0j} の 6 個の成分が波動として振る舞い，さらに真空中のアインシュタイン方程式を課すと $R_{0101} = -R_{0202}, R_{0102}$ の 2 個のみが独立な波動成分として残ることがわかった．

重力波が横波であることは，物質への影響を見ればわかるだろう．例えば z 軸方向に伝播する波では (4.20) 式において $R^3{}_{00\nu} = 0$ であることからわかる．

練習問題 4.4 一般相対論以外の重力理論を考えよう．アインシュタイン方程式を仮定しなければ，一般に R_{0i03} および $R_{0101} = R_{0202}$ を満たす成分もゼロではないだろう．これらのリーマンテンソルの成分が物質の運動に与える影響を (4.20) 式を使って議論せよ．

176　第 4 章　重力波

4.2 重力場のストレス・エネルギー

　天体が重力波を放射すると，それによってエネルギーや角運動量が失われる．重力波が運ぶエネルギーや角運動量は線形近似の範囲では取り扱うことが出来ない．というのは線形理論では，重力場を除いた物質のストレス・エネルギーテンソルの保存則が成り立つので，重力場を除いた系のエネルギーは保存するからである．実際，調和ゲージ条件のもとで線形近似をしたアインシュタイン方程式

$$\Box \bar{h}^{\mu\nu} = -\frac{16\pi G}{c^4} T^{\mu\nu} \tag{4.25}$$

の両辺の発散をとると，調和ゲージ条件 $\bar{h}^{\mu\nu}{}_{,\nu} = 0$ から $T^{\mu\nu}{}_{,\nu} = 0$ となって物質のストレス・エネルギーテンソルの保存則を得る．しかしこの式には共変微分でなくて偏微分が現れていることから分かる通り，線形近似の範囲では重力は物質の運動に影響を与えない．

　$\sqrt{-g}d^4x$ が不変体積要素であるため，重力の影響を含めた保存則として $t^{\mu\nu}$ を重力場の "ストレス・エネルギー" として[*7]，

$$0 = \frac{\partial}{\partial x^\nu} \left(\sqrt{-g}(T^{\mu\nu} + t^{\mu\nu}) \right) \tag{4.26}$$

という形を考える．ここでは重力が弱い場合の $t^{\mu\nu}$ を求めてみよう．

　曲がった時空においては $T_\mu{}^\nu{}_{;\nu} = 0$ が成り立つ．

$$0 = T_\mu{}^\nu{}_{;\nu} = \frac{1}{\sqrt{-g}} \frac{\partial \sqrt{-g} T_\mu{}^\nu}{\partial x^\nu} - \frac{1}{2} g_{\rho\sigma,\mu} T^{\rho\sigma}. \tag{4.27}$$

重力場が弱く，$g_{\mu\nu} = \eta_{\mu\nu} + \epsilon h_{\mu\nu}$ と書けるとする．（4.25）式と $\bar{h}_{\mu\nu} = h_{\mu\nu} - \eta_{\mu\nu}h/2$, $g^{\mu\nu} = \eta^{\mu\nu} - \epsilon h^{\mu\nu} + \mathcal{O}(\epsilon^2)$ を用いて，第2項を調和ゲージ条件のもとで，摂動 $h^{\mu\nu}$ の2次までの精度で求めてみよう．このとき $\sqrt{-g} = 1 + \mathcal{O}(\epsilon)$ として良いことに注意すると，

$$-\frac{\sqrt{-g}}{2} g_{\rho\sigma,\mu} T^{\rho\sigma} = \frac{\epsilon^2 c^4}{32\pi G} h_{\rho\sigma,\mu} \Box \bar{h}^{\rho\sigma} + \mathcal{O}(\epsilon^3) = \frac{\epsilon^2}{\sqrt{-g}} \frac{\partial \sqrt{-g} t_\mu^{(2)\nu}}{\partial x^\nu} + \mathcal{O}(\epsilon^3), \tag{4.28}$$

ただし，

[*7]　2つの座標系 x^μ, x'^μ の間の座標変換を考える．このとき $\sqrt{-g'}d^4x' = \sqrt{-g}d^4x$ となる．

$$t_\mu^{(2)\nu} = \frac{c^4}{32\pi G}\left(\bar{h}_{\rho\sigma,\mu}\bar{h}^{\rho\sigma,\nu} - \frac{1}{2}\bar{h}_{,\mu}\bar{h}^{,\nu} - \frac{1}{2}\delta_\mu{}^\nu\left(\bar{h}_{\rho\sigma,\lambda}\bar{h}^{\rho\sigma,\lambda} - \frac{1}{2}\bar{h}_{,\lambda}\bar{h}^{,\lambda}\right)\right) \quad (4.29)$$

と書くことができる. この表式は場 $h_{\mu\nu}$ の 1 階微分の 2 次関数になっており, 場のストレス・エネルギーとして理解できそうだ.

アインシュタインは重力が弱くない場合でも (4.26) を満たす $t^{\mu\nu}$ を作っているが, アインシュタインの作った $t^{\mu\nu}$ は添え字 $\mu\nu$ について対称でないので, 角運動量の保存則を定式化できずあまり便利ではない. ラウンダウとリフシッツは $\sqrt{-g}$ でなく $-g$ をかけた

$$0 = \frac{\partial}{\partial x^\nu}\left((-g)(T^{\mu\nu} + t_{\rm LL}^{\mu\nu})\right) \quad (4.30)$$

を満たす $t_{\rm LL}^{\mu\nu}$ という量をメトリック $g_{\mu\nu}$ とその 1 階微分から作り, $t_{\rm LL}^{\mu\nu}$ の具体的な表式を与えている[*8]. とくに

$$\frac{16\pi G}{c^4}(-g)(T^{\mu\nu} + t_{\rm LL}^{\mu\nu}) = H_{\rm LL}^{\mu\rho\nu\sigma}{}_{,\rho\sigma}, \quad (4.31)$$

$$H_{\rm LL}^{\mu\rho\nu\sigma} = (-g)(g^{\mu\nu}g^{\rho\sigma} - g^{\mu\rho}g^{\nu\sigma}) \quad (4.32)$$

である. 実は $H_{\rm LL}^{\mu\rho\nu\sigma}{}_{,\rho\sigma}$ は $2(-g)G^{\mu\nu}$ に含まれるメトリックの 2 階微分項からなり, $(-g)t_{\rm LL}^{\mu\nu}$ はメトリックの 1 階微分項の 2 次式で表される.

保存則 (4.30) の意味を調べるために, 両辺を 2 つの時刻一定面 $[\Sigma(t), \Sigma(t+\delta t)]$ に挟まれた 4 次元領域 V にわたって積分してみよう.

$$\begin{aligned}
0 &= \int_V cdtd^3x\frac{\partial}{\partial x^\nu}\left((-g)(T^{\mu\nu} + t_{\rm LL}^{\mu\nu})\right) \\
&= \int_{\Sigma(t+\delta t)} d^3x(-g)(T^{\mu 0} + t_{\rm LL}^{\mu 0}) - \int_{\Sigma(t)} d^3x(-g)(T^{\mu 0} + t_{\rm LL}^{\mu 0}) \\
&\quad + c\delta t\int_{\partial\Sigma(t)} dS_j(-g)(T^{\mu j} + t_{\rm LL}^{\mu j}).
\end{aligned} \quad (4.33)$$

$\delta t \to 0$ とすると,

$$\frac{dP^\mu(t)}{dt} = -\oint_{\partial\Sigma(t)} dS_j(-g)(T^{\mu j} + t_{\rm LL}^{\mu j}), \quad (4.34)$$

ただし,

$$P^\mu(t) \equiv \frac{1}{c}\int_{\Sigma(t)} d^3x(-g)(T^{\mu 0} + t_{\rm LL}^{\mu 0}) = \frac{c^3}{16\pi G}\oint_{\partial\Sigma(t)} dS_j H_{\rm LL}^{\mu j 0\sigma}{}_{,\sigma} \quad (4.35)$$

[*8] 具体的な表式は [55] の第 11 章 96 節を参照.

178　第 4 章　重力波

を得る．$P^\mu(t)$ を重力場も含めた系の4元運動量とみなすと，(4.35) 式は，系の
エネルギー・運動量が表面積分で計算できること，つまり重力源の近くの強い重
力場や $T^{\mu\nu}$ の詳細によらずに，十分遠方の弱い重力場の様子を見ることによっ
て，重力を含む系のエネルギー・運動量を計算できることを意味している．

ただし，重力場のストレス・エネルギーの解釈には注意が必要だ．というのは，
等価原理のために自由落下系では $t^{\mu\nu}$ や $t_{\mathrm{LL}}^{\mu\nu}$ の全成分が0になることから分かる
とおり，これらの量は一般座標変換に対するテンソルではないからである．この
ため，これらの量は擬テンソルと呼ばれる．また，$t^{\mu\nu}$ や $t_{\mathrm{LL}}^{\mu\nu}$ は一意には決まら
ないことが知られている[*9]．ただ，$t_{\mathrm{LL}}^{\mu\nu}$ は，メトリック $g_{\mu\nu}$ とその1階微分だけ
で書けている，メトリックの1階微分のたかだか2次式である，添え字 $\mu\nu$ につ
いて対称である，といった点で有用である．

$t_{\mathrm{LL}}^{\mu\nu}$ や $t^{\mu\nu}$ は一般座標変換に対するテンソルではないから，$t_{\mathrm{LL}}^{\mu\nu}$ や $t^{\mu\nu}$，それら
から計算される P^μ を求めるときには，どのような座標系でそれらを計算したの
かを明らかにしないとならない．$a_{\mu\nu}$ を定数，重力源からの距離を r として，重
力源から十分遠方でメトリックが

$$g_{\mu\nu} = \eta_{\mu\nu} + \frac{a_{\mu\nu}}{r} + O\left(\frac{1}{r^2}\right) \tag{4.36}$$

のようになる座標系をとれるとする．すると P^μ は表面積分（つまり，重力源か
ら遠く離れた領域における積分）で書かれているために，重力源近くにおける座
標系のとり方によらずに決まり，重力場を含む系のエネルギー・運動量を正しく
表すことが知られている．その結果は (4.35) 式の表面積分の被積分関数が無限
遠において $H_{\mathrm{LL}}^{\mu j 0\sigma}{}_{,\sigma}$ に一致する限り，$t^{\mu\nu}$ と $t_{\mathrm{LL}}^{\mu\nu}$ のどちらを使うかによらない．

練習問題 4.5　調和ゲージ条件のもとで $t_\mu^{(2)\nu}$ が (4.28) 式を満たすことを確認
せよ．

練習問題 4.6　球対称定常な弱い重力源の遠方でのメトリックは以下のように
なる．

$$ds^2 = -\left(1 - \frac{2GM}{c^2 r}\right) c^2 dt^2 + \left(1 + \frac{2GM}{c^2 r}\right)(dx^2 + dy^2 + dz^2). \tag{4.37}$$

[*9]　$t_{\mathrm{LL}}^{\mu\nu}$ が (4.30) 式を満たすなら，$\nu\rho$ について反対称な任意の量 $\Delta t^{\mu[\nu\rho]}$ の ρ についての発散を加
えた量も (4.30) 式を満たす．ここで添字についた角括弧 $[\cdots]$ は，角括弧内の添字についての反対称化
を意味する．つまり $A^{[ab]} = (A^{ab} - A^{ba})/2$ である．

4.2.　重力場のストレス・エネルギー　179

(4.34) 式において物質は局在していると仮定し，Σ を球面として，その境界を無限遠にとる．このとき (4.35) 式の表面積分を計算することで P^μ を求めよ．

4.2.1 高周波数の重力波のストレス・エネルギー

平坦な背景時空を伝播する，十分振幅の小さい重力波の運ぶエネルギー・運動量は (4.29) 式の $t^{\mu\nu}_{(2)}$ や $t^{\mu\nu}_{\rm LL}$ を重力場の摂動の 2 次まで展開した量で表される．一方，一般の曲がった時空では $t^{\mu\nu}_{\rm LL}$ は背景時空のエネルギー・運動量も含む．背景時空が変化する場合，背景時空と重力波を区別する方法はあるのだろうか？また，一般相対論は非線形理論であり，重力のエネルギー・運動量が重力の源になるはずだが，$t^{\mu\nu}_{(2)}$ や $t^{\mu\nu}_{\rm LL}$ も重力の源として振る舞うのだろうか？ここではこれらの問題を概観しよう．

まず，背景時空と重力波との区別については，時空間変動のスケールの違いを利用する方法が知られている．重力波の周波数を f，波長を λ とし，背景時空の変動の時間スケールを $1/\mathcal{F}$，空間スケールを $\mathcal{R}$ とするとき，$\mathcal{F} \ll f$ もしくは $\lambda \ll \mathcal{R}$ であれば，区別が可能だろう．宇宙の膨張の時空間スケールはハッブル定数の逆数もしくは逆数に光速をかけた程度であり，重力波のスケールは地上重力波検出器では $1\,{\rm kH}$ あるいは $10^3\,{\rm km}$ 程度である．

重力波が背景となる重力場に影響を与えることは以下のように理解できる．背景時空のメトリックを g_b として，メトリックを摂動の 2 次まで展開する（以下記法の簡単化のため，適宜添字を省く）．2 次まで展開するのは，1 次の摂動は重力波を表し，そのストレス・エネルギーがさらなる重力を生むことを期待してのことである．

$$g = g_b + h = g_{b0} + \epsilon h_1 + \epsilon^2 h_2 + \epsilon^2 g_{b2}. \tag{4.38}$$

ϵ は摂動の次数を表す目印である．アインシュタインテンソルも ϵ で展開される．

$$G[g] = G[g_{b0}] + \epsilon G^{(1)}[h_1] + \epsilon^2 G^{(1)}[h_2] + \epsilon^2 G^{(2)}[h_1] + \epsilon^2 G^{(1)}[g_{b2}]. \tag{4.39}$$

ここで $G^{(k)}[h]$ は h について k 次の項をまとめたものを意味する．簡単のため物質が存在しないとすると，$G[g_{b0}] = 0$ は重力波のない背景時空を定め，$G^{(1)}[h_1] = 0$ は重力波 h_1 が曲がった背景時空を伝播する様子を定めるだろう．ここで変動スケールの違いを考慮に入れると各項の大きさは

180　第 4 章　重力波

$$G[g_{b0}] \sim \frac{1}{\mathcal{R}^2}, \quad \epsilon G^{(1)}[h_1] \sim \frac{\epsilon}{\lambda^2}, \quad \epsilon^2 G^{(1)}[h_2] \sim \frac{\epsilon^2}{\lambda^2}, \quad \epsilon^2 G^{(1)}[g_{b2}] \sim \frac{\epsilon^2}{\mathcal{R}^2} \quad (4.40)$$

程度になる[*10]. h_1（をフーリエ変換した各周波数・波数成分）は $\cos(2\pi ft - \boldsymbol{k} \cdot \boldsymbol{x})$ のように変動するので，その 2 次の項である $\epsilon^2 G^{(2)}[h_1]$ にはほとんど時間変動しない項が含まれる．急速に変動する項は波長や周波数の数倍程度の空間領域・時間で平均してしまえば消えるであろうから，$\langle G^{(2)}[h_1] \rangle$ をそのような平均として，

$$G^{(2)}[h_1] = \left\langle G^{(2)}[h_1] \right\rangle + （急速に変動する成分） \quad (4.41)$$

この急速に変動する項は，$\mathcal{O}(\epsilon)$ の方程式で定まる h_1 から h_2 を定める．ゆっくり変動する項は（添字を復活させて $\epsilon = 1$ として），

$$G^{(1)}_{\mu\nu}[g_{b2}] = \frac{8\pi G}{c^4} T^{\mathrm{gw}}_{\mu\nu}, \quad T^{\mathrm{gw}}_{\mu\nu} \equiv -\frac{c^4}{8\pi G} \left\langle G^{(2)}_{\mu\nu}[h_1] \right\rangle \quad (4.42)$$

と書けるだろう．この式は重力波が重力源になって背景時空に影響を与えることを示している．

最後に背景時空が平坦な場合の $T^{\mathrm{gw}}_{\mu\nu}$ の具体的な表式を示しておこう．天下り的だが，(4.41) 式で導入した平均操作に含まれる積分について，部分積分をおこなったときに現れる表面項は無視できるとする[*11]．この性質を使って $G^{(2)}_{\mu\nu}[h_1]$ に含まれる 2 階微分項を 1 階微分項にすると，以下を得る．

$$T^{\mathrm{gw}}_{\mu\nu} = \frac{c^4}{32\pi G} \left\langle \bar{h}_{\rho\sigma,\mu} \bar{h}^{\rho\sigma}{}_{,\nu} - \frac{1}{2} \bar{h}_{,\mu} \bar{h}_{,\nu} - \bar{h}^{\rho\sigma}{}_{,\rho} \bar{h}_{\mu\sigma,\nu} - \bar{h}^{\rho\sigma}{}_{,\rho} \bar{h}_{\nu\sigma,\mu} \right\rangle. \quad (4.43)$$

ただし，前節の記法に合わせて $h_{1\mu\nu}$ を $h_{\mu\nu}$ と書いた．

(4.29) 式の $t^{\mu\nu}_{(2)}$ や $t^{\mu\nu}_{\mathrm{LL}}$ との関係を述べておこう．(4.29) 式で定義される $t^{(2)\nu}_{\mu}$ に含まれるクロネッカーデルタ $\delta_{\mu}{}^{\nu}$ に比例する項は真空中のアインシュタイン方程式を仮定すればゼロになるから，$\langle t^{(2)\nu}_{\mu} \rangle = T^{\mathrm{gw}\nu}_{\mu}$ がわかる．同様に計算すると，$h^{\mu\nu}$ の 2 次までで，$\langle t^{\mathrm{LL}\nu}_{\mu} \rangle = T^{\mathrm{gw}\nu}_{\mu}$ であることを示すことができる．これらの性質や練習問題 4.7 の結果は，背景時空が平坦とみなせる領域で (4.43) 式を使う限り，重力波のストレス・エネルギーの定義の問題や摂動論に付随する見かけの

[*10] 記法の簡単のため，時空間の変動スケールを表す記号を $\mathcal{R}$ と λ で代表させる．

[*11] 波束もしくは周期境界条件を考えていることに対応する．なおこの平均操作は，背景時空が曲がっている場合は有限時空範囲にわたるテンソル場の積分という，少し難しい操作を必要とする．たとえば，参考文献 [28] の 35.15 節などを参照のこと．それによって，テンソル場の積分の結果をテンソル場とすることができて，(4.42) 式を両辺ともにテンソルの方程式とすることができる．

摂動の問題を心配しなくて良いことを示している[*12].

練習問題 4.7 （4.43）式で与えられる平均化したストレス・エネルギーがゲージ変換 $h'_{\mu\nu} = h_{\mu\nu} + \zeta_{\mu,\nu} + \zeta_{\nu,\mu}$ に対して不変となることを示せ[*13].

4.2.2 重力波の光度

重力波の光度（重力波によって運ばれる単位時間あたりのエネルギー，単位は J/s など）は，重力波源を囲む大きな曲面で T^{gw}_{0i} を積分することで得られる．すなわち，積分する曲面を重力波源を原点とする大きな半径 r の球面にとると[*14]，球面の外向き単位法線ベクトルを n^i として

$$L_{\mathrm{gw}} = -c \oint d\Omega\, r^2 n^i T^{\mathrm{gw}}_{0i} \tag{4.44}$$

と計算できる．被積分関数は（4.43）式で TT 条件を課すと，

$$T^{\mathrm{gw}}_{\mu\nu} = \frac{c^4}{32\pi G}\left\langle \bar{h}^{\mathrm{TT}}_{ij,\mu}\bar{h}^{\mathrm{TT}}_{ij,\nu}\right\rangle = \frac{c^4}{16\pi G}\left\langle h^{\mathrm{TT}}_{+,\mu}h^{\mathrm{TT}}_{+,\nu} + h^{\mathrm{TT}}_{\times,\mu}h^{\mathrm{TT}}_{\times,\nu}\right\rangle \tag{4.45}$$

となる[*15]．2 番目の等号では，（4.8）式で定義した $h^{\mathrm{TT}}_+, h^{\mathrm{TT}}_\times$ を使った．さらに今は重力波を考えているので，$h^{\mathrm{TT}}_+, h^{\mathrm{TT}}_\times$ が $x^0 - r$ の関数であるはずだと考えると，$\partial/\partial x^i = -n_i \partial/\partial x^0$ のように空間微分を時間微分にできて，以下の表現を得る．

$$L_{\mathrm{gw}} = c\oint d\Omega\, r^2 T^{\mathrm{gw}}_{00} = \frac{c^3}{16\pi G}\oint d\Omega\, r^2 \left\langle \left(\frac{\partial h^{\mathrm{TT}}_+}{\partial t}\right)^2 + \left(\frac{\partial h^{\mathrm{TT}}_\times}{\partial t}\right)^2\right\rangle. \tag{4.46}$$

同様に重力波の運ぶ運動量も計算できる．（4.34）式より，

$$\frac{dP^i}{dt} = -\oint d\Omega\, r^2 n_j T^{ij}_{\mathrm{gw}} = \frac{c^3}{32\pi G}\oint d\Omega\, r^2 \left\langle \bar{h}^{\mathrm{TT}}_{k\ell,i}\frac{\partial \bar{h}^{\mathrm{TT}}_{k\ell}}{\partial t}\right\rangle. \tag{4.47}$$

重力波の運ぶ角運動量の計算もできるが，かなり大変であるので，4.4 節で別の方法によって導出する．

[*12] 摂動論に付随する見かけの摂動の問題については，付録 A を参照のこと．

[*13] $T^{\mathrm{gw}}_{\mu\nu}$ はゲージ不変であるという．

[*14] つまり球面上では重力は弱く，（4.43）式を使えるとする．

[*15] 本来は添え字 i や j を上付きと下付きのペアにするべきだが，背景時空が平坦な時空なので空間的添え字の上げ下げはクロネッカーのデルタを使うため自明なので，表記の都合上両方ともに下付きにした．

182　第 4 章　重力波

4.3 重力波の発生

この節では孤立した系の運動によって生成された重力波の，遠方での振る舞いを考えよう．線形近似したアインシュタイン方程式の解は，遅延積分の形で

$$\bar{h}^{\mu\nu}(x^\alpha) = \frac{4G}{c^4} \int d^3x' \frac{T^{\mu\nu}(ct - |\boldsymbol{x} - \boldsymbol{x}'|, \boldsymbol{x}')}{|\boldsymbol{x} - \boldsymbol{x}'|} \tag{4.48}$$

と求まるので，この解の遠方での振る舞いを考える．

4.3.1 遠方での解

式 (4.48) において積分は重力波源の場所（つまり，$T^{\mu\nu} \neq 0$ の領域）でのみ 0 でない寄与がある．重力波源の空間的な大きさを R 程度とする．我々から重力波源までの距離 $r \equiv |\boldsymbol{x}|$ は重力波源の大きさ R に比べて非常に大きい（$r \equiv |\boldsymbol{x}| \gg R \geq |\boldsymbol{x}|'$）として，(4.48) 式の被積分関数を近似することができる．

$$\frac{T^{\mu\nu}(ct - |\boldsymbol{x} - \boldsymbol{x}'|, \boldsymbol{x}')}{|\boldsymbol{x} - \boldsymbol{x}'|} = \int d^3y \delta^{(3)}(\boldsymbol{y} - \boldsymbol{x}') \frac{T^{\mu\nu}(ct - |\boldsymbol{x} - \boldsymbol{x}'|, \boldsymbol{y})}{|\boldsymbol{x} - \boldsymbol{x}'|}$$

$$\equiv \int d^3y \delta^{(3)}(\boldsymbol{y} - \boldsymbol{x}') f^{\mu\nu}(ct, |\boldsymbol{x} - \boldsymbol{x}'|, \boldsymbol{y}). \tag{4.49}$$

ここで $f^{\mu\nu}$ において $|\boldsymbol{x}'|$ が小さいとしてテーラー展開すると，

$$f^{\mu\nu}(ct, |\boldsymbol{x} - \boldsymbol{x}'|, \boldsymbol{y}) = f^{\mu\nu}(ct, r, \boldsymbol{y}) - x'^{i_1} \frac{\partial}{\partial x^{i_1}} f^{\mu\nu}(ct, r, \boldsymbol{y}) + \cdots. \tag{4.50}$$

テーラー展開後にデルタ関数を使って $\boldsymbol{y}$ についての積分をおこなうと，

$$\bar{h}^{\mu\nu}(x^\alpha) = \frac{4G}{c^4} \sum_{k=0}^{\infty} \frac{(-1)^k}{k!} \frac{\partial}{\partial x^{i_1}} \cdots \frac{\partial}{\partial x^{i_k}} \left(\frac{1}{r} \mathcal{M}^{\mu\nu i_1 \cdots i_k}(ct - r) \right). \tag{4.51}$$

ここで

$$\mathcal{M}^{\mu\nu i_1 \cdots i_k}(ct - r) \equiv \int d^3x' T^{\mu\nu}(ct - r, \boldsymbol{x}') x'^{i_1} \cdots x'^{i_k} \tag{4.52}$$

を定義した．さらに，重力波源は我々から十分遠方にあると考えて，$1/r$ に比例する項のみを考えよう．すると，

$$\bar{h}^{\mu\nu}(x^\alpha) \simeq \frac{4G}{c^4 r} \sum_{k=0}^{\infty} \frac{1}{k! c^k} n^{i_1} \cdots n^{i_k} \frac{\partial^k \mathcal{M}^{\mu\nu i_1 \cdots i_k}(ct - r)}{\partial t^k} \tag{4.53}$$

となる．ただし，$\mathcal{M}^{\mu\nu i_1 \cdots i_k}$ は $ct - r$ の関数なので，x^i 微分を t 微分で置き換えた．また，$n^i \equiv x^i/r$ である．ここで最後の近似として，系の典型的な運動の速

4.3. 重力波の発生　183

度が光速にくらべて十分遅いと考えよう．ただし，$T^{00} \simeq \rho c^2, T^{0i} \simeq \rho c v^i, T^{ij} \simeq \rho v^i v^j$ と考えて，h^{00} については和の2階微分まで，h^{0i} については和の1階微分までを保持しておく．すると，以下が得られる．

$$\bar{h}^{00}(x^\alpha) = \frac{4G}{c^4 r} \int d^3 x' T^{00}(ct - r, \boldsymbol{x}') + \frac{4Gn^i}{c^5 r} \frac{\partial}{\partial t} \int d^3 x' T^{00}(ct - r, \boldsymbol{x}') x'^i$$
$$+ \frac{2Gn^i n^j}{c^6 r} \frac{\partial^2}{\partial t^2} \int d^3 x' T^{00}(ct - r, \boldsymbol{x}') x'^i x'^j, \tag{4.54a}$$

$$\bar{h}^{0i}(x^\alpha) = \frac{4G}{c^4 r} \int d^3 x' T^{0i}(ct - r, \boldsymbol{x}') + \frac{4Gn^j}{c^5 r} \frac{\partial}{\partial t} \int d^3 x' T^{0i}(ct - r, \boldsymbol{x}') x'^j, \tag{4.54b}$$

$$\bar{h}^{ij}(x^\alpha) = \frac{4G}{c^4 r} \int d^3 x' T^{ij}(ct - r, \boldsymbol{x}'). \tag{4.54c}$$

各成分について見ていこう．(4.54a) 式の最初の積分は

$$\frac{d}{dt} \int d^3 x T^{00}(ct, \boldsymbol{x}) = \int d^3 x \frac{\partial T^{00}(ct, \boldsymbol{x})}{\partial t} = -c \int d^3 x \frac{\partial T^{0i}(ct, \boldsymbol{x})}{\partial x^i} = 0 \tag{4.55}$$

であるから，実は時間によらない定数である．ただし，体積積分の積分領域 V を物質が存在する領域よりも少し大きめにとり，V の表面上では $T^{0i}(ct, \boldsymbol{x}) = 0$ となるようにした．以下の計算においても同様である．これは系の全エネルギー（普通の星などでは質量）と考えられる．

$$M \equiv \frac{1}{c^2} \int d^3 x T^{00}(ct, \boldsymbol{x}). \tag{4.56}$$

第2項は，系の重心の時間微分であり，系の運動量を与える．実際 $T^{00}{}_{,0} = -T^{0i}{}_{,i}$ を使うと，

$$\frac{d}{dt} \int d^3 x T^{00}(ct, \boldsymbol{x}) x^i = c \int d^3 x T^{0i}(ct, \boldsymbol{x}) \equiv c^2 P^i(t). \tag{4.57}$$

質量と同じような計算をすると，いまおこなっている線形近似では $\boldsymbol{P}$ の時間微分はゼロとなり，$\boldsymbol{P}$ は定数となることがわかる．適当なローレンツ変換によって系の重心を座標系の原点にとることにして，$\boldsymbol{P} = \boldsymbol{0}$ としてしまおう．第3項は

$$I^{ij} \equiv \frac{1}{c^2} \int d^3 x T^{00}(ct, \boldsymbol{x}) x^i x^j \tag{4.58}$$

となり，これは系の四重極モーメントと考えられる．これは保存しない．

次に，(4.54b) 式で与えられる $(0i)$ 成分を見てみよう．第1項の積分の結果は系の3次元運動量を与える．第2項は

184 第4章 重力波

$$\frac{\partial}{\partial t}\int d^3x T^{0i}(ct,\boldsymbol{x})x^j = c\int d^3x T^{ij}(ct,\boldsymbol{x}) \tag{4.59}$$

ここで，$T^{\mu\nu}{}_{,\nu}=0$ から得られる

$$(T^{k\ell}x^i x^j)_{,k\ell} = T^{00}{}_{,00}x^i x^j + 2(T^{i\ell}x^j + T^{j\ell}x^i)_{,\ell} - 2T^{ij} \tag{4.60}$$

を使えば，

$$\frac{\partial}{\partial t}\int d^3x T^{0i}(ct,\boldsymbol{x})x^j = \frac{c}{2}\frac{\partial^2 I^{ij}}{\partial t^2}. \tag{4.61}$$

最後に (ij) 成分については（4.60）式を使って

$$\bar{h}^{ij}(x^\alpha) = \frac{2G}{c^4 r}\frac{\partial^2 I^{ij}(ct-r)}{\partial t^2} \tag{4.62}$$

が得られる．

以上から，調和ゲージ条件，線形近似（弱い重力場）および，ゆっくりした運動をするという仮定の下で，

$$\bar{h}^{00}(x^\alpha) = \frac{4GM}{c^2 r} + \frac{2Gn^i n^j}{c^4 r}\frac{\partial^2 I^{ij}(ct-r)}{\partial t^2}, \tag{4.63a}$$

$$\bar{h}^{0i}(x^\alpha) = \frac{2Gn^j}{c^4 r}\frac{\partial^2 I^{ij}(ct-r)}{\partial t^2}, \tag{4.63b}$$

$$\bar{h}^{ij}(x^\alpha) = \frac{2G}{c^4 r}\frac{\partial^2 I^{ij}(ct-r)}{\partial t^2} \tag{4.63c}$$

を得ることができた．

ここまでの内容について注意しておこう．（4.53）式を見ると，ゆっくりした運動の仮定の元では，高次の多重極モーメントは $1/c$ の高次のべきにともなって現れることがわかる．また，質量や運動量の保存則があるために，時間変動しない（したがって重力波とは関係のない）質量を除くと，重力波に寄与する主要な項は四重極モーメントである．電磁波では双極子モーメントが主要な項として現れたことを思い出そう．電荷は保存するが，電気双極子や磁気双極子は一般に保存しないからである．

練習問題 4.8　（4.63）式が $\mathcal{O}(r^{-1})$ までで調和ゲージ条件を満たすことを示せ．

4.3. 重力波の発生 185

4.3.2 調和ゲージ条件

我々は調和ゲージ条件のもとでの線形近似したアインシュタイン方程式を解いた。真空中での重力波の伝播を考えたときには,さらにトランスバース・トレースレス条件を使ってメトリックの独立な成分が2つだけになることを示した。それでは,この節で考えているような波源がある場合にはどうなるのだろうか。その説明のために,より一般に

$$\bar{h}^{00}(x^\alpha) = \frac{A(ct-r)}{r}, \quad \bar{h}^{0i}(x^\alpha) = \frac{B^i(ct-r)}{r}, \quad \bar{h}^{ij}(x^\alpha) = \frac{C^{ij}(ct-r)}{r} \quad (4.64)$$

とおく。ただし,$A(ct-r), B^i(ct-r), C^{ij}(ct-r)$ は波動関数の解であるために $ct-r$ という依存性を持つ。また,$C^{ij} = C^{ji}$ は対称行列である。なお,ここでは,重力波源から十分遠方を考えているので,$\mathcal{O}\left(r^{-1}\right)$ までの項を考える。

まず B^i, C^{ij} を重力波の進行方向とこれに直交する方向の成分に分離しよう。そのために $n^i \equiv r^i/r$ を重力波の伝播方向として,射影演算子

$$P^i{}_k = \delta^i{}_k - n^i n_k \quad (4.65)$$

を導入する。$P^i{}_j$ は $P^i{}_k P^k{}_j = P^i{}_j, P^k{}_k = 2, P^i{}_k n^k = 0 = P^k{}_i n_k$ という性質を満たす。するとまず B^i について $B^i = \delta^i{}_k B^k = (P^i{}_k + n^i n_k)B^k = B^i_{\mathrm{T}} + B_{\mathrm{L}} n^i$ と分解できる。ただし,$B^i_{\mathrm{T}} \equiv P^i{}_k B^k, B_{\mathrm{L}} \equiv n_k B^k$ で,$B^k_{\mathrm{T}} n_k = 0$ を満たす[*16]。同様に C^{ij} も以下のように分解できる。

$$C^{ij} = \frac{1}{2} P^{ij} C + \frac{3}{2}\left(n^i n^j - \frac{1}{3}\delta^{ij}\right) C_{\mathrm{LL}} + C^i_{\mathrm{T}} n^j + n^i C^j_{\mathrm{T}} + C^{ij}_{\mathrm{TT}}. \quad (4.66)$$

ただし,$C \equiv \delta_{k\ell} C^{k\ell}$, $C_{\mathrm{LL}} \equiv n_k n_\ell C^{k\ell}$, $C^i_{\mathrm{T}} \equiv P^i{}_k C^{k\ell} n_\ell = n_k C^{k\ell} P^i{}_\ell$ および

$$C^{ij}_{\mathrm{TT}} \equiv \left(P^i{}_k P^j{}_\ell - \frac{1}{2} P^{ij} P_{k\ell}\right) C^{k\ell} \quad (4.67)$$

であり,$n_i C^i_{\mathrm{T}} = 0, n_i C^{ij}_{\mathrm{TT}} = 0, n_j C^{ij}_{\mathrm{TT}} = 0, \delta_{ij} C^{ij}_{\mathrm{TT}} = 0$ を満たす。

さて,我々は調和ゲージ条件を課してアインシュタイン方程式を解いたから,これらの関数 A, B^i, C^{ij} についても制限が課せられる。(4.64) 式を調和ゲージ条件に代入すると $A = B_{\mathrm{L}} + c_1, B_{\mathrm{L}} = C_{\mathrm{LL}} + c_2, B^i_{\mathrm{T}} = C^i_{\mathrm{T}} + c^i_3$ を得る。ただし,c_1, c_2, c^i_3 は積分定数である。

[*16] 添え字の T は Transverse, L は Longitudinal からとっている。

186 第4章 重力波

4.3.3 | 重力波成分

ここでトランスバース・トレースレス（TT）ゲージのときのようにゲージ変換 $\bar{h}'^{\mu\nu} = \bar{h}^{\mu\nu} + \zeta^{\mu,\nu} + \zeta^{\nu,\mu} - \eta^{\mu\nu}\zeta^{\alpha}{}_{,\alpha}$ を使って，より簡単な表現を求めてみよう．引き続き調和ゲージ条件を満たしてほしいので，$\zeta^{\alpha}(x^{\rho})$ は $\Box\zeta^{\alpha} = 0$ を満たすようにとる．そこで，$\alpha(x^{\alpha}), \beta^{i}(x^{\alpha})$ を2階微分可能な適当な関数として，

$$\zeta^{0} = \frac{\alpha(ct-r)}{r}, \quad \zeta^{i} = \frac{\beta^{i}(ct-r)}{r} \tag{4.68}$$

とおこう．このときゲージ変換によって

$$A' = A - \frac{\dot{\alpha} + \dot{\beta}_{L}}{c}, \qquad B'_{L} = B_{L} - \frac{\dot{\alpha} + \dot{\beta}_{L}}{c}, \qquad B'^{i}_{T} = B^{i}_{T} - \frac{1}{c}\dot{\beta}^{i}_{T},$$

$$C' = C - \frac{3\dot{\alpha} - \dot{\beta}_{L}}{c}, \qquad C'_{LL} = C_{LL} - \frac{\dot{\alpha} + \dot{\beta}_{L}}{c}, \qquad C'^{i}_{T} = C^{i}_{T} - \frac{1}{c}\dot{\beta}^{i}_{T},$$

$$C'^{ij}_{TT} = C^{ij}_{TT}$$

が得られる．ただし，$\dot{\alpha}$ は α の時間微分である．ゲージ変換の4つの関数 α, β^{i} は自由に選べる．ここでは，$C' = 0 = C'_{LL}, C'^{i}_{T} = 0$ となるようにとろう．このとき，A, B^{i} は定数となり，これらが質量と運動量に対応する．最後に，TT である部分 C^{ij}_{TT} はここで考えたゲージ変換では変化しないことにも注意しておこう．以下ではこのようなゲージ変換をしたとして，プライム（'）は省く．以上をまとめると，

$$\bar{h}^{00}(x^{\alpha}) = \frac{4GM}{c^{2}r}, \quad \bar{h}^{0i}(x^{\alpha}) = 0, \quad \bar{h}^{ij}(x^{\alpha}) = \frac{2G}{c^{4}r}\frac{\partial^{2}I^{ij}_{TT}(ct-r)}{\partial t^{2}} \tag{4.69}$$

を得ることができた．ただし，$I^{ij}_{TT}(ct-r)$ は $I^{ij}(ct-r)$ の TT 成分で，

$$I^{ij}_{TT} \equiv \left(P^{i}{}_{k}P^{j}{}_{\ell} - \frac{1}{2}P^{ij}P_{k\ell}\right)I^{k\ell} \tag{4.70}$$

と計算される．

さて，（4.69）式からわかるとおり，重力場が遠方に伝播している効果は，空間–空間成分 $\bar{h}^{ij}(x^{\alpha})$ にのみ現れている．この成分は TT になっており，$\bar{h}^{00}$ を除いて真空中で TT ゲージをとったときの重力波の成分と同じ形であるので，これが重力波成分と考えられる．

4.3. 重力波の発生 187

4.4　四重極公式

物体が運動しているときに遠方の重力場を (4.69) 式のように計算することができた. それでは, 重力波が運ぶエネルギーを計算してみよう. 重力波は (4.69) 式において空間–空間成分のみに現れるから, この計算では $\bar{h}^{0\alpha}$ 成分を無視して, (4.45) 式を利用しよう.

$$T_{00}^{\mathrm{gw}} = \frac{G}{8\pi c^6 r^2} \left\langle \ddot{I}_{\mathrm{TT}}^{ij}\, \ddot{I}_{\mathrm{TT}}^{ij} \right\rangle. \tag{4.71}$$

この式での平均 $\langle \cdots \rangle$ は時間平均だと考えればよい. ここで $P^i{}_k$ の性質と積分公式

$$\oint n_i n_j d\Omega = \frac{4\pi}{3}\delta_{ij}, \quad \oint n_i n_j n_k n_\ell d\Omega = \frac{4\pi}{15}(\delta_{ij}\delta_{k\ell} + \delta_{ik}\delta_{j\ell} + \delta_{i\ell}\delta_{jk}) \tag{4.72}$$

を使うと, 重力波の運ぶエネルギーは

$$L_{\mathrm{gw}} = c\oint d\Omega\, r^2 T_{00}^{\mathrm{gw}} = \frac{G}{5c^5}\left\langle \dddot{Q}^{k\ell}\, \dddot{Q}^{k\ell} \right\rangle \tag{4.73}$$

と求まる. ただし, 既約四重極モーメント Q_{ij} を

$$Q_{ij} = I_{ij} - \frac{1}{3}\delta_{ij}I \tag{4.74}$$

のように I_{ij} のトレースレス部分と定義した. (4.73) 式を重力波放射エネルギーの四重極公式と呼ぶ. 四重極モーメントのトレースレス成分のみが重力波に寄与するということは, 物理的には, 球対称な運動からは四重極重力波は放射されないということを意味している.

練習問題 4.9 (4.72) 式を示せ.

ここで重力波が運ぶエネルギーの評価をしておこう. 考えている系の典型的な質量, 大きさ, 速度, 時間変化のスケールをそれぞれ, M, R, V, T とすると既約四重極モーメントの 3 階微分のオーダーは $\dddot{Q}_{ij} \sim MR^2/T^3 \sim MV^3/R$ となり, したがって重力波の光度は以下の程度の大きさとなる.

$$L_{\mathrm{gw}} \sim \frac{GM^2}{TR}\left(\frac{V}{c}\right)^5 \sim \frac{c^5}{G}\left(\frac{GM}{c^2 R}\right)^2\left(\frac{V}{c}\right)^6 \sim L_{\mathrm{g}}\left(\frac{r_{\mathrm{g}}}{R}\right)^2\left(\frac{V}{c}\right)^6. \tag{4.75}$$

ここで質量 M の物体の**重力半径**を $r_{\mathrm{g}} \equiv 2GM/c^2 \simeq 3\,\mathrm{km}(M/M_\odot)$, 自然定数で決

188　第 4 章　重力波

まる重力波の光度を $L_{\mathrm{g}} \equiv c^5/G \simeq 3.6 \times 10^{52}\,\mathrm{J/s}$ とした.太陽の光度 $L_\odot \simeq 3.8 \times 10^{26}\,\mathrm{J/s}$ や典型的な超新星爆発の光度 $L \simeq 10^{38}\,\mathrm{J/s}$ と比べると,重力波によって莫大なエネルギーが放射されうることがわかる.実際,最初に検出された重力波イベント GW150914 では,ブラックホール連星の合体にともなって,(重力波)光度は,最大で $4 \times 10^{49}\,\mathrm{J/s}$ にもなった[*17].これは宇宙の観測可能な範囲に存在する星の数,約 10^{22} 個に太陽の典型的な(電磁波)光度をかけた値に匹敵する.

最後に物体系が重力波を放射したことによる反作用力と,重力波によって系から運び去られる角運動量について考えてみよう.物体系から重力波がエネルギーを運び去るということは,重力波は物体系に力を与えていると考えることができる.この力を $\boldsymbol{F}^{\mathrm{RR}}$(RR は Radiation Reaction: 放射の反作用の略)と書くとき,$\boldsymbol{F}^{\mathrm{RR}}$ が物体系になす仕事を適当な時間で平均すると,L_{gw} と一致すると考えられる.重力波放射による仕事 $\boldsymbol{F}^{\mathrm{RR}} \cdot \boldsymbol{v}$ のある時間 T にわたる平均をとると,

$$\frac{1}{T}\int_0^T dt\, \boldsymbol{F}^{\mathrm{RR}} \cdot \boldsymbol{v} = -L_{\mathrm{gw}} = -\frac{G}{5c^5}\frac{1}{T}\int_0^T dt\, \dddot{Q}^{k\ell}\dddot{Q}^{k\ell}. \tag{4.76}$$

右辺を部分積分することで

$$-L_{\mathrm{gw}} = -\frac{G}{5c^5}\frac{1}{T}\int_0^T dt\, \dot{Q}^{k\ell}\frac{d^5 Q^{k\ell}}{dt^5} \tag{4.77}$$

となる.ただし,重力波によってその 1 周期に放射されるエネルギーは小さいとして,境界項は無視している.複数の質点からできている物体系を考えて,系の四重極モーメントは $I^{k\ell} = \sum_A m_A x_A^k x_A^\ell$ であることを使うと,F_{RR}^i を推定できる.

$$F_{\mathrm{RR}}^i = -\frac{2G}{c^5}\sum_A m_A x_A^j \frac{d^5 Q^{ij}}{dt^5}. \tag{4.78}$$

これが,1 周期で平均化した重力波放射による反作用力であると考えられる[*18].

さて,$\boldsymbol{F}_{\mathrm{RR}}$ はトルクを与え,角運動量を運び去る.粒子 A への反作用力を $\boldsymbol{F}_A^{\mathrm{RR}}$ と書くと,

---

[*17] https://www.ligo.org/detections/GW150914/

[*18] この計算は重力波源の重心系でおこなっている.したがって,実は $\sum_A m_A x_A^j = 0$ であり,波源を構成する個々の物体への重力波放射の反作用はゼロではないものの,足し合わせるとゼロになる.このことは,今考えている近似の範囲内では重力波が運動量を運ばないということを意味する.これは実際,(4.47) 式と (4.69) 式によって確かめることができる.このような効果は高次の項を計算すると現れ,系によっては重要である.

$$\frac{dJ^i}{dt} = \sum_A (\boldsymbol{x}_A \times \boldsymbol{F}_A^{\mathrm{RR}})^i$$
$$= -\frac{2G}{c^5} \sum_A \epsilon^{ijk} m_A x_A^j x_A^\ell \frac{d^5 Q^{k\ell}}{dt^5} = -\frac{2G}{c^5} \epsilon^{ijk} Q^{j\ell} \frac{d^5 Q^{k\ell}}{dt^5}. \tag{4.79}$$

時間平均をとり部分積分をおこなうと重力波による角運動量の平均的な時間変化

$$\frac{dJ^i}{dt} = -\frac{2G}{c^5} \epsilon^{ijk} \left\langle \frac{d^2 Q^{j\ell}}{dt^2} \frac{d^3 Q^{k\ell}}{dt^3} \right\rangle \tag{4.80}$$

を得る．なお，4.2 節で触れた $t_{\mathrm{LL}}^{\mu\nu}$ を用いて，長い計算の末に（4.80）式を導出することもできる．

4.5 曲がった時空中の重力波の伝播

1 章では平坦な時空上でのメトリックの摂動（ゆらぎ）を考えた．そこではアインシュタイン方程式は平坦な時空における波動方程式となり，その解を重力波と呼んだ．しかし実際の宇宙はミンコフスキー時空ではなく膨張している．より一般に曲がった時空の中では重力波はどのように伝播するのだろうか？

ここではメトリック $g_{\mu\nu}^{(\mathrm{B})}$ で記述される曲がった時空中でのメトリックのゆらぎとしての重力波を概説する．アインシュタイン方程式 $G_{\mu\nu}[g_{\alpha\beta}] = 8\pi G T_{\mu\nu}/c^4$ においてメトリックの摂動 $g_{\mu\nu} = g_{\mu\nu}^{(\mathrm{B})} + \epsilon h_{\mu\nu}$ と物質のストレスエネルギーテンソルについての摂動を考える．アインシュタイン方程式の $\mathcal{O}(\epsilon)$ までの摂動方程式を求めると（添字の縦棒は背景時空のメトリックによる共変微分を意味する），

$$\frac{8\pi G}{c^4} T_{\mu\nu}^{(1)} = G_{\mu\nu}^{(1)} = \frac{1}{2} \left(-\bar{h}_{\mu\nu}{}^{|\rho}{}_{|\rho} + \bar{h}^\rho{}_{\nu|\rho\mu} + \bar{h}^\rho{}_{\mu|\rho\nu} \right.$$
$$+ R_{\lambda\nu}^{(\mathrm{B})} \bar{h}^\lambda{}_\mu + R_{\lambda\mu}^{(\mathrm{B})} \bar{h}^\lambda{}_\nu + R_{\mu\lambda\rho\nu}^{(\mathrm{B})} \bar{h}^{\lambda\rho} + R_{\nu\lambda\rho\mu}^{(\mathrm{B})} \bar{h}^{\lambda\rho}$$
$$\left. - g_{\mu\nu}^{(\mathrm{B})} h^{\rho\sigma}{}_{|\rho\sigma} + g_{\mu\nu}^{(\mathrm{B})} \bar{h}^{\rho\sigma} R_{\rho\sigma}^{(\mathrm{B})} - \bar{h}_{\mu\nu} R^{(\mathrm{B})} \right) \tag{4.81}$$

となることを示せる[*19]．ただし，$\bar{h}_{\mu\nu} \equiv h_{\mu\nu} - g_{\mu\nu}^{(\mathrm{B})} h/2$ を定義した．ここで調和

[*19] 計算は大変だが，いくつか注意点がある．まず，摂動場の添字の上げ下げは背景時空のメトリックを用いておこなう．とくに，$\bar{h} \equiv g_{(\mathrm{B})}^{\mu\nu} \bar{h}_{\mu\nu} = -h$ あるいは $h_{\mu\nu} = \bar{h}_{\mu\nu} - g_{\mu\nu}^{(\mathrm{B})} \bar{h}/2$ である．$\bar{h}_{\mu\nu}$ は背景時空におけるテンソルとして振る舞い，とくにリーマンテンソルの定義から

$$h_{\sigma\mu|\nu\rho} - h_{\sigma\mu|\rho\nu} = R_{\sigma\lambda\rho\nu}^{(\mathrm{B})} h^\lambda{}_\mu + R_{\mu\lambda\rho\nu}^{(\mathrm{B})} h^\lambda{}_\sigma$$

となる．最後に，クリストッフェル記号は一般にはテンソルではないが，本当の時空のメトリックから定義されるクリストッフェル記号と，背景時空のメトリックから定義されるクリストッフェル記号との差はテンソルのように座標変換することに注意する．

ゲージ条件 $\bar{h}^\rho{}_{\nu|\rho} = 0$ を課して，さらに背景時空が真空として，$R^{(\mathrm{B})} = 0, R^{(\mathrm{B})}_{\mu\nu} = 0, T^{(1)}_{\mu\nu} = 0$ を仮定すると，

$$\bar{h}_{\mu\nu}{}^{|\rho}{}_{|\rho} + 2R^{(\mathrm{B})}_{\mu\alpha\nu\beta}\bar{h}^{\alpha\beta} = 0 \tag{4.82}$$

を得る．左辺第 1 項の $^{|\rho}{}_{|\rho}$ は曲がった時空における 2 階テンソルに対する波動演算子であり，第 2 項は背景時空のリーマン曲率テンソルによる散乱をあらわす．なお背景時空が平坦なときには，もちろん $\Box \bar{h}_{\mu\nu} = 0$ を得る．

　練習問題 4.10 で見るように，背景時空の曲率のスケールよりも十分短い波長を持つ重力波は，電磁波と同じように，背景時空のヌル測地線を進む．また，その偏極テンソルは伝播方向に沿って平行移動される．これらのことから，重力波も電磁波と基本的に同じ効果，たとえばドップラー効果，宇宙膨張による赤方偏移，重力レンズなどを受けることがわかる．ただし練習問題 4.10 で使う幾何光学近似の適用範囲には少し注意が必要である．重力波は天体の加速運動によって放射されるためにその波長は天体スケールにもなりうる．地上設置型のレーザー干渉計型重力波検出器は周波数 100 Hz，波長 3000 km 程度の重力波を検出できる．太陽のシュバルツシルト半径は 3 km 程度なので，恒星程度の質量を持つブラックホールの周囲では，幾何光学近似は成り立たない．

練習問題 4.10　式（4.82）において背景時空のリーマンテンソルの変化するスケール $\mathcal{R}_\mathrm{B}$ よりも重力波の波長 λ が十分短い極限をとると第 2 項を無視して良い．さらに真空中を考えると重力波は波動方程式 $\bar{h}_{\mu\nu}{}^{|\rho}{}_{|\rho} = 0$ の解である．

（1）$A_{\mu\nu}$ を位相 ϕ に比べてゆっくり変化する振幅として $\bar{h}_{\mu\nu} = A_{\mu\nu}\mathrm{e}^{i\phi}$ とおく[20]．すなわち $\mathcal{R}_\mathrm{A}$ を $A_{\mu\nu}$ の変化する長さのスケールとして $A_{\mu\nu|\rho} = \mathcal{O}(\mathcal{R}_\mathrm{A}^{-1})$，$k_\rho \equiv \phi_{|\rho} = \mathcal{O}(\lambda^{-1})$ である．ただし k_ρ は重力波の波数ベクトル（実数）であり，$\lambda \ll \mathcal{R}_\mathrm{A} \ll \mathcal{R}_\mathrm{B}$ とする．また，k_ρ は $A_{\mu\nu}$ と同じ程度のスケールで変化するとする．このような近似を幾何光学近似という．このとき $\bar{h}_{\mu\nu}{}^{|\rho}{}_{|\rho} = 0$ より以下を導け．

$$k_\rho k^\rho = 0, \quad A_{\mu\nu|\rho}k^\rho = -\frac{1}{2}A_{\mu\nu}k_\rho{}^{|\rho}. \tag{4.83}$$

---

[20]　ϕ は実数値関数だが，$A_{\mu\nu}$ は複素数値関数とする．

4.5.　曲がった時空中の重力波の伝播　191

(2) 位相がスカラーであること[*21]から,

$$k_{\rho|\alpha}k^{\rho} = k_{\alpha|\rho}k^{\rho} = 0 \tag{4.84}$$

を示せ. ここで σ をアフィンパラメータとして $k^{\mu} \equiv g_{(\mathrm{B})}^{\mu\nu}k_{\nu} \propto dx^{\mu}/d\sigma$ を接線とする曲線 $x^{\mu}(\sigma)$ を考える. このとき (4.84) より以下を得る.

$$\frac{d^2 x^{\mu}}{d\sigma^2} + \Gamma_{(\mathrm{B})\alpha\beta}^{\mu}\frac{dx^{\alpha}}{d\sigma}\frac{dx^{\beta}}{d\sigma} = 0. \tag{4.85}$$

つまり幾何光学近似を用いると, 重力波は背景時空のヌル測地線を運動する.

(3) $A \equiv (A_{\mu\nu}^{*}A^{\mu\nu})^{1/2}$ として, 重力波の偏極テンソル $e_{\mu\nu}$ を $e_{\mu\nu} \equiv \sqrt{2}A_{\mu\nu}/A$ で定義する[*22]. 式 (4.83) と調和ゲージ条件 $\bar{h}^{\rho}{}_{\nu|\rho} = 0$ より

$$k^{\nu}e_{\mu\nu} = 0, \quad e_{\mu\nu|\rho}k^{\rho} = 0, \quad A^2{}_{|\rho}k^{\rho} = -A^2 k^{\rho}{}_{|\rho} \tag{4.86}$$

を示せ. 2番目の式は, 重力波の偏極テンソルがその進路に沿って平行移動することを示している.

(4) $\bar{h}^{\mu\nu}{}_{|\nu} = 0$ かつ $\bar{h} = 0$ ととると, 重力波のエネルギー運動量は

$$T_{\mu\nu}^{\mathrm{gw}} = \frac{c^4}{32\pi G}\langle \bar{h}^{\alpha\beta}{}_{|\mu}\bar{h}_{\alpha\beta|\nu}\rangle \tag{4.87}$$

と書くことができる. $\bar{h}_{\mu\nu} = A_{\mu\nu}\mathrm{e}^{i\phi}$ と書くことができるとき, 以下を導出せよ.

$$T_{\mu\nu}^{\mathrm{gw}} = \frac{c^4}{32\pi G}A^2 k_{\mu}k_{\nu}. \tag{4.88}$$

この式から, (4.86) の3番目の式が $T_{\mathrm{gw}}^{\mu\nu}{}_{|\nu} = 0$ を意味していることを示せ.

4.5.1 宇宙を伝播する重力波

我々の宇宙は膨張しており, 時空は平坦ではない. 遠方の宇宙にある重力波源からの重力波の伝播の様子を見てみよう. ただし簡単のため, 重力波の波長は宇宙の曲率スケールよりもずっと小さいものとする.

膨張のスケールファクターを $a(t)$, 3次元空間部分は平坦としよう. また, 共

[*21] 波の山(極値)はどの座標から見ても山(極値)である.

[*22] $\sqrt{2}$ は $e_{\mu\nu}^{*}e^{\mu\nu} = 2$ とするために掛けたものであり, 一般相対論における重力波の偏極に2つのモードがあることに対応している. なお文献によっては $e_{\mu\nu}^{*}e^{\mu\nu} = 1$ とする定義もあるので, 注意すること. その場合, A あるいは $h_{+}, h_{\times}$ の大きさが変わる.

192　第4章　重力波

形時間 η を $d\eta = dt/a(t)$ を満たすように定義し，スケールファクターを共形時間の関数とみなすと，宇宙膨張を記述するメトリックは以下の形に書ける．

$$ds^2 = a^2(\eta)(-c^2 d\eta^2 + \delta_{ij} dx^i dx^j). \tag{4.89}$$

重力波を表す摂動として $h_{\mu\nu} = a^2 \gamma_{\mu\nu}$ を導入し，調和ゲージ条件および TT ゲージを採用する．このとき，$\delta^{jk}\gamma_{ij,k} = 0, \gamma_{0\mu} = 0, \delta^{jk}\gamma_{jk} = 0$ である．

重力波の伝播の様子は，（4.82）式を使うと

$$\gamma_{ij}'' + 2\mathcal{H}\gamma_{ij}' - c^2 \Delta\gamma_{ij} = 0 \tag{4.90}$$

からわかる．ただし，$'$ は共形時間に対する偏微分，$\mathcal{H} = a'/a$，Δ は平坦な空間のラプラシアンである．また，宇宙の曲率スケールを $\mathcal{R}$，重力波の波長を λ とするとき，$\mathcal{O}(\lambda^{-2}), \mathcal{O}((\mathcal{R}\lambda)^{-1})$ の項は保持し，$\mathcal{O}(\mathcal{R}^{-2})$ の項は無視した[*23]．（4.90）式は γ_{ij} の各成分が混ざらず，それぞれの成分が独立に伝播することを意味している．したがって添字は本質的ではないので，以下省略する．

極座標を採用し，原点から動径方向に伝播する重力波を考えると，

$$\gamma'' + 2\mathcal{H}\gamma' - \frac{c^2}{r^2}\frac{\partial}{\partial r}\left(r^2 \frac{\partial\gamma}{\partial r}\right) = 0. \tag{4.91}$$

ここで現在の時刻を t_0 とし，$\eta(t_0) = t_0$ となるように η を定義すると，平坦な時空のときの類推から F を 2 階微分可能な 1 変数関数として

$$\gamma(t_0, r) \simeq \frac{F(ct_0 - r)}{a(t_0)r} \tag{4.92}$$

が近似的な解であることを確かめることができる．すなわち，宇宙の曲率スケールよりも十分短波長の重力波が宇宙を伝播するとき，平坦な時空における解から $1/a(t_0)$ だけ変更を受けることがわかる．

■ 4.6 コンパクト星連星合体からの重力波

コンパクト連星（Compact Binary）は，コンパクト星（中性子星，白色矮星，ブラックホールなど）からなる連星である．この節では重力波の特徴的な周波数，方向決定精度，単純な重力波源からの重力波について述べた後，コンパクト連星の合体現象からの重力波，別名 CBC（compact binary coalescense）重力波につい

[*23] $\mathcal{H}^2$ や $\mathcal{H}'$ を無視している．

4.6. コンパクト星連星合体からの重力波 193

て見ていく.

4.6.1 特徴的な周波数

レーザー干渉計型地上重力波検出器の感度が最もよい周波数は $10\,\mathrm{Hz} \sim 2\,\mathrm{kHz}$ である. この周波数は人間の可聴域（$20\,\mathrm{Hz} \sim 20\,\mathrm{kHz}$）と重なることから, 重力波によって宇宙を「聴く」と表現することがある.

パルサータイミング法は $10^{-6 \sim -9}\,\mathrm{Hz}$ 程度で感度が良い手法であり, 超巨大質量ブラックホール連星の公転運動が有望な探索対象になる. パルサータイミング法の感度が良い周波数の下限は観測時間（~ 10 年）, 上限はどれくらいの時間ごとにパルサーを観測するか（$\gtrsim$ 数日）, で決まっている.

重力によって運動している系からの重力波の周波数は, 重力によって自由落下するタイムスケールの逆数程度と評価できる. 質量密度を ρ, 系の典型的な質量を m, 系の典型的な大きさを R とすると

$$f_{\mathrm{gw}} \sim \frac{1}{2\pi}\sqrt{\pi G \rho} \sim \frac{1}{4\pi}\sqrt{\frac{3Gm}{R^3}}. \tag{4.93}$$

きわめて相対論的な物体の場合, $R \sim Gm/c^2$ 程度になるので, $f_{\mathrm{gw}} \sim 3\,\mathrm{kHz}$ $(10M_\odot/m)$ となって, $10M_\odot$ の天体で音波程度の周波数が期待される. 図 4.2 には天体の典型的な質量を横軸, 大きさを縦軸にとったときの重力波周波数を示す.

4.6.2 方向決定精度

レーザー干渉計型重力波検出器はほぼどの方角から来た重力波にも感度がある. 逆にいうと, レーザー干渉計型重力波検出器の方向決定精度は一般にきわめて悪い. 実際, 地上重力波検出器が良い感度を持つ周波数は $f = 100\,\mathrm{Hz}$ 程度であるからその波長は $\lambda = 3000\,\mathrm{km}$ にもなるため, 腕長が数キロメートルの地上重力波検出器 1 台では波源の方向を決定できない. 1 秒から数十分以内に終わってしまうバースト重力波の波源の方向を決定するには, 複数台の検出器で到達時間差を見る. 信号対雑音比（Signal to Noise Ratio: SNR [*24]）を 10 程度, 検出器間距離を D とするとき方向決定精度は

$$\delta\theta \sim 1.7° \left(\frac{\mathrm{SNR}}{10}\right)^{-1} \left(\frac{f}{100\,\mathrm{Hz}}\right)^{-1} \left(\frac{D}{10{,}000\,\mathrm{km}}\right)^{-1} \tag{4.94}$$

[*24] SNR は雑音に対する信号の大きさを特徴づける量である. 詳しくは 4.12 節を参照.

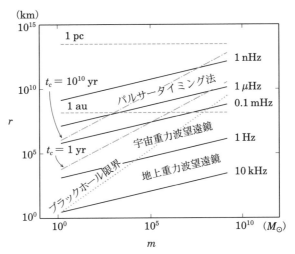

図 4.2 天体の典型的な質量を横軸,大きさを縦軸にとったときの典型的な重力波周波数.図の実線は (4.93) 式において,$f_{\rm gw} = 1\,{\rm nHz},\,1\,\mu{\rm Hz},\,0.1\,{\rm mHz},\,1\,{\rm Hz},\,10\,{\rm kHz}$ となるような質量と大きさの関係を示す.大雑把にいって,重力波周波数が $[1\,{\rm nHz}, 1\,\mu{\rm Hz}]$ の領域はパルサータイミング法,$[0.1\,{\rm mHz}, 1\,{\rm Hz}]$ の領域は宇宙重力波望遠鏡,$[1\,{\rm Hz}, 10\,{\rm kHz}]$ の領域は地上重力波望遠鏡で観測できる.2 本の水平破線は 1 パーセク (1 pc) と 1 天文単位 (1 au) を示し,"ブラックホール限界" とある点線は $r = 2Gm/c^2$ の線である.これ以上小さい物体はブラックホールになってしまう.2 本の一点鎖線はコンパクト連星が,合体までに 10^{10} 年 (1 年) かかる線をあらわす.コンパクト連星の質量と軌道半径が,この一点鎖線より下の領域にある場合,その連星は 10^{10} 年以下 (1 年以下) で合体する.評価には (4.116) 式を使った.

程度となる[*25].

到達時間差から方向を決定する方法をみておこう.N 台の検出器を考える.地球重心に対する i 番目の検出器の位置ベクトルを $\boldsymbol{r}_i\,(i = 1,\cdots,N)$ とする.方向 $\boldsymbol{n}_s$ にある波源から重力波が地球重心に到達した時刻を t として,i 番目の検出器に到達した時刻 τ_i は,$c\tau_i = ct - \boldsymbol{n}_s \cdot \boldsymbol{r}_i$ を満たす.τ_i は検出器と重力波源の方向によるが,単一の測定値 τ_i から $\boldsymbol{n}_s$ を唯一に決定することはできない.そこで $c(\tau_i(\boldsymbol{n}_s) - t) = -\boldsymbol{n} \cdot \boldsymbol{r}_i$ を満たす $\boldsymbol{n}$ が天球面上で円を描くことを用いて,すべて

[*25] 例外は 1 年程度以上続く重力波で,この場合重力波検出器は大きさ $D = 2\,{\rm au}$ (au: astronomical unit,天文単位) の望遠鏡のようにみなせる.

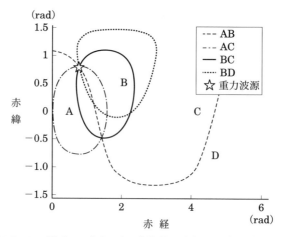

図 4.3 この図は n_s 方向にある仮想的な重力波源(星印)を仮想的な 4 つの重力波検出器 A,B,C,D で観測したときの到達時間差による方向決定法を示している.図中の A,B,C,D はそれぞれの検出器の地球表面上での位置で,地球重心から見て r_i $(i = \mathrm{A,B,C,D})$ にある.4 つの検出器は重力波の到達時間 τ_i を記録し,解析は(概念的には)$\tau_{ij} \equiv \tau_i - \tau_j = \bm{n} \cdot (\bm{r}_j - \bm{r}_i)/c$ を満たすような $\bm{n}$ を天球面上に描くことによっておこなう.すなわちそれぞれの閉曲線は,4 つの検出器で観測した到達時刻差を満たすような $\bm{n}$ の描く曲線である.たとえば図中の破線 AB は τ_{AB} が一定となる方向 $\bm{n}$ のなす閉曲線である.

の $i = 1, \cdots, N$ についてそのような小円を求め,その交点が重力波源の方向であるとする方法が,到達時間差による方向決定法である.

現実には,地球重心に到達した時刻 t は事前には分からないから,$\bm{n} \cdot (\bm{r}_j - \bm{r}_i)$ が測定された到達時間差 $\tau_{ij} \equiv \tau_i - \tau_j$ に等しくなるような円を天球面上に描くことになる.図 4.3 は地球上に適当に配置した 4 つの検出器 A,B,C,D と重力波源(星印)について,そのような 6 本の曲線を書いている.この図 4.3 を見ると,任意の 3 台の検出器では,方向が完全には決定できないことがわかる.

練習問題 4.11 重力波源の物理に迫るには,電磁波やニュートリノによる同時観測が極めて有効である.1 つの天体現象を重力波と多波長の電磁波で観測することでその現象を解明しようとする天文学をマルチメッセンジャー天文学と呼ぶ.その成功には重力波源の母銀河を素早く特定することが重要だが,以下に見るようにチャレンジでもある.

(1) 宇宙の臨界密度は $\rho_{\mathrm{cr},0} \equiv 3H_0^2/(8\pi G) \sim 1.88 \times 10^{-29}h^2\mathrm{g/cm}^3$ 程度である．宇宙の「半径」を $c/H_0 \sim 3h^{-1}\,\mathrm{Gpc}$ としたとき，宇宙に存在する銀河の数を推定せよ．ただし，規格化されたハッブル定数を $h = 0.67$ とし，星の質量は太陽質量 $M_\odot \simeq 2 \times 10^{33}\,\mathrm{g}$ 程度であるとし，銀河の質量を $10^{11}M_\odot$ とする．

(2) LIGO など現在稼働中の重力波検出器が設計感度で運転した場合，約 $200\,\mathrm{Mpc}$ までの距離でおきた中性子星連星合体現象からの重力波を観測できると期待されている．$200\,\mathrm{Mpc}$ までの距離に銀河はいくつあるか推定せよ．

(3) $200\,\mathrm{Mpc}$ までの距離にある銀河は，たとえば $(6\,\text{弧度})^2$ の天域に平均何個あるだろうか？重力波源が存在する銀河を特定するにはどうしたら良いだろう？また，電磁波対応天体を探すにはどのような望遠鏡が適しているだろうか？

4.6.3 単純な波源

コンパクト連星合体からの重力波について述べる前に，比較的簡単に重力波振幅を計算できる物体からの重力波について見ていこう．

球対称な天体からの重力波

まず球対称な物体からの重力波を計算してみよう．球座標 (t, r, ϕ, θ) をとると，質量密度分布 ρ は，$\rho = \rho(t, r)$ であり，四重極モーメントは，

$$I^{ij} = \int \rho(t,r)x^i x^j d^3 x = \frac{4\pi}{3}\delta^{ij}\int \rho(t,r)r^4 dr \tag{4.95}$$

となる．よって，四重極モーメントのトレースフリー部分はゼロとなる．物体がどのように運動しようとも，球対称性を保つ限りは四重極重力波は放射されない．より一般に，四重極放射に限らず球対称時空では重力波は放射されない．これはアインシュタイン方程式の球対称な時空の真空解は，静的で漸近平坦であるというバーコフの定理を反映している．この定理から，球対称な物体の外部の時空は，球対称性を保つ限りは物体がどれだけ激しく運動しようともシュバルツシルトの外部解で記述される．

軸対称な天体からの重力波

軸対称な系からの重力波を計算してみよう．対称軸を z 軸として，円筒座標 (t, r, ϕ, z) をとると，軸対称性から質量密度分布は $\rho = \rho(t, r, z)$ であり，四重極

モーメントは,

$$I_{\mathrm{B}}^{ij} = \int \rho(t,r,z) x^i x^j d^3x = \pi \int \rho(t,z,r)\mathrm{diag}(r^2, r^2, 2z^2) r dr dz \qquad (4.96)$$

となる. 重力波振幅は $\ddot{I}_{\mathrm{B}}^{ij}$ に比例するから, 四重極モーメントが時間によらない場合はもちろん四重極重力波は放射されない. 単位ベクトル n^i の方向で観測される重力波の振幅は $\Lambda^{ij}{}_{kl} \equiv P^i{}_k P^j{}_l - P^{ij} P_{kl}/2$ と $P_{ij} = \delta_{ij} - n_i n_j$ を使って

$$h_{\mathrm{B,TT}}^{ij} = \frac{2G}{c^4 r} \Lambda^{ij}{}_{kl} \ddot{I}_{\mathrm{B}}^{kl} \qquad (4.97)$$

と書ける. 今, 観測者の方向 $n^i = (\cos\phi\sin\iota, \sin\phi\sin\iota, \cos\iota)$ を新たに z 軸とおこう. 回転行列 R_2 と R_3 を

$$R_2(\iota) = \begin{pmatrix} \cos\iota & 0 & -\sin\iota \\ 0 & 1 & 0 \\ \sin\iota & 0 & \cos\iota \end{pmatrix}, \quad R_3(\phi) = \begin{pmatrix} \cos\phi & \sin\phi & 0 \\ -\sin\phi & \cos\phi & 0 \\ 0 & 0 & 1 \end{pmatrix} \qquad (4.98)$$

と定義すると, 新しい座標系では, $h_{ij}^{\mathrm{TT}} = [R_2(\iota)R_3(\phi)h_{\mathrm{B,TT}}R_3(-\phi)R_2(-\iota)]_{ij}$[*26] となる. 実際に直接計算すると,

$$h_+ = \frac{G}{c^4 r}\frac{\ddot{I}_{\mathrm{B}}^{33} - \ddot{I}_{\mathrm{B}}^{11}}{2}\sin^2\iota, \quad h_\times = 0 \qquad (4.99)$$

を得る. よってたとえば軸対称性を保ったまま物体が収縮・膨張する場合には, 四重極重力波が放射される.

4.6.4 コンパクト連星からの重力波

ここから, 中性子星, 白色矮星, ブラックホールなどからなる連星 (コンパクト連星) からの重力波の特徴を見ていこう. コンパクト連星は重力波を放射することで次第に軌道角運動量を失い, 最終的には合体すると考えられる. この合体直前～合体直後までに放射される重力波は, LIGO-Virgo 重力波検出器によってすでに 200 例以上検出されている. まず, 四重極放射公式を使って放射される重力波の性質をみていくことから始め, 次に具体的に数値の評価をしながら, 連星合体現象からの重力波を検出することで得られる知見について議論しよう.

さて, コンパクト連星系からの重力波を計算したいのだが, 一般相対性理論に

[*26] $R_2(\iota)R_3(\phi)\boldsymbol{n} = (0,0,1)$ になる. また, x 軸, y 軸は, $x^i = [R_2(\iota)R_3(\phi)]^i{}_j x_{\mathrm{B}}^j$ で決まるようにとっている. ここで x_{B}^i は元の座標である.

したがう連星の運動を計算することはとても難しい．ここでは連星系がニュートン重力にしたがうとして，重力波の性質を調べよう．そして次の段階では，重力波放射による連星運動への反作用をとり入れていく．公転軌道半径が十分に大きい段階では，定性的な性質を見る分には悪くない近似である．

ニュートン重力にしたがって円軌道する2質点

それぞれ質量 m_1, m_2 を持つ2つのコンパクト星が連星を成している系を考える．軌道公転半径は十分大きく，潮汐効果を無視できるとしよう．公転面を $x'-y'$ 平面にとり，簡単のため半径 a の円軌道を仮定する．

$$\boldsymbol{x}'_1(t) = \frac{m_2}{m_1 + m_2} a(\cos(\omega_{\mathrm{o}} t + \phi_0), \sin(\omega_{\mathrm{o}} t + \phi_0), 0), \tag{4.100a}$$

$$\boldsymbol{x}'_2(t) = -\frac{m_1}{m_1 + m_2} a(\cos(\omega_{\mathrm{o}} t + \phi_0), \sin(\omega_{\mathrm{o}} t + \phi_0), 0). \tag{4.100b}$$

四重極モーメントは，換算質量 $\mu = m_1 m_2/(m_1 + m_2)$ を用いて

$$I'^{xx} = \frac{1}{2}\mu a(1 + \cos(2\omega_{\mathrm{o}} t + 2\phi_0)), \quad I'^{xy} = \frac{1}{2}\mu a \sin(2\omega_{\mathrm{o}} t + 2\phi_0),$$
$$I'^{yy} = \frac{1}{2}\mu a(1 - \cos(2\omega_{\mathrm{o}} t + 2\phi_0)) \tag{4.101}$$

と書ける．ここで観測者の方向 $n^i = (\cos\phi\sin\iota, \sin\phi\sin\iota, \cos\iota)$ を z 軸とする座標系での重力波を求めよう[27]．式 (4.98) で定義された回転行列 $R_2(\iota)$ を使うと，

$$[R_2(\iota)R_3(\phi)]^i{}_k [R_2(\iota)R_3(\phi)]^j{}_l \Lambda^{kl}{}_{mn} \left[\begin{pmatrix} a & b & 0 \\ b & -a & 0 \\ 0 & 0 & 0 \end{pmatrix} \right]^{mn}$$

$$= \left[\begin{pmatrix} \dfrac{1+\cos^2\iota}{2}(a\cos 2\phi + b\sin 2\phi) & \cos\iota(b\cos 2\phi - a\sin 2\phi) & 0 \\ \cos\iota(b\cos 2\phi - a\sin 2\phi) & -\dfrac{1+\cos^2\iota}{2}(a\cos 2\phi + b\sin 2\phi) & 0 \\ 0 & 0 & 0 \end{pmatrix} \right]^{ij}$$

$$\tag{4.102}$$

となる．(4.102) 式を使うと，$\boldsymbol{n}$ を z 軸とする座標系で，$\boldsymbol{n}$ 方向から連星を見たときの四重極重力波は

$$h_+ = -\frac{2G\mathcal{M}_{\mathrm{c}}}{c^2 r}\left(\frac{G\mathcal{M}_{\mathrm{c}}\omega_{\mathrm{o}}}{c^3}\right)^{2/3}(1 + \cos^2\iota)\cos(2\omega_{\mathrm{o}} t + 2\phi_0 - 2\phi), \tag{4.103a}$$

---

[27] このとき，ι は連星の軌道角運動量ベクトルと重力波の伝播方向のなす角となる．

$$h_\times = -\frac{4G\mathcal{M}_c}{c^2 r}\left(\frac{G\mathcal{M}_c\omega_o}{c^3}\right)^{2/3}\cos\iota\sin(2\omega_o t + 2\phi_0 - 2\phi) \qquad (4.103b)$$

と求まる. ここで $\omega_o^2 = G(m_1 + m_2)/a^3$ の関係を使い, チャープ質量 (chirp mass) と呼ばれる質量パラメータ $\mathcal{M}_c = (m_1 m_2)^{3/5}/(m_1 + m_2)^{1/5}$ を導入した. また, これらの式より重力波の周波数が $f_{gw} = \omega_o/\pi$ となることがわかる.

重力波の反作用

重力波放射によって連星は軌道運動のエネルギーを失い, 公転軌道半径は次第に小さくなる. このことを考慮に入れるためにエネルギーバランスを考えよう. 連星が軌道運動によって放射する重力波のエネルギーは,

$$L_{gw} = \frac{G}{5c^5}\langle\dddot{Q}_{kl}\dddot{Q}^{kl}\rangle = \frac{32c^5}{5G}\left(\frac{G\mathcal{M}_c\omega_o}{c^3}\right)^{10/3}. \qquad (4.104)$$

一方連星のエネルギーは $M = m_1 + m_2$ として,

$$E_{orbit} = \frac{1}{2}\mu v^2 - \frac{G\mu M}{a} = -\frac{\mu c^2}{2}\left(\frac{GM\omega_o}{c^3}\right)^{2/3}. \qquad (4.105)$$

これとエネルギーバランス $dE_{orbit}/dt + L_{gw} = 0$ より $\omega_o(t)$ についての微分方程式を導出できる.

$$\dot{\omega}_o = \frac{96}{5}\left(\frac{G\mathcal{M}_c}{c^3}\right)^{5/3}\omega_o^{11/3}. \qquad (4.106)$$

軌道公転半径の減少にしたがって公転運動の角周波数は増大する. 角周波数と位相の時間発展は, $d\Phi(t)/dt = \omega_o(t)$ に注意して,

$$\omega_o(t) = \frac{5^{3/8}}{8}\left(\frac{G\mathcal{M}_c}{c^3}\right)^{-5/8}(t_c - t)^{-3/8}, \qquad (4.107a)$$

$$\Phi_o(t) = -\int_t^{t_c}\omega_o(t)dt + \phi_{oc} = -\left(\frac{5G\mathcal{M}_c}{c^3(t_c - t)}\right)^{-5/8} + \phi_{oc} \qquad (4.107b)$$

と求まる[*28]. ただし, $t = t_c$ で $\omega_o(t_c) = \infty$ および $\Phi_o(t_c) = \phi_{oc}$ とした. 実際には角周波数は無限大になる前に連星は合体する[*29]. この近似では t_c と ϕ_{oc} は合

[*28] 最初は円軌道を仮定していたのに, ここに来て周波数の時間変化を議論し始めることに疑問を持つかもしれない. これは逐次近似をおこなっていると考えればよい. 最低次の近似では円軌道, そして円軌道による重力波放射を考える. 近似の次の段階では重力波放射による軌道への影響を考慮した軌道を考え, 必要なら新しい軌道での重力波放射を考える, といったふうである.

[*29] 公転周波数が無限大になるのは, 計算上公転半径が最終的にゼロになるからで, これはそもそも質点近似を使っていることによる.

体時刻と合体時の公転位相である.

さて,レーザー干渉計型地上重力波検出器の観測周波数 f_{gw} において,コンパクト連星からの重力波を観測することを考えよう.角周波数が ω_{o} から $\omega_{\mathrm{o}} + \Delta\omega_{\mathrm{o}}$ になるまでにだいたい何回転するかを評価してみると,

$$n_{\mathrm{c}}(\omega_{\mathrm{o}}) \equiv \frac{\omega_{\mathrm{o}}}{2\pi} \frac{\Delta\omega_{\mathrm{o}}}{\dot{\omega}_{\mathrm{o}}} \simeq 91 \left(\frac{\mathcal{M}_{\mathrm{c}}}{1.2 M_{\odot}}\right)^{-5/3} \left(\frac{f_{\mathrm{gw}}}{200\,\mathrm{Hz}}\right)^{-8/3} \left(\frac{\Delta f_{\mathrm{gw}}}{200\,\mathrm{Hz}}\right). \tag{4.108}$$

よってレーザー干渉計型地上重力波検出器の周波数では,連星の公転半径は準静的に変化するとしてよい.したがって重力波形は(4.103a)と(4.103b)式において $2\omega_{\mathrm{o}}t + 2\phi_0 \to 2\Phi_{\mathrm{o}}(t)$ に置き換えたものとすることができる.以上から重力波放射の反作用を考慮にいれた重力波形は以下のようになる.

$$h_+(t) = -A(t)\frac{1}{2}(1 + \cos^2\iota)\cos(2\Phi_{\mathrm{o}}(t) - 2\phi)), \tag{4.109a}$$

$$h_\times(t) = -A(t)\cos\iota\sin(2\Phi_{\mathrm{o}}(t) - 2\phi)), \tag{4.109b}$$

$$A(t) = \frac{G\mathcal{M}_{\mathrm{c}}}{c^2 r}\left(\frac{5G\mathcal{M}_{\mathrm{c}}}{c^3(t_{\mathrm{c}} - t)}\right)^{1/4}. \tag{4.109c}$$

周波数領域での表現

ここで連星からの重力波形の周波数領域における表現を求めておこう.すなわち式(4.109a),(4.109b)のフーリエ変換を求めたい.$h_+(t) \equiv A_+(t)\cos(\Phi_{\mathrm{gw}}(t))$ と書くと,振幅部分 $A_+(t)$ は位相部分 $\Phi_{\mathrm{gw}}(t) \equiv 2\Phi_{\mathrm{o}}(t) - 2\phi$ に比べて十分ゆっくり時間変動する.$f_{\mathrm{gw}} > 0$ として正の周波数成分を求めよう.

$$\tilde{h}_+(f_{\mathrm{gw}}) = \int_{-\infty}^{\infty} dt\, \mathrm{e}^{-2\pi i f_{\mathrm{gw}} t} h_+(t) = \frac{1}{2}\int_{-\infty}^{t_{\mathrm{c}}} dt\, \mathrm{e}^{-2\pi i f_{\mathrm{gw}} t} A_+(t)\mathrm{e}^{i\Phi_{\mathrm{gw}}(t)}. \tag{4.110}$$

被積分関数は $d\Phi_{\mathrm{gw}}(t_{\mathrm{f}})/dt = f_{\mathrm{gw}}$ なる時刻 t_{f} 以外では激しく振動し,積分に寄与しない.このとき我々は停留位相法を使うことができる[*30].具体的に計算するために,位相を $t = t_{\mathrm{f}}$ の周りでテーラー展開し,小さな実数 η に対して $[t_{\mathrm{f}} - \eta, t_{\mathrm{f}} + \eta]$ で積分を評価する.積分において $t - t_{\mathrm{f}}$ を改めて t と置くと,

$$\tilde{h}_+(f_{\mathrm{gw}}) \simeq \frac{1}{2}\int_{-\eta}^{\eta} dt\, A_+(t)\exp\left[i\Phi_{\mathrm{gw}}(t_{\mathrm{f}}) - 2\pi i f_{\mathrm{gw}} t_{\mathrm{f}} + \frac{i}{2}\ddot{\Phi}_{\mathrm{gw}}(t_{\mathrm{f}})(t - t_{\mathrm{f}})^2\right]$$

$$\simeq \frac{1}{2}A_+(t_{\mathrm{f}})\mathrm{e}^{i\Phi_{\mathrm{gw}}(t_{\mathrm{f}}) - 2\pi i f_{\mathrm{gw}} t_{\mathrm{f}}}\int_{-\eta - t_{\mathrm{f}}}^{\eta - t_{\mathrm{f}}} dt\, \exp\left[\frac{i}{2}\ddot{\Phi}_{\mathrm{gw}}(t_{\mathrm{f}})t^2\right]$$

4.6. コンパクト星連星合体からの重力波 201

$$\simeq \frac{1}{2} \sqrt{\frac{2\pi}{|\ddot{\Phi}_{\rm gw}(t_{\rm f})|}} A_+(t_{\rm f}) e^{i\Phi_{\rm gw}(t_{\rm f}) - 2\pi i f_{\rm gw} t_{\rm f} + \frac{i\pi}{4}}. \tag{4.111}$$

最後の積分では複素積分の経路をうまくとって $\eta \to \infty$ とし，ガウス積分の公式を用いる．さて，$\dot{\Phi}_{\rm gw}(t_{\rm f}) = 2\pi f_{\rm gw}$ を解くと，

$$t_{\rm c} - t_{\rm f} = \frac{5}{256} \left(\frac{G\mathcal{M}_{\rm c}}{c^3}\right)^{-5/3} (\pi f_{\rm gw})^{-8/3} \tag{4.112}$$

となるので，式 (4.111)，(4.109a)，(4.109b) から重力波形の周波数領域における表現を得る．改めて $2\phi_{\rm oc} = \phi_{\rm c}$ と書くと

$$\tilde{h}_+(f_{\rm gw}) = -A(f_{\rm gw}) \frac{1}{2} (1 + \cos^2 \iota) \exp\left[-i\Psi(f_{\rm gw}) - 2i\phi\right], \tag{4.113a}$$

$$\tilde{h}_\times(f_{\rm gw}) = -A(f_{\rm gw}) \cos \iota \exp\left[-i\Psi(f_{\rm gw}) - \frac{i\pi}{2} - 2i\phi\right], \tag{4.113b}$$

$$A(f_{\rm gw}) \equiv \left(\frac{5\pi}{24}\right)^{1/2} \frac{c}{r} \left(\frac{G\mathcal{M}_{\rm c}}{c^3}\right)^2 \left(\frac{\pi G\mathcal{M}_{\rm c} f_{\rm gw}}{c^3}\right)^{-7/6}, \tag{4.113c}$$

$$\Psi(f_{\rm gw}) \equiv 2\pi f_{\rm gw} t_{\rm c} - \frac{\pi}{4} - \phi_{\rm c} + \frac{3}{128} \left(\frac{\pi G\mathcal{M}_{\rm c} f_{\rm gw}}{c^3}\right)^{-5/3}. \tag{4.113d}$$

(4.113c) 式を見ると，振幅は低周波数で大きい．一方瞬間的な重力波振幅 (4.109c) 式は，高周波数（より合体に近い時刻）で大きい．この違いは，(4.108) 式で与えられるある周波数における周回数 $n_{\rm c}(\omega_{\rm o})$ が低周波数ほど大きいことによる[*31]．ここで求めた波形はニュートニアン チャープ波形と呼ばれる．

[*30]（201 ページ）$a(t)$ を適当な実数値関数，$b \gg 1$ を適当な実数パラメータとして以下の積分を考える．

$$\int a(t) \cos(bt) dt$$

$b \gg 1$ のとき位相は激しく変化して正負の値をとるため，$b \to \infty$ の極限で積分はゼロになる（リーマン・ルベーグの補題）．ここで $c(t)$ を適当な実数値関数として，

$$\int a(t) \cos(bc(t)) dt$$

という積分を考えたときも同じようなことが起きると期待するだろう．ただ考えてみると例外があって，$c(t)$ がほとんど変化しない点，つまり $c(t)$ が極値になるような点 $t = t_0$ においては，$b \gg 1$ であっても積分結果がゼロではなくなると期待できる．

$$\int a(t) \cos(bc(t)) dt \simeq a(t_0) \int_{t = t_0 \text{ 付近}} \cos(bc(t)) dt$$

$t = t_0$ 付近の積分であるので，$c(t)$ をテーラー展開し，積分を複素ガウス積分として評価することができるだろう．このような積分の近似計算は停留位相法（Stationary phase method：位相 $c(t)$ の停留点で積分を近似的に評価する方法）と呼ばれる．

宇宙論的距離にある連星からの重力波

ここで連星系からの重力波の波形が,宇宙論的距離を伝播するときどのような影響を受けるのか,(4.92)式を元に説明しておこう.連星系からの重力波の波形は,宇宙膨張の影響を考えないとき,以下のように書ける.

$$h_+(t,r) \propto \frac{\mathcal{M}_c^{5/3}}{r}(f_{\mathrm{gw}}(t_{\mathrm{ret}}))^{2/3} \cos\left(2\pi \int^{t_{\mathrm{ret}}} f_{\mathrm{gw}}(t')dt'\right). \tag{4.114}$$

t_{ret} は遅延時間とし,また,議論に関係のない傾斜角依存性等は無視した.$h_\times$ についても同様である.宇宙膨張を考えると(4.92)式より $r \to a(t)r$ となる.さらに宇宙膨張にともなう赤方偏移を考慮して光度距離 $d_{\mathrm{L}} \equiv (1+z)a(t)r$ を使うと,

$$h_+(t,r) \propto \frac{\mathcal{M}_{cz}^{5/3}}{d_{\mathrm{L}}}(f_{\mathrm{gw}}^{\mathrm{obs}}(t_{\mathrm{ret}}^{\mathrm{obs}}))^{2/3} \cos\left(2\pi \int^{t_{\mathrm{ret}}^{\mathrm{obs}}} f_{\mathrm{gw}}^{\mathrm{obs}}(t'_{\mathrm{obs}})dt'_{\mathrm{obs}}\right). \tag{4.115}$$

ただし赤方偏移したチャープ質量,周波数と時間を $\mathcal{M}_{cz} \equiv (1+z)\mathcal{M}_c$, $f_{\mathrm{gw}} \equiv (1+z)f_{\mathrm{gw}}^{\mathrm{obs}}$, $t_{\mathrm{obs}} = (1+z)t$ のように定義した.観測者(observer)は宇宙論的距離を伝播した重力波については以上のように,座標距離でなく光度距離を測定する.また,重力波源の質量や重力波周波数そのものでなく,赤方偏移された質量や周波数を測定する.宇宙膨張による赤方偏移は観測される時間や周波数を変化させるので,連星系の典型的な時間スケールも変化させる.連星系の典型的な時間スケールは連星の質量によって決まるので,観測される質量は赤方偏移された質量となるのである.

最後の3分間

KAGRA などのレーザー干渉計型地上重力波検出器の観測帯域は 10 Hz から 2 kHz 程度である.コンパクト連星からの重力波の周波数は時間とともに大きくなっていくので,観測帯域には低周波数から入る.ニュートン近似を用いると観測帯域に入ってから合体するまでの時間は,式(4.112)より

---

*31 (202ページ)パーセバルの等式より,$\int |h(t)|^2 dt = \int |\tilde{h}(f)|^2 df$ である.今重力波周波数が $f \to f + \Delta f$ に変化する間に $n_{\mathrm{c}}(f)$ 公転したとすると,$|h(t(f))|^2 n_{\mathrm{c}}(f)/f \sim |\tilde{h}(f)|^2 \Delta f$,つまり $|\tilde{h}(f)| \sim |h(t(f))|\sqrt{n_{\mathrm{c}}(f)}/f$ である.ただし,$dt = df/\dot{f} \sim n_{\mathrm{c}}(f)/f$ としている.(4.108)式と(4.109c)式より,(4.113c)式の周波数依存性を得る.

$$\tau_c = \frac{5}{256} \left(\frac{\pi G \mathcal{M}_c f_{gw}}{c^3} \right)^{-8/3} \left(\frac{G \mathcal{M}_c}{c^3} \right) \simeq 3 \, \text{分} \left(\frac{f_{gw}}{19 \, \text{Hz}} \right)^{-8/3} \left(\frac{\mathcal{M}_c}{1.2 M_\odot} \right)^{-5/3}. \tag{4.116}$$

また合体までの公転回数は同様に,

$$N_c = \int_t^{t_c} \omega_o(t) \frac{dt}{2\pi} \simeq 2737 \left(\frac{\mathcal{M}_c}{1.2 M_\odot} \right)^{-5/3} \left(\frac{f_{gw}}{19 \, \text{Hz}} \right)^{-5/3} \tag{4.117}$$

である. 面白いことに重力波の運ぶエネルギー (重力波光度) は最低次の近似ではこの合体までの回転数もしくは位相 $2\pi N_c$ だけで書ける. (4.104) 式から

$$L_{gw} = \frac{c^5}{640 \pi^2 G N_c^2} \simeq \frac{5.7}{N_c^2} \times 10^{48} \text{J/s} \simeq \frac{1.5}{N_c^2} \times 10^{22} L_\odot. \tag{4.118}$$

中性子星連星間距離と重力波周波数の関係はこの帯域で $M = m_1 + m_2$ として

$$f_{gw} = \frac{1}{\pi} \left(\frac{GM}{a^3} \right)^{1/2} \simeq 19 \, \text{Hz} \left(\frac{M}{2.8 M_\odot} \right)^{1/2} \left(\frac{a}{472 \, \text{km}} \right)^{-3/2} \tag{4.119}$$

程度になる.

ある程度以下に連星間距離が短くなると, 中性子星連星の場合は流体力学的効果, ブラックホール連星の場合は一般相対論的不安定性[*32]が効いてきて, 準静的な軌道進化をしなくなる. 後者はおよそ系のシュバルツシルト半径の 3 倍程度まで近づいたときに顕著になる. その距離は, $a_{Sch} = 6GM/c^2 \simeq 25 \, \text{km}(M/2.8 M_\odot)$ でありこのときの周波数は, $f_{gw} \simeq 1.6 \, \text{kHz}$ 程度になる. 中性子星連星の場合も $f_{gw} \gtrsim 1 \, \text{kHz}$ 程度で質点近似は成立しなくなる. このような合体直前からの重力波の計算には数値相対論が必要である. 中性子星の潮汐破壊が起きる周波数は, 現在よく分かっていない中性子星の状態方程式に依存しているので, 潮汐破壊に特徴的な重力波周波数を観測から決定することで, 状態方程式に制限を加えることができると期待されている. しかし, 数値相対論はこの本の範囲を超えるのでこれ以上は扱わない[*33].

なお, 連星系の軌道進化が準静的なとき, 連星系はインスパイラリング期 (inspiralling phase) にあるといい, 流体力学的効果・一般相対論的不安定性が効く段階をマージャー期 (merger phase) と呼ぶ.

[*32] 一般相対論的効果によって, ブラックホールからある程度より近くでは安定公転軌道が存在しないこと. 練習問題 4.12 を参照.

[*33] 数値相対論についてはたとえば, [74, 75] を参照のこと.

練習問題 4.12

(1) 測地線の方程式から，以下を導け．

$$\frac{du_\mu}{d\tau} = \frac{1}{2}u^\alpha u^\beta g_{\alpha\beta,\mu}. \tag{4.120}$$

つまりメトリックが x^α に依存しないのであれば，u_α 成分は保存する．

(2) 質量 M の球対称な天体の外部の時空のメトリック（シュバルツシルトメトリック）は

$$ds^2 = -\left(1 - \frac{2GM}{c^2 r}\right)(cdt)^2 + \left(1 - \frac{2GM}{c^2 r}\right)^{-1} dr^2 + r^2 d\theta^2 + r^2 \sin^2\theta d\phi^2 \tag{4.121}$$

と書ける．シュバルツシルト時空中を運動する質量 m の粒子を考えよう．このメトリックは時間と ϕ 座標に依存しないので，(1) より粒子の $u_0 = -E/(mc)$ と $u_\phi = \ell$ は一定である．E と $m\ell$ は粒子の軌道運動のエネルギーと角運動量に対応する．球対称時空なので軌道面を $\theta = \pi/2$ にとって一般性を失わない．このとき粒子は，

$$\frac{E^2}{m^2 c^2} = (u^r)^2 + V(r), \tag{4.122a}$$

$$V(r) \equiv \left(1 - \frac{2GM}{c^2 r}\right)\left(c^2 + \frac{\ell^2}{r^2}\right) \tag{4.122b}$$

という方程式を満たすことを示せ．

(3) $u^r = (dr/dt)(dt/d\tau) \simeq \dot{r} \ll c$, $GM/c^2 r \ll 1$, $\ell/r \ll c$ を仮定して

$$E \simeq mc^2 + \frac{m}{2}(\dot{r})^2 + \frac{m}{2}\frac{\ell^2}{r^2} - \frac{GmM}{r} \tag{4.123}$$

となることを示せ．

(4) 円軌道では $\partial V(r)/\partial r = 0$ を満たす．この方程式を解くことで，$\ell \geq \sqrt{12}GMm/c$ のときのみ円軌道が存在することを示し，等号が成り立つときの半径が $6GM/c^2$ であることを示せ．この円軌道をシュバルツシルト時空の最内安定円軌道（Innermost Stable Circular Orbit: ISCO）と呼ぶ．

高次補正

最後の 3 分間での連星の公転運動の速度は $M = m_1 + m_2$ として $v_\mathrm{o}/c \simeq 0.1 \times (M/2.8M_\odot)^{1/2}(a/472\,\mathrm{km})^{-1/2}$ となって相対論的効果は無視できない．もちろん，

4.6. コンパクト星連星合体からの重力波 205

合体段階にある連星からの重力波形の計算には数値相対論を使う必要があるけれども，インスパイラリング期では，ニュートン力学を最低次の近似として$v_{\rm o}/c$を展開パラメータとしたポスト・ニュートン近似が有効である．

ポスト・ニュートン近似は以下のようなものである．ニュートン力学において重力的束縛状態にある連星系には，$v_{\rm o}^2 \sim GM/a$なる関係がある．そこで「重力の大きさ$\lambda \equiv GM/a$」と「公転軌道速度$\epsilon \equiv v_{\rm o}/c$」を展開パラメータとしたとき，2つの展開パラメータに$\epsilon^2 = \lambda$なる関係があるとして，アインシュタイン方程式を適当な次数までで取り扱う方法がポスト・ニュートン近似である．

重力波形については現在までに，調和ゲージ条件の元で$(v_{\rm o}/c)^9$までの補正が求まっている[*34]．ポスト・ニュートン近似を用いた場合の重力波位相は，停留位相近似を用いると定数項を除いて以下のように書かれる[*35]．

$$\Psi(f) = \frac{3}{128}\left(\frac{\pi G\mathcal{M}_c f}{c^3}\right)^{-5/3}\sum_{n=0}a_n x^{n/2}, \quad x \equiv \left(\frac{\pi GMf}{c^3}\right)^{2/3}. \tag{4.124}$$

xはポスト・ニュートニアンパラメータと呼ばれる量で，ニュートン力学においてケプラーの円運動をする質点については，$x = (v_{\rm o}/c)^2 = GM/a$となる[*36]．係数$a_n$は$n = 3$次の近似まででは，$\nu = m_1 m_2/M^2$として以下のようになる．

$$a_0 = 1, \quad a_1 = 0, \quad a_2 = \frac{3715}{756} + \frac{55}{9}\nu, \quad a_3 = -16\pi. \tag{4.125}$$

ニュートニアン・チャープ波形は天体の物理量としては，チャープ質量と観測者との相対関係に依存する量にしかよらなかった．高次のポスト・ニュートン効果をとり入れた波形は，連星系の質量比，自転角運動量，さらに中性子星の場合には後で説明する潮汐変形率に依存する．逆に理論的な波形と観測データを比べることによって，これらの物理量を測定することができる．

ここで多重極モーメントの現れ方を，簡単のためニュートン力学でみておこう．星から十分離れた場所における重力ポテンシャルは$r \equiv |\boldsymbol{x}|$として以下のように展開できる．

$$\phi = \int \frac{G\rho(t, \boldsymbol{x}')d^3 x'}{|\boldsymbol{x} - \boldsymbol{x}'|} = \sum_{\ell=0}^{\infty}\sum_{m=-\ell}^{\ell}\frac{4\pi G I_{\ell m}(t)}{r^{\ell+1}}Y_{\ell m}(\theta, \phi), \tag{4.126}$$

[*34] 興味ある読者は [3, 4] を参照されたい．

[*35] この式は（4.113d）式から定数項を省略し，高次補正項を足したものである．

[*36] fはここでは重力波の周波数であるので，公転角周波数との関係は$\Omega_{\rm o} = \pi f$であることに注意．

206　第4章　重力波

$$I_{\ell m}(t) \equiv \int \rho(t, \boldsymbol{x}') r'^{\ell} Y_{\ell m}^*(\theta', \phi') d^3 x'. \tag{4.127}$$

$I_{\ell m}(t)$ はニュートン力学における星の質量多重極モーメントである[*37]. たとえば $I_{00} \propto M$ であり, また I_{1m} は質量双極子モーメントを表すので, 普通は星の質量中心を原点にとることでゼロとする. 星の典型的な大きさを R とすると, 多重極モーメントの大きさは MR^{ℓ} 程度であり, またブラックホールでは $R \sim GM/c^2$ 程度である. したがって質量多重極モーメントの効果は, 重力ポテンシャルには

$$\frac{GI_{\ell m}}{c^2 r^{\ell+1}} \sim \frac{GM}{c^2 r} \left(\frac{R}{r}\right)^{\ell} \sim \frac{GM}{c^2 r} \left(\frac{GM}{c^2 r}\right)^{\ell} \tag{4.128}$$

程度の大きさの項として現れることが期待される. これはポスト・ニュートン近似で現れたパラメータ x でいえば, $x^{2\ell}$ の大きさの高次の項として現れることを意味している. したがって, 少なくともインスパイラリング期では, 質点近似に低次の多重極モーメントの効果を加えて重力波の波形を計算すれば, 今のところ重力波の観測上は十分である.

星の自転の効果

連星における星と星の距離が十分離れていれば, 連星の運動は質点と質点の運動として記述できる. 重力波の放射によって星が互いに近づいてくると, 星の形状や自転 (スピン) の効果が連星の運動に影響を与える. この効果を見ていこう.

ニュートン力学と異なり, 一般相対論では星の角運動量と連星の軌道角運動量の間に相互作用が存在する. その影響は, 星の運動量の時間変化と軌道面の歳差運動の 2 つの形で現れる. 前者の自転・軌道角運動量相互作用 (Spin-Orbit interaction) の効果のうち, もっとも大きな項を取り入れた場合の軌道運動の角周波数の時間変化は, (4.106) 式に代わって

$$\dot{\omega}_{\rm o} = \frac{96}{5} \left(\frac{G\mathcal{M}_{\rm c}}{c^3}\right)^{5/3} \omega_{\rm o}^{11/3} (1 - x^{3/2} \beta_{\rm SO}) \tag{4.129}$$

となることが知られている. ただし, $\beta_{\rm SO}$ は自転・軌道角運動量相互作用の大き

[*37] ただし, 一般相対論で多重極モーメントを定義する上では, それなりに考えるべきことがある. まず, 運動しているなら瞬間的静止系で定義すべきであろう. また, 多体系なら他の物体の重力を取り除いておきたい. しかし非線形理論である一般相対性理論ではそれは原理的に不可能である. 体積積分は適切におこなわないとその結果として得られる量はテンソルにはならない. ブラックホールではそもそも体積積分などできない. 最後の問題は系から十分遠方でのメトリックの振る舞いから定義することで解決できる.

4.6. コンパクト星連星合体からの重力波 207

さを特徴づけるパラメータで，$\boldsymbol{L}_N$ を連星系の軌道運動の（ニュートン的な）角運動量[38]，$\boldsymbol{S}_A$ を星 A の自転角運動量として，

$$\beta_{\mathrm{SO}} \equiv \frac{c}{GM^2} \frac{\boldsymbol{L}_N}{|\boldsymbol{L}_N|} \cdot \left[\left(\frac{113}{12} + \frac{25}{4} \frac{m_2}{m_1} \right) \boldsymbol{S}_1 + \left(\frac{113}{12} + \frac{25}{4} \frac{m_1}{m_2} \right) \boldsymbol{S}_2 \right] \tag{4.130}$$

である．$\beta_{\mathrm{SO}} > 0$ のとき周波数の時間変化はゆっくりになる，つまり合体までの時間が長くなることに注意しよう．（4.116）式に対応する式は，

$$\tau_c = \frac{5}{256} \left(\frac{\pi G \mathcal{M}_c f_{\mathrm{gw}}}{c^3} \right)^{-8/3} \left(\frac{G \mathcal{M}_c}{c^3} \right) \left(1 + \frac{8}{5} \beta_{\mathrm{SO}} x^{3/2} \right) \tag{4.131}$$

となる．星の自転角運動量ベクトルの方向と軌道角運動量ベクトルの方向が揃っている方が合体までの時間が長くなるのである．また，重力波位相には（4.124）式に加えて以下の項が加わる．

$$\Psi_{\mathrm{SO}}(f) = \frac{3}{32} \left(\frac{\pi G \mathcal{M}_c f_{\mathrm{gw}}}{c^3} \right)^{-5/3} \beta_{\mathrm{SO}} x^{3/2}. \tag{4.132}$$

星の軌道角運動量ベクトルと自転角運動量ベクトルの方向が揃っていない場合，それらの角運動量ベクトルは歳差運動をおこない，軌道角運動量 $\boldsymbol{L}_N$ と視線方向のなす角 ι の時間変化として重力波の波形に現れる[39]．次にこの効果を見てみよう．星が重力場中を運動するとき，4元自転角運動量 S^μ は星の世界線に沿って平行移動される（$DS^\mu / d\tau = 0$）．この式にはクリストッフェル記号が含まれるから，重力によって S^μ は時間変化する．もっとも大きな効果の項は，

$$\frac{d\boldsymbol{S}_1}{dt} = \boldsymbol{\Omega}_1 \times \boldsymbol{S}_1, \quad \boldsymbol{\Omega}_1 = \frac{1}{r^3} \left(2 + \frac{3m_2}{2m_1} \right) \boldsymbol{L}_N \tag{4.133}$$

のようになる[40]．星2については添字1と2を交換した式が成り立つ．$\boldsymbol{S}_1$ が $\boldsymbol{\Omega}_1$ で歳差運動をおこなうことは明らかだろう．最後に重力波の輻射によってエネルギーや全角運動量を失う時間スケールが軌道運動の周期に比べて十分長い状況を考えよう．軌道運動の周期程度では全角運動量 $J = \boldsymbol{L}_N + \boldsymbol{S}_1 + \boldsymbol{S}_2$ が近似的に保存することから，軌道角運動量の時間発展の方程式を得ることができる．

---

[38]　つまり，μ を換算質量，$\boldsymbol{r} \equiv \boldsymbol{r}_1 - \boldsymbol{r}_2$ を相対位置ベクトル，$\boldsymbol{v} \equiv \boldsymbol{v}_1 - \boldsymbol{v}_2$ として $\boldsymbol{L}_N = \mu \boldsymbol{r} \times \boldsymbol{v}$ である．

[39]　さらに2つの星の自転角運動量同士の相互作用も存在するが，紙幅の都合でここでは説明しない．実際の重力波天文学においては重要である．

[40]　ただしこの式では自分自身の重力の効果も取り入れているので，$DS^\mu / d\tau = 0$ だけから出てくるわけではない．また，ここでの $\boldsymbol{S}_1$ は少し特殊な系で定義した自転角運動量の空間成分である．詳しくは，参考文献 [51] の 9.5 節などを参照のこと．

208　第4章　重力波

$$\frac{d\boldsymbol{L}_{\mathrm{N}}}{dt} = \boldsymbol{\Omega}_{\mathrm{L}} \times \boldsymbol{L}_{\mathrm{N}}. \tag{4.134}$$

$\boldsymbol{\Omega}_{\mathrm{L}}$ の中身は自明だろう. この式から $\boldsymbol{L}_{\mathrm{N}}$ が歳差運動をすること, したがって, (4.109) 式に現れた, $\boldsymbol{L}_{\mathrm{N}}$ と視線方向のなす角である傾斜角 ι が時間変化することがわかる. この効果も重力波波形に現れ, 原理的に観測可能である.

練習問題 4.13

(1) 半径 $r = a$ の円運動をしている連星を考える. 星 2 が自転していない場合の $\boldsymbol{\Omega}_{\mathrm{L}}$ を求めよ.

(2) このとき $\boldsymbol{L}_{\mathrm{N}}$ が全角運動量ベクトルの周りを角速度 Ω_{L} で歳差運動することを示せ.

練習問題 4.14

(1) 真空中で定常的に自転する, 質量 M, 自転角運動量 J のブラックホールを考える. アインシュタイン方程式のそのような解はカー (Kerr) 解と呼ばれ, その線素は以下のように書ける. ただし, 式が煩雑になるのを避けるために, $m \equiv GM/c^2$, $a \equiv cJ/(GM)$, $x^0 \equiv ct$ を定義する[*41]. ブラックホールでは $a \leq m$ となることが知られている.

$$ds^2 = -\left(1 - \frac{2mr}{\rho^2}\right)(dx^0)^2 - \frac{4mar\sin^2\theta}{\rho^2}d\phi(dx^0) + \frac{\rho^2}{\Delta}dr^2 + \rho^2 d\theta^2$$
$$+ \left(r^2 + a^2 + \frac{2ma^2 r\sin^2\theta}{\rho^2}\right)\sin^2\theta d\phi^2, \tag{4.135}$$

$$\rho^2 \equiv r^2 + a^2\cos^2\theta, \quad \Delta \equiv r^2 - 2mr + a^2. \tag{4.136}$$

カー時空中を測地線に沿って運動するテスト粒子を考えよう. カー解は時間と角度 ϕ に依らないから, $e \equiv -u_0 = g_{0\mu}u^\mu$, $\ell \equiv u_\phi = g_{\phi\mu}u^\mu$ は保存する. 以下の設問では赤道面での運動を考え, $\theta = \pi/2, u^\theta = 0$ としよう. このとき, u^0, u^ϕ が以下にように書けることを示せ.

$$u^0 = \frac{1}{\Delta}\left(\left[r^2 + a^2 + \frac{2ma^2}{r}\right]e - \frac{2ma}{r}\ell\right), \tag{4.137a}$$

$$u^\phi = \frac{1}{\Delta}\left(\left[1 - \frac{2m}{r}\right]\ell + \frac{2ma}{r}e\right). \tag{4.137b}$$

[*41] 同じことだが, $G = 1 = c$ なる単位系をとる. 角運動量パラメータ a と連星軌道半径 a を混同しないように注意.

4.6. コンパクト星連星合体からの重力波　　209

(2) 前問の式を $u_\mu u^\mu = -1$ に代入することによって以下を示せ.

$$\frac{e^2-1}{2} = \frac{1}{2c^2}\left(\frac{dr}{d\tau}\right)^2 - \frac{m}{r} + \frac{\ell^2 - a^2(e^2-1)}{2r^2} - \frac{m(\ell-ae)^2}{r^3}. \tag{4.138}$$

(3) ブラックホールの十分遠方でゆっくり運動する粒子に（4.138）式を適用する.（4.138）式を e について解き,

$$e \simeq 1 + \frac{1}{2c^2}\left(\frac{dr}{d\tau}\right)^2 + \frac{\ell^2}{2r^2} - \frac{m}{r} + \frac{2m\ell a}{r^3} \tag{4.139}$$

となることを示せ. ただしこのとき, 静止質量エネルギーに対応する項とニュートン力学的なエネルギー以外は, a に依存する最低次の項のみ残せば良い.

（4.139）式は元の見慣れた単位を使うと,

$$E \simeq \mu c^2 + \frac{\mu}{2}\dot{r}^2 + \frac{L^2}{2\mu r^2} - \frac{GM\mu}{r} + L\Omega_{\mathrm{s}}, \quad \Omega_{\mathrm{s}} \equiv \frac{2G^2Ma}{c^3r^3} = \frac{2GJ}{c^2r^3}. \tag{4.140}$$

ただし, μ を粒子の質量として $E = \mu ec^2, L = \mu\ell c$ を定義した. $L\Omega_{\mathrm{s}}$ のような項はゼーマン効果などで見慣れているかもしれない. ブラックホールの自転角運動量 J の方向と同じ方向の軌道角運動量を持って運動する（つまり $L\Omega_s > 0$ の）粒子のエネルギーはその反対方向に運動する粒子のそれよりも大きい. この効果は,（4.131）式で, 星の自転角運動量と軌道角運動量が揃っている場合に合体までにかかる時間が長くなる理由の一部を定性的に説明する[*42].

四重極モーメント

重力波天文学において話題となる四重極モーメントには少なくとも 2 種類ある. 1 つは自転による四重極モーメントである. カーブラックホールは質量 M と自転のパラメータ a で完全に特徴付けられるため, その多重極モーメントも M と a だけで書くことができる. たとえばブラックホールの四重極モーメントは

$$I^{ij} = I\left(\hat{s}^i\hat{s}^j - \frac{1}{3}\delta^{ij}\right), \quad I = -Ma^2 \tag{4.141}$$

となる. $\hat{s}^i$ は自転角運動量ベクトル方向を向く単位ベクトル, I の負号はブラックホールが赤道で膨らんでいることを表す[*43]. 重力波観測によって質量 M, 自転のパラメータ a および四重極モーメントを測定し, $I = -Ma^2$ の関係が満たさ

[*42] 周波数の時間変化は, $dE_{\mathrm{orbit}}/dt + L_{\mathrm{gw}} = 0$ より求まる. $L\Omega_s > 0$ のときは E_{orbit} が大きくなる効果に加えて, L_{gw} が小さくなる効果がある.

210　第 4 章　重力波

れていることを確認できれば，それがカーブラックホールであることを原理的には確認できる．また，この関係からの有意なずれは，一般相対論に何か問題があることを示唆するかもしれない．

重力波天文学で話題となるもう一つの四重極モーメントは，潮汐効果による星の変形を起源とするものである．説明の簡単のためニュートン力学で中性子星を考える．星の形状は時間に依存しないナビエ・ストークスの方程式 $\nabla P = -\rho\nabla\phi$ にしたがうだろう．ρ, P, ϕ は質量密度，圧力，重力ポテンシャル $\phi = \phi_A + \phi_B$ である．伴星 B が存在しないときに星 A は球対称だったとしても，伴星 B の潮汐重力場によって星 A に多重極モーメントで特徴付けられる変形が生じる．以下ではこの変形が小さいものとして変形の度合いを説明しよう[*44]．

球対称な星 B の重力ポテンシャル ϕ_B を星 A の質量中心 z_A 周りで展開する．$r_{AB} = z_A - z_B, r = x - z_A = r(\cos\phi\sin\theta, \sin\phi\sin\theta, \cos\theta)$ として

$$\phi_B = \frac{GM_B}{|x - z_B|} \equiv \frac{GM_B}{r_{AB}} + \sum_{\ell=1}^{\infty}\sum_{m=-\ell}^{\ell} \frac{4\pi d_{B\ell m}r^\ell}{2\ell+1}Y_{\ell m}(\theta, \phi). \tag{4.142}$$

この式の $\ell \geq 2$ の項が主要な潮汐効果を与える．星 A が B の潮汐効果 $d_{B\ell m}$ によって変形すると A のポテンシャル ϕ_A にも GM_A/r に加えて多重極モーメント $I_{A\ell m}$ の寄与が生じる．星が平衡状態にあるとすると，R_A を星 B が存在しないときの半径として，$I_{A\ell m}$ と $d_{B\ell m}$ には以下の関係があることを示せる．

$$GI_{A\ell m} = 2k_\ell R_A^{2\ell+1}d_{B\ell m}. \tag{4.143}$$

k_ℓ は無次元の定数で，ラブ（A. E. H. Love）の名前をとって（重力的）ラブ定数と呼ばれ，外部重力 $d_{B\ell m}$ によってもともと球対称な星がどの程度歪み，その結

[*43] （210 ページ）本来ブラックホールでは使えない式だが，簡単のためにニュートン力学的に説明する．天体は自転軸周りに回転対称だから多重極展開（$Y_{\ell m}$ 展開）をしたときに，m には依らない．よってルジャンドル関数で書くと，

$$I_{2m} = \int \rho r^2 P_2(\cos\theta)d^3x.$$

ここで $P_2(x) = (3x^2 - 1)/2$ で，$\theta = \pi/2$ のとき，つまり赤道方向では $P_2(0) < 0$ である．このことから I は赤道面で膨らんでいると負になることが予想できる．

[*44] 月の潮汐重力による地球の海の満ち引きを考えてみよう．地球の自転や地形の効果があるため，満潮は月と地球の重心を結ぶ線上でおこるわけではない．海水を含めた地球の変形の方向（膨らみの方向）と月・地球重心を結ぶ線のズレは，エネルギーや角運動量の損失を招く．また，海水や地面の運動を励起するため，それらの固有振動も励起しうる．こういった可能性はそれぞれ議論すべきことだが，ここではこれらの可能性は考えない．詳しくは，参考文献 [51] の 2.4.4 節などを参照のこと．

果どの程度の多重極モーメントを生起させるかを特徴付ける量である．k_ℓ は星の状態方程式に依存している．状態方程式は星の圧力を密度や温度と関係づけるものであり，実験で再現できない中性子星のような超高密度天体内部における状態方程式は現在も不明である．密度が増えたときに圧力の増加が大きい場合「硬い」状態方程式，小さい場合「やわらかい」状態方程式と呼び習わす．一般に「やわらかい」状態方程式ほど k_ℓ は小さくなる傾向がある．「やわらかい」状態方程式の場合，星を構成する物質は星中心部により集中し，結果として星の半径が小さくなるから潮汐効果もその分小さくなるのである．

　さて，潮汐効果によって生じた四重極モーメントによって重力波の波形にどのような影響があるか見ていこう．対称質量比 $\nu = \mu/M = m_\mathrm{A} m_\mathrm{B}/(m_\mathrm{A} + m_\mathrm{B})^2$，質量比 $q_\mathrm{A} = m_\mathrm{A}/M$，無次元潮汐変形率 Λ_A を定義する．

$$\Lambda_\mathrm{A} = \frac{2k_2}{3} G \left(\frac{c^2 R_\mathrm{A}}{G M_\mathrm{A}} \right)^5. \tag{4.144}$$

ポスト・ニュートンパラメータ $x \equiv (\pi GMf/c^3)^{2/3}$ を使うと，重力波によるエネルギー損失は

$$L_\mathrm{gw} = -\frac{32\nu^2 c^5}{5G} x^5 \left(1 + 6x^5 \left[\Lambda_\mathrm{A}(2\nu + q_\mathrm{A}) q_\mathrm{A}^3 + \Lambda_\mathrm{B}(2\nu + q_\mathrm{B}) q_\mathrm{B}^3 \right] \right) \tag{4.145}$$

となり増える．一方軌道運動のエネルギーは

$$E_\mathrm{orbit} = -\frac{\nu M c^2}{2} x \left(1 - 9\nu x^5 \left[\Lambda_\mathrm{A} q_\mathrm{A}^3 + \Lambda_\mathrm{B} q_\mathrm{B}^3 \right] \right) \tag{4.146}$$

となり減る．正味の効果は周波数の時間変化の増大となって現れ，

$$\frac{df}{dt} = \frac{96\pi}{5} \left(\frac{\pi G \mathcal{M}}{c^3} \right)^{5/3} f^{11/3} \left(1 + \frac{39}{13} \left(\frac{\pi GMf}{c^3} \right)^{10/3} \tilde{\Lambda} \right), \tag{4.147}$$

$$\tilde{\Lambda} \equiv \frac{16}{13} \left([q_\mathrm{A} + 11\nu] q_\mathrm{A}^3 \Lambda_\mathrm{A} + [q_\mathrm{B} + 11\nu] q_\mathrm{B}^3 \Lambda_\mathrm{B} \right). \tag{4.148}$$

$\tilde{\Lambda}$ を連星潮汐変形率と呼び，これが観測量となる[*45]．なお，ブラックホールでは潮汐変形率はゼロになることが知られている[*46]．

　ところで，潮汐変形の効果は最低次の項に比べて x^5 というかなりの高次の効果なので，これが観測可能なのか疑問を持つかもしれない．実際小さな効果では

[*45]　$\tilde{\Lambda}$ の係数は $m_\mathrm{A} = m_\mathrm{B}$ のときに $\tilde{\Lambda} = (\Lambda_\mathrm{A} + \Lambda_\mathrm{B})/2$ となるように定義されている．

[*46]　より正確にいうと，潮汐変形率のフーリエ変換の実部がゼロになることが知られている．虚部は潮汐効果によるエネルギー散逸を表す．

212　第4章　重力波

あるが,潮汐変形率 $\Lambda_{\mathrm{A,B}}$ は $(c^2 R/(GM))^5$ に比例し中性子星ではこの量が数千程度になり,観測が可能になるのである.

楕円軌道の場合

今までは円軌道を考えていたが,ここでは楕円軌道の場合にはなにが起こるか,概観しよう.詳細は省くが,1周期にわたって平均をとると,離心率を e として重力波の光度は以下のように求まる[*47].

$$L_{\mathrm{gw}} = \frac{32G^4}{5c^5} \frac{m_1^2 m_2^2 M}{a^5 (1-e^2)^{7/2}} \left(1 + \frac{73}{24}e^2 + \frac{37}{96}e^4\right). \tag{4.149}$$

重力波放射の時間スケールが公転軌道周期 P_{b} より十分長いときには,系は準静的に進化すると考えて良い.このときには $E = -Gm_1 m_2/(2a)$ を用いて,エネルギーバランス方程式から公転軌道長半径 a の時間進化を求めることができる.あるいは,ケプラーの法則 $GM/a^3 = (2\pi/P_{\mathrm{b}})^2$ より,公転周期の時間発展を求めることができる.

$$\frac{dP_{\mathrm{b}}}{dt} = -\frac{192\pi}{5} \left(\frac{2\pi G \mathcal{M}_{\mathrm{c}}}{c^3 P_{\mathrm{b}}}\right)^{5/3} \frac{1}{(1-e^2)^{7/2}} \left(1 + \frac{73}{24}e^2 + \frac{37}{96}e^4\right). \tag{4.150}$$

同様に重力波放射による連星系の角運動量 J_z の損失率を計算することができる.

$$\frac{dJ_z}{dt} = -\frac{32G^3 m_1^2 m_2^2 (GM)^{1/2}}{5c^5 a^{7/2} (1-e^2)^2} \left(1 + \frac{7}{8}e^2\right). \tag{4.151}$$

ここでも準静的進化 ($|J_z|/(dJ_z/dt) \gg P_{\mathrm{b}}$) を仮定し,$J_z^2 = Gm_1^2 m_2^2 a(1-e^2)/M$ を使うと離心率 e に対する時間発展の方程式を導出できる.

$$\frac{de}{dt} = -\frac{304}{15} \left(\frac{2\pi G \mathcal{M}_{\mathrm{c}}}{c^3 P_{\mathrm{b}}}\right)^{5/3} \frac{2\pi}{P_{\mathrm{b}}} \frac{e}{(1-e^2)^{5/2}} \left(1 + \frac{121}{304}e^2\right) \leq 0. \tag{4.152}$$

(4.150),(4.152) 式より dP_{b}/de を求めることができ,さらに解析的な積分によって P_{b} と e の関係を求めることができる.たとえばハルス・テイラーパルサーの公転周期が $f_{\mathrm{o}} = 10\,\mathrm{Hz}$ になるとき(重力波周波数が $f_{\mathrm{gw}} = 20\,\mathrm{Hz}$ になるとき),$e \sim 10^{-6}$ となる[*48].一般にハルス–テイラーパルサーのような連星が重力波による軌道の進化で,レーザー干渉計型地上重力波検出器の感度の良い周波数帯域

[*47]　具体的な計算は [77] などを参照.

（$10\,\mathrm{Hz} \sim 1\,\mathrm{kHz}$）に進入するとき，離心率の効果は非常に小さい[*49]．

4.6.5 天体物理学的なストカスティック重力波

銀河の成長過程では近傍の銀河同士の合体が起こる．多くの銀河の中心には超大質量ブラックホールが存在していると考えられており，銀河の合体にともなって，合体後の銀河中心付近に超大質量ブラックホールの連星が存在する可能性が指摘されている．そのような連星群は，総体として全天にわたるストカスティックな重力波によって観測できる可能性があり，パルサータイミングと呼ばれる手法の重要なターゲットである[*50]．そこでこの重力波のエネルギーの振幅を見積もってみよう．なお，以下の計算は白色矮星連星の集団からの重力波，中性子星連星・ブラックホール連星の集団からの重力波の計算にも適当な変更によって応用できる．

まず 2 章で説明した光度距離 $d_{\mathrm{L}}(z)$ の定義は，観測者の測定する重力波のエネルギーフラックス $F(z)$ と重力波源近傍の仮想的な観測者が測定した全重力波放射エネルギー $L_{\mathrm{gw}}(f_{\mathrm{e}}, z)$ を

$$\oint d\Omega F(f, z) = \frac{L_{\mathrm{gw}}(f_{\mathrm{e}}, z)}{(1 + z)d_{\mathrm{L}}^2(z)} \tag{4.153}$$

のように結びつける．赤方偏移 z にある波源での周波数を f_{e} とすると観測者の測定する周波数 f は $f = (1 + z)^{-1}f_{\mathrm{e}}$ となる．赤方偏移 z において共動体積要素 dV_{C} に含まれる周波数 f_{e} の重力波源の数を $N_{\mathrm{e}}(f_{\mathrm{e}}, z)df_{\mathrm{e}}dV_{\mathrm{C}}$ とすると，観測者の測定する比強度[*51]I は，各赤方偏移からの重力波源からの寄与

$$\frac{dI}{dz} = F(f, z)N_{\mathrm{e}}(f_{\mathrm{e}}, z)\frac{dV_{\mathrm{C}}}{d\Omega dz}\frac{df_{\mathrm{e}}}{df} \tag{4.154}$$

の和で与えられる．ここで共動体積要素は $dV_{\mathrm{C}} = r^2 d\Omega dr$ であり，$E(z) \equiv$

[*48] （213 ページ）1974 年に ハルス（Russell Hulse）と テイラー（Joseph Taylor, Jr.）によって発見されたパルサー．カタログ名は PSR B 1913+16．連星系をなしており，伴星も中性子星と考えられている．現在の公転周期は 7.75 時間．一般相対論の予言通り，重力波の放射によってしだいに公転周期が短くなっていることが観測されている．そのほかの一般相対論的効果の検証と合わせ，重力の研究を可能にしたこの発見に対して，ハルスとテイラーは 1993 年にノーベル物理学賞を授与された．
[*49] ただし，球状星団など星が密集している領域では 3 体相互作用が重要になり，3 体相互作用などで連星ができる場合，離心率が重要になる可能性はある．
[*50] 位相や振幅がランダムに変動する重力波のことをストカスティック（stochastic）重力波と呼ぶ．
[*51] 単位は $\mathrm{J\,m^{-2}\,s^{-1}\,sr^{-1}\,Hz^{-1}}$ など．

214　第 4 章　重力波

$\sqrt{\Omega_{\mathrm{m},0}(1+z)^3 + \Omega_{\Lambda,0}}$ として

$$\frac{dV_{\mathrm{c}}}{d\Omega dz} = \frac{cd_{\mathrm{L}}^2}{H_0(1+z)^2 E(z)} \tag{4.155}$$

と書ける．また連星合体率を $\dot{N}_{\mathrm{e}}$ とすると連星の周波数分布が定常状態にあるとして連続の方程式は，

$$\frac{d}{df_{\mathrm{e}}}(\dot{f}_{\mathrm{e}} N_{\mathrm{e}}(f_{\mathrm{e}}, z)) = \dot{N}_{\mathrm{e}}(z)\delta(f_{\mathrm{e}}) \tag{4.156}$$

と書ける．これより $N_{\mathrm{e}}(f_{\mathrm{e}}, z) = \dot{N}_{\mathrm{e}}(z)/\dot{f}_{\mathrm{e}}$ を得る．さらに赤方偏移 z におけるイベント発生率を z の関数として $n(z)$ と書くと，

$$n(z) = \dot{N}_{\mathrm{e}}(z)\frac{dt_{\mathrm{e}}}{dz}. \tag{4.157}$$

以上より，対数周波数当たりの重力波のエネルギー密度は

$$\Omega_{\mathrm{gw},0}(f)\rho_{\mathrm{cr},0}c^2 \equiv \frac{f}{c}\oint d\Omega \int_0^\infty dz I = \int_0^\infty dz \frac{n(z)}{1+z}\frac{dE_{\mathrm{gw}}(f_{\mathrm{e}})}{d\ln f_{\mathrm{e}}}. \tag{4.158}$$

また重力波の全エネルギー密度は以下で与えられる．

$$\int_0^\infty \Omega_{\mathrm{gw},0}(f)\rho_{\mathrm{cr},0}c^2 d\ln f. \tag{4.159}$$

コンパクト連星では (4.104), (4.106) 式より，

$$\frac{dE_{\mathrm{gw,binary}}}{d\ln f_{\mathrm{e}}} = f_{\mathrm{e}}\frac{dE_{\mathrm{gw,binary}}}{dt_{\mathrm{e}}}\frac{dt_{\mathrm{e}}}{df_{\mathrm{e,binary}}} = \frac{c^5}{3\pi G f_{\mathrm{e}}}\left(\frac{\pi G \mathcal{M}_{\mathrm{c}} f_{\mathrm{e}}}{c^3}\right)^{5/3} \tag{4.160}$$

となるので，以下を得る．

$$\Omega_{\mathrm{gw,binary},0}(f) = \frac{(\pi G f)^{2/3}}{3\rho_{\mathrm{cr},0}c^2}\int_0^\infty dz \int_0^\infty d\mathcal{M}_{\mathrm{c}}\frac{dn(z,\mathcal{M}_{\mathrm{c}})}{d\mathcal{M}_{\mathrm{c}}}\frac{\mathcal{M}_{\mathrm{c}}^{5/3}}{(1+z)^{1/3}} \tag{4.161}$$

パルサータイミングは数年分の 1 程度の周波数（10 nHz 程度）で感度が良い[*52]．

以上の計算からコンパクト連星では，集団として周波数分布が定常状態にある場合，$\Omega_{\mathrm{gw},0}$ は $f^{2/3}$ に比例する特徴的な周波数依存性を持つことがわかる．また，ここで計算したような天体物理学的なストカスティック重力波を検出した場合，わかることはイベント発生率 $n(z)$ を積分した量であり，パルサータイミングの場合，この量は銀河合体や超大質量ブラックホール形成の歴史を反映している．

[*52] ただし，$f = 1\,\mathrm{yr}^{-1}$ では感度は悪くなる．地球の公転運動にともなうパルス到来時刻の変化と重力波による変化の区別がつきにくくなるからである．

4.6. コンパクト星連星合体からの重力波 215

最後に $\Omega_{\mathrm{gw,binary},0}(f)$ の大きさを見積もっておこう. $\tau_{\mathrm{c}} \sim 1/H_0$ を合体まで にかかる時間として, バリオンの量 $\Omega_{\mathrm{b},0}h^2 \simeq 0.04$, 銀河に含まれるバリオンの 量 $\Omega_{\mathrm{Galaxy},0}/\Omega_{\mathrm{b},0} \sim 1$, 銀河の質量とブラックホールの質量の比 $\mathcal{M}_{\mathrm{c}}/M_{\mathrm{Galaxy}} \sim 10^{-4}$ とそれぞれおいてしまうと, 以下を得る.

$$\Omega_{\mathrm{gw,binary},0}(f) \sim \left(\frac{\pi G f \mathcal{M}_{\mathrm{c}}}{c^3}\right)^{2/3} \frac{n_G \mathcal{M}_{\mathrm{c}} c^2}{\rho_{\mathrm{cr},0} c^2} \frac{1}{H_0 \tau_{\mathrm{c}}} \sim 10^{-8} \left(\frac{f}{1\mathrm{yr}^{-1}}\right)^{2/3} \left(\frac{\mathcal{M}_{\mathrm{c}}}{10^9 M_\odot}\right)^{2/3}.$$

2023 年 6 月, 国際パルサータイミングアレイ (International Pulsar Timing Array: IPTA) を構成するパルサータイミングアレイのグループは論文を発表し, ストカスティックな背景重力波の証拠をとらえたと発表した. そのうちの一つの グループ NanoGrav によると, 感度のある周波数領域で積分したとき $\Omega_{\mathrm{gw},0} \sim 10^{-8}$ 程度とのことである. 我々は超大質量ブラックホール連星が存在すること, また, 実際に合体している証拠をとらえつつあるのかもしれない[*53].

4.7 インフレーション起源の重力波

4.6.5 節では天体物理学的な起源のストカスティックな重力波について説明し た. ここでは原始重力波の一種であるインフレーション起源の重力波について説 明しよう[*54]. ビッグバン宇宙論においては, 地平線問題, 平坦性問題, 磁気単極 子問題などの問題があることが知られている. これらの問題は宇宙初期にインフ レーションと呼ばれる加速度的な膨張期があったと仮定することで解決できる可 能性がある. インフレーションが起きると重力波が生成されるため, そのような 重力波を観測できればインフレーションが起きたことの証拠が得られる.

準備

以下では準備として調和振動子の量子化と宇宙膨張の時間スケールの 2 点につ いてみておこう. 単位質量の 1 次元調和振動子を考える.

$$\frac{d^2 x}{dt^2} + \omega^2 x = 0. \tag{4.162}$$

[*53] ただし周波数依存性が少し違う可能性がある. https://iopscience.iop.org/collections/apjl-230623-245-Focus-on-NANOGrav-15-year を参照のこと.

[*54] 以下の議論では重力場の量子ゆらぎから重力波が生成されることをかなり駆け足で見る. 宇宙論に ついては 2 章, また, [24, 62, 67, 70, 71, 72] などを参照のこと.

216　第 4 章　重力波

正の周波数モードを選ぶために $e^{-i\omega t}$ とその複素共役を2つの基本的な解として選ぼう．この調和振動子を $v = Ne^{-i\omega t}$ として量子化する（N は規格化定数）．

$$\hat{x} = v(\omega, t)\hat{a} + v^*(\omega, t)\hat{a}^\dagger, \quad \hat{p} = -i\omega v(\omega, t)\hat{a} + i\omega v^*(\omega, t)\hat{a}^\dagger. \tag{4.163}$$

生成消滅演算子 $\hat{a}^\dagger, \hat{a}$ に対して，交換関係 $[\hat{a}, \hat{a}^\dagger] = 1$ を仮定すると $[\hat{x}, \hat{p}] = 2i\omega N^2$ となるので，$N = 1/\sqrt{2\omega}$ とすると正準交換関係 $[\hat{x}, \hat{p}] = i$ を得る[*55]．

真空状態において $\hat{x}$ の平均値 $\langle 0|\hat{x}|0 \rangle = 0$ であるが，位置のゆらぎ $\hat{x}^2$ の期待値は $\langle 0|\hat{x}^2|0 \rangle = |v(\omega, t)|^2 \neq 0$ となってゼロにならない．後で重力波について考えるときも，波数 k の重力波のモード関数は調和振動子と基本的に同じ方程式にしたがうので，重力波の振幅のゆらぎを同様に計算できることが理解できるだろう．

2つ目は宇宙の膨張についてである．宇宙はインフレーション期，輻射優勢期，ダスト優勢期，宇宙項優勢期を経てきていると仮定しよう．インフレーション以前に何があったかはわからないが，ここでは問わない．計算の簡単のために各期は瞬間的に交代するものと仮定して，各時期において $H^2(a) = H_0^2 \Omega_n a^{-n}$ のように膨張したとしよう．輻射優勢期は $n = 4$，ダスト優勢期は $n = 3$，インフレーション期と宇宙項優勢期は $n = 0$ となる．各時期の開始共形時間 η_s におけるスケール因子を a_s とすると，共形時間とスケール因子の関係は以下のようになる．

$$\xi \equiv \eta - \eta_s + \frac{2a_s^{\frac{n-2}{2}}}{(n-2)H_0\sqrt{\Omega_n}} = \frac{2a^{\frac{n-2}{2}}}{(n-2)H_0\sqrt{\Omega_n}}. \tag{4.164}$$

このとき $'$ は η 微分を表すとして，$\mathcal{H} \equiv a'/a = 2/(n-2)/\xi$ である．$\mathcal{H}\xi \sim 1$ という関係は後ほど使うことになる．

原始重力波のパワースペクトル密度

それでは原始重力波がどのように生じるか，その周波数依存性はどのようになるのかを見ていこう．重力波を含めた時空のメトリックを以下の形に仮定する．

$$ds^2 = a^2(-d\eta^2 + (\delta_{ij} + \gamma_{ij})dx^i dx^j). \tag{4.165}$$

背景時空に対する摂動 γ_{ij} はトランスバース・トレースにとる．

アインシュタイン方程式から γ_{ij} のしたがう方程式は（4.90）式である．さらに γ_{ij} のフーリエ変換を偏極テンソル $e_{ij}^A(\hat{\boldsymbol{k}})$ を使って

[*55] この節のみ光速 $c = 1$，プランク定数 $\hbar = 1$ となる単位系を採っている．

4.7. インフレーション起源の重力波　217

$$\gamma_{ij} = \sum_{A=+,\times} \int \frac{d^3k}{(2\pi)^3} e_{ij}^A(\hat{\boldsymbol{k}}) \gamma_A(\eta, \boldsymbol{k}) e^{i\boldsymbol{k}\cdot\boldsymbol{x}} \tag{4.166}$$

のように定義しよう. ただし, $\hat{\boldsymbol{k}} = \boldsymbol{k}/|\boldsymbol{k}|$ である. また, トランスバース・トレースレス条件に対応して, $e_{ij}^A(\hat{\boldsymbol{k}})e_{ij}^{A'}(\hat{\boldsymbol{k}}) = 2\delta_{AA'}$, $k^i e_{ij}^A(\hat{\boldsymbol{k}}) = 0, e_{ii}^A(\hat{\boldsymbol{k}}) = 0$ を満たすものとする. 以上を使うと運動方程式は $\gamma_A'' + 2\mathcal{H}\gamma_A' + k^2\gamma_A = 0$ となる. さて, この方程式は膨張宇宙における (質量のない) スカラー場 (以下 ϕ と書く) の方程式と実は同じ形をしている. 実際, $\nabla_\alpha\nabla^\alpha\phi = 0$ より $\phi'' + 2\mathcal{H}\phi' - \Delta\phi = 0$ を示すことができる. したがってスカラー場の振る舞いがわかれば重力波の振る舞いもわかることになる. 空間部分をフーリエ変換して, そのフーリエモードを $\phi_k(\eta) = \chi_k(\eta)/a(\eta)$ とおくと,

$$\chi_k'' + \left(k^2 - \frac{a''}{a}\right)\chi_k = 0. \tag{4.167}$$

これは $\omega^2 = k^2 - a''/a$ として ω の時間変化する振動子とみなせる. 正周波数モードの解が $v_k(\eta)$ と求まると場は

$$\phi(\eta, \boldsymbol{x}) = \int \frac{d^3k}{(2\pi)^3 a}(v_k(\eta)e^{i\boldsymbol{k}\cdot\boldsymbol{x}}\hat{a}(\boldsymbol{k}) + v_k^*(\eta)e^{-i\boldsymbol{k}\cdot\boldsymbol{x}}\hat{a}^\dagger(\boldsymbol{k})) \tag{4.168}$$

と展開される. ただし, $[\hat{a}(\boldsymbol{k}), \hat{a}^\dagger(\boldsymbol{\ell})] = (2\pi)^3\delta(\boldsymbol{k} - \boldsymbol{\ell})$ という交換関係を仮定する. これにより真空中の場のゆらぎは

$$\langle 0|\phi^2(\eta, \boldsymbol{x})|0\rangle = \int \frac{d^3k}{(2\pi)^3 a^2}|v_k|^2 \equiv \int d\ln f\, \mathcal{P}_\phi. \tag{4.169}$$

ただし, $k = 2\pi f$ によって周波数に変換し, また対数周波数あたりのゆらぎのパワースペクトル密度を $\mathcal{P}_\phi$ と定義した.

スカラー場と重力波は同じ形の方程式にしたがうものの, 実は係数が異なる. 次にこの係数を求めよう. スカラー場と重力場を含む作用を考える.

$$S = \int \sqrt{-g}\left(\frac{R}{16\pi G} - \frac{1}{2}g^{\mu\nu}\partial_\mu\phi\partial_\nu\phi\right)d^4x. \tag{4.170}$$

2つの偏極モードそれぞれのしたがう運動方程式がスカラー場の運動方程式と同じ形になっているということは, N を適当な定数として $\gamma_A = N\psi_A$ とすると

$$S = -\int \sqrt{-g}Rd^4x = -\frac{1}{2}\sum_A \int \sqrt{-g}g^{\mu\nu}\partial_\mu\psi_A\partial_\nu\psi_A d^4x \tag{4.171}$$

となることを意味している. N は $\sqrt{-g}R$ を γ_A の 2 次まで展開することによっ

て得られる．ここでは簡単のためにストレス・エネルギーテンソルを比べることで N を求める．係数を比べることが目的なので，背景時空は平坦な時空のそれで良い．この場合重力波のストレス・エネルギーテンソルはトレースレス条件と，$\gamma_{ij} = \sum_A e^A_{ij} \gamma_A$ と $e^A_{ij} e^{A'}_{ij} = 2\delta_{AA'}$ より

$$t^{(2)\nu}_\mu = \frac{1}{16\pi G} \sum_A \left(\gamma_{A,\mu} \gamma^{,\nu}_A - \frac{1}{2} \delta_\mu{}^\nu \gamma_{A,\lambda} \gamma^{,\lambda}_A \right). \tag{4.172}$$

一方でスカラー場のストレス・エネルギーテンソルは，

$$T^\mu{}_\nu = -\frac{\partial \mathcal{L}}{\partial(\partial_\mu \phi)} \partial_\nu \phi + \delta^\mu{}_\nu \mathcal{L} = g^{\mu\lambda} \partial_\lambda \phi \partial_\nu \phi - \frac{1}{2} \delta^\mu{}_\nu g^{\rho\lambda} \partial_\rho \phi \partial_\lambda \phi. \tag{4.173}$$

よって $N = \sqrt{16\pi G} = \sqrt{2}/m_{\rm pl}$ と求まる[*56]．以上より $\gamma_{ij} = \sum_A e^A_{ij} \gamma_A$ のゆらぎの真空期待値のパワースペクトル密度 $\mathcal{P}_{\rm gw}$ は以下となる．

$$\mathcal{P}_{\rm gw} \equiv \langle 0|\gamma_{ij}(\eta, \boldsymbol{x}) \gamma^{ij}(\eta, \boldsymbol{x})|0\rangle = \sum_A \frac{4\mathcal{P}_{\psi_A}}{m_{\rm pl}^2} = \frac{4k^3 |v_k|^2}{\pi^2 m_{\rm pl}^2 a^2}. \tag{4.174}$$

v_k を求める

具体的に v_k を求めよう．そのためには宇宙膨張について仮定する必要がある．インフレーションは何が引き起こしたのか，どう始まってどう終わったのかはまだわかっていないし，膨張の様子もわかってはいない．ここではインフレーション期がドジッター（de Sitter）メトリックで記述されるとし，また，インフレーションはあるときに一瞬で終了し輻射優勢期に移行したとしておく[*57]．

重力波は（4.167）式にしたがう．ここで a''/a は（4.164）式で定義された時間 ξ を使うと $a''/a = 2/\xi^2$ となり，また η 微分は ξ 微分としても良いことに注意しよう．$k^2 \gg a''/a$ であるような波長を持つ波については，$\chi_k \propto e^{-ik\xi}/\sqrt{2k}$ とその複素共役が（4.167）式の解となる[*58]．短波長の波にとっては時空はミンコフ

[*56]　$m_{\rm pl}^2 = (8\pi G)^{-1}$ は換算プランク質量．

[*57]　ドジッターメトリックは，アインシュタイン方程式の真空解の一つで，$H_{\rm ds}$ を定数，スケール因子を $a(t) = \exp(H_{\rm ds}t)$ として，以下のように書ける．

$$ds^2 = -dt^2 + a^2(t)\delta_{ij} dx^i dx^j.$$

[*58]　係数に $1/\sqrt{2k}$ が出てくるのは交換関係を $[\hat{a}(\boldsymbol{k}), \hat{a}^\dagger(\boldsymbol{\ell})] = (2\pi)^3 \delta(\boldsymbol{k} - \boldsymbol{\ell})$ と仮定したからである．交換関係の右辺に適当な係数を仮定すればモード関数に別の係数が現れるが，最終的な結果，たとえば ϕ のパワースペクトル密度はもちろん変わらない．

4.7. インフレーション起源の重力波　219

スキー的なので，直観に合っている．また，$e^{-ik\xi}$ が正の周波数モード関数になる．$k^2 \ll a''/a$ であるような波長を持つ波と合わせて解を ϕ_k で書くと，$C_{\boldsymbol{k}}, D_{\boldsymbol{k}}$ を積分定数として，

$$\phi_k(\eta) \propto \frac{1}{\sqrt{2k}a(\eta)}e^{-ik\xi}, \quad \left(k^2 \gg \frac{a''}{a}\right), \tag{4.175a}$$

$$\phi_k(\eta) \propto C_{\boldsymbol{k}} + D_{\boldsymbol{k}}\int^{\eta}\frac{d\eta}{a^2(\eta)}, \quad \left(k^2 \ll \frac{a''}{a}\right). \tag{4.175b}$$

$\mathcal{H}^{-1}$ を（共動）ハッブル半径と呼ぶ．$\xi \simeq \mathcal{H}^{-1}$ という関係を思い出そう．これよりハッブル半径よりもずっと小さいモードは宇宙膨張にともなって（$a(\eta)$ の増大にともなって）減衰し，ずっと大きいモードは相対的に大きくなることがわかる．

　具体的に解を求めてみよう．2 階微分方程式なので解は 2 つあるが，ハッブル半径よりもずっと小さいスケール（$k\xi \gg 1$）では時空はミンコフスキー時空になっているはずで，そこでモード関数が正の周波数を持つようにモード関数を 1 つ選ぶ[*59]．すると 2 つのモード関数は

$$v_k(\eta) = \frac{1}{\sqrt{2k}}e^{-ik\xi}\left(1 - \frac{i}{k\xi}\right), \tag{4.176}$$

と，その複素共役となる．ドジッター期のハッブル定数 $H_{\mathrm{ds}} = -1/(a\xi)$ を使うと，

$$\mathcal{P}_\phi = \frac{k^3}{2\pi^2 a^2}|v_k|^2 = \frac{1}{4\pi^2}\left(\frac{k^2}{a^2} + H_{\mathrm{ds}}^2\right) \tag{4.177}$$

右辺括弧内の第 1 項は宇宙膨張に伴って急速に小さくなり無視できるようになる．先に求めた γ_A と ψ_A の関係を使うと，

$$\mathcal{P}_{\mathrm{gw}} \simeq \frac{2H_{\mathrm{ds}}^2}{\pi^2 m_{\mathrm{pl}}^2}. \tag{4.178}$$

となる．$k/(aH_{\mathrm{ds}}) = |k\xi| = 1$ を満たす $k = 2\pi f$ の最大値を評価しておこう．インフレーション終了時のスケール因子を a_{e} とすると，$f_{\max} = a_{\mathrm{e}}H_{\mathrm{ds}}/(2\pi)$ より大きい周波数のモードの波長は一度もハッブル半径よりも大きくならないので，パワースペクトル密度は宇宙膨張に伴って急速に小さくなる．インフレーションを引き起こした何かのエネルギーが，インフレーション後の輻射優勢期の宇宙のエネルギーにすべて転換したとすると，輻射のエネルギー密度は $\rho_{\mathrm{r}} = \rho_{\mathrm{infl}}(a_{\mathrm{e}}/a)^4$

[*59] なぜこの選び方で良いのかは，先にあげた参考文献で，"Bunch Davies vacuum" などを調べること．

のように変化するので，$a_0/a_e = (\rho_{\mathrm{infl}}/\rho_{r,0})^{1/4}$ となる．$H_{\mathrm{ds}}^2 \simeq 3\rho_{\mathrm{infl}}/(8\pi G) = 3m_{\mathrm{pl}}^2\rho_{\mathrm{infl}}$ と $\rho_{r,0}^{1/4} \simeq 2.41 \times 10^{-4}\,\mathrm{eV}$ を使うと $f_{\max} \simeq 1.4 \times 10^8\,\mathrm{Hz}(H_{\mathrm{ds}}/(10^{-5}m_{\mathrm{pl}}))$ となる．ただし，この計算では再加熱が一瞬で起こったと仮定している．実際の周波数依存性は再加熱の詳細によると期待される．とくに再加熱後の宇宙の温度への $f_{\max}$ の依存性は興味深く，温度が低ければ宇宙重力波検出器 DECIGO 計画の周波数帯域で重力波の振幅が非常に小さくなる可能性がある．

期待される原始重力波の振幅

先ほど求めた $\mathcal{P}_{\mathrm{gw}}$ はインフレーション直後における重力波のパワースペクトル密度であり，いってみれば初期値である．宇宙はインフレーション後にゆっくりと膨張していくが，このとき重力波のパワースペクトルも影響を受ける．この効果を伝達関数（transfer function）T_{gw} によって表現する．$\mathcal{P}_{\mathrm{gw},0}$ を観測されるパワースペクトル密度として，$\mathcal{P}_{\mathrm{gw},0} = |T_{\mathrm{gw}}|^2\mathcal{P}_{\mathrm{gw}}$ となる．T_{gw} は重力波 γ_A の初期振幅を $\gamma_{A,\mathrm{in}}$ としたとき，$\gamma_A/\gamma_{A,\mathrm{in}}$ に等しい．（4.175）式よりわかる通り，ハッブル半径よりも波長の大きいモード（$|k\xi| \ll 1$ のモード）については振幅は一定であった．そのようなモードも $|k\xi| \sim 1$ となると宇宙膨張に伴ってスケール因子の逆数に比例して減衰しながら振動するようになる．すなわち，モードの波長がハッブル半径と等しくなったときのスケール因子を $a_*(k)$ とすると，$|T_{\mathrm{gw}}| \propto a_*(k)/a_0$ となる．そこで波長がいつハッブル半径よりも小さくなるかが重要になる．（4.164）式と $|k\xi| = 1$ より

$$a_*(k) = \left(\frac{|n-2|}{2k}H_0\sqrt{\Omega_n}\right)^{\frac{2}{n-2}}. \tag{4.179}$$

ただし，輻射優勢期では $n = 4$，ダスト優勢期では $n = 3$ である．輻射優勢期からダスト優勢期への移行時期は $a_{\mathrm{eq}} = \Omega_{r,0}/\Omega_{m,0}$ から求まり，対応する周波数は $f_{\mathrm{eq}} \sim 10^{-18}\,\mathrm{Hz}$ 程度になる[*60]．地上重力波検出器はもとよりパルサータイミングアレイの観測する周波数（$\sim\mathrm{nHz}$）はずっと高い周波数となるので，輻射優勢期にハッブル半径に入るモードのみを考えよう．このとき

$$\mathcal{P}_{\mathrm{gw},0} \simeq \frac{H_{\mathrm{ds}}^2 H_0^2 \Omega_{r,0}}{\pi^2 m_{\mathrm{pl}}^2 k^2}. \tag{4.180}$$

[*60] ダスト優勢期と宇宙項優勢期の移行時期に対応する周波数はさらに低周波数になるので，ここでは無視する．

ただし，$|T_{\rm gw}|$ の係数（1/2）まで考慮に入れた．最後に重力波のエネルギー密度を求めておこう．$k = 2\pi f$ より

$$\Omega_{\rm gw,0} = \frac{\langle \dot{\gamma}_{ij} \dot{\gamma}^{ij} \rangle}{32\pi G \rho_{\rm cr,0}} = \frac{H_{\rm ds}^2 \Omega_{\rm r,0}}{12\pi^2 m_{\rm pl}^2}. \tag{4.181}$$

さらにインフレーションを引き起こした「何か」のエネルギー密度を $\rho_{\rm infl}$ とすると $H_{\rm ds}^2 = 8\pi G \rho_{\rm infl}/3$ の関係がある．これより

$$\Omega_{\rm gw,0}(f) = \frac{1}{36\pi^2} \frac{\rho_{\rm infl}}{m_{\rm pl}^4} \Omega_{\rm r,0}. \tag{4.182}$$

ここで $m_{\rm pl} \simeq 2.4 \times 10^{18}$ GeV，$\rho_{\rm infl}^{1/4} \simeq 10^{16}$ GeV とすると，$h^2 \Omega_{\rm gw,0}(f) \simeq 10^{-17}$ 程度になる[*61]．さらに重力波の振幅を

$$\langle h_{ij}^{\rm TT} h_{ij}^{\rm TT} \rangle = 2 \int d\ln f h_{\rm c}^2(f) \tag{4.183}$$

なる量 $h_c(f)$ で特徴づけると，

$$\Omega_{\rm gw,0}(f) = \frac{2\pi^2}{3H_0^2} f^2 h_{\rm c}^2(f) \simeq 10^{-17} \frac{1}{h^2} \left(\frac{f}{1\,{\rm Hz}} \right)^2 \left(\frac{h_{\rm c}(f)}{4 \times 10^{-27}} \right)^2 \tag{4.184}$$

程度の $h_c(f)$ が期待される．この値は現在計画されている地上重力波検出器やパルサータイミングで到達できる振幅ではない．DECIGO はインフレーション起源の重力波を直接とらえることが可能な計画として提案されている[*62]．

■ 4.8 その他の重力波源

この節ではここまで触れてこなかったパルサーからの重力波，リングダウン重力波とバースト重力波について簡単に見ておく．

4.8.1 パルサーからの重力波

パルサーは高速で自転する中性子星であり，その物質分布が非軸対称であると，重力波を放射する．この種の重力波は数千年以上継続し，重力波周波数に地球自転・公転によるドップラー効果の影響が出るほど長時間続くという意味で，連続

[*61] もちろん $\rho_{\rm infl}$ の値は今後の観測によって決定すべきものである．$\Omega_{\rm r,0}$ の値は質量がないと近似したニュートリノを含む．h はハッブル定数を $H_0 = 100h$ km/s/Mpc のように規格化した量である．

[*62] 直接検出ではないが，インフレーション起源の重力波が宇宙マイクロ波背景放射におよぼす影響を検出することでインフレーションを探る計画として日本には LiteBIRD 計画（http://litebird.jp）がある．宇宙マイクロ波背景放射については参考文献 [57] などを参照のこと．

重力波（continuous gravitational wave）と呼ばれる．既知のパルサーは「そこにある」ことが電磁波で分かっており，自転が安定しているため重力波振幅を計算しやすいという意味で，比較的分かりやすい重力波源である．

詳細は省くが，非軸対称なパルサーからの重力波の振幅は，ω_s を自転角周波数，重力波の周波数を $f_\mathrm{gw} \equiv \omega_\mathrm{s}/\pi$ として

$$h_0 \simeq 1.1 \times 10^{-27} \left(\frac{\epsilon_\mathrm{B}}{10^{-7}}\right) \left(\frac{\mathcal{I}_3}{10^{38}\,\mathrm{kg \cdot m^2}}\right) \left(\frac{r}{1\,\mathrm{kpc}}\right)^{-1} \left(\frac{f_\mathrm{gw}}{100\,\mathrm{Hz}}\right)^2 \qquad (4.185)$$

程度である．$\mathcal{I}_3$ は回転軸周りの慣性モーメントであり，ϵ_B は楕円体の回転軸周りの非軸対称性の程度を表す[*63]．

中性子星の ϵ_B の大きさはわかっていないが，理論的にとりうる最大値は中性子星を構成する物質の状態方程式に依存する．たとえば通常の中性子星では $\epsilon_\mathrm{B\,max} \simeq 10^{-7}$ 程度とされている．見つかってはいないが，クォーク星と呼ばれる星が存在しているとすると，$\epsilon_\mathrm{B\,max} \simeq 10^{-4}$ も可能とされる．一方通常の中性子星でも非常に強い内部磁場（$10^{12}\,\mathrm{T}$ 程度）によってひしゃげている場合には $\epsilon_\mathrm{B\,max} \simeq 10^{-6}$ 程度が可能といわれている．逆に高速自転する中性子星やクォーク星などからの重力波が観測されたとすると，距離がわかっていれば $\epsilon_\mathrm{B\,max}$ の下限を与えることができる．

現在までに見つかっているパルサーは 3000 個以上あるが[*64]，その多くについて自転周波数とその時間微分が測定されている．パルサーが重力波を放射すると自転エネルギーが失われるが，おそらく観測されている自転周波数の時間微分 $\dot{f}$ はほぼパルサー風や電磁波放射によるものと考えられる．一方，あるパルサーについて，測定されている周波数時間微分がすべて重力波によるものだとすると，そのパルサーからの重力波振幅の最大値を ϵ_B によらずに求めることができ，

$$h_{0,\mathrm{sd}} \simeq 1 \times 10^{-24} \left(\frac{\mathcal{I}_3}{10^{38}\mathrm{kg \cdot m^2}} \frac{|\dot{f}|}{4 \times 10^{-10}\mathrm{Hz/s}} \frac{30\mathrm{Hz}}{f}\right)^{1/2} \left(\frac{r}{2.5\mathrm{kpc}}\right)^{-1}$$

となる（$r, f, \dot{f}$ の具体的な数値として，かにパルサーの観測値を代入した）．このような最大値 $h_{0,\mathrm{sd}}$ をスピンダウン上限値と呼ぶ．現在まで LIGO および Virgo 検出器のデータを用いたパルサーからの重力波の探索がおこなわれている．例と

[*63] 非軸対称性の例として，中性子星表面の「山」が考えられる．この場合，中性子星の半径が $10\,\mathrm{km}$ 程度だとすると $1\,\mathrm{mm}$ 程度の「山」となる．

[*64] ATNF pulsar catalogue: http://www.atnf.csiro.au/people/pulsar/psrcat/

4.8. その他の重力波源 223

して 240 個程度の既知のパルサーからの重力波を探索した 2022 年の結果では，重力波検出には至っていない．一方で重力波振幅の上限値が求められており，かにパルサー，ほ座パルサーなど 20 以上のパルサーについては重力波振幅の上限値は，スピンダウン上限値 $h_{0,\mathrm{sd}}$ を下回っている [1].

4.8.2 リングダウン重力波

鐘をたたくと，特徴的な周波数で音を出し，また音は特徴的なタイムスケールで減衰していく．おなじようなことが，ブラックホールの周囲を天体が運動してブラックホール時空に摂動を与えることで生じる．このような特徴的な振動を，準固有振動（quasi-normal oscillation）という．鐘からの類推で，準固有振動はリングダウン重力波とも呼ばれる．コンパクト連星が合体してブラックホールを形成するときにも，最終的に 1 つのブラックホールとして落ち着く段階では，リングダウン重力波が放射される．

計算としては，カーブラックホールを表すメトリック $g_{\mu\nu}^{(\mathrm{B})}$ に摂動 $h_{\mu\nu}$ が加わったメトリック $g_{\mu\nu} = g_{\mu\nu}^{(\mathrm{B})} + h_{\mu\nu}$ を考え，このメトリック $g_{\mu\nu}$ がアインシュタイン方程式を満たすことから導出される（4.82）式を適切な境界条件の元で解くことになる．境界条件としては無限遠では外に出ていく波，ブラックホール境界面ではブラックホールに吸い込まれる波だけが存在すると仮定する．この連立偏微分方程式は適切なゲージ条件を採用すると適当なスカラー関数の 2 階微分方程式に帰着できることがわかっており，変数分離も可能である．変数分離の結果，ポテンシャルを含む 1 次元波動方程式にすることができる[*65].

結果として得られるブラックホールの準固有振動の重力波形はおおざっぱには以下のような減衰正弦波で与えられる．

$$h \sim \sum_{\ell,m,n} A_{\ell m n} \mathrm{e}^{-t/\tau_{\ell m n}} \sin(\omega_{\ell m n} t + \phi_{\ell m n}). \tag{4.186}$$

ここで，n, ℓ, m は振動のモードを区別するための指数である[*66]．また，$Q_{\ell m n} = \pi f_{\ell m n} \tau_{\ell m n}$ は振動の Q 値（quality factor）である．

周波数 $f_{\ell m n}$ と Q 値 $Q_{\ell m n}$ はブラックホールの質量 M と規格化されたブラックホールの自転角運動量 $j \equiv a/M$ に依存しており，たとえば一番減衰

[*65] 詳細は，[59] などを参照．

[*66] 本質的に球面調和関数展開（$Y_{\ell m}$）における指数と同じようなものである．

224 　第 4 章　重力波

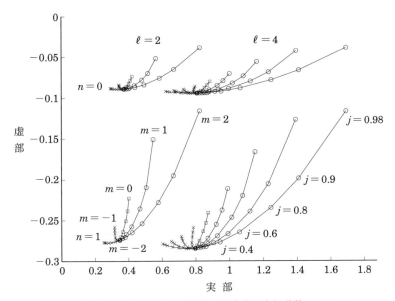

図 4.4　カーブラックホールの無次元複素準固有振動数 $\Omega_{\ell mn}$ の実部と虚部. $(n,\ell) = (0,2), (0,4), (1,2), (1,4)$ のみを描いている. $\ell = 3$ のブランチは重なって見にくくなるので描いていない. 丸は $m > 0$ で $j = 0, 0.2, 0.4, 0.6, 0.8, 0.9, 0.98$ のときの $\Omega_{\ell mn}$ の値を示す. 四角は $m = 0$, バツは $m < 0$ のときの値である. 各ブランチは $m = -\ell, \cdots, \ell$ の $2\ell + 1$ 本の小枝に別れ, $m > 0$ のとき ($m < 0$ のとき) 無次元角運動量 j の値が大きいほど Re[$\Omega_{\ell mn}$] は大きくなる (小さくなる). ブラックホールの自転と同じ方向に伝播する波 ($m > 0$) の方が j の影響は大きい. 参考文献 [2] および https://pages.jh.edu/eberti2/ringdown/ よりデータ取得.

しにくいモードである $\ell = m = 2, n = 0$ について, $j = 0.98$ のとき $f_{220} = 2.667\,\mathrm{kHz}(M/10M_\odot)^{-1}$, $Q_{220} = 10.7$ となって, $M \sim 100 M_\odot$ でレーザー干渉計型地上重力波検出器, $M \sim 10^6 M_\odot$ で LISA のターゲットになる. 図 4.4 では無次元化した複素周波数 $\Omega_{\ell mn} = GM\omega_{\ell mn}/c^3 + iGM/(c^3 \tau_{\ell mn})$ を描いた.

　周波数と減衰率という観測が可能な量が質量と自転角運動量に依存することから, ブラックホールの準固有振動による重力波の観測によって, 質量と自転角運動量を測定できることがわかる. また, 異なる重力理論のブラックホール (もしくはその類似物) は, 異なる準固有振動周波数・Q 値を持つので, ブラックホールの準固有振動を観測することで, 一般相対論の検証をおこなうことができる.

たとえば GW190521 という重力波イベントについてこのような研究がおこなわれており，一般相対論との離齬は見つかっていない [5].

4.8.3 バースト重力波

重力波観測のためのデータ解析において，地球の自転によるドップラー効果を考慮しなくて良い程度の短時間継続する重力波をバースト重力波（burst gravitational wave）と呼ぶ[*67]．ここではバースト重力波源として重力崩壊型の超新星爆発を取り上げる[*68].

まず重力波振幅の大きさを評価してみよう．重力波のエネルギー流速は，

$$F_{\mathrm{gw}} \sim \frac{c^3 |\dot{h}|^2}{16\pi G} \tag{4.187}$$

であるから，バースト重力波が T 秒続くとして，$\dot{h} \sim 2\pi f_{\mathrm{gw}} h$, $F_{\mathrm{gw}} \sim E_{\mathrm{gw}}/(4\pi r^2 T)$ を使って重力波振幅は

$$h \sim \frac{1}{\pi f_{\mathrm{gw}} r} \sqrt{\frac{G E_{\mathrm{gw}}}{c^3 T}} \tag{4.188}$$

程度になる．重力崩壊型超新星爆発の場合，星の崩壊のタイムスケール程度の時間重力波が放射されるとして，T を星の自由落下（free fall）のタイムスケールにとる．原子核密度 $\rho_{\mathrm{nuc}} \simeq 10^{15} \mathrm{g/cm^3}$ の 10 分の 1 程度の密度を持つ物体では，

$$\tau_{\mathrm{ff}} = \sqrt{\frac{1}{G\rho}} \simeq 1\,\mathrm{ms} \left(\frac{\rho}{0.1\rho_{\mathrm{nuc}}}\right)^{-1/2}. \tag{4.189}$$

重力波として放射されるエネルギー E_{gw} は数値計算をしてみないとわからないが，$10^{-7} M_\odot c^2$ 程度だとすると，

$$h \sim 10^{-20} \left(\frac{E_{\mathrm{gw}}}{10^{-7} M_\odot}\right)^{1/2} \left(\frac{T}{1\,\mathrm{ms}}\right)^{-1/2} \left(\frac{f}{1\,\mathrm{kHz}}\right)^{-1} \left(\frac{r}{10\,\mathrm{kpc}}\right)^{-1} \tag{4.190}$$

を得る[*69]．もちろん，$T, f_{\mathrm{gw}}, E_{\mathrm{gw}}$ を含めて重力崩壊型超新星爆発の詳細を知るには，数値計算をする必要があり，放射される重力波形も，質量・自転角運動量の大小や爆発機構の詳細に依存する．

現在利用されている最も検出効率の良い重力波検出の方法は，4.12 節で説明す

[*67] コンパクト連星合体現象からの重力波は，連星の質量や観測周波数帯域によってバースト重力波とも連続重力波ともみなせる．

[*68] 超新星爆発についてはたとえば，[68] などを参照のこと．

[*69] なお，角運動量保存則から振幅を評価する方法でも同様の推定を得る．

るマッチトフィルター法である．この方法では，重力波形をさまざまなパラメータ（星の質量など）の値に対して理論的に予測する必要がある．しかし，超新星爆発からの重力波では必要な波形予測が難しい．マッチトフィルター法が使えない場合，遠方で起きた現象からの重力波を検出することは難しくなるため，検出を期待できるイベント数は下がる[*70]．これらの理由のため，超新星爆発を含むバースト重力波の検出は今のところ報告されていない．ただし，大マゼラン星雲で起きた超新星爆発 SN 1987A のような例もあるため，準備して待つことが重要である[*71]．

4.9 重力波天文学・物理学

4.9.1 コンパクト連星合体からの重力波

最初の観測キャンペーン（O1）が開始されたすぐ後，2015 年 9 月 14 日 9 時 50 分 45 秒（協定世界時: UTC）に LIGO リビングストン検出器（LIGO Livingston Observatory: LLO）は重力波を検出し，その約 7 ミリ秒後，LIGO ハンフォード検出器（LIGO Hanford Observatory: LHO）も重力波を観測した．このイベントは検出された日付をとって GW150914 と呼ばれている．図 4.5 は GW150914 の時系列データと時間–周波数空間の様子を示す．この重力波は地球から光度距離で $0.44^{+0.15}_{-0.17}$ Gpc（赤方偏移 $z = 0.09^{+0.03}_{-0.03}$）の遠方にあった $35.6^{+4.7}_{-3.1} M_\odot$ と $30.6^{+3.0}_{-4.4} M_\odot$ という質量を持つ 2 つのブラックホールの合体によるもので，合体後できたブラックホールの質量は $63.1^{+3.4}_{-3.0} M_\odot$ と推定された[*72]．$35.6 + 30.6 = 66.2 > 63.1$ であるが，これは太陽約 3 個分の質量エネルギーが重力波として放射されたことを意味している．今まで仮説上の存在だった恒星程度の質量を持つブラックホールの連星（Binary Black Hole: BBH）が見つかったと考えて良いだろう．

[*70] Advanced LIGO/KAGRA/Advanced VIRGO などの検出器は，設計感度を達成した場合，100 ～ 200 Mpc 程度の距離にある中性子星連星合体からの重力波を検出できるが，これらの検出器の，超新星爆発現象の可視範囲は遠くても ～ 数 Mpc 程度である．

[*71] 日本のニュートリノ検出器カミオカンデは準備して待っていた．

[*72] 数値は Gravitaional Wave Open Science Center（https://gwosc.org）による．数値の右上・下の数値は 90%信用区間の範囲である．$35.6^{+4.7}_{-3.1} M_\odot$ とは，90%の確率で質量が $[32.5, 40.3] M_\odot$ の範囲にあると推定されていることを意味する．

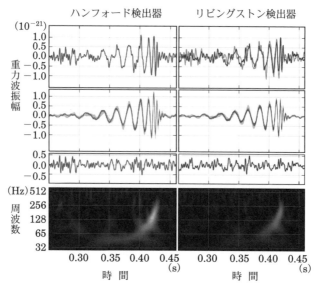

図 4.5 GW150914 の時系列データ（1 行目の図）と理論波形（2 行目），その残差（3 行目）と時間–周波数空間図（4 行目）．左列がハンフォード検出器（LHO）のデータ，右列がリビングストン検出器（LLO）のデータである．重力波は LLO に最初に到達し，その $6.9^{+0.5}_{-0.4}$ ミリ秒後に LHO に到着した．比較のためにこの図では LHO のデータを LLO に合わせるために時間をシフトし，また，LLO と LHO で検出器の片腕の方向がほぼ逆向きであることを補正するために振幅に負号をかけている（原論文の図 3 (a) も参照）．横軸は協定世界時 2015 年 9 月 14 日 9 時 50 分 45 秒からの経過時間．1 行目と 2 行目の図の縦軸は重力波振幅（Strain）で，2 行目はデータに合うような重力波理論波形を表す．時系列データには 30–350 Hz の周波数区間のみ表示するようにバンドパスフィルターをかけている．3 行目の図は時系列データから理論波形を差し引いたもので，一般相対論が正しく，パラメータの推定が正しければ雑音のみが表示されているべきものである．一番下の行の図は周波数が時間によってどのように変化するかを表しており，重力波の周波数が 30 Hz 程度から 250 Hz 程度まで上昇していることがわかる．B.P. Abbott *et al.* (LIGO Scientific Collaboration and Virgo Collaboration), *Physical Review Letters*, **116**, 061102（2016）DOI: 10.1103/PhysRevLett.116.061102, Creative Commons Attribution 3.0 License.

GW150914 は比較的質量の大きな恒星質量ブラックホールの存在を示しており，その起源について大きな議論を引き起こしている．重力波の初検出以前，電磁波観測によって推定されたブラックホールの質量は $20M_\odot$ 程度以下であった[*73]．また太陽程度の金属量を持つ星の進化や超新星爆発の理論からは $\sim 30M_\odot$ という質量の大きなブラックホールはできないだろうと考えられている[*74]．金属の少ない恒星は生まれたときの質量が大きく，恒星風が弱く，かつ主系列を離れた後の半径が小さくなる傾向があるといわれている．これらの特徴は，最終的に生成されるブラックホールの質量を大きなものにすることが知られている．宇宙で最初に生まれた金属のない（少ない）星（種族 III 星）が，GW150914 に代表される $\sim 30M_\odot$ 程度の質量を持つブラックホールの元々の天体だったのかもしれない[*75]．

その後，2020 年までの 3 度の観測で 90 個のコンパクト連星合体からの重力波が検出されている[*76]．その結果は，Gravitaional Wave Open Science Center (GWOSC)[*77]で Gravitational Wave Transient Catalogue（GWTC: 突発的重力波イベントカタログ; 執筆時点の最新版は GWTC-3）として公開されている．また，2023 年 5 月から始まった第 4 次観測で検出されている重力波イベント候補のリストは Gravitational-wave Candidate Event Database（GraceDB）[*78]で見ることができる．GWTC-3 には中性子星連星（Binary Neutron Star: BNS）からの重力波イベントである GW170817，GW190425，中性子星とブラックホールの連星（Neutron Star – Black Hole binary: NSBH）からの重力波イベントである GW190917，GW191219，GW200115 などが含まれる[*79]．

図 4.6 には GWTC-3 に掲載されている連星の質量を示している．中性子星の

[*73]　銀河中心にあるような大質量・超大質量ブラックホールや X 線観測から存在が示唆される中間質量ブラックホールを除く．

[*74]　注記なしで「金属」といった場合，天文学では原子番号 3 番以上のすべての元素をいう．したがって元素の分類は水素・ヘリウム・金属である．

[*75]　種族 III 星が起源であるような BBH からの重力波を観測するとそのブラックホールの典型的な質量は $30M_\odot$ 程度になるだろうということは，衣川らが GW150914 発見以前に指摘していた [21]．

[*76]　中性子星やブラックホールのようなコンパクトな天体からなる連星のことをここではコンパクト連星と呼んでいる．

[*77]　https://gwosc.org　　R. Abbott *et al.*（LIGO Scientific Collaboration, Virgo Collaboration and KAGRA Collaboration），*Astrophysical Journal Supplement*, **267**, 29（2023）Creative Commons Attribution 4.0 International License.

[*78]　https://gracedb.ligo.org/superevents/public/O4/

[*79]　GW191219 の中性子星は重力波で観測されている中では最小の質量 $1.17^{+0.07}_{-0.06}M_\odot$ を持つ．第 4 次観測で発見された GW230529 もおそらく中性子星とブラックホールの連星である．

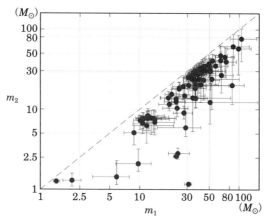

図 **4.6** GWTC-3 に掲載されている連星の質量. $m_1 \geq m_2$ のように定義しているので, $m_1 = m_2$ を表す破線よりも上側には描かれていない. 波源の系における質量であり, 観測される質量はさらに波源の赤方偏移を z として $(1+z)$ 倍された量である. 各点は推定された質量確率分布の中央値を示し, 90%誤差棒が付いている. なお, この種の図を描くのに素晴らしいウェブアプリが公開されている：https://catalog.cardiffgravity.org

質量には最大値が存在すると考えられており, その値は $2.2 \sim 2.5 M_\odot$ 程度とされている. また, 電磁波による観測では $5 M_\odot$ より小さい質量を持つブラックホールは見つかっていないこともあり, $2.5 M_\odot \lesssim m_1, m_2 \lesssim 5 M_\odot$ にはブラックホールはないだろうという予想があった. この質量の範囲を小さい方の質量ギャップと呼ぶ. 一方超新星爆発の理論によると $50 M_\odot \lesssim m_1, m_2 \lesssim 120 M_\odot$ の範囲でもブラックホールは生成されないだろうという議論があり, こちらを大きい方の質量ギャップと呼ぶ[*80]. 重力波観測によると小さい方の質量ギャップにある天体として GW190814 ($m_2 = 2.59^{+0.08}_{-0.09} M_\odot$) があり, これが中性子星だとすると観測史上最も質量の大きい中性子星, ブラックホールなら観測史上最も質量の小さいブラックホールになる[*81]. 大きい方の質量ギャップに含まれる可能性のある天体としては, GW190426_190642 ($m_1 = 105.5^{+45.3}_{-24.1} M_\odot$, $m_2 = 76.0^{+26.2}_{-36.5} M_\odot$) や

[*80] ただし, とくに大きい方の質量ギャップの範囲は理論的にもまだよくわかっていないようである.
[*81] 次点の GW200210 は $m_2 = 2.83^{+0.47}_{-0.42} M_\odot$ を持つ. また, GW230529 は質量が $1.4^{+0.6}_{-0.2} M_\odot$ と推定される中性子星と $3.6^{+0.8}_{-1.2} M_\odot$ という質量をもつおそらくブラックホールと思われる天体からの重力波イベントである. なお, 電磁波観測によって質量ギャップに含まれる候補天体が見つかっていないわけではない.

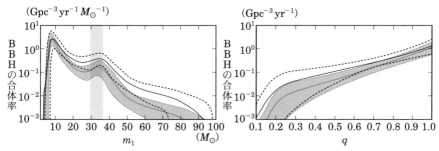

図 **4.7** GWTC-3 の BBH イベントから推定された BBH の合体率と主星の質量（左図）および質量比 $q \equiv m_2/m_1$（右図）の関係．破線は GWTC-2 から推定された分布の 90%信用区間を表し，破線に挟まれた実線はその中央値を結ぶ線である．少し下側にある薄い実線は GWTC-3 から推定された分布の 90%信用区間を表し，その間の実線は分布の中央値を結ぶ線である．R. Abbott *et al.*（LIGO Scientific Collaboration, Virgo Collaboration, and KAGRA Collaboration），*Physical Review X* **13**, 011048 (2023) DOI: 10.1103/PhysRevX.13.011048, Creative Commons Attribution 4.0 International license.

GW190521（$m_1 = 98.4^{+33.6}_{-21.7} M_\odot$, $m_2 = 57.2^{+27.1}_{-30.1} M_\odot$）などがある[*82]．

イベント数が増えると，統計的な研究も進んでくる．図 4.7 は GWTC-3 に掲載されている BBH イベントから主星（質量の大きい方の天体）の質量と合体率（$\text{Gpc}^3 \cdot 1$ 年間あたり）の関係と，質量比 $q \equiv m_2/m_1$ と合体率の関係を推定した結果を表す[*83]．主星の質量と合体率との関係では $m_1 \simeq 10, 35 M_\odot$ 付近にピークが見られる．一方，大きい方の質量ギャップは今のところあるのかどうか確かなことはいえないようである．

[*82] 検出器の感度向上により，複数の重力波イベントが 1 日に観測されるようになっている．そこでイベントを区別するために日付だけでなく，協定世界時での発生時刻をイベント名につけるようになった．GW190426_190642 は，協定世界時の 2019 年 4 月 26 日 19 時 6 分 42 秒に発生したイベントであることを示す．

[*83] この種の図を描く場合には，選択効果や分布の推定方法に気を使う必要がある．大雑把にいえば，もともと明るい天体ほど遠くまで見えるので，明るい天体ほどたくさんあるように見える．重力波についてはチャープ質量が大きいほど重力波光度が大きいので，観測されたイベントの質量分布は実際に宇宙に存在する連星の質量分布から歪む（質量の大きい天体の数を多く見積もってしまう）．また，重力波検出器に限らず，観測しやすい周波数というものがあるので，どんなに光度が大きくても（重力波の場合，質量が大きくても）観測可能な周波数帯で放射されなければ観測できない．これらの効果を選択効果と呼び，その補正は慎重におこなう必要がある．

最後に BBH の生成シナリオについて見ておこう．現在大きくわけて 3 つのシナリオが提案されている[*84]．第 1 に恒星の連星が単独で存在しており，連星を構成する星がそれぞれ超新星爆発を起こすことで BBH に進化するという説．2つ目に星が大量に存在する星団において，星やブラックホールが離合集散を繰り返すことで次第に BBH が形成されていくとする説，最後に宇宙初期にダークマターが集まって（恒星にならずに直接）ブラックホールになるという原始ブラックホール説である．それぞれの説には，元の恒星の金属量，星団であればその環境，原始ブラックホールであればいつ生成されたかなどによるバリエーションがある．これらの説では，生成する BBH の，質量・自転角運動量の大きさと方向・赤方偏移などに特徴的な違いが生じると考えられており，逆にそれらの量を決定することで起源となった天体に迫れるといわれている．たとえば星団内での離合集散で形成された連星ならば，大きい方の質量ギャップは目立たなくなるかもしれない．また，自転角運動量の方向は連星の軌道角運動量の方向とはあまり関係がなくなるかもしれない．GW191109–010717 のように $\chi_{\mathrm{eff}} < 0$ と推定されるブラックホール連星はそのような離合集散で生まれたのかもしれない[*85]．原始ブラックホールの質量や生成時期には大きな制限はなく[*86]，$1M_\odot$ 以下の質量を持つ天体を含む連星や，高赤方偏移にある連星からの重力波を検出できれば，その起源天体は原始ブラックホールである可能性がある．

[*84]　おそらくはこれらのシナリオ起源の BBH がある割合で生成されていると考えられる．

[*85]　χ_{eff} は有効スピン（effective spin）と言われる量で，以下で定義される．

$$\chi_{\mathrm{eff}} \equiv \frac{m_1 \chi_1 + m_2 \chi_2}{m_1 + m_2}$$

ただし，連星の軌道角運動量ベクトルを $\boldsymbol{L}$，i 番目のブラックホールのスピンベクトルを $\boldsymbol{S}_i$ とすると，$\chi_i \equiv c\boldsymbol{S}_i \cdot \boldsymbol{L}/(Gm_i^2|\boldsymbol{L}|)$ は，無次元化された軌道角運動量方向のスピンの成分である．なお，$\chi_i \equiv c|\boldsymbol{S}_i|/(Gm_i^2)$ とする定義もある．この場合，$\boldsymbol{S}_i$ と $\boldsymbol{L}$ のなす角を θ_i として

$$\chi_{\mathrm{eff}} \equiv \frac{m_1 \chi_1 \cos\theta_1 + m_2 \chi_2 \cos\theta_2}{m_1 + m_2}$$

と定義する．χ_{eff} を 1 公転で平均した量は，インスパイラリング期において重力波放射の反作用よりも短いタイムスケールでは保存する量となっている [37]．

[*86]　もちろん，ホーキング放射によって消滅する前に合体する必要があるので，ホーキング放射が存在するなら，あまりに小さい質量のブラックホールは存在し得ないはずである．

4.9.2 GW170817

中性子星連星（BNS）からの重力波イベントである GW170817 について述べて
おこう[87]．GW170817 は協定世界時 12 時 41 分 04 秒に LHO によって検出され
たイベントで，その後 LLO でも検出されていることが確認された．Virgo 検出器
では検出できなかったが，このこと自体が方向決定精度に強く寄与した．重力波
検出器の検出感度には方向依存性があり，当時十分な感度を持っていた Virgo 検
出器が検出できなかったということは，Virgo 検出器にとって感度の無い方向か
ら重力波が到来したことを意味しているからである．重力波検出の 1.7 秒後，宇
宙では フェルミガンマ線宇宙望遠鏡とインテグラルガンマ線望遠鏡がガンマ線を
検出した．その後重力波とガンマ線の検出が世界中の天文学者に通知された[88]．
その約 11 時間後，1M2H グループによって約 40 Mpc の距離にあるレンズ状銀河
NGC4993 において電磁波対応天体が検出されたことが報告され，AT2017gfo と
名付けられた[89]．9 日後に X 線で検出がなされ，16 日後に電波でも検出に成功
した．図 4.8 は LIGO による検出に続くさまざまな望遠鏡による観測キャンペー
ンの時系列と，電磁波で観測されたスペクトルや写真を示す．その後も観測は続
けられている．電波や X 線の明るさは徐々に増していき，150 日から 200 日程
度の後に減衰に転じた[90]．また，合体後 75 日と 230 日になされた超長基線電波
干渉計による観測で相対論的な速度を持ったジェットが放射されていることがわ
かっている [29]．

以下に，AT2017gfo/GW170817 によって得られた知見を 4 つ述べる．第 1 に，
ある種の短いガンマ線バーストは BNS の合体によるものであることが確認され

---

[87] LIGO-Virgo-KAGRA 共同研究グループ（LIGO-Virgo-KAGRA collaboration）による論文や
解説を探したい場合は https://www.ligo.org/science/outreach.php を参照すると良い．一部の記事
には日本語訳がある．また，日本物理学会誌や日本天文学会誌にも解説が多く掲載されており，バック
ナンバーを閲覧できる．他に日本語の書籍として，[74, 75] をあげておく．

[88] ガンマ線望遠鏡による自動速報が 12 時 41 分 20 秒，重力波検出の速報は 13 時 8 分だった．

[89] One-Meter, Two-Hemisphere（1M2H）グループは，北米カリフォルニアのリック天文台と南米
チリのラスカンパナス天文台にそれぞれ 1 台ずつある 1 m 望遠鏡を利用して観測をおこなっているグ
ループである．AT 2017gfo は，ラスカンパナス天文台にあるスウォープ（Swope）望遠鏡で初めて電磁
波観測され，Swope Supernova Survey 17a（SSS17a）と名付けられた．AT 2017gfo は国際天文学連
合の超新星ワーキンググループによる自動命名システムによる命名で，AT は Astronomical Transient
（突発天体）を意味する．

[90] さらに 900 日後，X 線の減衰が止まった可能性がある [12]．

4.9. 重力波天文学・物理学 233

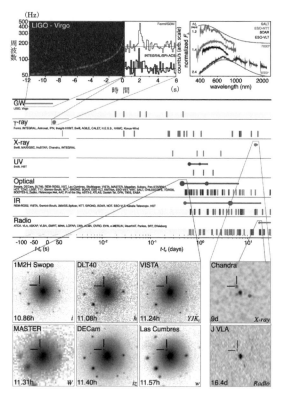

図 **4.8** LIGO による GW170817 の観測とさまざまな望遠鏡による追観測の時系列（中段）．左上は LIGO が検出した重力波の時間（横軸）–周波数（縦軸）図で，合体時刻を 0 秒としている．そのすぐ右には，フェルミとインテグラル衛星が検出したガンマ線の信号が示されている．右上は合体後 1.2 日，1.4 日，2.4 日において SALT 望遠鏡などが観測した可視光から赤外線のスペクトルである．ただし見やすさのために各日付で縦軸はずらしている．中段の各縦線は General Coordinates Network (GCN) によって報告がなされた時間を示す．横線は少なくとも 1 つの望遠鏡によって観測が可能であった時間帯を示し，丸は代表的な観測がなされた時点を示し，丸が大きいほど輝度が大きい．下段は観測された AT2017gfo の写真である．B. P. Abbott *et al.*, *The Astrophysical Journal Letters*, **848**, L12 (2017), DOI: 10.3847/2041-8213/aa91c9, Creative Commons Attribution 3.0 license.

た．ガンマ線バーストは突発的なガンマ線放射現象で，ガンマ線の継続時間が 2
秒より長いか短いかによって，短いガンマ線バーストと長いガンマ線バーストに
分類されている[*91]．GRB170817A（AT2017gfo のガンマ線バーストとしての登録
名）は短いガンマ線バーストに分類されている．長いガンマ線バーストについて
は極超新星が原因と考えられるようになっているが，今回短いガンマ線バースト
の原因天体が（少なくとも 1 種類）同定されたことになる．

　第 2 に BNS の合体が r 過程元素を生成している示唆が得られた．GW170817
では大量の中性子過剰物質が放出されたと考えられる．中性子過剰物質では元素
合成が急速に進み，最終的にいわゆるレアアースや金，プラチナなどを含む r 過
程元素が生成されたと考えられている．その過程で作られた中性子過剰な不安定
核はベータ崩壊や核分裂によって安定原子核に変異していくが，そこで生じる崩
壊熱が放出物質自身を温め，その放射が観測される可能性が GW170817 の検出
以前から指摘されていた．その放射は新星よりも明るく，超新星よりも暗いため，
キロノバ（新星の 1000 倍明るいという意味）とかマクロノバと呼ばれている．今
回実際にこのキロノバが観測され，また，近赤外線のスペクトルから放出物質中
にランタノイドの一種であるランタンとセリウムが存在するらしいことが示唆さ
れている [8]．さて，r 過程元素はどの程度生成され，その量は既存の観測と矛盾
がないのだろうか？　まず，1 回の合体で生成される r 過程元素の質量は数値相
対論が教えてくれていて，$0.01M_\odot$ 程度だろうと推定される．一方で太陽系にお
ける観測から r 過程元素の質量の割合は 10^{-7} 程度とされており，天の川銀河に
は $10^{11}M_\odot$ 程度の質量がバリオン[*92]として含まれているので，r 過程元素は我々
の銀河に $10^4M_\odot$ 程度存在していると推定される．BNS の合体は天の川銀河のよ
うな銀河 1 つあたり $10^{-5}\mathrm{yr}^{-1}$ 程度の頻度で起きるとして，天の川銀河の年齢を
10^{10} 年とすると，銀河が生まれてから現在までに BNS の合体によって生成され
た r 過程元素の質量は $0.01M_\odot \times 10^{-5} \times 10^{10} = 10^4 M_\odot$ となる．一定程度の r 過
程元素が BNS の合体によって作られたと考えても桁では良さそうだ．

　第 3 に中性子星の状態方程式に制限が得られた．中性子星の中心部は原子核

[*91]　ほかにスペクトルの「硬さ」（スペクトルの傾き）も分類に利用される．ガンマ線バーストについ
ては例えば，[76] などを参照．なお，50 秒以上続くガンマ線放射が観測された GRB211211A からは，
後述のキロノバによると思われる放射の検出が報告されており，一部の長いガンマ線バーストもコンパ
クト連星の合体現象がその起源なのかもしれない．

[*92]　天文学ではダークマターとダークエネルギー以外の通常の物質を総称してバリオンという．

4.9. 重力波天文学・物理学 235

密度を超えていると考えられているが，そのような高密度での物質の状態方程式（圧力と密度や温度などとの関係を与える式）は理論からも地上の実験からも良くわかっていない．中性子星中心部の物質の状態方程式は中性子星の潮汐変形率（潮汐変形のしやすさ）に影響を与え，潮汐変形率は重力波の位相に影響を与える．そのため，重力波の観測によって原子核の状態方程式について制限が得られることが期待されていた．GW170817 の観測では潮汐変形率は 800 以下という制限がついており，これによって極端に「硬い」状態方程式は棄却されることになった*93．質量の値を固定したとき，状態方程式が硬いと中性子星の半径は大きくなる傾向があり，潮汐変形しやすい．さらに潮汐破壊によって合体後に物質が放出されやすい．GW170817 ではキロノバが観測されたことから，その光度を説明するために必要な放出物質の量を数値相対論による計算によって推定することができて，このことから潮汐変形率には下限がつけられる．ある研究によるとその下限は 400 程度であり，極端に「柔らかい」状態方程式は棄却される [38]．今後重力波と電磁波による同時観測例が増えるにつれて，原子核密度を超える物質の性質が解明されるだろう*94．

第 4 に重力波によるハッブル定数の測定がなされた．重力波の観測から光度距離がわかり，一方で合体がおきた母銀河の赤方偏移は電磁波観測によって決定できるので，光度距離と赤方偏移の関係からハッブル定数の決定が可能となった．誤差は大きいものの，その値は従来の電磁波観測による値と整合的である．現在，宇宙マイクロ波背景放射から決定されたハッブル定数と近傍宇宙の電磁波観測から決定されたハッブル定数の間に無視できない不一致があるといわれており，ハッブル・テンションと呼ばれる．ハッブル・テンションの解決のためにも，重力波という新しい手法でハッブル定数を決定する意義は大きい．

---

*93　密度の変化に対して圧力が大きく変化するような状態方程式のことを「硬い」状態方程式と呼ぶ．状態方程式が硬いと星の半径は大きくなりやすく，また最大質量は大きくなる．ここで最大質量とは，これ以上質量が大きくなるとブラックホールになるという限界の質量である．最大質量は自転角運動量が大きい場合や有限の温度の効果を考慮に入れると一般に大きくなる．

*94　なお，BNS 合体からの重力波イベントは他に GW190425 があるが，潮汐変形率については GW170817 よりも緩い制限しか得られていない．

4.9.3 一般相対論のテスト

ニュートン力学は，重力が強くなると物理現象を正しく記述できなくなり，一般相対論（General Relativity: GR）が必要となった．では，一般相対論も何かの理論の近似であり，ある状況下では破綻するのであろうか？ 重力波によって現在観測されている連星の合体は，現状考えうる限り最も強い重力の関わる現象であり，一般相対論からの破綻を探すには格好の現象だろう．実際，現在までに一般相対論の破綻の兆候を探す数多くのテストが行われている．そして先に結論をいってしまうと，現在までに破綻の証拠は見つかっていない．一般相対論の破綻を探す重力波観測によるテストにどのようなものがあるか，代表的なテストを見てみよう[*95]．

(1) 残差テスト: 重力波検出器の出力 x には検出器の雑音 n と重力波 h が，$x(t) = h(t; \boldsymbol{\theta}) + n(t)$ のように含まれている．ただし，$\boldsymbol{\theta} = \{m_1, m_2, \boldsymbol{S}_1, \boldsymbol{S}_2, \cdots\}$ は連星系の物理量である．観測によって $\boldsymbol{\theta}_{\mathrm{obs}}$ を決定し，一般相対論によって $h_{\mathrm{GR}}(t; \boldsymbol{\theta}_{\mathrm{obs}})$ を計算し，これをデータから引くと，$y(t) \equiv x(t) - h_{\mathrm{GR}}(t; \boldsymbol{\theta}_{\mathrm{obs}}) \simeq n(t)$ のように，もし一般相対論が正しければ雑音のみが残るだろう．$y(t)$ が検出器雑音と見做せるかどうか，統計的にテストすることができる．

(2) インスパイラル・マージャー・リングダウンテスト: ブラックホール連星の合体現象は，現象の時間進行順にインスパイラル期（I 期），マージャー期（M 期），リングダウン期（R 期）の 3 つにわけることができる．一般相対論が正しければ，観測された IM 期の重力波から，最終的に生成されるブラックホールの質量とスピンを予言することができる．一方，R 期の観測からも独立して最終的に生成されたブラックホールの質量とスピンを求めることができる．これら 2 つの結果の不一致は一般相対論の破綻を示唆する．

(3) ポスト・ニュートンパラメータテスト: インスパイラル期の重力波の波形は，ポスト・ニュートン展開によって近似的に解析的に求めることができる．とくに重力波の観測によってよく決まる位相は，(4.124) 式の形をしている．a_n の値は連星系の物理量のみならず重力理論にもよるため，$a_n/a_n^{(\mathrm{GR})} = 1 + \delta a_n$ とし

[*95] 以下のテスト以外に，210 ページで説明した四重極モーメントについてのテストや，4.8.2 節で説明したリングダウン重力波についてのテストがある．

て δa_n のゼロからのズレは，一般相対論の破綻を示す．

（4）**分散関係テスト**：一般相対論が正しければ，重力波は電磁波と同じく，光速で伝播する．これは 2 つの波の分散関係が $\omega = |\mathbf{k}|$（$c = 1$ の単位系を使っていることに注意）となっていることを意味する．そこで α と A_α を定数として，$\omega^2 = |\mathbf{k}|^2 + A_\alpha |\mathbf{k}|^\alpha$ なる分散関係を仮定し，その場合重力波の位相がどのように変化するか計算する．観測が $A_\alpha \neq 0$ を示唆すれば一般相対論の破綻を意味する．

（5）**偏極テスト**：一般相対論は重力波が 2 つの偏極を持つことを予言するが，メトリックで書かれるより一般的な重力理論は最大 6 つの偏極を予言する可能性がある．最も簡単なテストはたとえば以下のようになるだろう．3 台の検出器を使って 2 つの偏極 $s = (+, \times)$ がある理論（たとえば一般相対論）を検証するとしよう．検出器 d のアンテナパターン関数を $F_s^{(d)}$，検出器の雑音を $n^{(d)}$ と書くと検出器出力 $x^{(d)}$ は，$\mathbf{x} = \mathcal{F}\mathbf{h} + \mathbf{n}$ となるだろう[*96]．ただし以下を定義した．

$$
\mathbf{x} \equiv \begin{pmatrix} x^{(1)} \\ x^{(2)} \\ x^{(3)} \end{pmatrix}, \quad
\mathcal{F} \equiv \begin{pmatrix} F_+^{(1)} & F_\times^{(1)} \\ F_+^{(2)} & F_\times^{(2)} \\ F_+^{(3)} & F_\times^{(3)} \end{pmatrix}, \quad
\mathbf{h} \equiv \begin{pmatrix} h_+ \\ h_\times \end{pmatrix}, \quad
\mathbf{n} \equiv \begin{pmatrix} n^{(1)} \\ n^{(2)} \\ n^{(3)} \end{pmatrix}. \quad (4.191)
$$

$h_+, h_\times$ が時間発展によって変化するとき $\mathbf{h}$ は 2 次元平面を動き回る．したがってその射影である $\mathcal{F}\mathbf{h}$ は $\mathbf{x}$ の住む 3 次元空間内の 2 次元平面を表す．すると 3 次元空間中で，その平面に直交する方向には重力波の成分は存在しないはずである．$\mathcal{I}$ を 3×3 の単位行列，$\mathcal{F}^T$ を $\mathcal{F}$ の転置として，そのような方向成分は射影行列 $\mathcal{P} \equiv \mathcal{I} - \mathcal{F}(\mathcal{F}^T \mathcal{F})^{-1} \mathcal{F}^T$ によって作ることができ，実際，$\mathcal{P}\mathbf{x} = \mathcal{P}\mathbf{n}$ となってその計算結果は雑音のみを含むはずである．そこで $\mathcal{P}\mathbf{x}$ が検出器雑音のみを含むのかどうかを統計的にテストすることができる．この種のテストは多くの検出器を使うことでより強力になるため，KAGRA の感度向上や LIGO India（4.10.1 節参照）の建設が待たれるところである．

（6）**ブラックホール以外の可能性**

連星をなしている天体あるいは合体後生成する天体は一般相対論の予言するようなブラックホールではないかもしれないし，そもそも事象の地平面を持たない天体かもしれない．一般相対論以外の特定の理論もしくはモデルに基づいて重力

[*96] アンテナパターン関数については，4.10.3 節で説明する．

波の波形を計算し，観測と比べることで，一般相対論の予言を検証することができる．

　以上述べたテストは実際に LIGO-Virgo-KAGRA 研究グループの実施したテストであり，再度結論をいえば，現在までに一般相対論の破綻の証拠は見つかっていない．ただし，このようなテストは微妙であるために検出器の雑音の影響を受けやすく，非常に難しいことも事実である．今後，質の良いデータが多く集まることによって統計的に，あるいは少数のきわめて質の良いデータによって一般相対論の破綻の証拠を得られるかもしれない．

4.10　重力波の検出方法：レーザー干渉計型重力波検出器

4.10.1　重力波検出器と観測キャンペーン

　現在世界では腕の長さが 1 キロメートルを超えるレーザー干渉計型重力波検出器が 4 台運用されている．その 4 台はアメリカ・ワシントン州ハンフォードに建設された LIGO Hanford Observatory（LHO），アメリカ・ルイジアナ州リビングストンの LIGO Livingston Observatory（LLO），ピサの斜塔で有名なイタリア・ピサ近郊カッシーナの Virgo，そして日本の岐阜県神岡の KAGRA である．LLO/LHO の腕長は 4 km であり，Virgo/KAGRA の腕長は 3 km である．このほか，ドイツ・ハノーファーには腕長 600 m の GEO600 がある．また，インドでは LIGO India Observatory（LIO）の建設計画が進んでいる．さらに重力波天文学・物理学の成功と将来性を受けて，第 3 世代地上重力波検出器[97]として Cosmic Explorer（アメリカ），Einstein Telescope（欧州）などの計画が議論されている．地面振動を避けて低周波数の重力波を観測できる宇宙重力波望遠鏡については，欧州宇宙機関（ESA）とアメリカ航空宇宙局（NASA）の Laser Interferometer Space Antenna（LISA）計画が順調に進行しており，2030 年代の打ち上げを予定

---

[97]　2010 年ぐらいまで稼働していた検出器のことを第 1 世代検出器と呼ぶことがある．これらには初期の LIGO（initial LIGO），Virgo，日本の腕長 300 m の検出器 TAMA300，GEO600 が含まれる．その後，LIGO および Virgo は感度向上のための機器・設備のアップグレードを行い，第 2 世代検出器と呼ばれる advanced LIGO, advanced Virgo を 2015 年頃から順次稼働させて現在に至る．KAGRA は冷却鏡を採用し，地下に設置された干渉計である．これらの技術・特徴は第 3 世代検出器での採用が検討されており，そのため KAGRA は 2.5 世代検出器と呼ばれることがある．GEO600 や TAMA300 は腕の長さが短いため重力波検出は難しいが，先進技術の試験などに活用されている．

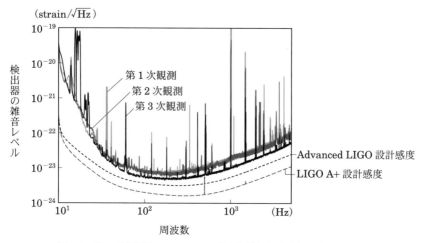

図 4.9 第 3 次観測までの LHO の感度曲線と設計感度曲線. 横軸に周波数, 縦軸に検出器の雑音レベルを示す. A+は現在の LIGO 検出器をさらにアップグレードした検出器の設計感度である. O1, O2, O3 はそれぞれ第 1 次, 2 次, 3 次観測であり, 少しずつ感度がよくなっていることがわかる. LIGO-Virgo-KAGRA の観測キャンペーンについては, https://observing.docs.ligo.org/plan/ を参照してほしい（Craig Cahillane and Georgia Mansell, Galaxies **2022**, 10（1）, 36（2022）, https://doi.org/10.3390/galaxies10010036, Creative Commons Attribution（CC BY）license）.

している. 日本の宇宙重力波検出器計画として, B-DECIGO/DECIGO 計画が, 中国の計画として TianQin と Taiji がある.

地上重力波検出器の話に戻ろう. LIGO-Virgo-KAGRA からなる国際重力波観測ネットワークは 2023 年 5 月から 4 度目の観測をおこなっている. 重力波検出器は建設すればすぐに性能を発揮するわけではなく, さまざまな雑音源を特定し, 除去あるいは回避する手法を研究, 適用しながら感度を徐々に上げていき, 最終的に設計感度を目指す過程を経る. 観測をしていない期間にはそのような感度向上の作業がおこなわれている. 図 4.9 に LHO の感度曲線と呼ばれる曲線を示す. 感度曲線は横軸に周波数, 縦軸に検出器の雑音レベルを描いたもので, この雑音レベルよりも大きな振幅を持つ重力波が到来すると観測できる可能性があるという目安を与えるものである[*98].

[*98] 実際に観測できるかどうかは, 重力波信号の性質, 検出手法の詳細と検出器の雑音の性質による.

日本の岐阜県飛騨市神岡に設置された重力波望遠鏡 KAGRA は，地面振動を抑えるために地下に設置していることや，干渉計の鏡を極低音に冷やすなど，次世代重力波望遠鏡計画で検討されている特徴を先取りした，基線長 3 km のレーザー干渉計型重力波検出器である．KAGRA は，重力波に対する感度はいまのところ Advanced LIGO や Advanced Virgo に劣るものの，国際重力波観測網の一翼を担うべく，国際重力波観測キャンペーンに参加しつつ，感度向上の作業をおこなっている．

この節では，レーザー干渉計型重力波検出器の検出原理の基本的な部分を簡単に見ていく[*99]．まずはレーザー干渉計のさまざまな構成のうちもっとも基本的な構成であるマイケルソン干渉計の，トランスバース・トレースレス座標系（TT座標系）における重力波への応答を見よう．

4.10.2 マイケルソン干渉計

マイケルソン型干渉計の構成は，図 4.10 のようになっており，レーザーから射出された光は，ビームスプリッターで x,y 方向の二手に別れ，x-端と y-端の鏡で反射される．ビームスプリッターから両端の鏡までの座標距離を L_x, L_y とする．

まずは重力波を無視できる場合を考えよう．レーザー光の角周波数を ω_L，電場

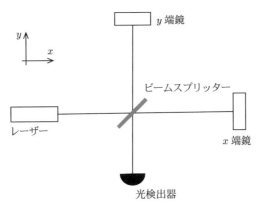

図 4.10 マイケルソン型の干渉計のレイアウト．レーザーから出た光はビームスプリッターで 2 つにわかれ，x 端，y 端の鏡で反射される．

[*99] この解説は初歩的なものにとどまるが，より高度な内容はたとえば和書として，要素技術を含む詳細な議論について [58] を，最近の発展については [61, 66, 69] などを参照してほしい．

を $E = E_0 \mathrm{e}^{-i\omega_\mathrm{L}t + i\boldsymbol{k}_\mathrm{L}\cdot\boldsymbol{x}}$ と書く．ここで電場については，簡単のため異なるベクトル成分が混ざらないと仮定して，スカラーとして取り扱う．ビームを50%ずつに分解するビームスプリッターの場合，x, y方向のそれぞれの鏡で反射されビームスプリッターを通り図の光検出器の方向に進んで再合成されるレーザー光は，

$$E_{(x)} = \frac{1}{2}E_0 \mathrm{e}^{-i\omega_\mathrm{L}t + 2ik_\mathrm{L}L_x}, \quad E_{(y)} = -\frac{1}{2}E_0 \mathrm{e}^{-i\omega_\mathrm{L}t + 2ik_\mathrm{L}L_y} \tag{4.192}$$

と書かれる[*100]．よって，光検出器に入射する光は，

$$E_\mathrm{out} = E_{(x)} + E_{(y)} = iE_0 \mathrm{e}^{-i\omega_\mathrm{L}t + ik_\mathrm{L}(L_x + L_y)} \sin\left[k_\mathrm{L}(L_x - L_y)\right] \tag{4.193}$$

となる．ただし，ビームスプリッターから光検出器までに付加されるx, y方向共通の位相は無視した．光検出器が測定する電圧は，$|E_\mathrm{out}|^2 = E_0^2 \sin^2\left[k_\mathrm{L}(L_x - L_y)\right]$に比例し，$L_x = L_y$のときには暗電流などの雑音を除いてゼロである．

ここでz方向に進行する平面重力波$h_+ = h_0 \cos\omega_\mathrm{gw}t$が入射してきたときのマイケルソン型干渉計の応答をみてみよう．以下，レーザーやビームスプリッター，鏡などはTT座標系で静止しているとする．またメトリックはTT座標系において，(4.10)式で与えられる[*101]．ここで後のために，TT座標系の時間座標は，TT座標系で静止した観測者の固有時と一致することに注意しておく．さらに簡単のためレーザーはビームスプリッターと十分近い場所にあるとしよう．すると，ビームスプリッター付近で静止した観測者の測定する，ビームスプリッターを出発するレーザー光の位相は，時刻tにおいて重力波の到来に関わらず，$\omega_\mathrm{L}t$と書ける．ただし簡単のため$t = 0$における初期位相をゼロとした．

さて時刻t_0にビームスプリッターを出発した光が，いつビームスプリッターに戻ってくるか計算しよう．x方向に光が進むとすると，往路はビームスプリッターを出た時刻をt_0，x端の鏡に到達した時刻をt_1として，

$$L_x = c(t_1 - t_0) - \frac{c}{2}\int_{t_0}^{t_1} dt' h_+(t') \tag{4.194}$$

[*100] 実際の鏡には厚みがあり，レーザー光が反射する面は鏡の片側のみにある．干渉計型重力波検出器ではレーザー光の通り道は真空に保たれている．ビームスプリッターの反射面がレーザー側にあるとすると，レーザー光は真空中から鏡に入射する．したがって，y端鏡方向に反射される波の位相はπだけ変化する．一方でx端鏡から戻ってきて光検出器方向に反射される波の位相は変化しない．後者では反射は鏡内部で起こるためである．

[*101] ただし，以下表記の簡単のため，記号TTを省き，$h_\times = 0$とする．

242　第4章　重力波

を得る．TT 座標系では，ビームスプリッターと鏡の座標距離 L_x は時間変化しないことに注意しよう．同様に，復路はビームスプリッターに戻ってきた時間を t として計算する．まとめると往復で

$$t - t_0 = \frac{2L_x}{c} + \frac{L_x}{c} h_+ \left(t - \frac{L_x}{c} \right) \mathrm{sinc} \left(\frac{\omega_{\mathrm{gw}} L_x}{c} \right). \tag{4.195}$$

ここで $\mathrm{sinc}(x) \equiv \sin(x)/x$ である．ビームスプリッターに時刻 t に戻ってきたレーザー光の位相 $\phi(t)$ は，ビームスプリッターを出発したときの位相と等しい，すなわち，$\phi(t) = \phi(t_0) = \omega_{\mathrm{L}} t_0$ である[*102]．ここでの $\phi(t)$ は，出発する光ではなく，戻ってきた光の位相であることに注意しよう．以上より x 腕から時刻 t にビームスプリッターに戻ってきた光は，

$$E_{(x)}(t) = \frac{1}{2} E_0 \mathrm{e}^{-i\omega_{\mathrm{L}} t_0^{(x)}} = \frac{1}{2} E_0 \mathrm{e}^{-i\omega_{\mathrm{L}}(t - 2L_x/c) + i\Delta\phi_x(t)}, \tag{4.196}$$

$$\Delta\phi_x(t) = h_0 \frac{\omega_{\mathrm{L}} L_x}{c} \mathrm{sinc} \left(\frac{\omega_{\mathrm{gw}} L_x}{c} \right) \cos \left[\omega_{\mathrm{gw}} \left(t - \frac{L_x}{c} \right) \right]. \tag{4.197}$$

y 腕から時刻 t にビームスプリッターに戻ってきた光も同様に計算できる．いま，$L \equiv (L_x + L_y)/2$, $L_x - L_y \equiv \Delta L$ とすると，$\mathcal{O}(h\Delta L)$ までの精度で

$$\Delta\phi_x(t) \simeq -\Delta\phi_y(t) \simeq \frac{\omega_{\mathrm{L}} L}{c} \mathrm{sinc} \left(\frac{\omega_{\mathrm{gw}} L}{c} \right) h_+ \left(t - \frac{L}{c} \right) \tag{4.198}$$

となる．光検出器の測定する電圧は $\phi_0 \equiv \omega_{\mathrm{L}} (L_x - L_y)/c$ を定義して，また $\phi_0 + \Delta\phi_x(t)$ が十分小さいとして，

$$|E|^2 = |E_{(x)}(t) + E_{(y)}|^2 \simeq |E_0|^2 (\phi_0^2 + 2\phi_0 \Delta\phi_x(t) + \mathcal{O}(h^2)) \tag{4.199}$$

に比例する．$\phi_0 = 0$ とすることもできるが，この場合，電圧が $(\Delta\phi_x)^2 = \mathcal{O}(h^2)$ とただでさえ小さい（$h \sim 10^{-20}$）重力波振幅の 2 乗に比例してしまう．このため積極的に $\phi_0 \neq 0$ として，電圧の時間変動を $\mathcal{O}(h)$ にする方法もある．

さて，(4.198) 式より位相差は $\Delta\phi_x \propto \sin(\omega_{\mathrm{gw}} L/c)$ となるので，$\omega_{\mathrm{gw}} L/c = \pi/2$ のとき最大値をとることがわかる．たとえば $f_{\mathrm{gw}} = 100\,\mathrm{Hz}$ のとき $L = 750\,\mathrm{km}$ 程度で重力波の影響は最大になる．腕長 L がそれ以上になるとレーザー光が戻ってくるまでに重力波の位相が大きく変化してしまい，重力波信号は見えにくくなる．地球上に $750\,\mathrm{km}$ の干渉計を建設することはおそらく不可能であるが，aLIGO, aVirgo, KAGRA などではファブリ・ペロー共振器（Fabry-Pérot Cavity）を組み

[*102] 簡単のため，連続した波ではなく，「山」の位相を持つ単一のパルスを考える．ビームスプリッターを「山」として出発すれば，戻ってきたときの位相も「山」のはずである．

4.10. 重力波の検出方法：レーザー干渉計型重力波検出器 243

込むことで実質的な腕の長さを長くしている[*103].

次に,（4.198）式において $\omega_{\mathrm{gw}} L/c \ll 1$ という長波長近似をすると,

$$\Delta\phi_x \simeq \frac{\omega_{\mathrm{L}} L}{c} h\left(t - \frac{L}{c}\right) \tag{4.200}$$

となることに注意しておこう. $\Delta\phi_x$ を ϕ_0 の変化, つまり L の変化と解釈すると,

$$\frac{\Delta L}{L} \simeq h. \tag{4.201}$$

レーザー干渉計は, その腕の長さの相対変化を計測するといわれることがあるのはこの式による[*104].

最後に, 重力波の影響はサイドバンドに現れることに注意する. 重力波が $\cos\omega_{\mathrm{gw}}t$ にしたがって変動する最も簡単な場合,

$$
\begin{aligned}
E &\sim \exp\left[-i\omega_{\mathrm{L}}\left(t - 2\frac{L}{c}\right) + i\frac{\omega_{\mathrm{L}} L}{c} h_+ \cos\frac{\omega_{\mathrm{gw}}t}{c}\right] \\
&= e^{-i\omega_{\mathrm{L}}(t-2L/c)} \sum_{n=-\infty}^{\infty} i^n J_n\left(\frac{\omega_{\mathrm{L}} L}{c} h_+\right) e^{in\omega_{\mathrm{gw}}t/c}
\end{aligned}
\tag{4.202}
$$

となり[*105], 電場は ω_{L} なる周波数に加えてその両脇に $\omega_{\mathrm{L}} \pm n\omega_{\mathrm{gw}}$ $(n = 1, 2, \cdots)$ なる周波数を持つ[*106]. このことを積極的に使い, 光検出器側に鏡（シグナルリサイクリングミラー）を設置することで, 光検出器側に戻ってきたレーザー光のうち, サイドバンドの光のみ取り出したり, あるいは打ち返したりすることで, 重力波検出器の観測帯域を広げたり, 特定の波長の重力波に対する検出感度を上げることができる. 干渉計にファブリ・ペロー共振器を組み込んだ場合, たとえば $100\,\mathrm{Hz}$ の重力波に対する感度を向上させると, $100\,\mathrm{Hz}$ 以上の高周波数の重力波に対しては感度は悪くなる. これに対して, 高周波数の重力波の位相が大きく変化する前にサイドバンドのみ抜き出すことで高周波数の重力波に対する感度を上げることができる. aLIGO, aVirgo, KAGRA はこのレゾナント・サイドバンド・エクストラクションという技術を採用している.

[*103] ファブリ・ペロー共振器は, 図 4.14 に示すようにビームスプリッターと x, y 端鏡の間に透過鏡を設置することで実現される. これらの透過鏡はビームスプリッター側から来た光をほぼ通す一方, x, y 端鏡側から来た光をほぼ反射する. レーザー光を透過鏡と端鏡の間で何度も往復させることで, 実効的な腕長を伸ばすことができる.

[*104] もちろん TT 座標系を使っているので, 鏡やビームスプリッターの空間座標値は変化しない.

[*105] J_n は n 次の第 1 種ベッセル関数である. Jacobi–Anger 展開で検索されたい. また, ベッセル関数は x が小さいとき $J_n(x) \sim x^n$ であり, h_+ が小さいので基本的に $n = 1$ のみ寄与する.

[*106] 現在利用されているレーザーの波長は 1064 nm, つまり $\omega_{\mathrm{L}} \gg \omega_{\mathrm{gw}}$ である.

4.10.3 アンテナパターン関数

この節では，重力波の一般の方向への伝播と偏極も考慮に入れて，重力波の干渉計への影響を検討する．その結果，重力波がどこから来たのかによって，干渉計による重力波検出感度が変わることを見る．検出感度の方向依存性を表す関数をアンテナパターン関数[*107]と呼ぶ．

まず，再び TT 座標系における検出器の重力波に対する応答を考えよう．ただし，ここでは $\boldsymbol{n}_{\mathrm{gw}}$ 方向に進行する重力波を考える．

$$ds^2 = -c^2 dt^2 + (\delta_{ij} + h_{ij}^{\mathrm{TT}})dx^i dx^j, \quad h_{ij}^{\mathrm{TT}}(t, \boldsymbol{x}) = h_{ij}^{\mathrm{TT}}\left(t - \frac{\boldsymbol{n}_{\mathrm{gw}} \cdot \boldsymbol{x}}{c}\right). \quad (4.203)$$

また，h_{ij}^{TT} のフーリエ変換を定義しておく．

$$h_{ij}^{\mathrm{TT}}(t, \boldsymbol{x}) = \sum_{A=+,\times} h_A(t, \boldsymbol{x}) e_{ij}^A, \quad h_A(t, \boldsymbol{x}) = \int df \tilde{h}_A(f) e^{2\pi i f(t - \frac{\boldsymbol{n}_{\mathrm{gw}} \cdot \boldsymbol{x}}{c})}. \quad (4.204)$$

レーザー光を時刻 t_0 に原点（ビームスプリッター）から $\boldsymbol{x}_{\text{鏡}1}$ に放つ．$\boldsymbol{x}_{\text{鏡}1} \equiv L\boldsymbol{n}_1$ とし，$\boldsymbol{x}_{\text{鏡}1}$ に到着する時刻 t_1 を求める．$\boldsymbol{x}(t) = c\boldsymbol{n}_a(t - t_0) + \mathcal{O}(h)$ より，

$$L = c(t_1 - t_0) - \frac{c}{2} n_a^i n_a^j \int_{t_0}^{t_1} dt' h_{ij}^{\mathrm{TT}}(t', \boldsymbol{x}(t'))$$

$$= c(t_1 - t_0)$$
$$- \frac{L}{2} \sum_{A=+,\times} n_a^i n_a^j e_{ij}^A \int df \tilde{h}_A(f) e^{2\pi i f t_0 + \pi i f L(1 - \boldsymbol{n}_{\mathrm{gw}} \cdot \boldsymbol{n}_a)/c} \mathrm{sinc}\left(\frac{\pi f L}{c}(1 - \boldsymbol{n}_{\mathrm{gw}} \cdot \boldsymbol{n}_a)\right).$$

同様に，復路はレーザー光を時刻 t_1 に $\boldsymbol{x}_{\text{鏡}1}$ を出発し，時刻 t に原点に戻る（$\boldsymbol{x}(t) = L\boldsymbol{n}_a - c\boldsymbol{n}_a(t - t_1) + \mathcal{O}(h)$）．往復では，

$$\frac{2L}{c} = t - t_0 - L \sum_{A=+,\times} n_a^i n_a^j e_{ij}^A \int df \tilde{h}_A(f) e^{2\pi i f t} D(f, \boldsymbol{n}_{\mathrm{gw}}, \boldsymbol{n}_a), \quad (4.205)$$

ただし $\tau_{\pm} \equiv L(1 \pm \boldsymbol{n}_{\mathrm{gw}} \cdot \boldsymbol{n}_a)/c$ として，以下の関数を定義した．

$$D(f, \boldsymbol{n}_{\mathrm{gw}}, \boldsymbol{n}_a) = \frac{e^{-2\pi i f L/c}}{2}\left(e^{-\pi i f \tau_+} \mathrm{sinc}(\pi f \tau_-) + e^{+\pi i f \tau_-} \mathrm{sinc}(\pi f \tau_+)\right).$$
$$(4.206)$$

以上より，$\boldsymbol{n}_a$ 方向に往復したレーザー光の位相は

[*107] 英語では，antenna response beam pattern/antenna pattern/antenna response function 等と呼ぶ．

$$\phi_a(t) = \omega_{\mathrm{L}}\left(t - \frac{2L}{c}\right) - \omega_{\mathrm{L}}L \sum_{A=+,\times} n_a^i n_a^j e_{ij}^A \int df \tilde{h}_A(f) e^{2\pi i f t} D(f, \boldsymbol{n}_{\mathrm{gw}}, \boldsymbol{n}_a).$$

(4.207)

同様に $\boldsymbol{n}_b$ 方向に往復したレーザー光の位相 $\phi_b(t)$ を求め, 干渉計の出力 $\Delta\phi(t) \equiv \phi_b(t) - \phi_a(t)$ を求めると,

$$\Delta\phi(t) = \omega_{\mathrm{L}}L \sum_{A=+,\times} \int df e^{2\pi i f t} \tilde{h}_A(f) G_A(f, \boldsymbol{n}_{\mathrm{gw}}, \boldsymbol{n}_a, \boldsymbol{n}_b) \qquad (4.208)$$

となる. ただし,

$$G_A(f, \boldsymbol{n}_{\mathrm{gw}}, \boldsymbol{n}_a, \boldsymbol{n}_b) = n_a^i n_a^j e_{ij}^A D(f, \boldsymbol{n}_{\mathrm{gw}}, \boldsymbol{n}_a) - n_b^i n_b^j e_{ij}^A D(f, \boldsymbol{n}_{\mathrm{gw}}, \boldsymbol{n}_b) \qquad (4.209)$$

はマイケルソン干渉計の応答を表す量で, アンテナパターン関数と呼ばれる[*108].

(4.209) 式はマイケルソン干渉計のアンテナパターン関数であるが, 現実の干渉計のようにファブリ・ペロー共振器を組み込んだファブリ・ペロー・マイケルソン干渉計の場合も, 簡単な変更によってアンテナパターン関数を求めることができる. いずれにせよ一般にはアンテナパターン関数は周波数に依存するが, 地上重力波検出器については $fL/c \ll 1$ の近似が良いことが知られている [39]. この場合, $D(0, \boldsymbol{n}_{\mathrm{gw}}, \boldsymbol{n}_a) = 1/2$ により,

$$\Delta\phi(t) = \omega_{\mathrm{L}}L \sum_{A=+,\times} \int df e^{2\pi i f t} \tilde{h}_A(f) F_A(\boldsymbol{n}_{\mathrm{gw}}, \boldsymbol{n}_a, \boldsymbol{n}_b), \qquad (4.210)$$

$$F_A(\boldsymbol{n}_{\mathrm{gw}}, \boldsymbol{n}_a, \boldsymbol{n}_b) = \frac{1}{2}(n_a^i n_a^j - n_b^i n_b^j) e_{ij}^A \qquad (4.211)$$

となり, 重力波の周波数に依存しない. このとき干渉計による観測量は,

$$x(t) = n(t) + h(t), \quad h(t) = F_+ h_+(t) + F_\times h_\times(t) \qquad (4.212)$$

となる. ここで, $n(t)$ は重力波の検出を妨げる干渉計の雑音である. $h(t)$ が無次元量なので, $n(t)$ は無次元量である. なお地球は自転しているため地上重力波検出器を考える場合, アンテナパターン関数は時間依存性を持つ.

具体的に干渉計のアンテナパターン関数を求めてみよう. (4.211) 式では $\boldsymbol{n}_a$ と $\boldsymbol{n}_b$ は直交している必要はないが, LIGO, Virgo, KAGRA のように直交している場合を考えて, $\boldsymbol{n}_a$ を x 軸, $\boldsymbol{n}_b$ を y 軸とする座標系 (検出器座標

[*108] ここでは, 重力波の伝播方向を $\boldsymbol{n}_{\mathrm{gw}}$ としたが, 文献によっては重力波源の方向を使っている場合がある. 波源の方向を $\boldsymbol{m}$ とするなら, $\boldsymbol{m} = -\boldsymbol{n}_{\mathrm{gw}}$ である.

系）をとる．z 軸は右手系になるようにとり，重力波源の方向を $\bm{m} = -\bm{n}_{\rm gw} = (\cos\phi\sin\theta, \sin\phi\sin\theta, \cos\theta)$ とする．さらに，重力波の伝播方向 $\bm{n}_{\rm gw}$ および互いに直交する 2 つの単位ベクトル $\bm{p}, \bm{q}$ を用いて偏極テンソルを定義する．

$$e^+_{ij} = p^i p^j - q^i q^j, \quad e^\times_{ij} = p^i q^j + q^i p^j. \tag{4.213}$$

$\bm{n}_{\rm gw}, \bm{p}, \bm{q}$ はそれぞれを z 軸，x 軸，y 軸とする右手系をなし，これを波動座標系と呼んでおく．図 4.11 に検出器座標系と波動座標系の関係を示す．

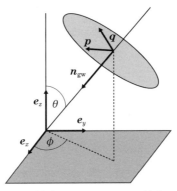

図 **4.11** 重力波の伝播方向である $\bm{n}_{\rm gw}$ および偏極の方向を定義する $\bm{p}, \bm{q}$ と，検出器の 2 本の腕の方向を定義する $\bm{e}_x = \bm{n}_a, \bm{e}_y = \bm{n}_b$ との関係．

(4.211) 式を具体的に計算するには，たとえば $\bm{p}$ と $\bm{q}$ の検出器座標系での成分がわかれば良いので，波動座標系と検出器座標系の間の座標変換がわかれば良いことになる．これは複数の回転座標変換を繰り返すことで求められる．ここで一点，2 つの 3 次元座標系が回転座標変換で関係しているとき，変換を指定する回転角は 3 つあることを思い出そう．θ, ϕ に加える最後の 1 つは，$\bm{n}_{\rm gw}$ 周りの回転角 ψ であり，これは重力波の偏極角と呼ばれる．ここでは $\bm{e}_z \times \bm{n}_{\rm gw}$ と $\bm{p}$ のなす角を ψ とする．なお，角度は $\bm{n}_{\rm gw}$ に対して反時計回りに測る．

回転座標変換としては，(4.98) 式の回転行列 R_2 と R_3 を利用する．すると波動座標系から検出器座標系への変換は $\mathcal{R} \equiv R_3(-\phi)R_2(-\theta)R_2(\pi)R_3\left(\dfrac{\pi}{2} - \psi\right)$ と書けるだろう[*109]．波動座標系で $p^i = (1,0,0), q^i = (0,1,0)$ なる成分を持つベク

[*109] 最初の回転は $\bm{p}$ を図 4.12 における $\bm{\ell}$ に一致させ，次の回転は $\bm{n}_{\rm gw}$ を反転させて波源方向に向かせている．

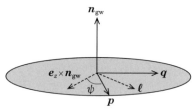

図 **4.12** 波動座標系における重力波の伝播方向である n_gw および偏極の方向を定義する p, q と，偏極角 ψ の関係．検出器の設置された面の法線ベクトル e_z と n_gw の外積ベクトル（これはもちろん p と q の作る面内にある）と p とのなす角を ψ と定義する．ℓ は $e_z \times n_\mathrm{gw}$ および n_gw と直交するベクトルで，e_z と n_gw の作る面内にある．

トルは，検出器座標系で $p'^i = \mathcal{R}^i_j (1,0,0)^j, q'^i = \mathcal{R}^i_j (0,1,0)^j$ なる成分を持つ．これらの式と（4.211）式より，以下のようにアンテナパターン関数が求まる．

$$F_+(\phi,\theta,\psi) = -\frac{1+\cos^2\theta}{2}\cos 2\psi \cos 2\phi - \cos\theta \sin 2\psi \sin 2\phi, \quad (4.214\mathrm{a})$$

$$F_\times(\phi,\theta,\psi) = \frac{1+\cos^2\theta}{2}\sin 2\psi \cos 2\phi - \cos\theta \cos 2\psi \sin 2\phi \quad (4.214\mathrm{b})$$

図 4.13 に $\sqrt{F_+^2 + F_\times^2}$ を示す．2 本の腕のなす角が 90 度であるレーザー干渉計型の重力波検出器では，ほとんどの方向からの重力波に対して感度があること，ただし，検出器が設置されている面上で，腕から 45 度の方向には感度がないことがわかる．

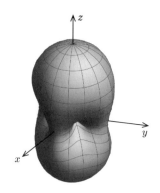

図 **4.13** （4.214）式より求めた $\sqrt{F_+^2 + F_\times^2}$ の様子．

複数検出器の場合と偏極角

　今まで利用してきた検出器座標系をとってしまうと，複数の検出器を考える場合，検出器ごとに重力波源の方向を表す θ, ϕ と偏極角が変わるから不便だ．そこで，複数の検出器を考える場合，波源の方向と偏極角については基準となる 1 つの座標系，たとえば赤道座標系によって定義する．赤道座標系の z 軸は天の北極，x 軸は春分点方向である．このとき，偏極角 ψ は赤道面と $\boldsymbol{p}$-$\boldsymbol{q}$ のなす面の交線（line of nodes）と $\boldsymbol{p}$ とのなす角になり，すべての検出器で同じ値をとる．なお，赤経には ϕ の代わりに α，赤緯には $\pi/2 - \theta$ の代わりに δ という記号をよく使う．

　赤道座標系から各検出器座標系への座標変換は，地球の自転に乗った回転系に移る変換と，検出器の位置（緯度と経度），腕の方向を考慮した回転座標変換を合成したものになる．このときのアンテナパターン関数は複雑なためここに書かないが，[17] などに載っている．

4.10.4　レーザー干渉計型重力波検出器の高感度化と雑音

　重力波の影響は干渉計の腕の長さを L，重力波の典型的な振幅を h とすると，おおざっぱにいって $\Delta L \sim hL$ のように腕の「長さの変化」に現れることを見た．干渉計は光路長の変化に敏感なため，重力波の検出に適しているように思えるが，それでも $h \sim 10^{-21}$ 程度であるので，並みの技術では検出できない．

　単純に考えるとレーザーの波長を $\lambda_{\mathrm{laser}} \sim 1\,\mu\mathrm{m}$，$L = 1\,\mathrm{km}$ として $\lambda_{\mathrm{laser}}/L \sim 10^{-9}$ 程度の重力波を測定できるように思われるが，これでは足りない．そこで 4.10.2 節で説明した通り，ファブリ・ペロー共振器を組み込むことで実質的な腕の長さを $\mathcal{F} \sim 1000$ 倍に伸ばす[*110]．これで $\lambda_{\mathrm{laser}}/(\mathcal{F}L) \sim 10^{-12}$ となるだろう．さらに（4.199）式を見ると元々のレーザーパワーが大きければより光路長の変化に対する感度がよくなることがわかる．ただし，レーザーパワーのゆらぎは光路長の変化の測定への障害になる．レーザーの光子の数を N_{photon} とする．そのゆらぎはポアソン分布にしたがうとすると $N_{\mathrm{photon}}^{1/2}$ となるので，コントラストは $N_{\mathrm{photon}}/N_{\mathrm{photon}}^{1/2} = N_{\mathrm{photon}}^{1/2}$ に比例する．これより光路長の変化は，λ_{laser} でなく $\lambda_{\mathrm{laser}}/N_{\mathrm{photon}}^{1/2}$ 程度まで測れる．ファブリ・ペロー共振器に含まれる光子の数は，レーザー光のパワーを P_{laser} として $N_{\mathrm{photon}} \sim P_{\mathrm{laser}}\tau/(2\pi\hbar c/\lambda_{\mathrm{laser}})$ となる．τ は共振器に光子が滞在している時間であり，重力波の周期程度であるときに最

[*110]　$\mathcal{F}$ はフィネス（finesse）と呼ばれる．

4.10.　重力波の検出方法：レーザー干渉計型重力波検出器　249

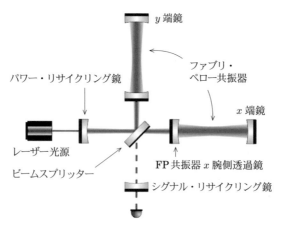

図 **4.14** KAGRA のレイアウト模式図. ファブリ・ペロー共振器は x, y 軸方向ともに KAGRA や Virgo で 3 km, LIGO で 4 km ほどの長さになる. 鏡の透過率・反射率を適切に設定することで, 共振器に入った光は共振器内で何度も往復した後にビームスプリッター側に戻る (H. Abe *et al.* (KAGRA collaboration), Galaxies 2022, 10, 63 (2022) https://doi.org/10.3390/galaxies10030063 より転載・改変).

も感度がよくなる. $\tau \sim f_{\rm gw}^{-1} \sim (300\,{\rm Hz})^{-1}$, $P_{\rm laser} = 1\,{\rm W}$ とすると $N_{\rm photon} \sim 10^{19}$ を得る. これより,

$$h \sim \frac{\lambda_{\rm laser}}{N_{\rm photon}^{1/2} \mathcal{F} L} \sim 10^{-22}$$

程度の重力波を検出できると見積もられる. さて, この感度の評価は, 干渉計内のレーザーのパワーが大きければ感度がよくなることを示している. 干渉計ではほとんどのレーザー光が光検出器ではなく, レーザーの方向に戻ってしまう. そこでレーザー側に鏡を置いて, ビームスプリッターから戻ってきた光をビームスプリッター側に打ち返せば干渉計内のレーザーのパワーが大きくなると期待できる. この技術をパワーリサイクリングと呼ぶ. LIGO, Virgo, KAGRA は, パワーリサイクリング技術とファブリ・ペロー共振器に加えて, 4.10.2 節で触れたレゾナント・サイドバンド・エクストラクションを採用した干渉計である. 図 4.14 に, KAGRA におけるレーザーと主な鏡の配置を示す.

このような技術を駆使しても, 重力波の検出にはその予言から 1 世紀かかった.

これは，これらの技術を実用化するために時間がかかったこと，そもそも重力波の振幅が非常に小さいこと，また，検出器の雑音を低減するために多くのさらなる技術が必要であったことによる．この節の締めくくりとして，この検出器の雑音について少し述べる．詳しくは 4.10.1 節であげた参考文献を参照されたい．

重力波検出器の出力は，(4.212) 式で見たように雑音 $n(t)$ を含む．ここでは簡単のため，雑音の時系列は定常性を満たし，またガウス分布にしたがうとする[*111]．このとき雑音 $n(t)$ はパワースペクトル密度 $S_n(f)$ で特徴付けられる．$\tilde{n}(f)$ を $n(t)$ のフーリエ変換とすると，$S_n(f)$ は，$\langle \tilde{n}^*(f')\tilde{n}(f) \rangle = S_n(f)\delta(f - f')/2$ を満たす[*112]．ここで $\langle \cdots \rangle$ は統計平均である．この式の両辺を f' について $f \pm \Delta f/2$ の区間で積分してみよう．

$$\frac{1}{2}S_n(f) = \int_{f-\Delta f/2}^{f+\Delta f/2} \langle \tilde{n}^*(f')\tilde{n}(f) \rangle df' \simeq \langle |\tilde{n}(f)|^2 \rangle \Delta f. \qquad (4.215)$$

右辺の $\tilde{n}(f)$ は周波数の逆数の次元を持つから，$\langle |\tilde{n}(f)|^2 \rangle \Delta f = S_n(f)/2$ は周波数あたりの雑音のパワーを表す．重力波検出器の出力は $h(t) + n(t)$ あるいはフーリエ変換すると $\tilde{h}(f) + \tilde{n}(f)$ である．したがって重力波が周波数 f を中心に $\Delta f \sim f$ 程度の周波数幅で顕著な振幅を持っているならば，パワースペクトル密度 $S_n(f)$ で特徴付けられる雑音を持つ検出器によって，$|\tilde{h}(f)| \sim \sqrt{S_n(f)/f}$ 程度以上の大きさの重力波を検出できるだろう．このことから $\sqrt{S_n(f)}$ は重力波検出器の感度曲線と呼ばれる．$\sqrt{S_n(f)}$ は $1/\sqrt{\mathrm{Hz}}$ という変わった次元を持つ．KAGRA の設計感度を図 4.15 に示す．

干渉計の鏡は宙に浮いているわけではなく，どこかから吊るさないとならないので，地面振動の影響を受ける．地面振動は数 Hz 程度以下の低周波数側で支配的であり，鏡を揺らしたり干渉計の制御を困難にするため，地上重力波検出器では多段振り子を使って防振している．KAGRA はさらに地面振動の振幅が小さい地下に設置することで地面振動の影響を低減している．低周波数から 100 Hz 程度の中間周波数までは鏡や振り子などの熱雑音が害をなす．KAGRA では低温鏡を使うことでその影響を減じている．最後に高周波数側は散乱雑音によって制限されており，レーザーパワーの増大などによって対処される．

[*111] 現実の検出器では非定常性や非ガウス性が問題になるが，話が高度になるのでここでは述べない．
[*112] ここで導入しているパワースペクトル密度は，正確には片側パワースペクトル密度と呼ばれるもので，そのために係数 $1/2$ が生じている．

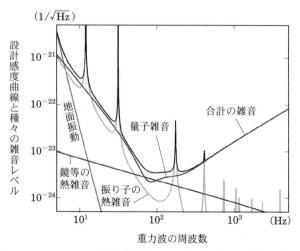

図 **4.15** KAGRA の設計感度曲線．現代の地上重力波検出器の感度曲線は，主に低周波数側では地面振動雑音，低周波数–中間振動数側で熱雑音と輻射圧雑音，高周波数側で散乱雑音によって制限される．輻射圧雑音と散乱雑音は合わせて量子雑音と呼ばれる（H. Abe *et al.*（KAGRA collaboration），Galaxies 2022, 10, 63（2022）https://doi.org/10.3390/galaxies10030063 より転載・改変）．

実際にはこれらの雑音以外にも多種多様でやっかいな雑音（技術的雑音と呼ばれる）が存在するため，LIGO が最初の観測運転を開始した 2002 年から，様々な改良を経て最初の重力波検出まで 10 年以上かかったことは理解できることである．重力波検出は雑音との闘いであるといえる．KAGRA は LIGO から 20 年遅れて始まったプロジェクトであるが，後発の強みを活かして，熱雑音を抑えるための低温鏡を利用したり，地面振動の少ない地下環境に設置するなど，先進的な技術に取り組んでいる．実際，次世代の重力波検出器では KAGRA の知見を活かして低温鏡を利用したり，地下に設置することが検討されている．

4.10.5 周波数の変化

4.10.2 節では重力波の影響をレーザー光の往復時間の変化から求めた．この節では，この往復時間の変化が周波数の変化としても理解できることを述べる．この結果は次節のパルサータイミングによる重力波の検出方法の説明で利用する．

周波数の変化は光の測地線を計算することで求めることができる．簡単のため

TT 座標系で，往路だけ考えよう．今，重力波は h_+ のみを持ち z 方向に進行しているとし，光は z 方向から θ だけ傾いた方向に向かってすすんでいるとする．σ をアフィンパラメータとして，

$$k_{\mathrm{L}}^{\alpha} = \frac{dx^{\alpha}}{d\sigma} = \omega_{\mathrm{L}} \left[1, \left(1 - \frac{1}{2} h_+ \right) \sin\theta, 0, \cos\theta \right] \tag{4.216}$$

と定義すると，$g_{\alpha\beta} k_{\mathrm{L}}^{\alpha} k_{\mathrm{L}}^{\beta} = 0$ を満たす．測地線方程式より，$\omega_{\mathrm{L}} \equiv k_{\mathrm{L}}^0$ として，

$$\frac{d\omega_{\mathrm{L}}}{d\sigma} \simeq -\frac{1}{2c} \frac{\partial h_+}{\partial t} \omega_{\mathrm{L}}^2 \sin^2\theta. \tag{4.217}$$

ここで

$$\frac{dh_+}{d\sigma} = \frac{dt}{d\sigma} \frac{\partial h_+}{\partial t} + \frac{dz}{d\sigma} \frac{\partial h_+}{\partial z} = \frac{1}{c} \left(k_{\mathrm{L}}^0 - k_{\mathrm{L}}^3 \right) \frac{\partial h_+}{\partial t} = \frac{\omega_{\mathrm{L}}}{c} (1 - \cos\theta) \frac{\partial h_+}{\partial t} \tag{4.218}$$

を使うと，

$$\frac{d\ln\omega_{\mathrm{L}}}{d\sigma} = -\frac{d}{d\sigma} \left[\frac{1}{2} (1 + \cos\theta) h_+ \right] \tag{4.219}$$

と変形できるので発射点（x_{em}, em: emitter）から到達点（x_{rec}, rec: receiver）まで積分して以下を得る．

$$\ln \left(\frac{\omega_{\mathrm{L}}^{\mathrm{rec}}}{\omega_{\mathrm{L}}^{\mathrm{em}}} \right) = -\int_{\sigma_{\mathrm{em}}}^{\sigma_{\mathrm{rec}}} d\sigma \frac{d\ln\omega}{d\sigma} = \frac{1}{2} (1 + \cos\theta) \left[h_+(t_{\mathrm{em}}, \boldsymbol{x}_{\mathrm{em}}) - h_+(t_{\mathrm{rec}}, \boldsymbol{x}_{\mathrm{rec}}) \right].$$

ここで $(\omega_{\mathrm{L}}^{\mathrm{rec}} - \omega_{\mathrm{L}}^{\mathrm{em}})/\omega_{\mathrm{L}}^{\mathrm{em}} = \mathcal{O}(h)$ であるので，$\ln(1 + x) \simeq x$ を使い，さらに一般の方向・偏極も許し，$\boldsymbol{n}_{\mathrm{L}}$ を光の伝播方向，$\boldsymbol{n}_{\mathrm{gw}}$ を重力波の伝播方向とすると，

$$\frac{\omega_{\mathrm{L}}^{\mathrm{rec}} - \omega_{\mathrm{L}}^{\mathrm{em}}}{\omega_{\mathrm{L}}^{\mathrm{em}}} = \frac{1}{2} \frac{n_{\mathrm{L}}^i n_{\mathrm{L}}^j}{1 - \boldsymbol{n}_{\mathrm{gw}} \cdot \boldsymbol{n}_{\mathrm{L}}} \left[h_{ij}^{TT}(t_{\mathrm{em}}, \boldsymbol{x}_{\mathrm{em}}) - h_{ij}^{TT}(t_{\mathrm{rec}}, \boldsymbol{x}_{\mathrm{rec}}) \right] \tag{4.220}$$

となることがわかる．パルサータイミングによる重力波検出では，レーザー光ではなく，パルサーからの電波の位相をモニターしており，$\boldsymbol{x}_{\mathrm{em}}$ はパルサーの 3 次元座標，$\boldsymbol{x}_{\mathrm{rec}}$ は地球上の観測者の 3 次元座標となる．

式 (4.220) は面白いことに，TT 座標系では重力波による "ドップラー効果"[*113] が出発点と到達点におけるメトリックにのみよっていることを示している．ゲージ不変な形で書かれた重力による "ドップラー効果" の式は，光の伝播経路に沿って曲率を積分した形で書くことができることが知られている [23]．

[*113]　いわゆる物体の運動によるドップラー効果とは違うが，便宜上 "ドップラー効果" と呼んでおく．

4.10. 重力波の検出方法：レーザー干渉計型重力波検出器　253

4.11 重力波の検出方法：パルサータイミング

パルサータイミングは，高速で自転している中性子星であるパルサーからのパルスの到着時間を，期待される到着時間と比較する手法である[114]．具体的には $-\boldsymbol{n}_{\mathrm{L}}$ 方向のパルサーについて，以下の量を求める．

$$R(t, \boldsymbol{n}_{\mathrm{L}}) \equiv \int_0^t dt' \omega_{\mathrm{L}}^{\mathrm{expected}}(t', \boldsymbol{n}_{\mathrm{L}}) - \int_0^t dt' \omega_{\mathrm{L}}^{\mathrm{obs}}(t', \boldsymbol{n}_{\mathrm{L}}). \tag{4.221}$$

期待される到着時間には，パルサーのエネルギー放射によるスピンダウンの効果，パルサーと観測者との相対運動などを考慮に入れる必要がある．$R(t, \boldsymbol{n}_{\mathrm{L}})$ は期待値と観測値との差で，そのゆらぎにはパルサー固有の自転のゆらぎや，上記の補正の不完全性，そして重力波によるゆらぎが含まれている．

いま，残差 $R(t, \boldsymbol{n}_{\mathrm{L}})$ が重力波のみに依存するとしよう．このとき残差は式 (4.220) で与えられる周波数変化 $z(t, \boldsymbol{n}_{\mathrm{gw}}, \boldsymbol{n}_{\mathrm{L}}) \equiv \omega_{\mathrm{L}}^{\mathrm{em}}/\omega_{\mathrm{L}}^{\mathrm{rec}} - 1$ に依存する．ここではまず周波数変化のフーリエ変換を計算してみよう．それを使ってさらにストカスティックな背景放射を，パルサータイミング法がどのように検出するか，原理を説明しよう[115]．

パルサータイミングの場合，式 (4.220) は L をパルサーまでの距離として，

$$
\begin{aligned}
z(t, \boldsymbol{n}_{\mathrm{gw}}, \boldsymbol{m}_{\mathrm{L}}) &= \frac{1}{2} \frac{m_{\mathrm{L}}^i m_{\mathrm{L}}^j}{1 + \boldsymbol{m}_{\mathrm{L}} \cdot \boldsymbol{n}_{\mathrm{gw}}} \left[h_{ij}^{TT,\mathrm{Earth}}(t, \boldsymbol{n}_{\mathrm{gw}}) - h_{ij}^{TT,\mathrm{Pulsar}}\left(t - \frac{L}{c}, \boldsymbol{n}_{\mathrm{gw}}\right) \right] \\
&\equiv \frac{1}{2} \frac{m_{\mathrm{L}}^i m_{\mathrm{L}}^j}{1 + \boldsymbol{m}_{\mathrm{L}} \cdot \boldsymbol{n}_{\mathrm{gw}}} \Delta h_{ij}^{TT}(t, \boldsymbol{n}_{\mathrm{gw}})
\end{aligned} \tag{4.222}
$$

と書ける．ただし，電磁波の伝播方向 $\boldsymbol{n}_{\mathrm{L}}$ の代わりに，パルサーの方向 $\boldsymbol{m}_{\mathrm{L}} \equiv -\boldsymbol{n}_{\mathrm{L}}$ を用いた．いま重力波は様々な周波数を持ち，様々な方向にある波源からの放射の重ね合わせだとすると

---

[114] そもそもどうやって期待される到着時間を求めるかは，おおざっぱには以下のように理解できる．N 番目のパルスが時刻 t に到着したとする．これを $N(t) = \nu t + \dot{\nu} t^2/2 + \delta N(t)$ とモデル化する．ただし，$\nu, \dot{\nu}$ はパルサーの自転周期とその微分である（必要であれば $\ddot{\nu}$ など高階微分を加えていく）．$\delta N(t)$ には既知の効果，地球の自転，公転，太陽の重力などによるパルスの到着時間の変化が含まれるが，重力波による効果は含めない．観測されたパルスのデータ $N(t_i)$ $(i = 1, 2, \cdots)$ にこのモデルをフィットする．フィット後にも残るものが残差である．

[115] パルサータイミングは十分大きい振幅を持つ単体の重力波源も検出できる方法であるが，ここでは取り上げない．

254　第4章　重力波

$$h_{ij}^{TT}(t, \boldsymbol{x}) = \sum_{A=+,\times} \int df_{\mathrm{gw}} \int d\Omega \tilde{h}_A(f_{\mathrm{gw}}, \boldsymbol{n}_{\mathrm{gw}}) e_{ij}^A(\boldsymbol{n}_{\mathrm{gw}}) \exp\left[2\pi i f_{\mathrm{gw}}\left(t - \frac{\boldsymbol{n}_{\mathrm{gw}} \cdot \boldsymbol{x}}{c}\right)\right].$$

ここで，角度積分は $\boldsymbol{n}_{\mathrm{gw}}$ について行うことに注意しておく．このとき

$$\Delta h_{ij}^{TT}(t, \boldsymbol{n}_{\mathrm{gw}}) = \sum_{A=+,\times} \int df_{\mathrm{gw}} \tilde{h}_A(f_{\mathrm{gw}}, \boldsymbol{n}_{\mathrm{gw}}) e_{ij}^A(\boldsymbol{n}_{\mathrm{gw}}) \mathrm{e}^{2\pi i f_{\mathrm{gw}} t}$$
$$\times \left\{\exp\left[-2\pi i f_{\mathrm{gw}}\frac{L}{c}(1 + \boldsymbol{n}_{\mathrm{gw}} \cdot \boldsymbol{m}_{\mathrm{L}})\right] - 1\right\} \quad (4.223)$$

であるので，$z(t, \boldsymbol{n}_{\mathrm{gw}}, \boldsymbol{m}_{\mathrm{L}})$ のフーリエ変換を求めることができる．

$$\tilde{z}(f_{\mathrm{gw}}, \boldsymbol{n}_{\mathrm{gw}}, \boldsymbol{m}_{\mathrm{L}}) = \left\{\exp\left[-2\pi i f_{\mathrm{gw}}\frac{L}{c}(1 + \boldsymbol{m}_{\mathrm{L}} \cdot \boldsymbol{n}_{\mathrm{gw}})\right] - 1\right\}$$
$$\times \sum_{A=+,\times} \tilde{h}_A(f_{\mathrm{gw}}, \boldsymbol{n}_{\mathrm{gw}}) F^A(\boldsymbol{n}_{\mathrm{gw}}, \boldsymbol{m}_{\mathrm{L}}). \quad (4.224)$$

ここでパルサータイミングにおけるアンテナパターン関数 F^A を定義している．

$$F^A(\boldsymbol{n}_{\mathrm{gw}}, \boldsymbol{m}_{\mathrm{L}}) = \frac{e_{ij}^A(\boldsymbol{n}_{\mathrm{gw}}) m_{\mathrm{L}}^i m_{\mathrm{L}}^j}{2(1 + \boldsymbol{m}_{\mathrm{L}} \cdot \boldsymbol{n}_{\mathrm{gw}})}. \quad (4.225)$$

さて次に重力波がストカスティックな背景放射として振る舞っており，そのエネルギー密度が以下のように特徴付けられるとしよう．

$$\langle \tilde{h}_A^*(f_{\mathrm{gw}}, \boldsymbol{n}_{\mathrm{gw}}) \tilde{h}_{A'}(f'_{\mathrm{gw}}, \boldsymbol{n}'_{\mathrm{gw}})\rangle = \frac{1}{2}S_h(f_{\mathrm{gw}})\delta^{(2)}(\boldsymbol{n}_{\mathrm{gw}} - \boldsymbol{n}'_{\mathrm{gw}})\delta_{AA'}\delta(f_{\mathrm{gw}} - f'_{\mathrm{gw}}).$$
$$(4.226)$$

ここで $\langle \cdots \rangle$ は統計平均であり，この式は，$\tilde{h}_A(f_{\mathrm{gw}}, \boldsymbol{n}_{\mathrm{gw}})$ は乱数のように振る舞うけれども，同一の方向，偏極，周波数を持つときにのみ，その絶対値の 2 乗を統計的に平均したものは，周波数に依存するある値 $S_h(f_{\mathrm{gw}})/2$ をとると仮定したことを意味している[*116]．このとき我々は 2 つのパルサーを使って周波数変化の相関を計算する．$\boldsymbol{m}_{\mathrm{L1}}$ 方向にあるパルサー 1 の周波数変化について，様々な方向から到来する重力波について積分したあとの結果を $\tilde{Z}(f_{\mathrm{gw}}, \boldsymbol{m}_{\mathrm{L1}})$ と書くと，

$$\langle \tilde{Z}^*(f_{\mathrm{gw}}, \boldsymbol{m}_{\mathrm{L1}}) Z(f'_{\mathrm{gw}}, \boldsymbol{m}_{\mathrm{L2}})\rangle = \frac{1}{2}S_h(f_{\mathrm{gw}})\delta(f_{\mathrm{gw}} - f'_{\mathrm{gw}})\frac{4\pi}{3}\Gamma(\cos\theta_{12}). \quad (4.227)$$

ここで $\Gamma(\cos\theta_{12})$ は overlap reduction function と呼ばれる関数[*117]で，$\cos\theta_{12} =$

[*116] 統計平均を求めることは，現実には，たくさんの同等の実験あるいは観測をおこなった結果得られるたくさんの標本についての平均を求めることと考えてほしい．

[*117] 信号の相関の減少具合を特徴付ける関数なのでこう呼ばれる．$4\pi/3$ は $\Gamma(\cos\theta = 1) = 1$ とするための規格化定数である．規格化定数は文献によって異なる可能性がある．

$\boldsymbol{m}_{\mathrm{L1}} \cdot \boldsymbol{m}_{\mathrm{L2}}$ である．この関数は以下のように計算される．

$$\Gamma(\cos\theta_{12}) \simeq \frac{3}{4\pi}\sum_{A=+,\times}\int d\Omega F_1^A(\boldsymbol{n}_{\mathrm{gw}})F_2^A(\boldsymbol{n}_{\mathrm{gw}}) = 1 + 3x\left(\ln x - \frac{1}{6}\right). \quad (4.228)$$

ただし $x = (1 - \boldsymbol{m}_{\mathrm{L1}} \cdot \boldsymbol{m}_{\mathrm{L2}})/2$ である．なお計算では，パルサータイミングで実際おこっている状況，$f_{\mathrm{gw}}L_i/c \gg 1$ と[*118]，あるパルサー付近の重力波は別のパルサー付近の重力波や地球付近の重力波と無相関であることを仮定している．

2 つの異なる方向にあるパルサーについて，その周波数変化には $\Gamma(\cos\theta_{12})$ で与えられる特徴的な角度依存性があることがわかった．ストカスティックな背景重力波については，1 つのパルサーに対して $R(f_{\mathrm{gw}}, \boldsymbol{m}_{\mathrm{L}})$ を求めても雑音と区別がつかない．そこで，（4.226）式で特徴付けられるようなストカスティック背景重力波をパルサータイミングで検出する 1 つの方法は，たくさんのパルサーの周波数変化（より直接的には残差 $R(f_{\mathrm{gw}}, \boldsymbol{m}_{\mathrm{L}})$）を求め，$\Gamma(\cos\theta_{12})$ で与えられる角度依存性を持つかどうかをテストすることである．なお，この曲線のことをヘリングス–ダウンズ曲線（Hellings–Downs curve）と呼ぶ．

パルサータイミング法で重力波を検出するには，多くの安定したパルサーを長期間にわたってモニターする必要がある[*119]．そのため複数のグループが国際パルサータイミングアレイ（International Pulsar Timing Array: IPTA）を構築している．2023 年 6 月に IPTA を構成する各グループより，ヘリングス–ダウンズ曲線を示す信号の存在の証拠が発表された．

最後に式（4.228）を導出してみよう．いま，（4.213）式のように $\boldsymbol{n}_{\mathrm{gw}}$ および互いに直交する 2 つのベクトルを $\boldsymbol{p}, \boldsymbol{q}$ として，$\boldsymbol{p}, \boldsymbol{q}$ を使って偏極テンソルを定義する．重力波は $\boldsymbol{n}_{\mathrm{gw}} = (\cos\phi\sin\theta, \sin\phi\sin\theta, \cos\theta)$ 方向に伝播するとする．（4.98）式で定義した回転行列 R_2 と R_3 を使って回転行列 $\bar{R} \equiv R_3(-\phi)R_2(-\theta)$ を定義する．波源の系で $\boldsymbol{p}$ と $\boldsymbol{q}$ の成分がそれぞれ $(1,0,0)$，$(0,1,0)$ だとすると，$\bar{R}$ による座標変換で観測者の座標系では $\boldsymbol{p}, \boldsymbol{q}$ はそれぞれ

$$p^i = (\cos\theta\cos\phi, \cos\theta\sin\phi, -\sin\theta), \quad q^i = (-\sin\phi, \cos\phi, 0) \quad (4.229)$$

なる成分を持つ[*120]．次に観測者の座標系でパルサー 1,2 がそれぞれ $\boldsymbol{m}_1 =$

[*118] 角度積分によって $f_{\mathrm{gw}}L_i(\boldsymbol{n}_{\mathrm{L}i} \cdot \boldsymbol{n}_{\mathrm{gw}})/c$ は激しく変動して積分がゼロになる．

[*119] パルサータイミング法では自転周期が安定しているミリ秒パルサーが利用される．2022 年 1 月の IPTA Data Release 2 では 65 個のミリ秒パルサーの，0.5~30 年にわたるデータが公開された．

$(0, 0, 1), \boldsymbol{m}_2 = (\sin\delta, 0, \cos\delta)$ なる方向にあるとしよう。最後に，$\alpha = 1, 2$ をパルサーを区別する指標として，アンテナパターン関数を簡単のため

$$F_\alpha^A(\boldsymbol{n}_{\mathrm{gw}}) = \frac{e_{ij}^A n_\alpha^i n_\alpha^j}{2(1 + \boldsymbol{n}_{\mathrm{gw}} \cdot \boldsymbol{m}_\alpha)} \tag{4.230}$$

と書いておこう。これで定義はおしまいであとは計算するのみである。

$$\sum_{A=+,\times} \int d\Omega F_1^A(\boldsymbol{n}_{\mathrm{gw}}) F_2^A(\boldsymbol{n}_{\mathrm{gw}}) = \int d\Omega F_1^+(\boldsymbol{n}_{\mathrm{gw}}) F_2^+(\boldsymbol{n}_{\mathrm{gw}})$$
$$= \frac{1}{4} \int d\Omega (1 - \cos\theta)(1 - \sin\theta \sin\delta \cos\phi - \cos\theta \cos\delta)$$
$$- \frac{1}{2} \int \frac{d\Omega (1 - \cos\theta) \sin^2\delta \sin^2\phi}{1 + \cos\delta \cos\theta + \sin\delta \sin\theta \cos\phi}. \tag{4.231}$$

(4.231) 式の第 1 項は，$\pi \left(1 + \frac{1}{3}\cos\delta\right)$ と求まる。第 2 項の ϕ 積分は $\cos\phi = (z + z^{-1})/2$, $\sin\phi = (z - z^{-1})/(2i)$, $d\phi = dz/(iz)$ として複素積分にする。

$$K \equiv \oint d\phi \frac{\sin^2\phi}{1 + \cos\delta \cos\theta + \sin\delta \sin\theta \cos\phi}, \tag{4.232}$$

$a = \sin\delta \sin\theta/(1 + \cos\delta \cos\theta)$ を定義すると

$$= \frac{1}{1 + \cos\delta \cos\theta} \oint \frac{i(z^2 - 1)^2}{2z^2(a + 2z + az^2)} dz$$
$$= \frac{2\pi}{1 + \cos\delta \cos\theta} \left[\frac{1}{a^2} - \frac{\sqrt{1 - a^2}}{a^2}\right]$$
$$= 2\pi \frac{1 + \cos\delta \cos\theta - |\cos\delta + \cos\theta|}{\sin^2\delta \sin^2\theta}. \tag{4.233}$$

$\cos\theta + \cos\delta$ は $0 \le \theta \le \pi - \delta$ と $\pi - \delta \le \theta \le \pi$ で符号を変えるので，

$$((4.231) \text{ 式の第 2 項}) = -\pi(1 - \cos\delta) \int_0^{\pi-\delta} d\cos\theta \frac{(1 - \cos\theta)}{(1 + \cos\theta)}$$
$$- \pi(1 + \cos\delta) \int_{\pi-\delta}^\pi d\cos\theta$$
$$= 2\pi(1 - \cos\delta) \ln\left(\frac{1 - \cos\delta}{2}\right). \tag{4.234}$$

以上より $x = (1 - \cos\delta)/2$ としてヘリングス–ダウンズ曲線を得る。

[*120] (256 ページ) なお，$\mathcal{R}$ を使って偏極テンソルを定義すると $F_1^\times = 0$ となり計算が簡単になる。一般の偏極角 ψ では干渉計の説明で出てきた $\mathcal{R}$ を使う必要があるが，$\mathcal{R}$ を使って $\sum_{A=+,\times} F_1^A F_2^A$ を計算しても結果はまったく同じである。

4.11. 重力波の検出方法：パルサータイミング 257

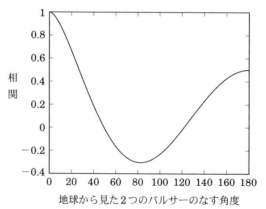

図 **4.16** ヘリングス–ダウンズ曲線．相関が正であるとは，ある角度離れた 2 つのパルサーからのパルスの到着時間が，両方とも理論予測よりも遅れる，あるいは早まるようになっているということである．相関が負であれば，たとえば片方のパルサーからのパルスの到着時間が遅れるとき，もう片方のパルサーからのパルスの到着時間は早まっている．

$$\sum_{A=+,\times} \int d\Omega F_1^A(\boldsymbol{n}_{\mathrm{gw}}) F_2^A(\boldsymbol{n}_{\mathrm{gw}}) = \frac{4\pi}{3}\left[1 + 3x\left(\ln x - \frac{1}{6}\right)\right]. \tag{4.235}$$

4.12 重力波データ解析

4.12.1 パワースペクトル密度

重力波検出器の出力は基本的に時系列データとして取得される．したがって重力波探索では，時系列データの解析手法から学べることが多い．時系列データ $x(t)$ を確率過程と考えて，そのしたがう確率密度関数を $p(x)$ と書く．確率過程はその統計的性質が時間によって変化しないときに，定常であるという．重力波検出器の出力は厳密には定常ではないが，定常な場合におこることを理解することは重要であるし，実用には十分長い時間定常であると見なせることがある．そこでここでは重力波検出器出力は定常であると仮定する．さらに統計平均が時間平均によって近似できるとしよう．たとえば時系列データ $x(t)$ の統計平均は

$$\langle x \rangle = \int x p(x) dx = \lim_{T\to\infty} \frac{1}{T} \int_{-T/2}^{T/2} x(t) dt. \tag{4.236}$$

ここで $\langle\cdots\rangle$ は統計平均をあらわす．以下では簡単のため重力波検出器の出力時系列の統計平均はゼロとする．また実時系列データ $x(t)$ を考える．実数なので，そのフーリエ成分は $\tilde{x}(-f) = \tilde{x}^*(f)$ を満たす．

2次のモーメントである自己共分散関数は

$$C_x(\tau) = \langle x(t)x(t+\tau)\rangle = \lim_{T\to\infty} \frac{1}{T} \int_{-T/2}^{T/2} x(t)x(t+\tau)dt \qquad (4.237)$$

と定義される．ここで定常性より自己共分散関数は時間差 τ にしか依存しないことに注意しよう．自己共分散関数の例としては，$C_x(\tau) = P\delta(\tau)$ がある．これは少しでも異なる時刻では相関が無い雑音で，このような雑音を白色雑音と呼ぶ．

$x(t)$ のフーリエ変換とその逆変換を以下のように定義しよう．

$$x(t) = \int_{-\infty}^{\infty} \tilde{x}(f)\mathrm{e}^{2\pi i f t}df, \quad \tilde{x}(f) = \int_{-\infty}^{\infty} x(t)\mathrm{e}^{-2\pi i f t}dt. \qquad (4.238)$$

このとき，

$$\begin{aligned}
C_x(\tau) &= \lim_{T\to\infty} \frac{1}{T} \int_{-T/2}^{T/2} x(t) \int_{-\infty}^{\infty} \tilde{x}(f)\mathrm{e}^{2\pi i f(t+\tau)}df\,dt \\
&= \lim_{T\to\infty} \frac{1}{T} \int_{-\infty}^{\infty} \tilde{x}(f)\mathrm{e}^{2\pi i f \tau} \int_{-T/2}^{T/2} x(t)\mathrm{e}^{2\pi i f t}dt\,df \\
&= \int_{-\infty}^{\infty} S_x^{(2)}(f)\mathrm{e}^{2\pi i f \tau}df = \int_{0}^{\infty} S_x(f)\mathrm{e}^{2\pi i f \tau}df.
\end{aligned} \qquad (4.239)$$

ここで，

$$S_x^{(2)}(f) = \lim_{T\to\infty} \left[\frac{|\tilde{x}(f)|^2}{T}\right] \qquad (4.240)$$

を両側パワースペクトル密度，

$$S_x(f) = \begin{cases} 2S_x^{(2)}(f), & f \geq 0, \\ 0, & f < 0 \end{cases} \qquad (4.241)$$

を片側パワースペクトル密度と呼ぶ．実時系列データを考えているため，$S_x(f)$ が偶関数であることから $S_x^{(2)}(f)$ の負周波数側に含まれる情報はすべて $S_x(f)$ に含まれている．なお，

$$C_x(0) = \lim_{T\to\infty} \frac{1}{T} \int_{-T/2}^{T/2} x^2(t)dt = \int_{0}^{\infty} S_x(f)df \qquad (4.242)$$

4.12. 重力波データ解析 259

であり，左辺はパワーを表すので $S_x(f)$ にパワースペクトル密度の名前がある．

パワースペクトル密度はまた，自己共分散関数のフーリエ変換として求めることができる（ウィーナー–ヒンチンの定理）．両側パワースペクトル密度の例として，白色雑音のとき，$S_x^{(2)} = P$ を得る．すなわち白色雑音は周波数依存性を持たない[*121]．一方，周波数依存性がある一般の雑音を有色雑音ということがある．

自己相関関数 $C_x(\tau)$ と同様に，片側パワースペクトル密度 $S_x(f)$ はデータの統計平均で書ける．

$$\langle \tilde{x}(f)\tilde{x}^*(f') \rangle = \frac{1}{2}S_x(f)\delta(f - f'). \tag{4.243}$$

この式からもウィーナー–ヒンチンの定理を導ける．

4.12.2 統計的に最適な検出方法とは？

重力波は極めて振幅が小さく，検出は「干し草の山の中から針を探す」ほどに大変である．感度の良い検出器の建設は本質的であるが，「最適な」検出手法を用いることも同様に大切である．この節では，我々が（重力波）信号をデータの中に検出したか否かを判断する「最適な」手法について概説する．

最適な判別器

仮説 $\mathcal{H}_1$ を「データに求める信号が含まれている」，仮説 $\mathcal{H}_0$ を「データに求める信号は含まれていない」とする．データから仮説を検証する方法を考えよう．そのために，データ x が得られたときに，どちらの仮説を採択するかを判断する判別器 $F(x)$ を考える．統計的に最適な $F(x)$ とはどのようなものか？

さて，何を持って「最適である」と判断するかは，基準による．ここでは最適な判別器を探す方法として，コスト行列による方法を紹介する [16]．全ての成分が非負であるコスト行列 C_{ij} を考える．C_{ij} は $\mathcal{H}_j$ が正しいときに $\mathcal{H}_i$ を選択することによるコストを表す．データはある空間 Ω の中で値をとるとする．今，データが $R \in \Omega$ にあるとき，$\mathcal{H}_0$ を選択し，$R' = \Omega - R \in \Omega$ にあるとき $\mathcal{H}_1$ を選択するような判別器 F を考えよう．また，$P_j(R)$ を $\mathcal{H}_j$ が正しいときにデータが R をとるような確率とする．ここで条件付きリスク関数を

[*121] 周波数依存性を持たないので「白色」という．すべての周波数で同じ強度を持つ可視光は白色に見える，というアナロジーからの呼び名である．

260　第 4 章　重力波

$$r_j(F) = C_{0j}P_j(R) + C_{1j}P_j(R') \tag{4.244}$$

(j について和はとらない）と定義する．たとえば，$C_{00} = C_{11} = 0$ と置くと，$r_0(F) = C_{10}P_0(R')$ となる．$P_0(R')$ は，仮説 $\mathcal{H}_0$ が正しいときに，判別器 F が仮説 $\mathcal{H}_1$ を選択してしまうような領域 R' をデータがとる確率である．仮説に対する事前確率を π_0, π_1 とする．データを取得する前から，仮説 $\mathcal{H}_j$ に対してある程度の情報があるかもしれない．事前確率はその情報を反映するもので，$\pi_0 + \pi_1 = 1$ を満たす[*122]．すると全リスク関数は，P_0, P_1 に対応する確率密度関数 $p_0(x), p_1(x)$ を使って

$$
\begin{aligned}
r_{\text{total}}(F) &\equiv \pi_0 r_0(F) + \pi_1 r_1(F) \\
&= \pi_0 C_{00}P_0(R) + \pi_0 C_{10}P_0(R') + \pi_1 C_{01}P_1(R) + \pi_1 C_{11}P_1(R') \\
&= \pi_0 C_{00} + \pi_1 C_{01} + \pi_0(C_{10} - C_{00})P_0(R') + \pi_1(C_{11} - C_{01})P_1(R') \\
&= \pi_0 C_{00} + \pi_1 C_{01} + \int_{R'} \left(\pi_0 \left[C_{10} - C_{00} \right] p_0(x) + \pi_1 \left[C_{11} - C_{01} \right] p_1(x) \right) dx \\
&= \pi_0 C_{00} + \pi_1 C_{01} + \int_{R'} p_0(x)\pi_1(C_{01} - C_{11}) \left(\lambda - \Lambda(x) \right) dx. \tag{4.245}
\end{aligned}
$$

ここで以下の量を定義した[*123]．

$$\Lambda(x) \equiv \frac{p_1(x)}{p_0(x)}, \quad \lambda \equiv \frac{\pi_0}{\pi_1} \frac{C_{10} - C_{00}}{C_{01} - C_{11}}. \tag{4.246}$$

コスト行列の方法では，全リスクが最小になるように判別器 F を決定する．これは $C_{01} > C_{11}$ とする仮定のもとで，尤度比 $\Lambda(x)$ が λ より大きい x において仮説 $\mathcal{H}_1$ を選択することに等しい（つまり $\Lambda(x) > \lambda$ である領域を R' とする）．コスト，あるいは閾値 λ は，実験や解析をおこなう人が実験や解析の前に自由に決める．後に述べるように実際の観測では，たとえば偽警報率（false alarm rate）[*124] から決める．

[*122] 重力波源となるブラックホール連星が太陽系内に存在するとするという仮説を考えよう．そのようなものがある可能性がかなり低いことは，探す前からわかっているだろう．そのような場合，その仮説に対応する事前確率をかなり小さくとるだろう．事前確率の値は，過去のデータから決定するか，そのようなデータがない場合は主観にしたがって決める．詳細についてはベイズ統計学の教科書を読んでほしい．

[*123] すぐ後で見るように $p_i(x)$ は一般に測定したい物理量に依存する．観測や測定によって $x = x_*$ が決まると $p_i(x_*)$ は物理量の関数とみなすことができる．これを尤度関数と呼ぶ．$\Lambda(x)$ は尤度関数の比なので尤度比と呼ばれる．

誤検出確率と検出確率

判定器による誤検出確率（false alarm probability）と検出確率（detection probability）を

$$P_{\text{FA}} = \int_{R'} p_0(x)dx, \quad P_{\text{D}} = \int_{R'} p_1(x)dx \qquad (4.247)$$

と定義する．これらはその名の通り，採用した判定器が存在しない信号を誤って検出してしまう確率と，存在する信号を検出できる確率をあらわす．このとき全リスク関数は以下のようになる．

$$r(F) = \pi_0 C_{00} + \pi_1 C_{01} + \pi_0 (C_{10} - C_{00}) P_{\text{FA}} + \pi_1 (C_{11} - C_{01}) P_{\text{D}}. \qquad (4.248)$$

例として，$\pi_0 = \pi_1 = 1/2$ として，さらに $C_{ij} = \delta_{ij}$ を採用すると，誤非検出確率（false dissmissal probability）を $P_{\text{FD}} = 1 - P_{\text{D}}$ として，$r(F) = (P_{\text{FA}} + P_{\text{FD}})/2$ となる．また，このとき $\lambda = 1$ となる．つまり，仮説が間違っていたときのコストが同じならば，それぞれの尤度（所与のデータに対してそれぞれの仮説のもっともらしさ）が等しいときが判断を変える境界になる．図 4.17 の例であれば，点線と破線の間，2 つの確率分布関数の値が等しくなるところが境界となる．

4.12.3 所与の検出器出力時系列が重力波信号を含む確率

観測によって得られた検出器出力時系列 $x(t)$ に N_μ 個の未知のパラメータの組 $\boldsymbol{\mu}$ を持つ重力波信号 $h(t; \boldsymbol{\mu})$ が存在するかどうかを知りたい．

$$x(t) = \begin{cases} n(t), & \text{重力波信号が存在しない場合,} \\ n(t) + h(t; \boldsymbol{\mu}), & \text{パラメータ}\boldsymbol{\mu}\text{を持つ重力波信号が存在する場合.} \end{cases}$$

連星系からの重力波の検出を考える場合，未知パラメータは連星の質量，自転角運動量などである．観測値 $x(t)$ に重力波信号が存在しないとする仮説を $\mathcal{H}_0$，パラメータ $\boldsymbol{\mu}$ を持つ重力波信号が存在するとする仮説を $\mathcal{H}_{\boldsymbol{\mu}}$，さらにはどのような値

---

*124 （261 ページ）雑音しか存在しない場合でも，観測を続けているとある確率で尤度比は大きな値になりうる．尤度比の値が偽警報率が年 1 イベントに対応するといった場合，たとえ雑音しか存在しなかったとしても 1 年間観測を続けると 1 回は，その尤度比の値以上の値が得られるであろうということである．逆にこの偽警報率が事前に設定した閾値以下になるように，尤度比の閾値を決めることができる．ここで偽警報率に対する閾値は，雑音のみなら XX 年に 1 回しかおきえないというレアなイベントなら重力波信号とみなして良いだろう，という主観的判断から観測前に決めておく．

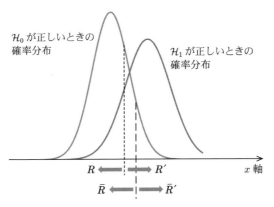

図 **4.17** 何が良い判別器か？ 簡単のため，測定によって 1 つのデータ x_* を得るとする．仮説 $\mathcal{H}_0$ が正しいときの x の確率分布は左側の曲線，仮説 $\mathcal{H}_1$ が正しいときの x の確率分布は右側の曲線である．確率分布の重なりが大きいので，$\mathcal{H}_0$ が正しくても $\mathcal{H}_1$ が正しくても，どちらにしても $x = x_*$ を得る確率はゼロではないとする．このとき，得られた x_* が，たとえば点線よりも左側，つまり $x_* \in R$ なら $\mathcal{H}_0$ が正しいと判断するのが良いだろうか？あるいは，たとえば破線よりも左側，つまり $x_* \in \bar{R}$ なら $\mathcal{H}_0$ が正しいと判断するのが良いだろうか？

でも良いからとにかく重力波が観測値に含まれているとする仮説を $\mathcal{H}_1$ と書こう．

検出器出力時系列 $x(t)$ に，どのようなパラメータ μ の値をとっていても良いがとにかく重力波信号 $h(t)$ が存在する確率 $p_{[h,x]}(h|x)$ を考えよう[*125]．これはベイズの定理によって

$$p_{[h,x]}(h|x) = \frac{p_{[x,h]}(x|h)\pi_h(h)}{p_x(x)} \qquad (4.249)$$

と書き下せる．ここで検出器出力が観測値 $x(t)$ と同一になる確率 $p_x(x)$，重力波信号 $h(t)$ が存在した場合に観測値と同一な検出器出力を得る確率 $p_{[x,h]}(x|h)$，および重力波信号 $h(t)$ の存在についての事前確率 $\pi_h(h)$ を導入している．

$x(t)$ という検出器出力時系列を得る確率 $p_x(x)$ はさらに

$$p_x(x) = \pi_h(0)p_{[x,h]}(x|0) + \pi_h(h)p_{[x,h]}(x|h)$$

[*125] この節では確率の計算で引数が様々な値をとるときも扱うので，下付き添字も使っている．たとえば，$p(x)$ を確率変数 x の（値 x をとる）確率で，$p(y)$ を確率変数 y の（値 y をとる）確率といった場合，$p(0)$ が x,y のどちらがゼロをとる確率なのかわからなくなる．

$$= \pi_h(0)p_{[x,h]}(x|0) + \pi_h(h)\int p_{[x,h]}(x|h(\boldsymbol{\mu}))\pi_{\boldsymbol{\mu}}(\boldsymbol{\mu})d\boldsymbol{\mu} \qquad (4.250)$$

とも書き下せる．ここでは $\pi_h(0)$ は重力波信号が存在しない事前確率，$p_{[x,h]}(x|h(\boldsymbol{\mu}))$ はある特定のパラメータ $\boldsymbol{\mu}$ を持つ重力波信号が存在したとして，観測値 $x(t)$ を得る確率，$\pi_{\boldsymbol{\mu}}(\boldsymbol{\mu})$ はパラメータ $\boldsymbol{\mu}$ の事前確率である．積分はパラメータ $\boldsymbol{\mu}$ のとりうるすべての範囲にわたっておこなう．

尤度比 $\Lambda(x|h)$ と（4.250）式を使うと，（4.249）式は以下のように変形できる．

$$p_{[h,x]}(h|x) = \frac{\Lambda(x|h)}{\pi_h(0)/\pi_h(h) + \Lambda(x|h)} \qquad (4.251)$$

ここで

$$\Lambda(x|h) \equiv \frac{p_{[x,h]}(x|h)}{p_{[x,h]}(x|0)} = \int \frac{p_{[x,h]}(x|h(\boldsymbol{\mu}))}{p_{[x,h]}(x|0)}\pi_{\boldsymbol{\mu}}(\boldsymbol{\mu})d\boldsymbol{\mu} \equiv \int \Lambda(x|h(\boldsymbol{\mu}))\pi_{\boldsymbol{\mu}}(\boldsymbol{\mu})d\boldsymbol{\mu}$$

である．（4.251）式で観測値 $x(t)$ に依存するのは，尤度比 $\Lambda(x|h)$ のみである．一方，$\pi_h(0)/\pi_h(h)$ は $x(t)$ を得る前にすでに持っていた知識で決定する．

同様に，あるパラメータ $\boldsymbol{\mu}$ を持つ重力波が検出器出力 $x(t)$ に含まれる確率は，以下のように書くことができる．

$$p_{[h,x]}(h(\boldsymbol{\mu})|x) = \frac{p_{\boldsymbol{\mu}}(\boldsymbol{\mu})\Lambda(x|h(\boldsymbol{\mu}))}{\pi_h(0)/\pi_h(h) + \Lambda(x|h)}. \qquad (4.252)$$

重力波を検出したか否かは $p_{[h,x]}(h|x)$ がある閾値を超えたかどうかで判定する．実際には，$\Lambda(x|h)$ の最大値は $p_{[h,x]}(h|x)$ の最大値を与えるので，尤度比 $\Lambda(x|h)$ についてある閾値を超えたかどうかで検出を判定する，尤度比検定がよく用いられる．

さて尤度比 $p_{[x,h]}(x|h(\boldsymbol{\mu}))/p_{[x,h]}(x|0)$ の分子は，検出器出力が雑音と重力波信号の和であるとの仮定から，$p_{[x,h]}(x|h(\boldsymbol{\mu})) = p_{[x,h]}(x - h(\boldsymbol{\mu})|0)$ とも書けるから，検出器雑音 $n(t)$ のしたがう確率分布関数さえわかれば，尤度比を求めることが可能である．説明を続けるために，以下では検出器雑音 $n(t)$ は定常なガウス分布にしたがうとしよう．理論的な計算や，実際の解析でも近似的な計算ではよく使われている仮定である．

4.12.4 検出器雑音がガウス分布である場合の尤度比

検出器雑音の時間領域における自己共分散関数 $C_n(t, t')$ を

264　　第 4 章　重力波

$$C_n(t, t') = \langle n(t)n(t') \rangle = C_n(|t - t'|) \tag{4.253}$$

で定義する．検出器雑音がガウス分布にしたがうという仮定から，検出器雑音 $n(t)$ を得る同時確率分布関数を以下のように書き下せる．

$$p_n(n(t)) = \mathcal{N} \exp\left[-\frac{1}{2} \int \int C_n^{(-1)}(t, t')n(t)n(t')dtdt'\right]. \tag{4.254}$$

$C_n^{(-1)}(t, t')$ は $C_n(t, t')$ の逆とでもいうべきもので，

$$\int dt'' C_n(t, t'') C_n^{(-1)}(t'', t') = \delta(t - t') \tag{4.255}$$

を満たす．フーリエ変換すると，$\mathcal{F}[\cdots]$ が関数のフーリエ変換を表すとして，

$$
\begin{aligned}
1 &= \int dt e^{-2\pi i f(t-t')} \int dt'' C_n(t, t'') C_n^{(-1)}(t'', t') \\
&= \int d\tau' \int d\tau e^{-2\pi i f\tau} e^{-2\pi i f\tau'} C_n(\tau) C_n^{(-1)}(\tau') = S_n^{(2)}(f)\mathcal{F}[C_n^{(-1)}](f). \quad (4.256)
\end{aligned}
$$

よって，$C_n^{(-1)}(\tau)$ をフーリエ変換したものは，検出器雑音 $n(t)$ の両側パワースペクトル密度の逆数 $1/S_n^{(2)}(f)$ に等しい．このことを利用して，（4.254）の指数の肩を周波数領域で書く．

$$
\begin{aligned}
&\int dt \int dt' C_n^{(-1)}(t, t') \int df \tilde{n}(f)e^{-2\pi i ft} \int df' \tilde{n}^*(f')e^{2\pi i f't'} \\
&= \int df \int df' \tilde{n}(f)\tilde{n}^*(f') \int d\tau \int dt' C_n^{(-1)}(\tau)e^{-2\pi i f\tau}e^{-2\pi i(f-f')t'} \\
&= \int_{-\infty}^{\infty} df \frac{|\tilde{n}(f)|^2}{S_n^{(2)}(f)} = 4 \int_0^{\infty} df \frac{|\tilde{n}(f)|^2}{S_n(f)}. \tag{4.257}
\end{aligned}
$$

最後の積分に類したものは重力波のデータ解析においてはよく出てくるものなので，以下のような内積を定義しておくと便利である．

$$(a, b) \equiv 4\mathrm{Re} \int_0^{\infty} \frac{\tilde{a}^*(f)\tilde{b}(f)}{S_n(f)} df = 2 \int_0^{\infty} \frac{\tilde{a}^*(f)\tilde{b}(f) + \tilde{a}(f)\tilde{b}^*(f)}{S_n(f)} df. \tag{4.258}$$

この内積を用いると $p_n(n(t)) \propto \exp(-(n, n)/2)$ であり，尤度比は

$$
\begin{aligned}
\ln \Lambda(x|h(\boldsymbol{\mu})) &= \ln\left[\frac{p_{[x,h]}(x|h(\boldsymbol{\mu}))}{p_{[x,h]}(x|0)}\right] = \ln\left[\frac{\exp(-(x - h(\boldsymbol{\mu}), x - h(\boldsymbol{\mu}))/2)}{\exp(-(x, x)/2)}\right] \\
&= (x, h(\boldsymbol{\mu})) - \frac{1}{2}(h(\boldsymbol{\mu}), h(\boldsymbol{\mu})) \tag{4.259}
\end{aligned}
$$

と求まる．

4.12. 重力波データ解析 265

マッチトフィルター

我々はある基準の元で，データに求める信号が含まれるか否かを統計的に判断する最適な方法は，尤度比によるものであることを見た．すなわち，尤度比がある閾値を越えたときに信号を検出した可能性がある．そして，検出器雑音がガウス分布にしたがっている場合は，尤度比がある閾値を越えるか否かは，内積 $(x, h(\boldsymbol{\mu}))$ が対応する閾値を越えるか否かで判断される．内積 $(x, h(\boldsymbol{\mu}))$ をマッチトフィルター（matched filter）あるいは相関フィルターと呼ぶ．ある統計量がある値の範囲にあるときに現象を検出したと判断する場合，その統計量を検出統計量（detection statistic）と呼ぶ．マッチトフィルターの出力 $(x, h(\boldsymbol{\mu}))$ は重力波波形予測が得られるときによく使われる検出統計量である[*126].

マッチトフィルターは，一般に信号対雑音比（Signal to noise ratio, SNR, S/N）の期待値を最大化する実線形フィルターであることが知られている．実際，適当なフィルター F に対して，統計量 c を

$$c \equiv (x, F) = (n, F) + (h(\boldsymbol{\mu}), F) \tag{4.260}$$

と定義してみよう．$\langle \tilde{n}(f)\tilde{n}^*(f) \rangle = S^{(2)}\delta(f - f')$ を使うと容易に分かるように $\langle (n, F)^2 \rangle = (F, F)$, $\langle (h(\boldsymbol{\mu}), F)^2 \rangle = (h(\boldsymbol{\mu}), F)^2$ であるから，

$$\left(\left\langle \frac{S}{N} \right\rangle \right)^2 = \frac{（信号が存在するときの統計量 c の期待値）^2}{（信号が存在しないときの統計量 c の分散）}$$
$$= \frac{(h, F)^2}{(F, F)} \leq (h(\boldsymbol{\mu}), h(\boldsymbol{\mu})). \tag{4.261}$$

最後の不等号では，シュワルツの不等式から $(h(\boldsymbol{\mu}), F)^2 \leq (h(\boldsymbol{\mu}), h(\boldsymbol{\mu}))(F, F)$ であり，S/N の最大値は $F \propto h(\boldsymbol{\mu})$ のときにとることを使った．またフィルター F の時間領域における実数性を仮定している．以上から，フィルター F はマッチトフィルターとなるとき（$F \propto h(\boldsymbol{\mu})$ のとき）信号対雑音比を最大化する．

練習問題 4.15 $\langle (n, F)^2 \rangle = (F, F)$ を示せ．

未知パラメータがある場合の検出法

今までの話では，信号の関数形や，信号のパラメータが既知であるとしていた．しかし実際には重力波信号のパラメータ（質量，自転角運動量など）は未知であ

[*126] これは簡単化した説明である．この節の最後のコメントを見よ．

266　第4章　重力波

り，データから決定しなくてはならないし，そもそも信号の関数形自体も重力理論から計算しなくてはならない[*127]．この場合は，適当な理論のもとで信号の関数形 $h_{\mathrm{T}}(\boldsymbol{\mu})$ を決め[*128]，$h(\boldsymbol{\mu})$ の代わりに $h_{\mathrm{T}}(\boldsymbol{\mu})$ を用いてマッチトフィルターを最大化するようなパラメータ $\boldsymbol{\mu}_{\max}$ を求めて，以下のテストをおこなう．k を閾値を表す適当な定数として，

$$\Lambda(x|h_{\mathrm{T}}(\boldsymbol{\mu}_{\max})) \geq k$$

ならばデータに $h_{\mathrm{T}}(\boldsymbol{\mu}_{\max})$ で記述される信号が含まれる． (4.262)

尤度比を最大化するパラメータ $\boldsymbol{\mu}_{\mathrm{ML}}$ を最尤推定値 (maximum likelihood estimator) と呼ぶ．最尤推定値とは，得られたデータを再現するような最もありそうなパラメータの値のことである．

　最尤推定値の最も簡単かつ有用な例は振幅 A と到達時間 t_0 である．$\boldsymbol{\mu} = \{A, t_0, \boldsymbol{\mu}'\}$ とし，重力波信号を $h(t; \boldsymbol{\mu}) = Au(t - t_0; \boldsymbol{\mu}')$ とおく．ここで，$(u(\boldsymbol{\mu}'), u(\boldsymbol{\mu}')) = 1$ となるように振幅 A を定義する．このとき $h(t)$ のフーリエ変換は，

$$\tilde{h}(f; \boldsymbol{\mu}) = Ae^{2\pi i f t_0}\tilde{u}(f; \boldsymbol{\mu}') \tag{4.263}$$

となる．尤度比は，

$$\ln \Lambda(x|h(\boldsymbol{\mu})) = A(x, e^{2\pi i f t_0}u_{\mathrm{T}}(\boldsymbol{\mu}')) - \frac{A^2}{2}. \tag{4.264}$$

第 1 項の内積は

$$(x, e^{2\pi i f t_0}u_{\mathrm{T}}(\boldsymbol{\mu}')) = 4\mathrm{Re}\int_0^\infty \frac{\tilde{x}^*(f)\tilde{u}_{\mathrm{T}}(f; \boldsymbol{\mu})}{S_n(f)}e^{2\pi i f t_0}df \tag{4.265}$$

であり，高速フーリエ変換を使ってきわめて高速かつ効率的に計算が可能である．この内積を最大化する時刻を t_{0*} とすると，振幅は $A_{\mathrm{ML}} = (x, e^{2\pi i f t_{0*}}u_{\mathrm{T}}(\boldsymbol{\mu}'))$ と求まるだろう．このとき，ほかのパラメータは，

$$\rho \equiv (x, e^{2\pi i f t_{0*}}u_{\mathrm{T}}(\boldsymbol{\mu}')) \tag{4.266}$$

を最大化することによって得られる．

[*127] 波形予測が間違っている場合，検出できないかもしれないし，検出できたとしても解釈を間違うかもしれない．

[*128] 添え字 "T" はテンプレート (template) を意味する．

4.12. 重力波データ解析 267

波形予測が出来ない場合

今までの話は波形予測ができる場合だったが、これができない場合でも、多くの検出方法が提案されている。超新星爆発からの重力波はいまのところマッチトフィルターに利用できるような波形予測はできていない。また、インフレーション起源のストカスティックな重力波など、振幅や位相がランダムに変動する重力波は、原理的に波形予測をできない。これらのケースでも、複数検出器で相関解析をおこなったり、ある程度の理論予測をもとに部分的なフィルターを適用するなどの解析手法が使われている。

また、マッチトフィルターは波形予測が可能な場合に最適な検出法ではあるが、このことはマッチトフィルターでは予想外の重力波を検出することが難しい、あるいは検出できたとしても波源について間違った解釈をしてしまう可能性があることを意味している。マッチトフィルターを用いない手法は検出効率の点では最適ではないかもしれないが、未知のものを検出できる可能性を持っている。

マッチトフィルターについてのさらなるコメント

マッチトフィルターは、

$$(x, h_{\mathrm{T}}(\boldsymbol{\mu})) = 4\mathrm{Re}\int_0^\infty \frac{\tilde{x}^*(f)\tilde{h}_{\mathrm{T}}(f;\boldsymbol{\mu})}{S_n(f)}df \tag{4.267}$$

と書ける。この式はデータと重力波波形の相関を表し、データの中に重力波波形と似た振る舞いがあるかどうかを調べるものとなっている。また、分母の $S_n(f)$ は、検出器の雑音のひどい周波数帯のデータは相関には効かないことを示す。

簡単なマッチトフィルターの例を見てみよう。簡単のため $S_n(f)$ が周波数に依らないとする。

$$(x, h_{\mathrm{T}}(\boldsymbol{\mu})) = \frac{2}{S_n}\mathrm{Re}\int_{-\infty}^\infty \tilde{x}^*(f)\tilde{h}_{\mathrm{T}}(f;\boldsymbol{\mu})df = \frac{2}{S_n}\int_{-\infty}^\infty x(t)h_{\mathrm{T}}(t)df. \tag{4.268}$$

たとえばある時間範囲 $[-T/2, T/2]$ にわたって $A\cos\omega t + B\delta(t)$ という信号が到来し、$\delta\omega/\omega \ll 1$ として、$h_{\mathrm{T}}(t) = \cos((\omega + \delta\omega)t + \phi)$ という波形予測をおこなったとしよう。このとき検出器の雑音を $n(t)$ とすると検出器出力は $x(t) = A\cos\omega t + B\delta(t) + n(t)$ となり、

$$(x, h_{\mathrm{T}}(\boldsymbol{\mu})) \simeq \frac{AT}{S_n}\cos\phi\,\mathrm{sinc}\left(\frac{\delta\omega T}{2}\right) + \frac{2B}{S_n} + \frac{2}{S_n}\int_{-\mathrm{T}/2}^{\mathrm{T}/2} n(t)h_{\mathrm{T}}(t)dt \tag{4.269}$$

となる．自明なことに，$A = 0$ でも十分大きな B に対しては，$A\cos\omega t$ と $B\delta(t)$ では波形が全く異なるにも関わらず，マッチトフィルター出力は大きな値をとる．しかし，観測者は波形予測に $h_{\rm T}(t)$ を使ったので，あくまで $h_{\rm T}(t)$ で表される現象からの重力波を観測したと思ってしまうはずである．つまり解釈を間違う．

同様なことは第 3 項が大きい場合でも起こる（これが偽警報：false alarm である）．雑音がガウス分布にしたがわない実際の検出器ではそれなりの頻度で生じることである．雑音の効果を 2 つの量で見てみよう．1 つは信号対雑音比の期待値である．簡単のため，$B = 0$ とする．第 3 項の分散は

$$\frac{4}{S_n^2}\left\langle \int n(t)h_{\rm T}(t)dt \int n(t')h_{\rm T}(t')dt' \right\rangle = \frac{4}{S_n^2}\int dt \int dt' \langle n(t)n(t')\rangle h_{\rm T}(t)h_{\rm T}(t')$$
$$= \frac{2}{S_n}\int_{-{\rm T}/2}^{{\rm T}/2} dt h_{\rm T}^2(t) \simeq \frac{{\rm T}}{S_n}. \qquad (4.270)$$

ただし，説明の簡単のため T を大きくとった．信号対雑音比の期待値は

$$\langle \rho \rangle = \frac{(x, h_{\rm T}(\boldsymbol{\mu}))}{(\text{第 3 項の分散})^{1/2}} = \sqrt{\frac{{\rm T}}{S_n}} A\cos\phi \sin(\delta\omega{\rm T}). \qquad (4.271)$$

これが閾値より大きければ検出したと考よう．$\phi = 0, \delta\omega = 0$ と正しく推定し，閾値を $\rho_{\rm th}$ とするとき，平均的に

$$A \geq \rho_{\rm th}\sqrt{\frac{S_n}{{\rm T}}} \qquad (4.272)$$

なる振幅を持つ信号は検出できることになる．信号が長く続けば続くほど，検出器雑音が小さければ小さいほど，検出できる振幅は小さくなる．

2 つ目は偽警報確率である．第 3 項の大きさの確率分布は雑音の確率分布から決まっている．雑音しか存在しないとき信号対雑音比は

$$\rho \equiv \frac{(x, h_{\rm T}(\boldsymbol{\mu}))}{(h_{\rm T}(\boldsymbol{\mu}), h_{\rm T}(\boldsymbol{\mu}))^{1/2}} \simeq \frac{2}{\sqrt{{\rm T}S_n}}\int_{-{\rm T}/2}^{{\rm T}/2} n(t)h_{\rm T}(t)dt. \qquad (4.273)$$

雑音がガウス分布にしたがうなら，ρ は平均 0，分散 1 のガウス分布にしたがうはずである．したがって，雑音しか存在しないデータから，ある $\bar{\rho}$ 以上の ρ が得られる確率，すなわち，偽警報確率は

$$\int_{\bar{\rho}}^{\infty} p(\rho)d\rho \propto \int_{\bar{\rho}}^{\infty} \exp\left(-\frac{\rho^2}{2}\right)d\rho \qquad (4.274)$$

となる．マッチトフィルターの閾値は偽警報確率から決められる．観測されたマッ

4.12. 重力波データ解析 269

チトフィルター出力が雑音だけからでも説明できるかどうか確率を計算し，その確率があり得ないほど小さければ天体起源の信号だと考えるのである．

　ここまでマッチトフィルターについていろいろ説明してきたが，実際の解析ではマッチトフィルター内積の値そのものではなく，他の情報を組み合わせた量（ランキング統計量と呼ばれる）を使う．たとえば信号の時間発展が期待されたようになっているのか（上の例では，一瞬で終わる $\delta(t)$ のようになっていないか）を確認する．また，雑音によってマッチトフィルター内積が大きくなる場合の対処法として，複数の検出器でほぼ同時刻に同様なパラメータを持つ信号が得られたかどうかを確認することが重要である．そして，実際の観測で公表されている「本物の信号らしさ」の指標は，何年間の観測をするとそのように大きなランキング統計量を得るか，という質問に答える偽警報率である．単一の検出器を使い，またその雑音の分布がガウス分布であれば偽警報率の計算は比較的に難しくはないが，実際のデータ解析では可能な限り複数検出器による同時観測をおこなっており，その雑音には非ガウス性を示す成分が混在しており，また，グリッチと呼ばれる短時間の雑音も頻発している．このような理由から偽警報率は実データを用いたモンテカルロ・シミュレーションをおこなって求めている．現在観測が進んでいる第4次観測（O4）では，コンパクト連星合体からの重力波探索の場合，偽警報率が1か月に1イベント以下であるときにとくに有意なイベントとして世界の天文学者に警報を発している[*129]．また，この警報率で得られる信号の候補のうち90％程度が真の重力波信号であると見積もられている．

4.12.5　コンパクト連星のマッチトフィルター

　最後に応用としてインスパイラリング期にあるコンパクト連星のマッチトフィルターを求めてみよう．重力波波形は（4.113）式より，

$$\tilde{h}_+(f) = -\frac{1}{2}(1 + \cos^2\iota)g(f)e^{i\phi_0 - 2\pi i f t_0}, \tag{4.275a}$$

$$\tilde{h}_\times(f) = -\cos\iota\, g(f)e^{i\phi_0 - 2\pi i f t_0 - \frac{\pi i}{2}}, \tag{4.275b}$$

$$g(f) \equiv \left(\frac{5}{24}\right)^{1/2} \pi^{-2/3}\frac{c}{r}\left(\frac{G\mathcal{M}_c}{c^3}\right)^{5/6} f^{-7/6}e^{-i\Phi(f)}, \tag{4.275c}$$

$$\Phi(f) \equiv -\frac{\pi}{4} + \frac{3}{128}\left(\frac{\pi G\mathcal{M}_c f}{c^3}\right)^{-5/3} + \cdots. \tag{4.275d}$$

[*129]　https://emfollow.docs.ligo.org/userguide/analysis/index.html

ただし定数の位相と到達時刻を適当に再定義した．また連星が宇宙論的な距離にある場合，距離 r は光度距離 d_{L}，チャープ質量などの質量は赤方偏移された質量に置き換わることに注意しておく[*130]．検出器出力のフーリエ変換は，

$$\tilde{h}(f) = F_+(\boldsymbol{n}, \psi)\tilde{h}_+(f) + F_\times(\boldsymbol{n}, \psi)\tilde{h}_\times(f) = (\bar{A}_+ - i\bar{A}_\times)\, g(f) e^{i\phi_0 - 2\pi i f t_0}.$$

ここで以下を定義した．

$$\bar{A}_+ \equiv -\frac{1 + \cos^2 \iota}{2} F_+(\boldsymbol{n}, \psi), \quad \bar{A}_\times \equiv -\cos\iota F_\times(\boldsymbol{n}, \psi). \tag{4.276}$$

マッチトフィルター内積は，

$$(x, h) = 4\mathrm{Re}\left[(\bar{A}_+ + i\bar{A}_\times)e^{-i\phi_0} \int_0^\infty \frac{\tilde{x}(f)\tilde{g}^*(f)e^{2\pi i f t_0}}{S_n(f)} df\right]. \tag{4.277}$$

ここで複素マッチトフィルター

$$z(t) \equiv 4 \int_0^\infty \frac{\tilde{x}(f)\tilde{g}^*(f)}{S_n(f)} e^{2\pi i f t} df \tag{4.278}$$

を定義し，その実部と虚部を u, v と書くと，

$$\begin{aligned}
(x, h) &= \frac{1}{2}(\bar{A}_+ + i\bar{A}_\times)e^{-i\phi_0} z(t_0) + \frac{1}{2}(\bar{A}_+ - i\bar{A}_\times)e^{i\phi_0} z^*(t_0) \\
&= (A_+ u - A_\times v)\cos\phi_0 - (A_\times u + A_+ v)\sin\phi_0. \tag{4.279}
\end{aligned}$$

位相 ϕ_0 について最大化すると，

$$\max_{\phi_0}(x, h) = \sqrt{\bar{A}_+^2 + \bar{A}_\times^2}\sqrt{u^2 + v^2} = \sqrt{\bar{A}_+^2 + \bar{A}_\times^2}|z(t_0)|. \tag{4.280}$$

これが ϕ_0 以外の残ったパラメータについて最大化すべき量である．

マッチトフィルターをした結果得られる検出統計量の信号対雑音比は，(x, h) をその標準偏差 $(h, h)^{1/2}$ で割ったものである．

$$(h, h) = 4(\bar{A}_+^2 + \bar{A}_\times^2) \int_0^\infty \frac{|\tilde{g}(f)|^2}{S_n(f)} df = (\bar{A}_+^2 + \bar{A}_\times^2)(g, g). \tag{4.281}$$

よって

$$\rho(t_0) = \frac{(x, h)}{\sqrt{(h, h)}} = \frac{|z(t_0)|}{\sigma}, \quad \sigma^2 \equiv (g, g) = 4\int_0^\infty \frac{|\tilde{g}(f)|^2}{S_n(f)} df \tag{4.282}$$

である．いま，

[*130] つまり，$\mathcal{M}_{\mathrm{c}} \to \mathcal{M}_{\mathrm{cz}} = (1 + z)\mathcal{M}_{\mathrm{c}}$ などとなる．

$$g(f) = A f^{-7/6} \mathrm{e}^{-i\Phi(f)}, \quad A \equiv \left(\frac{5}{24}\right)^{1/2} \pi^{-2/3} \frac{c}{r} \left(\frac{G\mathcal{M}_c}{c^3}\right)^{5/6} \tag{4.283}$$

と書くと，分散は

$$\sigma^2 = 4A^2 \int_0^\infty \frac{f^{-7/3}}{S_n(f)} df \equiv 4A^2 \mathcal{I} \tag{4.284}$$

となる．以上よりインスパイラリング期にある連星に対して計算すべき複素マッチトフィルター $\hat{z}(t)$ および信号対雑音比 $\rho(t)$ は，

$$\hat{z}(t) \equiv \frac{2}{\mathcal{I}} \int_0^\infty \frac{\tilde{x}^*(f) f^{-7/6} \mathrm{e}^{-i\Phi(f)}}{S_n(f)} e^{2\pi i f t} df, \tag{4.285}$$

$$\rho(t) = |\hat{z}(t)| \tag{4.286}$$

となる．$\hat{z}(t)$ を t の関数として求め，ある $t = t_0$ で最大値 $\rho_{\max} = |\hat{z}(t_0)|$ をとったとする．素朴に信号対雑音比を検出統計量とするならば，$\rho_{\max}$ が事前に定めた閾値を超えていれば t_0 に重力波が検出器に到着したと考えられる．

データ $x(t)$ に正に探している信号 $h(t)$ が含まれているとして信号対雑音比の期待値を求めよう．このとき $\langle \rho \rangle = \sqrt{(h,h)}$ となるので，

$$\langle \rho \rangle = 2A\sqrt{\mathcal{I}}\sqrt{\bar{A}_+^2 + \bar{A}_\times^2}. \tag{4.287}$$

この式を使ってどの程度の距離にある連星を検出できるかを評価できる．検出の閾値を ρ_{thr} とすると，平均して

$$D_{\mathrm{eff}} = \frac{1}{\rho_{\mathrm{thr}}} \left(\frac{5}{6}\right)^{1/2} \pi^{-2/3} c \left(\frac{G\mathcal{M}_c}{c^3}\right)^{5/6} \sqrt{\mathcal{I}} \tag{4.288}$$

程度の距離まで見ることができる．ただし，

$$D_{\mathrm{eff}} \equiv \frac{r}{\sqrt{\bar{A}_+^2 + \bar{A}_\times^2}} \tag{4.289}$$

は有効距離（effective distance）と呼ばれる量で，方向，偏極角，連星公転面と視線方向がなす角度に依存する．角度に依存する係数 $\bar{A}_+^2 + \bar{A}_\times^2$ は (4.214) 式を見るとわかる通り，$\iota = 0, \theta = 0$ のとき最大値 1 をとり，このとき r は最も大きくなる．慣例上，重力波の地平線距離 d_{h}（horizon distance）は (4.288) 式において $\rho_{\mathrm{thr}} = 8$ および $\iota = 0, \theta = 0$ のときの距離と定義される．一方で重力波の到来方向によって検出器の感度が変化することを加味した平均的な距離（range distance）を定義することができ，宇宙膨張を無視できる程度の近傍の宇宙では，$d_{\mathrm{h}}/2.26$

272　第 4 章　重力波

程度になることが知られている[131].

---

[131] https://online.igwn.org/ にある "Range Calculation" を参照のこと.

付録 A

摂動論におけるゲージ変換

　第 1 章におけるアイシュタイン方程式の線形近似の説明や，4.1 節における重力波の偏極の説明では，座標変換を用いることで，アインシュタイン方程式を簡単な形にしたり，独立なメトリックの成分を特定した．座標変換によるメトリックやアインシュタイン方程式の簡単化の説明はある意味わかりやすいが，たとえば宇宙論における摂動論など，背景となる時空が平坦でない場合，注意が必要となる．この節の説明は，4 章で説明しているリーマンテンソルや重力波のストレスエネルギーテンソルのゲージ変換不変性の重要性を理解する上で助けとなる．

　まず 1 章の内容を復習しよう．我々はメトリックの摂動を本当の時空のメトリックと平坦な時空のメトリックの差 $\epsilon h_{\mu\nu} \equiv g_{\mu\nu} - \eta_{\mu\nu}$ として定義した．ただしここで $|\epsilon| \ll 1$ は重力の弱さを表す微小パラメータであり，式を展開して整理する上で便利に利用する．その後線形化したアインシュタイン方程式を波動方程式の形にするために，物理を記述する上でどのような座標を使っても良いこと，また座標変換によってメトリックの形が変わることを利用した．いま $\zeta^{\mu}(x^{\alpha})$ を座標の適当な関数として，座標変換を，$x'^{\mu} = x^{\mu} + \epsilon \zeta^{\mu}$ の形に仮定する．さらに $|\zeta_{\mu,\nu}|$ の大きさが $|h_{\mu\nu}|$ の大きさ程度だとしよう[*1]．すると座標変換によってメトリックは $g_{\mu\nu} = \eta_{\mu\nu} + \epsilon h_{\mu\nu}$ から

$$g'_{\mu\nu} = \eta_{\mu\nu} + \epsilon h'_{\mu\nu}, \quad h'_{\mu\nu} \equiv h_{\mu\nu} + \zeta_{\mu,\nu} + \zeta_{\nu,\mu} \tag{A.1}$$

[*1] このように仮定すると，「背景となる時空」のメトリックとその摂動の和で「本当の時空」のメトリックを表す，という描像が変換後も保たれる．

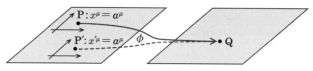

図 **A.1** 「本当の時空」の点 Q を「背景となる時空」のどの点に対応づけるかには，任意性がある．その任意性を表すために，ここでは座標変換を使う．対応 ϕ は，「背景となる時空」においてどのような座標系をとろうとも，座標値が a^μ である点を Q に対応づけるとする．すると，「背景となる時空」のある座標系 x^μ と別の座標系 x'^μ で異なる点 P, P' を対応づけることになる．

のように変化する．ここで ′ 付きの量は座標系 x'^μ における量であることを示す．ここで ζ^μ をうまくとって，新しい座標系で $\bar{h}'^{\mu\nu}{}_{,\nu} = 0$ となるようにすれば線形化したアインシュタイン方程式が，波動方程式になって簡単に解析できる．

さて，以上おこなっていることは，「本当の時空」と「背景となる平坦な時空」を比べているということだ．しかし，この比較の結果は一意には決まらない．「本当の時空」のある点と「背景となる平坦な時空」のある点の対応は，一意には決まらないからだ．この対応の任意性によって，今考えている問題においては「見かけの摂動」が生じる可能性がある．対応を換えることを摂動論におけるゲージ変換と呼ぶ．以下しばらくの間，「背景となる時空」は必ずしも平坦な時空とは限らないこととする．「背景となる時空」は便宜上導入された仮想的な時空であることに注意しよう．したがってこの「見かけの摂動」は非物理的な摂動であり，そこに物理的な意味を見出そうとすると間違ってしまう．以下ではまずメトリックの「見かけの摂動」を導出しよう[*2]．

ある対応を採用すると「背景となる時空」の点 P が「本当の時空」の点 Q と対応するとする．また別の対応を採用すると，「背景となる時空」の，点 P とは異なる点 P' が「本当の時空」の点 Q と対応するとする．どちらの対応をとっても物理的には等価なはずだが，2 つの対応の違いが摂動の非物理的な違い（「見かけの摂動」）をもたらす．この 2 つの対応の違いは以下のようにして，「背景とな

[*2] 以下では，「本当の時空」という 1 つの物理的な時空における座標変換と，「本当の時空」と仮想的な「背景となる時空」の 2 つの時空の間の対応を，「背景となる時空」における座標変換で表すことの違いを説明している．より正確な話は，たとえば参考文献 [6] の 7 章などを参照．またこの節の説明について，国立天文台の中村康二氏との議論に感謝する．

る時空」における 2 つの座標系の貼り方の違いとしてとらえることもできる．すなわち，対応（ϕ と呼ぼう）は「背景となる時空」の各点の座標値に応じて，その点を「本当の時空」のある点に対応させると考える．たとえば「背景となる時空」で適当にとった座標系 x^μ で，点 P は座標値 a^μ を持っていたとする[*3]．ϕ は点 P を「本当の時空」の点 Q に対応させる．また一方別な座標系 x'^μ では，点 P$'$ が座標値 a^μ を持っていたとする．ϕ は点 P$'$ を「本当の時空」の点 Q（先ほどの点と同じ点）に対応させる（図 A.1 参照）．

「見かけの摂動」の表式を得るにあたって，2 つの座標系はあまり変わらず，座標変換が $x'^\mu = x^\mu + \epsilon\zeta^\mu(x^\alpha)$ のように書かれるとしよう．このとき，点 P（x^μ 座標系で 座標値 a^μ）における「背景となる時空」のメトリック（$g_{\mu\nu}^{(B)}$ と書く．B は "Background" の頭文字）は，座標変換によって

$$g_{\mu\nu}^{\prime(B)}(x'^\lambda = a^\lambda + \epsilon\zeta^\lambda(a)) = \frac{\partial x^\alpha}{\partial x'^\mu}\frac{\partial x^\beta}{\partial x'^\nu}g_{\alpha\beta}^{(B)}(x^\lambda = a^\lambda) \tag{A.2}$$

のように変化する．座標系 x'^μ で座標値が a^μ となる点 P$'$ におけるメトリックは

$$\begin{aligned}
g_{\mu\nu}^{\prime(B)}(x'^\lambda = a^\lambda) &= \frac{\partial x^\alpha}{\partial x'^\mu}\frac{\partial x^\beta}{\partial x'^\nu}g_{\alpha\beta}^{(B)}(x^\lambda = a^\lambda - \epsilon\zeta^\lambda(a^\rho)) \\
&= g_{\mu\nu}^{(B)} - \epsilon\zeta^\alpha{}_{,\mu}g_{\alpha\nu}^{(B)} - \epsilon\zeta^\beta{}_{,\nu}g_{\mu\beta}^{(B)} - \epsilon g_{\mu\nu}^{(B)}{}_{,\lambda}\zeta^\lambda \\
&= g_{\mu\nu}^{(B)} - \epsilon(\zeta_{\mu|\nu} + \zeta_{\nu|\mu}). \tag{A.3}
\end{aligned}$$

ここで最右辺の各項は $x^\lambda = a^\lambda$ で評価する．また，添え字の縦棒は $g_{\mu\nu}^{(B)}$ による共変微分を表す．対応 ϕ によって，$g_{\mu\nu}^{(B)}(x^\lambda = a^\lambda)$ は「本当の時空」におけるメトリック $g_{\mu\nu}(Q)$ と比較される．2 つの時空の点の対応 ϕ によって，「背景となる時空」における $g_{\mu\nu}^{(B)}$ が，「本当の時空」において $\phi[g_{\mu\nu}^{(B)}]$ になるとすると，

$$g_{\mu\nu}(Q) - \phi[g_{\mu\nu}^{(B)}(x^\lambda = a^\lambda)](Q) \equiv \epsilon h_{\mu\nu}(Q). \tag{A.4}$$

同様に $g_{\mu\nu}^{\prime(B)}(x'^\lambda = a^\lambda)$ と点 Q における「本当の時空」におけるメトリック $g_{\mu\nu}(Q)$ を比較すると，

$$\begin{aligned}
&g_{\mu\nu}(Q) - \phi[g_{\mu\nu}^{\prime(B)}(x'^\lambda = a^\lambda)](Q) \\
&= g_{\mu\nu}(Q) - \phi[g_{\mu\nu}^{(B)}(x^\lambda = a^\lambda)](Q) - \phi[g_{\mu\nu}^{\prime(B)}(x'^\lambda = a^\lambda) - g_{\mu\nu}^{(B)}(x^\lambda = a^\lambda)](Q) \\
&= \epsilon h_{\mu\nu}(Q) + \epsilon\phi\left[\zeta_{\mu|\nu} + \zeta_{\nu|\mu}\right](Q) = \epsilon\phi\left[h_{\mu\nu} + \zeta_{\mu|\nu} + \zeta_{\nu|\mu}\right](Q). \tag{A.5}
\end{aligned}$$

[*3] たとえば，$a^\mu = (0, 1, 0, 0)$ など．

角括弧の中の量はすべて「背景となる時空」において $x^\mu = a^\mu$ となる点，つまり点 P で評価している．この式は，対応の変更（座標系の変更）によって，摂動が $h_{\mu\nu}$ から $h'_{\mu\nu} \equiv h_{\mu\nu} + \zeta_{\mu|\nu} + \zeta_{\nu|\mu}$ に変わったことを示している[*4]．

ここまで「背景となる時空」のメトリックを $g_{\mu\nu}^{(B)}$ と書いてきたが，これを $\eta_{\mu\nu}$ に置き換えると，$\zeta_{\mu|\nu} = \zeta_{\mu,\nu}$ となって（A.1）式と同じ形になる．しかし，一般に「背景となる時空」が平坦でない場合は「見かけの摂動」に $g_{\mu\nu}^{(B)}$ の微分項が現れることに注意しよう．

さて，ゲージの任意性 $\zeta^\mu(x^\alpha)$ によるメトリックの摂動 $h_{\mu\nu}(x^\alpha)$ の任意性を回避する方法の 1 つは，4.1 節でおこなったように $\zeta^\mu(x^\alpha)$ を解析に便利なように指定してしまうことである（ゲージ固定とも呼ぶ）．4.1 節では調和ゲージ条件を使うことにした．もう一つの方法は，ゲージ変換をおこなったときに不変な量を考えることだ．線形化したリーマンテンソル

$$R_{\mu\nu\alpha\beta} = \frac{\epsilon}{2}(h_{\mu\beta,\nu\alpha} + h_{\nu\alpha,\mu\beta} - h_{\nu\beta,\mu\alpha} - h_{\mu\alpha,\nu\beta}) + \mathcal{O}(\epsilon^2) \tag{A.6}$$

は ϵ の 1 次式まででは，（A.1）式の変換のもとで不変である[*5]．

[*4] リー微分を知っている人向け：$\zeta_{\mu|\nu} + \zeta_{\nu|\mu} = \mathcal{L}_\zeta g_{\mu\nu}$ である．

[*5] リーマンテンソルの ϵ の 1 次式まででのゲージ不変性は，電磁気学における 4 元ベクトルポテンシャル A^μ のゲージ変換や，A^μ のゲージ変換に対する電場や磁場の不変性と類似している．

付録 B

フェルミ正規座標

4.1.2 節で説明した通り，時間的測地線 γ に沿って，γ 近傍の計量を以下の形にすることができる．この座標系をフェルミ正規座標系と呼ぶ．

$$ds^2 = \left(-1 + R_{\bar{0}\bar{a}\bar{b}\bar{0}}x^{\bar{a}}x^{\bar{b}} + \cdots\right)(dx^{\bar{0}})^2 - \frac{4}{3}\left(R_{\bar{0}\bar{b}\bar{a}\bar{c}}x^{\bar{b}}x^{\bar{c}} + \cdots\right)dx^{\bar{0}}dx^{\bar{a}}$$
$$+ \left(\delta_{\bar{a}\bar{b}} - \frac{1}{3}R_{\bar{a}\bar{c}\bar{b}\bar{d}}x^{\bar{c}}x^{\bar{d}} + \cdots\right)dx^{\bar{a}}dx^{\bar{b}}. \tag{B.1}$$

ローマ字の添え字は空間的な添え字であり，$x^{\bar{a}}$ は γ を空間原点とする空間座標である．$R_{\bar{\alpha}\bar{\beta}\bar{\gamma}\bar{\delta}}$ は γ 上の各点でのリーマンテンソルのフェルミ正規座標系における成分で，時間座標 $x^{\bar{0}}$ の関数である．この節ではフェルミ正規座標系を構成する方法について説明しよう[*1]．

時間的測地線をたどる観測者を考える．この測地線を γ と呼び，観測者の 4 元速度ベクトルを u^{μ} とする．γ に沿って平行移動される空間的ベクトル v^{μ} を考える（すなわち $u^{\nu}\nabla_{\nu}v^{\mu} = 0$）．$u^{\mu}$ と v^{μ} が γ 上ある一点でそれぞれ -1 と 1 に規格化され，直交しているならば，γ 上すべての点でノルムは保存し，互いに直交することを確かめることができる．

空間は 3 次元であるから，v^{μ} のように γ 上で平行移動され，規格化・直交関係を満たすような空間的ベクトルを，独立に 3 つ考えることができる．それらを $e^{\mu}{}_{\bar{a}}$ $(a = 1, 2, 3)$ と書き，また $e^{\mu}{}_{\bar{0}} \equiv u^{\mu}$ と書こう．すると γ 上で

$$g_{\mu\nu}e^{\mu}{}_{\bar{\alpha}}e^{\nu}{}_{\bar{\beta}}|_{\gamma} = \eta_{\bar{\alpha}\bar{\beta}} \tag{B.2}$$

[*1] この節の説明は [36] の 1.11 節にしたがう．

を満たす. 逆に, γ 上の点 P で γ に直交しノルムが 1 である, 点 P における任意の空間的ベクトル v^μ は, $e^\mu{}_{\bar{a}}$ によって展開できる. つまり適当な数係数 $\Omega^{\bar{a}}$ を使って $v^\mu = \Omega^{\bar{a}} e^\mu{}_{\bar{a}}$ と書けるだろう. ただし, a について和をとるものとし, $\Omega^{\bar{a}}$ は γ 上 $v_\mu v^\mu = 1$ であることから,

$$1 = v_\mu v^\mu|_\gamma = \Omega^{\bar{a}} \Omega^{\bar{b}} g_{\mu\nu} e^\mu{}_{\bar{a}} e^\nu{}_{\bar{b}}|_\gamma = \delta_{\bar{a}\bar{b}} \Omega^{\bar{a}} \Omega^{\bar{b}} \tag{B.3}$$

を満たす.

以上のような v^μ を点 P から v^μ 自身に沿って平行移動していくことで, v^μ を接ベクトルとする空間的測地線を定義することができる. これを β と呼ぼう. 以下, β 上, 点 P からの固有距離を s とする. β 上の点 Q は, β が出発した γ 上の点 P と点 P からの固有距離 s_Q によってすくなくとも γ の近傍においては一意に指定できるだろう. ただし, γ から離れると重力の影響によって測地線同士が交わるかもしれない. このような状況を避けるために, γ の近傍のみを考えるのである. また, 点 P において γ と直交しつつ点 P を出発する空間的測地線は無数にあるが, これらは点 P において $\Omega^{\bar{a}}$ によって指定されることに注意しよう. 以上の準備の元, γ 近傍における点 Q の座標値を $x_Q^{\bar{\alpha}} = (\tau_P, s_Q \Omega_Q^{\bar{a}})$ としよう[*2]. ただし, τ_P は測地線 β の γ 上の出発点 P における, γ の固有時である. このようにして定義される座標系 $x^{\bar{\alpha}}$ を γ 近傍におけるフェルミ正規座標系と呼ぶ.

さて, γ 近傍の適当な座標系 x^μ からフェルミ正規座標系 $x^{\bar{\alpha}}$ への座標変換を考える. とくに γ 上では,

$$\frac{\partial x^\mu}{\partial x^{\bar{0}}}\Big|_\gamma = \frac{\partial x^\mu}{\partial \tau}\Big|_\gamma = e^\mu{}_{\bar{0}}, \quad \frac{\partial x^\mu}{\partial x^{\bar{a}}}\Big|_\gamma = e^\mu{}_{\bar{a}}. \tag{B.4}$$

2 つ目の式は γ 近傍において $x^\mu = s\Omega^{\bar{a}} e^\mu{}_{\bar{a}} = x^{\bar{a}} e^\mu{}_{\bar{a}}$ と書けることから得られる. よって

$$g_{\mu\nu} \frac{\partial x^\mu}{\partial x^{\bar{\alpha}}} \frac{\partial x^\nu}{\partial x^{\bar{\beta}}}\Big|_\gamma = \eta_{\bar{\alpha}\bar{\beta}}. \tag{B.5}$$

したがってフェルミ正規座標系では γ 上至るところ計量は平坦な時空の計量に一致する.

次にフェルミ正規座標系において測地線 β を考える. フェルミ正規座標系では $x^{\bar{0}} = \tau, x^{\bar{a}} = s\Omega^{\bar{a}}$ であるから, 測地線 β

[*2] この節では表記の簡単ため $c = 1$ という単位系をとる.

付録 B　フェルミ正規座標

$$\frac{d^2 x^{\bar{\alpha}}}{ds^2} + \Gamma^{\bar{\alpha}}{}_{\bar{\beta}\bar{\gamma}} \frac{dx^{\bar{\beta}}}{ds} \frac{dx^{\bar{\gamma}}}{ds} = 0 \tag{B.6}$$

は，$\Gamma^{\bar{\alpha}}{}_{\bar{a}\bar{b}} \Omega^{\bar{a}} \Omega^{\bar{b}} = 0$ に帰着する．ここで $\Gamma^{\bar{\alpha}}{}_{\bar{a}\bar{b}}$ は γ 上で $\Omega^{\bar{a}}$ によらないから，この式が任意の $\Omega^{\bar{a}}$ に対して満たされるためには γ 上 $\Gamma^{\bar{\alpha}}{}_{\bar{a}\bar{b}} = 0$ である．最後に $e^{\bar{\alpha}}{}_{\bar{\delta}}$ の γ 方向への平行移動を考えると，

$$\frac{de^{\bar{\alpha}}{}_{\bar{\delta}}}{d\tau} + \Gamma^{\bar{\alpha}}{}_{\bar{\beta}\bar{\gamma}} u^{\bar{\beta}} e^{\bar{\gamma}}{}_{\bar{\delta}} = 0 \tag{B.7}$$

だが，γ 上 $e^{\bar{\alpha}}{}_{\bar{\delta}} = \delta^{\bar{\alpha}}{}_{\bar{\delta}}$ であるので，$\Gamma^{\bar{\alpha}}{}_{\bar{0}\bar{\delta}}|_{\gamma} = 0$ である．以上よりフェルミ正規座標系では γ 上至るところ計量の 1 階微分はゼロである．また，γ 上ゼロであるから，$\Gamma^{\bar{\alpha}}{}_{\bar{\beta}\bar{\gamma},\bar{0}}|_{\gamma} = 0$ である．

次に 2 つの空間的測地線 β に対して測地線偏差の方程式を考える．差分ベクトルを $\xi^{\bar{\alpha}}$ とすると

$$\frac{D^2 \xi^{\bar{\alpha}}}{ds^2} = R^{\bar{\alpha}}{}_{\bar{\beta}\bar{\gamma}\bar{\delta}} v^{\bar{\beta}} v^{\bar{\gamma}} \xi^{\bar{\delta}}. \tag{B.8}$$

左辺は

$$\frac{D^2 \xi^{\bar{\alpha}}}{ds^2} = \frac{d^2 \xi^{\bar{\alpha}}}{ds^2} + 2\Gamma^{\bar{\alpha}}{}_{\bar{\beta}\bar{\gamma}} v^{\bar{\beta}} \frac{d\xi^{\bar{\gamma}}}{ds}$$
$$+ \left(\Gamma^{\bar{\alpha}}{}_{\bar{\beta}\bar{\delta},\bar{\gamma}} + \Gamma^{\bar{\alpha}}{}_{\bar{\beta}\bar{\epsilon}} \Gamma^{\bar{\epsilon}}{}_{\bar{\gamma}\bar{\delta}} - \Gamma^{\bar{\alpha}}{}_{\bar{\delta}\bar{\epsilon}} \Gamma^{\bar{\epsilon}}{}_{\bar{\beta}\bar{\gamma}} \right) v^{\bar{\beta}} v^{\bar{\gamma}} \xi^{\bar{\delta}}. \tag{B.9}$$

ここで ξ^{μ} を異なる $\Omega^{\bar{a}}$ で指定される 2 つの測地線の偏差

$$\xi^{\bar{\alpha}} = \frac{\partial x^{\bar{\alpha}}}{\partial \Omega^{\bar{d}}} = s \delta^{\bar{\alpha}}{}_{\bar{d}} \tag{B.10}$$

ととるならば，測地線偏差の方程式（B.8）から

$$2\Gamma^{\bar{\alpha}}{}_{\bar{b}\bar{d}} v^{\bar{b}} + s \left(\Gamma^{\bar{\alpha}}{}_{\bar{b}\bar{d},\bar{c}} + \Gamma^{\bar{\alpha}}{}_{\bar{b}\bar{\epsilon}} \Gamma^{\bar{\epsilon}}{}_{\bar{c}\bar{d}} - \Gamma^{\bar{\alpha}}{}_{\bar{d}\bar{\epsilon}} \Gamma^{\bar{\epsilon}}{}_{\bar{b}\bar{c}} \right) v^{\bar{b}} v^{\bar{c}}$$
$$= s R^{\bar{\alpha}}{}_{\bar{b}\bar{c}\bar{d}} v^{\bar{b}} v^{\bar{c}} \tag{B.11}$$

クリストッフェル記号を s についてテーラー展開すると，

$$\Gamma^{\bar{\alpha}}{}_{\bar{b}\bar{d}}(x^{\bar{\epsilon}}) = s v^{\bar{c}} \Gamma^{\bar{\alpha}}{}_{\bar{b}\bar{d},\bar{c}}\big|_{\gamma} + \mathcal{O}(s^2). \tag{B.12}$$

したがって（B.11）式は s の 1 次までで，以下を与える．

$$\left(3\Gamma^{\bar{\alpha}}{}_{\bar{b}\bar{d},\bar{c}} - R^{\bar{\alpha}}{}_{\bar{b}\bar{c}\bar{d}} \right)\big|_{\gamma} v^{\bar{b}} v^{\bar{c}} = 0. \tag{B.13}$$

これが任意の $v^{\bar{a}}$ について成り立つので，クリストッフェル記号の満たすべき対

称性 $\Gamma^{\bar{\alpha}}_{\ \bar{b}\bar{d}} = \Gamma^{\bar{\alpha}}_{\ \bar{d}\bar{b}}$ から以下を得る.

$$\Gamma^{\bar{\alpha}}_{\ \bar{b}\bar{d},\bar{c}}\Big|_\gamma = -\frac{1}{3}\left(R^{\bar{\alpha}}_{\ \bar{b}\bar{d}\bar{c}} + R^{\bar{\alpha}}_{\ \bar{d}\bar{b}\bar{c}}\right)\Big|_\gamma. \tag{B.14}$$

また一方,$\xi^{\bar{\alpha}}$ を異なる τ で指定される 2 つの測地線の偏差

$$\xi^{\bar{\alpha}} = \frac{\partial x^{\bar{\alpha}}}{\partial \tau} = \delta^{\bar{\alpha}}_{\ \bar{0}} \tag{B.15}$$

ととるならば,測地線偏差の方程式から以下を得る.

$$\Gamma^{\bar{\alpha}}_{\ \bar{b}\bar{0},\bar{c}}\Big|_\gamma = R^{\bar{\alpha}}_{\ \bar{b}\bar{c}\bar{0}}\Big|_\gamma. \tag{B.16}$$

以上をまとめると,γ 上近傍でのフェルミ正規座標系における計量の 2 階微分を以下の形にまとめることができる.

$$g_{\bar{\alpha}\bar{\beta},\bar{\gamma}\bar{0}} = 0, \tag{B.17a}$$

$$g_{\bar{0}\bar{0},\bar{a}\bar{b}} = 2R_{\bar{0}\bar{a}\bar{b}\bar{0}}\big|_\gamma, \tag{B.17b}$$

$$g_{\bar{0}\bar{a},\bar{b}\bar{c}} = -\frac{2}{3}\left(R_{\bar{0}\bar{b}\bar{a}\bar{c}} + R_{\bar{0}\bar{c}\bar{a}\bar{b}}\right)\Big|_\gamma, \tag{B.17c}$$

$$g_{\bar{a}\bar{b},\bar{c}\bar{d}} = -\frac{1}{3}\left(R_{\bar{a}\bar{c}\bar{b}\bar{d}} + R_{\bar{b}\bar{c}\bar{a}\bar{d}}\right)\Big|_\gamma. \tag{B.17d}$$

これらを使って計量を線素の形にまとめて書いたものが(B.1)式である.

付録 C

問題解答例

1 章

1.1 2つの慣性系同士の座標変換を次のように書く.

$$X^{0'} = AX^0 + BX^1$$
$$X^{1'} = CX^0 + DX^1$$

慣性系 O' の光の速さは

$$\frac{dX^{1'}}{dX^{0'}} = \frac{CdX^0 + DdX^1}{AdX^0 + BdX^1} = \frac{D}{A}\frac{1-V}{1+B/A}\frac{dX^1}{dX^0}$$

だから以下の関係が得られる.

$$A = D, \qquad B/A = -V$$

したがって座標変換は次のようになる.

$$X^{0'} = A(X^0 - VX^1)$$
$$X^{1'} = A(X^1 - VX^0)$$

ここで系 O' からみると系 O は X^1 軸の負の方向に同じ速度 V で運動しているから,次の関係も同様に成り立つことが分かる.

$$X^0 = A(X^{0'} + VX^{1'})$$
$$X^1 = A(X^{1'} + VX^{0'})$$

この関係を使えば定数 A が次のように分かる

$$A = \frac{1}{\sqrt{1-V^2}}$$

この定数はローレンツ因子と呼ばれ，通常 γ_V，あるいは単に γ と書かれる．以上から慣性系同士の座標変換は次のようになる．

$$X^{0'} = \gamma(X^0 - VX^1)$$
$$X^{1'} = \gamma(X^1 - VX^0)$$

一般に光の速度を変えない慣性系間の座標変換をローレンツ変換と呼ぶが，今の状況の変換を特に X^1 方向へのローレンツブーストと呼ぶ．一般の方向へのローレンツブーストは以下のように表される．

$$X^{0'} = \gamma\left(X^0 - \boldsymbol{V}\cdot\boldsymbol{X}\right) \tag{C.1}$$
$$\boldsymbol{X}' = \boldsymbol{X} - \left[\gamma X^0 - (\gamma-1)\frac{\boldsymbol{X}\cdot\boldsymbol{V}}{V^2}\right]\boldsymbol{V}$$

最後に（1.38）式を示す．(C.1) 式より，

$$\Lambda^{0'}{}_0 = \gamma, \quad \Lambda^{0'}{}_i = -\gamma V^i,$$
$$\Lambda^{i'}{}_0 = -\gamma V^i, \quad \Lambda^{i'}{}_j = \delta^i{}_j + (\gamma-1)\frac{V^i V^j}{V^2}$$

よって

$$\eta_{\alpha'\beta'}\Lambda^{\alpha'}{}_0\Lambda^{\beta'}{}_0 = -\Lambda^{0'}{}_0\Lambda^{0'}{}_0 + \delta_{ij}\Lambda^{i'}{}_0\Lambda^{j'}{}_0 = -\gamma^2 + \gamma^2 V^2 = -1$$
$$\eta_{\alpha'\beta'}\Lambda^{\alpha'}{}_0\Lambda^{\beta'}{}_i = -\Lambda^{0'}{}_0\Lambda^{0'}{}_i + \delta_{jk}\Lambda^{j'}{}_0\Lambda^{k'}{}_i = \gamma^2 V^i - \gamma V^j - (\gamma-1)\gamma V^i = 0$$
$$\eta_{\alpha'\beta'}\Lambda^{\alpha'}{}_i\Lambda^{\beta'}{}_j = -\Lambda^{0'}{}_i\Lambda^{0'}{}_j + \delta_{k\ell}\Lambda^{k'}{}_i\Lambda^{\ell'}{}_j$$
$$= -\gamma^2 V^i V^j + \delta_{ij} + 2(\gamma-1)\frac{V^i V^j}{V^2} + (\gamma-1)^2\frac{V^i V^j}{V^2} = \delta_{ij}$$

1.2 座標原点は同じである．O' 系の空間軸は $X^{0'} = 0$ で表されるので，（1.30）式から O 系の座標では，$X^0 = VX^1$，すなわち，原点を通る傾き V の直線となり，時間軸は $X^{1'} = 0$ なので $X^0 = (1/V)X^1$ となり，原点を通る傾き $1/V$ の直線である．

　原点を通る光の経路は，$X^0 = \pm X^1$ あるいは $X^{0'} = \pm X^{1'}$ であるから，原点を通る傾き ± 1 の直線となる．時空図での座標系の取り方は慣性系によってさまざまであるが，どの場合でも光の経路は傾き ± 1 の直線となる．こうして時空とは光の経路で特徴づけられる幾何学ということができる．

1.3 　2つのベクトル $\vec{A}, \vec{B}$ をローレンツ変換したベクトルをそれぞれ $\vec{A}', \vec{B}'$ とし，それらの間の変換を以下のように書く．

$$A^{\rho'} = \Lambda^{\rho'}{}_\mu A^\mu, \quad B^{\sigma'} = \Lambda^{\sigma'}{}_\nu B^\nu \tag{C.2}$$

このとき

$$\vec{A}' \cdot \vec{B}' = \eta_{\rho'\sigma'} A^{\rho'} B^{\sigma'} = \eta_{\rho'\sigma'} \Lambda^{\rho'}_{\ \mu} \Lambda^{\sigma'}_{\ \nu} A^\mu B^\nu = \eta_{\mu\nu} A^\mu B^\nu = \vec{A} \cdot \vec{B} \tag{C.3}$$

ここで $\Lambda^{\rho'}_{\ \mu}$ がローレンツ変換である条件（1.38）を用いた.

1.4 別の慣性系 O' での成分は

$$\frac{\partial f}{\partial X^{\mu'}} = \frac{\partial X^\alpha}{\partial X^{\mu'}} \frac{\partial f}{\partial X^\alpha} = \Lambda^\alpha_{\ \mu'} \frac{\partial f}{\partial X^\alpha} \tag{C.4}$$

したがって, この成分を持つ量は 1 形式である. 次に $f(\vec{X}) = $ 一定 面上の近傍の 2 事象 $\vec{X}$ と $\vec{X} + d\vec{X}$ を考えると

$$f(\vec{X}) = f(\vec{X} + d\vec{X}) = a \tag{C.5}$$

から

$$\frac{\partial f}{\partial X^\mu} dX^\mu = 0 \tag{C.6}$$

が導かれる. $d\vec{X}$ は $f = a$（定数）内のベクトルであるから, $\tilde{d}f$ に対応するベクトル

$$\vec{n}_f \underset{O}{\rightarrow} \left(\eta^{\mu\nu} \frac{\partial f}{\partial X^\nu} \right) \tag{C.7}$$

はこの超曲面に直交するベクトルである.

1.5 $(2,0)$ テンソル A と $(0,1)$ テンソル B の縮約

$$A^{\mu\nu} B_\mu \tag{C.8}$$

が, $(1,0)$ テンソル, すなわちベクトルとして変換することを示せばよい.

1.6 完全反対称テンソル ϵ をローレンツ変換した 4 階のテンソルを

$$M^{\mu\nu\rho\sigma} = \Lambda^\mu_{\ \alpha} \Lambda^\nu_{\ \beta} \Lambda^\rho_{\ \gamma} \Lambda^\sigma_{\ \delta} \epsilon^{\alpha\beta\gamma\delta} \tag{C.9}$$

とおく. このテンソルは完全反対称であるから ϵ テンソルに比例する. 一方, 行列式の定義から

$$M^{0123} = \Lambda^0_{\ \alpha} \Lambda^1_{\ \beta} \Lambda^2_{\ \gamma} \Lambda^3_{\ \delta} \epsilon^{\alpha\beta\gamma\delta} = \det \Lambda \tag{C.10}$$

以上から

$$\det \Lambda \epsilon^{\mu\nu\rho\sigma} = \Lambda^\mu_{\ \alpha} \Lambda^\nu_{\ \beta} \Lambda^\rho_{\ \gamma} \Lambda^\sigma_{\ \delta} \epsilon^{\alpha\beta\gamma\delta} \tag{C.11}$$

時間反転を含まないローレンツ変換を考えているから $\det \Lambda = 1$ となって, 証明される.

1.7 4 元運動量の保存則（1.116）で示したように, $M^{\mu\nu}$ が定数になるためには被

積分項が次式を満たせばよい.

$$(x^\mu T^{\nu\rho} - x^\nu T^{\mu\rho})_{,\rho} = 0 \tag{C.12}$$

この式で保存則 $T^{\mu\nu}_{,\nu} = 0$ を使うと $T^{\mu\nu} = T^{\nu\mu}$ が導かれる.

1.8　一般座標系 $S(x)$ と $S'(x')$ 間の変換行列の間には以下の関係がある.

$$e^{\mu'}_{\bar\alpha} = \frac{\partial x^{\mu'}}{\partial x^\nu} e^\nu_{\bar\alpha}, \quad e^{\bar\alpha}_{\sigma'} = \frac{\partial x^\lambda}{\partial x^{\sigma'}} e^{\bar\alpha}_\lambda \tag{C.13}$$

と変換されるから

$$\Gamma^{\mu'}_{\rho'\sigma'} = \frac{\partial x^{\mu'}}{\partial x^\nu} e^\nu_{\bar\alpha} \frac{\partial}{\partial x^{\rho'}} \left(\frac{\partial x^\lambda}{\partial x^{\sigma'}} e^{\bar\alpha}_\lambda \right) \tag{C.14}$$

一般座標系間の変換では $\dfrac{\partial x^\lambda}{\partial x^{\sigma'}}$ は定数ではないから

$$\Gamma^{\mu'}_{\rho'\sigma'} = \frac{\partial x^{\mu'}}{\partial x^\nu} \frac{\partial x^\lambda}{\partial x^{\sigma'}} \frac{\partial x^\kappa}{\partial x^{\rho'}} \Gamma^\nu_{\lambda\kappa} + \frac{\partial x^{\mu'}}{\partial x^\nu} \frac{\partial^2 x^\nu}{\partial x^{\rho'}\partial x^{\sigma'}} \tag{C.15}$$

右辺第 2 項の非斉次項があるため, この量はテンソルとして振る舞わない.

1.9　ニュートン的な状況では時空は平坦に近いのでメトリックテンソルを次の形に置く.

$$g_{\mu\nu} = \eta_{\mu\nu} + h_{\mu\nu} \tag{C.16}$$

ここで $h_{\mu\nu}$ は微小量であり, 系の速度が遅いことからその時間変化を無視する. このとき 4 元速度は $u^\mu = (1, v^i)$ と近似され, また固有時間は

$$d\tau^2 = dt^2(1 - v^2 + h_{00} + 2h_{0i}v^i + h_{ij}v^i v^j) \tag{C.17}$$

と計算されるが, 測地線方程式の空間成分を考えると微分される量は微小な 3 次元速度 v^i であるから微小量の 2 次以上を無視すれば固有時間 τ は座標時間 t と同一視できる. 同じ近似で測地線方程式の空間成分は

$$\frac{dv^i}{dt} + \Gamma^i_{00} = 0 \tag{C.18}$$

(クリストッフェル記号は微小量 h のオーダーであることに注意). 時間微分を無視する近似で

$$\Gamma^i_{00} = -\frac{1}{2}\delta^{ij} h_{00,j} \tag{C.19}$$

ニュートンの運動方程式ではこの式の右辺は重力ポテンシャル ϕ の微分であるから, $h_{00} = 2\phi$ とすればニュートン重力が再現できることが分かる.

したがってニュートン的な状況における時空の線素は次のように考えることができる.

$$ds^2 = -(1 - 2\phi)dt^2 + dx^2 + dy^2 + dz^2 \tag{C.20}$$

このような時空をニュートン時空と呼ぶことがある.

1.10 行列式 $g = \det(g_{\mu\nu})$ は次のように余因子展開される.

$$g = g_{\mu\nu}\Delta_{\nu\mu} \tag{C.21}$$

ここで $\Delta_{\mu\nu}$ は $g_{\mu\nu}$ の余因子行列の成分である. 行列 $(g_{\mu\nu})$ の逆行列の成分を $(g^{\mu\nu})$ と書くと,

$$\Delta_{\mu\nu} = gg^{\mu\nu} \tag{C.22}$$

したがって

$$\frac{\partial g}{\partial x^\rho} = \frac{\partial g}{\partial g_{\mu\nu}}\frac{\partial g_{\mu\nu}}{\partial x^\rho} = gg^{\nu\mu}\frac{\partial g_{\mu\nu}}{\partial x^\rho} \tag{C.23}$$

1.11 $d/d\lambda$ が $U^{\bar{\rho}}$ 方向の微分であることを使って,

$$\frac{d\Xi^{\bar{\alpha}}}{d\lambda} = U^{\bar{\rho}}\partial_{\bar{\rho}}\Xi^{\bar{\alpha}} = U^\mu\partial_\mu(\xi^\nu e_\nu^{\bar{\alpha}}) \tag{C.24}$$

をクリストッフェル記号の定義を使って具体的に計算すればよい.

1.12 クリストッフェル記号の定義を使うと

$$\begin{aligned}
\vec{e}_{\nu,\sigma\rho} - \vec{e}_{\nu,\rho\sigma} &= (\Gamma^\mu_{\nu\sigma}\vec{e}_\mu)_{,\rho} - (\Gamma^\mu_{\nu\rho}\vec{e}_\mu)_{,\sigma} \\
&= (\Gamma^\mu_{\nu\sigma,\rho} - \Gamma^\mu_{\nu\rho,\sigma} + \Gamma^\mu_{\kappa\rho}\Gamma^\kappa_{\nu\sigma} - \Gamma^\mu_{\kappa\sigma}\Gamma^\kappa_{\nu\rho})\vec{e}_\mu
\end{aligned}$$

1.13 以下のように証明される.

$$\begin{aligned}
2R_{\mu\nu\rho\sigma} &= R_{\mu\nu\rho\sigma} - R_{\nu\mu\rho\sigma} \\
&= R_{\mu\nu\rho\sigma} + (R_{\nu\rho\sigma\mu} + R_{\nu\sigma\mu\rho}) \\
&= R_{\mu\nu\rho\sigma} - R_{\rho\nu\sigma\mu} - R_{\sigma\nu\mu\rho} \\
&= R_{\mu\nu\rho\sigma} + (R_{\rho\sigma\mu\nu} + R_{\rho\mu\nu\sigma}) + (R_{\sigma\mu\rho\nu} + R_{\sigma\rho\nu\mu}) \\
&= 2R_{\rho\sigma\mu\nu} + (R_{\mu\nu\rho\sigma} + R_{\mu\rho\sigma\nu} + R_{\mu\sigma\nu\rho}) = 2R_{\rho\sigma\mu\nu}
\end{aligned}$$

1.14 $N = 3$ 次元ではリーマンテンソルの独立な成分の数は6で, リッチテンソル

の独立な成分の数と一致する．したがって添え字の対称性から次の組み合わせが考えられる．

$$R_{ijk\ell} = A\left(g_{ik}R_{j\ell} - g_{i\ell}R_{jk} - g_{jk}R_{i\ell} + g_{j\ell}R_{ik}\right)$$
$$- B(g_{ik}g_{j\ell} - g_{i\ell}g_{jk})R$$

添え字 i と k について縮約すると

$$R_{j\ell} = AR_{j\ell} + (A - 2B)g_{j\ell}R \tag{C.25}$$

となるから $A = 1$, $B = 1/2$ とすればよい．

$$R_{ijk\ell} = g_{ik}R_{j\ell} - g_{i\ell}R_{jk} - g_{jk}R_{i\ell} + g_{j\ell}R_{ik} - \frac{1}{2}(g_{ik}g_{j\ell} - g_{i\ell}g_{jk})R \tag{C.26}$$

$N \geq 4$ 次元ではリーマンテンソルの独立な成分の数の方がリッチテンソルの独立な成分の数より多くなるので，リーマンテンソルはリッチテンソルだけでは表されず，それ以外の成分をもつ．その成分を持つテンソルはワイルテンソルと呼ばれる．

$$C_{\alpha\beta\mu\nu} = R_{\alpha\beta\mu\nu} - \frac{1}{N-2}\left(g_{\alpha\mu}R_{\beta\nu} - g_{\alpha\nu}R_{\beta\mu} - g_{\beta\mu}R_{\alpha\nu} + g_{\beta\nu}R_{\alpha\mu}\right)$$
$$+ \frac{R}{(N-1)(N-2)}\left(g_{\alpha\mu}g_{\beta\nu} - g_{\alpha\nu}g_{\beta\mu}\right) \tag{C.27}$$

1.15 （1.224）式の 00 成分を計算する．ニュートン的な状況での線素は（C.20）の形に与えられ，ニュートンポテンシャル ϕ の一次の近似で以下の式が得られる．

$$R_{00} = \Delta\phi \tag{C.28}$$

ニュートン的な状況では系の典型的な速度は光速度に比べて圧倒的に小さいから時間微分を無視している．一方，（1.224）式の 00 成分の右辺を評価するために，線素が（C.20）と表される座標系で 4 元速度が以下のように評価されることに注意する．

$$(u^\mu) = \gamma\left(1, v^i\right) \tag{C.29}$$

ここで $v^i = dx^i/dt$. 今，ポアソン方程式から分かるように ρ は ϕ のオーダーですでに1 次の量であるから，微小量の 1 次までの近似で $T^{00} = \rho$ となる．いま考えている物質系のストレスエネルギーテンソルを完全流体系とするとその空間成分は等方圧力となるが，圧力は ρv^2 のオーダーであるから，ここでの近似では無視してよい．したがってここでの近似の範囲で

$$T_{00} - \frac{1}{2}g_{00}T^\rho_{\ \rho} = \frac{1}{2}\rho \tag{C.30}$$

となり，（1.223）式は $\Delta\phi = \frac{1}{2}k\rho$ となって，ポアソン方程式と比べることから $k = 8\pi G$ が導かれる．

1.16 変数 $\bar{h}_{\mu\nu}$ は以下のように変換される.

$$\bar{h}'_{\mu\nu} = \bar{h}_{\mu\nu} - \xi_{\mu,\nu} - \xi_{\nu,\mu} + \eta_{\mu\nu}\xi^{\rho}_{,\rho} \tag{C.31}$$

したがって座標変換で移った先の座標系で調和ゲージ条件が満たされるためには次のように ξ^{μ} を選べばよいことが分かる.

$$\bar{h}^{\mu\nu}_{\ \ ,\nu} = \xi^{\mu,\rho}_{\ \ ,\rho} \tag{C.32}$$

2 章

2.1 密度ゆらぎのフーリエ変換を

$$\tilde{\delta}(\boldsymbol{k}) = \int d^3x\, e^{-i\boldsymbol{k}\cdot\boldsymbol{x}}\delta(\boldsymbol{x}) \tag{C.33}$$

とする. これから

$$
\begin{aligned}
\langle \tilde{\delta}(\boldsymbol{k})\tilde{\delta}^*(\boldsymbol{k}') \rangle &= \int d^3x \int d^3y\, e^{-i\boldsymbol{k}\cdot\boldsymbol{x}} e^{i\boldsymbol{k}'\cdot\boldsymbol{y}} \langle \delta(\boldsymbol{x})\delta(\boldsymbol{y}) \rangle \\
&= \int d^3x \int d^3r\, e^{-i(\boldsymbol{k}-\boldsymbol{k}')\cdot\boldsymbol{x}} e^{-i\boldsymbol{k}'\cdot\boldsymbol{r}} \xi(r) \\
&= (2\pi)^3 \delta^{(3)}(\boldsymbol{k}-\boldsymbol{k}') \int d^3r\, e^{-i\boldsymbol{k}\cdot\boldsymbol{r}} \xi(r)
\end{aligned}
$$

第 2 行目で $\boldsymbol{x} - \boldsymbol{y} = \boldsymbol{r}$ とおいた.

2.2 3 次元のリーマンテンソルの表式（1.188）でリッチテンソルをメトリックテンソルに比例するとすればよい.

2.3 このとき観測者の 4 元速度のゼロでない成分は時間成分だけとなり規格化条件 $U^2 = g_{00}(u^0)^2 = -1$ から

$$U^{\mu} = (1, 0, 0, 0) \tag{C.34}$$

となる. 同様に光源の 4 元速度は

$$U^{\mu} = \gamma\left(1, \frac{V^{\chi}}{a(\lambda_S)}, 0, 0\right) \simeq \left(1, \frac{V^{\chi}}{a(\lambda_S)}, 0, 0\right) \tag{C.35}$$

となる. ここで光源の 3 次元速度は光速度に比べて小さいとして速度の 2 乗以上を無視し, 電磁波は動径方向に伝播するとした. 次にヌルの条件から $\boldsymbol{k} = (k^0, k^0/a, 0, 0)$ として測地線方程式の時間成分は以下のようになる.

$$\frac{dk^0}{d\lambda} + \Gamma^0_{\chi\chi} k^{\chi} k^{\chi} = 0 \tag{C.36}$$

289

ここで $\Gamma^0_{\chi\chi} = a\dot{a}$ と $k^0 = dt/d\lambda$ に注意すれば，この式は

$$\frac{dk^0}{dt} + \frac{\dot{a}}{a}k^0 = 0 \tag{C.37}$$

となって，$k^0 \propto 1/a$ であることが分かる．こうして放射時のエネルギー $\hbar\omega_{\mathrm{S}}$ と受け取ったときのエネルギー $\hbar\omega_{\mathrm{O}}$ との比は

$$\frac{\omega_{\mathrm{O}}}{\omega_{\mathrm{S}}} = \frac{k^0_{\mathrm{O}}}{k^0_{\mathrm{S}}(1 + V^\chi)} = \frac{a(\chi_{\mathrm{S}})}{a(\chi_{\mathrm{O}})(1 + V^\chi)} \tag{C.38}$$

これから赤方偏移の公式が得られる．

$$1 + z = \frac{\lambda_{\mathrm{O}}}{\lambda_{\mathrm{S}}} = \frac{a(\chi_{\mathrm{O}})}{a(\chi_{\mathrm{S}})}(1 + V^\chi) \tag{C.39}$$

右辺第 1 項が宇宙膨張による赤方偏移，第 2 項が特異運動による赤方偏移である．

2.4 定義から任意の時刻の臨界密度は以下のように書ける

$$\rho_{\mathrm{cr}}(a) = \frac{3H^2(a)}{8\pi G} = \rho_{\mathrm{cr},0}\left(\frac{\Omega_{\mathrm{m},0}}{a^3} + \Omega_{\Lambda,0} + \frac{\Omega_{\mathrm{K},0}}{a^2}\right). \tag{C.40}$$

したがって

$$\Omega_{\mathrm{m}}(a) = \frac{\Omega_{\mathrm{m},0}}{\Omega_{\mathrm{m},0} + \Omega_{\Lambda,0}a^3 + \Omega_{\mathrm{K},0}a} \tag{C.41}$$

2.5 次の公式

$$\frac{d}{dx}\sinh^{-1}x = \frac{1}{\sqrt{x^2 + 1}} \tag{C.42}$$

から次式が求められる．

$$\frac{d}{dx}\sinh^{-1}x^{3/2} = \frac{3}{2}\sqrt{\frac{x}{x^3 + 1}} \tag{C.43}$$

これを用いると式（2.68）の左辺の積分がすぐに計算できる．

2.6 アインシュタイン–ドジッター宇宙における角径距離は

$$D_{\mathrm{A}}(z) = \frac{1}{H_0(1 + z)}\int_0^z \frac{dz}{(1 + z)^{3/2}} = \frac{2}{H_0}\left(\frac{1}{1 + z} - \frac{1}{(1 + z)^{3/2}}\right). \tag{C.44}$$

これを赤方偏移で微分して極値を見ればよい．

2.7 2 つのメトリックでのクリストッフェル記号は次の関係にある．

$$\tilde{\Gamma}^\mu_{\nu\rho}(\tilde{g}) = \Gamma^\mu_{\nu\rho}(g) - \delta^\mu_\nu\partial_\rho\ln\Omega - \delta^\mu_\rho\partial_\nu\ln\Omega + g^{\mu\lambda}g_{\nu\rho}\partial_\lambda\ln\Omega \tag{C.45}$$

したがってメトリック g でのヌル測地線 $\vec{k}$ に対して次式が成り立つ.

$$0 = k^\nu \tilde{\nabla}_\nu k^\mu = k^\nu \partial_\nu k^\mu + k^\nu \tilde{\Gamma}^\mu_{\nu\rho} k^\rho \tag{C.46}$$
$$= k^\nu \partial_\nu k^\mu + k^\nu \Gamma^\mu_{\nu\rho} k^\rho - 2\left(k^\nu \partial_\nu \ln \Omega\right) k^\mu$$

これはメトリック g に関してアフィンパラメータでないパラメータを用いたヌル測地線方程式となる. そこでメトリック g に対しては次のようにパラメータをとれば, アフィンパラメータとなる.

$$\frac{d\sigma}{d\tilde{\sigma}} = \Omega^2 \tag{C.47}$$

今, 考えるメトリックはこの問題の特別な場合 $\Omega = a(\eta)$ である. 新しいパラメータを使うと, 光子の 4 元運動量は

$$\tilde{k}^\mu = \frac{dx^\mu}{d\tilde{\sigma}} = \Omega^2 k^\mu \tag{C.48}$$

と書けるから, これを使えば

$$\tilde{k}^\nu \tilde{\nabla}_\nu \tilde{k}^\mu = 0 \tag{C.49}$$

が確かめられる.

2.8 4 元速度 $\vec{U}$ の観測者が測る光子のエネルギーは $\omega = -k^\mu U_\mu$ と書ける. 4 元速度 $U^\mu = U^0(1, v^i)$ の規格化条件から

$$-1 = (U^0)^2 \left((-1 - 2\Psi) + (1 + 2\Phi)v^2\right) \simeq -(1 + 2\Psi)(U^0)^2 \tag{C.50}$$

ここで 3 次元速度の 2 乗を無視した. したがって $U^0 = 1 - \Psi$. 光子の 4 元運動量はヌルの条件から $k^\mu = k^0(1, n^i)$ (4 元運動量の空間成分は微小な 3 次元速度と縮約されるので最低次の近似でよい) とおけるから観測者 U が測るエネルギーは

$$\omega(\eta) = -g_{\mu\nu} U^\mu k^\nu = \left[1 + \Psi(\eta) - n^i v^i(\eta)\right] k^0(\eta) \tag{C.51}$$

と計算される. 求める式は, エネルギーに対するこの表式から示される.

2.9 たとえば θ 方向の式を変形すると

$$\frac{d}{d\eta}\left(r^2 \frac{d\theta}{d\eta}\right) = -2\frac{\partial \Psi}{\partial \theta} \tag{C.52}$$

だからたとえば $K = +1$ の場合は次の積分をすればよい.

$$\int_{\eta_0}^{\eta} d\eta' \frac{1}{r^2(\eta')} \int_{\eta_0}^{\eta'} d\eta'' \partial_\theta \Psi(\eta'') = \int_{\eta_0}^{\eta} d\eta' \frac{1}{\sin^2(\eta_0 - \eta')} \int_{\eta_0}^{\eta'} d\eta'' \partial_\theta \Psi(\eta'')$$

$$
\begin{aligned}
&= \frac{\cos(\eta_0 - \eta')}{\sin(\eta_0 - \eta')} \int_{\eta_0}^{\eta'} d\eta'' \partial_\theta \Psi(\eta'')|_{\eta_0}^{\eta} - \int_{\eta_0}^{\eta} d\eta \frac{\cos(\eta_0 - \eta')}{\sin(\eta_0 - \eta')} \partial_\theta \Psi(\eta') \\
&= \int_{\eta_0}^{\eta} d\eta' \frac{\sin(\eta_0 - \eta') \cos(\eta_0 - \eta) - \cos(\eta_0 - \eta') \sin(\eta_0 - \eta)}{\sin(\eta_0 - \eta) \sin(\eta_0 - \eta')} \partial_\theta \Psi(\eta') \\
&= \int_0^\chi d\chi' \frac{r(\chi - \chi')}{r(\chi) r(\chi')} \partial_\theta \Psi(\chi')
\end{aligned}
\tag{C.53}
$$

ここで 2 次以上の微小量を無視する近似で $\chi = \eta_0 - \eta$ を使った．$K = -1, 0$ の場合も
同様．

2.10 ニュートン的な状況では等価原理は成り立つが，空間の曲がりはない，した
がってニュートン重力を表す線素は次のように書ける．

$$
ds^2 = -(1 + 2\Psi) \, d\eta^2 + \left(dx^2 + dy^2 + dz^2\right) \tag{C.54}
$$

このメトリックを使って上と同じ計算をたどれば，曲がりの角度として一般相対論の半
分の値が得られる．

3 章

3.1 球対称の場合，面密度は角度の絶対値にしかよらないから，極座標 $\theta' = (\theta', \phi)$
をとると

$$
\boldsymbol{\alpha} = \frac{4G}{c^2} \frac{D_{ls} D_l}{D_s} \int d\theta' \, \theta' \Sigma(\theta') \int_0^{2\pi} d\phi \frac{\boldsymbol{\theta} - \boldsymbol{\theta}'}{|\boldsymbol{\theta} - \boldsymbol{\theta}'|^2} \tag{C.55}
$$

したがって次の積分を計算すればよい．

$$
\boldsymbol{I} = \int_0^{2\pi} d\phi \frac{\boldsymbol{\theta} - \boldsymbol{\theta}'}{|\boldsymbol{\theta} - \boldsymbol{\theta}'|^2} \tag{C.56}
$$

この 2 次元積分は複素表示 $\theta' = |\theta'| e^{-i\phi}$ で利用すれば簡単に計算できる．

$$
I = \int_0^{2\pi} d\phi \frac{1}{\theta^* - \theta'^*} = \oint d\phi \frac{1}{\theta^* - |\theta'| e^{-i\phi}} \tag{C.57}
$$

ここで $\xi = e^{i\phi}$ とおくと

$$
I = \frac{1}{i\theta^*} \oint \frac{d\xi}{\xi - |\theta'|/\theta^*} \tag{C.58}
$$

成分は原点を中心とする半径 1 の円周であるから極がこの円内にあればコーシーの定
理から $2\pi i$ という値を持ち，そうでなければ 0 となる．したがって

$$
I = \frac{2\pi}{|\theta|^2} \theta \Theta(|\theta| - |\theta'|) \tag{C.59}
$$

ここで $\Theta(x)$ は $x > 1$ のとき 1, $x \leq 1$ にとき 0 となる階段関数である．これを代入すれば求める式が得られる．

3.2 式 (3.10) の 2 次元ラプラシアンを計算すると，

$$\boldsymbol{\nabla}_\theta \cdot \boldsymbol{\nabla}_\theta \psi = 2\frac{D_{ls}D_l}{D_s}\int_{\chi_l - \Delta\chi}^{\chi_l + \Delta\chi} ad\chi \left(\Delta_3 - \frac{\partial^2}{\partial z^2}\right)\Psi \tag{C.60}$$

ここで，天球上に投影された 2 次元平面での微分とこの平面上での実座標の微分の関係 $\partial/\partial\theta_i = D_l\partial/\partial x^i$ $(i = 1, 2)$ を使って，角度微分を実空間の微分に直した．この式で視線方向の微分が寄与しないことを使えば求める関係が出る．

3.3 回転角 φ の座標の回転は，次の直交行列 $O(\varphi)$ で表される．

$$O(\varphi) = \left(\begin{array}{cc} \cos\varphi & \sin\varphi \\ -\sin\varphi & \cos\varphi \end{array}\right) \tag{C.61}$$

したがって回転後の座標系 (θ_1', θ_2') での微分は

$$\partial_1' = \cos\varphi\,\partial_1 + \sin\varphi\,\partial_2 \tag{C.62}$$

$$\partial_2' = -\sin\varphi\,\partial_1 + \cos\varphi\,\partial_2 \tag{C.63}$$

ただし $\partial_1' = \partial/\partial\theta_1'$ などと書いた．これから，

$$\gamma_1' = \frac{1}{2}\left(\partial_1'^{\,2} - \partial_2'^{\,2}\right)\psi = \cos 2\varphi\,\frac{\partial_1^2 - \partial_2^2}{2}\psi + \sin 2\varphi\,\partial_1\partial_2\psi \tag{C.64}$$

$$\gamma_2' = \partial_1'\partial_2'\psi = -\sin 2\varphi\,\frac{\partial_1^2 - \partial_2^2}{2}\psi + \cos 2\varphi\,\partial_1\partial_2\psi \tag{C.65}$$

などと計算される．

3.4 これは直交座標系 (θ_1, θ_2) での偏微分を極座標系 (θ, ϕ) の偏微分で表した表式から導くことができる．$\theta = \sqrt{\theta_1^2 + \theta_2^2}$, $\phi = \tan^{-1}(\theta_2/\theta_1)$ だから

$$\frac{\partial}{\partial\theta_1} = \cos\phi\,\frac{\partial}{\partial\theta} - \frac{\sin\phi}{\theta}\,\frac{\partial}{\partial\phi} \tag{C.66}$$

$$\frac{\partial}{\partial\theta_2} = \sin\phi\,\frac{\partial}{\partial\theta} + \frac{\cos\phi}{\theta}\,\frac{\partial}{\partial\phi} \tag{C.67}$$

上式を $\kappa, \gamma_1, \gamma_2$ の定義式に代入すれば，それぞれ求める表式が得られる．

3.5 半径 θ の円の内部の領域の 2 次元積分は，ガウスの定理から以下のように半径 θ の円周積分と書ける．

$$\int_0^\theta d^2\theta'\,\boldsymbol{\nabla}_\theta \cdot \boldsymbol{\nabla}_\theta\psi = \theta\oint d\phi\,\hat{\boldsymbol{n}}\cdot\boldsymbol{\nabla}_\theta\psi = \theta\oint d\phi\,\frac{\partial\psi}{\partial\theta} \tag{C.68}$$

この左辺は $\Delta_\theta \psi = 2\kappa$ より $2\pi \theta^2 \bar{\kappa}(\theta)$ となるので,上式は次のようになる.

$$\theta^2 \bar{\kappa}(\theta) = \frac{1}{2\pi} \theta \oint d\phi \, \frac{\partial \psi}{\partial \theta} \tag{C.69}$$

この式を θ に関して微分すると,

$$\frac{d(\theta^2 \bar{\kappa})}{d\theta} = \theta \bar{\kappa} + \frac{1}{2} \oint d\phi \, \frac{\partial^2 \psi}{\partial \theta^2} \tag{C.70}$$

を得る.ここでシアの極座標表示を用いると,接線シアは次のようにあらわされる.

$$\gamma_{\mathrm{t}}(\theta, \phi) = -\frac{1}{2} \left[\frac{\partial^2}{\partial \theta^2} - \frac{1}{\theta} \frac{\partial}{\partial \theta} - \frac{1}{\theta^2} \frac{\partial^2}{\partial \phi^2} \right] \psi(\theta, \phi) \tag{C.71}$$

これから次の関係式が成り立つことが分かる.

$$\frac{\partial^2 \psi(\theta, \phi)}{\partial \theta^2} = \kappa(\theta, \phi) - \gamma_{\mathrm{t}}(\theta, \phi) \tag{C.72}$$

この関係と

$$\bar{\kappa}(\theta) = \frac{2}{\theta^2} \int_0^\theta d\theta' \, \theta' \langle \kappa \rangle(\theta') \tag{C.73}$$

から求める関係が得られる.また,式 (3.63) と式 (C.73) より,次の表式を得る.

$$\frac{d\bar{\kappa}(\theta)}{d\ln \theta} = -2\langle \gamma_{\mathrm{t}} \rangle(\theta) \tag{C.74}$$

一方で,クロスシアは極座標表示で次のように書ける.

$$\gamma_\times(\theta, \phi) = -\frac{\partial}{\partial \theta} \left(\frac{1}{\theta} \frac{\partial}{\partial \phi} \right) \psi(\theta, \phi) \tag{C.75}$$

これを ϕ 積分すると $\langle \gamma_\times \rangle(\theta) = 0$ を得る.

3.6 $\widehat{\mathcal{D}} = \partial \partial / 2$ であるから,式 (3.74) と式 (3.75) は $\triangle_\theta \kappa = \partial^* \partial^* \gamma = 2 \widehat{\mathcal{D}}^* \gamma$ と表される.2 次元ラプラシアンのグリーン関数が $\triangle_\theta^{-1}(\boldsymbol{\theta}, \boldsymbol{\theta}') = \ln |\boldsymbol{\theta} - \boldsymbol{\theta}'|/(2\pi)$ であることを用いて,質量シート縮退に注意すれば,式 (3.57) が得られる.

3.7 原点以外では $\kappa = 0$ となり,ディラックのデルタ関数を使えば,コンバージェンスは $\kappa(\boldsymbol{\theta}) = \pi \theta_{\mathrm{E}}^2 \delta_{\mathrm{D}}^2(\boldsymbol{\theta})$ と表せる.3.3.1 節の結果を使えば,角半径内で平均したコンバージェンスと接線シアは次のように表せる.

$$\bar{\kappa}(\theta) = \gamma_{\mathrm{t}}(\theta) = \left(\frac{\theta_{\mathrm{E}}}{\theta} \right)^2 \tag{C.76}$$

一方,質点モデルのレンズポテンシャルは $\psi(\theta) = \theta_{\mathrm{E}}^2 \ln |\boldsymbol{\theta}|$ と書ける.レンズポテンシャルを微分すると,

$$\psi_{,1} = \theta_{\mathrm{E}}^2 \frac{\theta_1}{\theta^2} \tag{C.77}$$

などの計算から，シアの成分は次のように求められる．

$$\gamma_1 = -\frac{\theta_{\mathrm{E}}^2}{\theta^4} \left(\theta_1^2 - \theta_2^2 \right), \ \gamma_2 = -2 \frac{\theta_{\mathrm{E}}^2}{\theta^4} \theta_1 \theta_2 \tag{C.78}$$

3.8 簡単な計算からレンズポテンシャルは $\psi(\theta) = \theta_{\mathrm{E}} |\boldsymbol{\theta}|$ となる．$\boldsymbol{\alpha}(\boldsymbol{\theta}) = \theta_{\mathrm{E}} \boldsymbol{\theta}/|\boldsymbol{\theta}|$ などから，コンバージェンスと接線シアは次のように求まる．

$$\kappa(\theta) = \gamma_{\mathrm{t}}(\theta) = \frac{1}{2} \frac{\theta_{\mathrm{E}}}{|\theta|} \tag{C.79}$$

したがって，ヤコビ行列の固有値は

$$\Lambda_+(\theta) = \frac{d\beta}{d\theta} = 1, \tag{C.80}$$

$$\Lambda_-(\theta) = \frac{\beta}{\theta} = 1 - \frac{\theta_{\mathrm{E}}}{|\theta|} \tag{C.81}$$

となり，動径方向には拡大も収縮もしないことが分かる．

レンズ写像を表す図 3.16 からも分かるように，SIS モデルでは $|\beta| \le \theta_{\mathrm{E}}$ のときに限り 2 つのイメージができる．

3.9 式 (3.115) を微分すれば，偏向角が以下のように得られる．

$$\boldsymbol{\alpha}(\boldsymbol{\theta}) = \alpha_{\mathrm{E}} \frac{\boldsymbol{\theta}}{\sqrt{\theta^2 + \theta_{\mathrm{c}}^2}} \tag{C.82}$$

よって，この場合のコンバージェンスは次のように求まる．

$$\kappa(\theta) = \frac{1}{2} \boldsymbol{\nabla}_\theta \cdot \boldsymbol{\alpha} = \frac{\alpha_{\mathrm{E}}}{2\sqrt{\theta^2 + \theta_{\mathrm{c}}^2}} \left(1 + \frac{\theta_{\mathrm{c}}^2}{\theta^2 + \theta_{\mathrm{c}}^2} \right) \tag{C.83}$$

3.10 $n' = 1/n$ と置いて $n \to 0$ の極限をとれば，

$$\left(\frac{\theta_{\mathrm{r}}}{\theta_{\mathrm{E}}} \right)_{n \to 0} = \lim_{n \to 0} (1-n)^{1/n} = \lim_{n' \to \infty} \left(1 - \frac{1}{n'} \right)^{n'} = \frac{1}{e} \tag{C.84}$$

となる．動径コースティックの振る舞いについては，θ_{r} の表式をレンズ方程式 $\beta = \theta - \alpha(\theta)$ に代入して極限をとればよい．

3.11 式 (3.134) より，楕円質量レンズモデルのコンバージェンス $\kappa(X,Y)$ とシア $\gamma(X,Y)$ は次のように求められる．

$$\kappa = qX_q^2 \mathcal{K}_0(X_q, Y_q) + qY_q^2 \mathcal{K}_2(X_q, Y_q) + \frac{1}{2} q \left[\mathcal{J}_0(X_q, Y_q) + \mathcal{J}_1(X_q, Y_q) \right] \tag{C.85}$$

295

$$\gamma_1 = qX_q^2 \mathcal{K}_0(X_q, Y_q) - qY_q^2 \mathcal{K}_2(X_q, Y_q) + \frac{1}{2}q\left[\mathcal{J}_0(X_q, Y_q) - \mathcal{J}_1(X_q, Y_q)\right] \quad \text{(C.86)}$$

$$\gamma_2 = 2qX_q Y_q \mathcal{K}_1(X_q, Y_q) \quad \text{(C.87)}$$

NFW モデルの場合, $\kappa(\theta) = \kappa_{\mathrm{s}} f_{\mathrm{NFW}}(\theta/\theta_{\mathrm{s}})$ (3.3.7 節の式 (3.143)) を用いて $\mathcal{J}_n(X_q, Y_q)$ と $\mathcal{K}_n(X_q, Y_q)$ を計算すればよい.

3.12 コンバージンスと密度ゆらぎの関係を次のように書く.

$$\kappa(\boldsymbol{\theta}) = \int_0^{\chi_h} d\chi\, W(\chi) r^{-1}(\chi) \delta_m(\boldsymbol{\chi}) \quad \text{(C.88)}$$

ここで $W(\chi) = (3\Omega_{\mathrm{m},0}/2)(H_0/c)^2 q_s(\chi)a^{-1}(\chi)$, $\boldsymbol{\chi} = (\chi, r(\chi)\boldsymbol{\theta})$ とおいた.

このとき, コンバージェンスの 2 点相関関数は次のように表される.

$$\begin{aligned}
\xi_\kappa(\boldsymbol{\theta} - \boldsymbol{\theta}') &:= \langle \kappa(\boldsymbol{\theta})\kappa(\boldsymbol{\theta}')\rangle \\
&= \int d\chi \int d\chi'\, W(\chi) W(\chi') r^{-1}(\chi) r^{-1}(\chi') \langle \delta_m(\boldsymbol{\chi})\delta_m(\boldsymbol{\chi}')\rangle \\
&= \int d\chi \int d\chi'\, W(\chi) W(\chi') r^{-1}(\chi) r^{-1}(\chi') \int \frac{d^3 k}{(2\pi)^3} \int \frac{d^3 k'}{(2\pi)^3} \langle \tilde{\delta}(\boldsymbol{k})\tilde{\delta}^*(\boldsymbol{k}')\rangle \\
&\quad \times e^{i(k_\chi \chi - k'_\chi \chi')} e^{i(r\boldsymbol{k}_\perp \cdot \boldsymbol{\theta} - r'\boldsymbol{k}'_\perp \boldsymbol{\theta}')}
\end{aligned} \quad \text{(C.89)}$$

ここで式 (3.183) を使い, さらに重力レンズには $k_\perp \gg k_\chi$ の視線方向に対して垂直の波数ベクトルを持つモードが大きく寄与することから, 密度ゆらぎのパワースペクトルを $P_\delta(\sqrt{k_\chi^2 + \boldsymbol{k}_\perp^2}; \chi) \simeq P_\delta(k_\perp; \chi)$ と近似する.

$$\xi_\kappa(\boldsymbol{\theta} - \boldsymbol{\theta}') = \int \frac{\ell d\ell}{2\pi} J_0(\ell|\boldsymbol{\theta} - \boldsymbol{\theta}'|) \int_0^{\chi_h} d\chi\, W^2(\chi) P_\delta\left(k = \frac{\ell}{r(\chi)}; \chi\right) \quad \text{(C.90)}$$

ここで $J_0(x) = (2\pi)^{-1} \oint d\phi\, e^{ix\cos\phi}$ は 0 次の第 1 種ベッセル関数である.

よってコンバージェンスの角度パワースペクトルは

$$C_\kappa(\ell) = \int_0^{\chi_h} d\chi\, W^2(\chi) P_\delta\left(k = \frac{\ell}{r(\chi)}; \chi\right) \quad \text{(C.91)}$$

となる.

4 章

4.1 (4.7) 式に $U^\mu = (c, 0, 0, 0)$, $ck^\mu = \omega(1, 0, 0, 1)$ を代入し b^μ について解く.

$$b^0 = \frac{icA'^{00}}{2\omega} + \frac{icA'^\mu{}_\mu}{4\omega}, \quad \text{(C.92a)}$$

$$b^3 = \frac{icA'^{00}}{2\omega} - \frac{icA'^\mu{}_\mu}{4\omega}, \quad \text{(C.92b)}$$

$$b^j = \frac{icA'^{j0}}{\omega}, (j \neq 3).\tag{C.92c}$$

$A'^{\mu\nu} k_\nu = (-A'^{\mu 0} + A'^{\mu 3})\omega/c = 0$ に注意すること. この方法で $\omega = 0$ のモード(重力場の時間変化しない部分)について TT ゲージをとることはできない.

4.2 $\hat{h}_{\mu\nu} = h_{\mu\nu}^{\mathrm{TT}} + \zeta_{\mu,\nu} + \zeta_{\nu,\mu}$ を使うと,

$$\begin{aligned}\hat{R}_{\alpha\beta\mu\nu} &= R_{\alpha\beta\mu\nu}^{\mathrm{TT}} + \frac{1}{2}\left(\zeta_{\alpha,\nu\beta\mu} + \zeta_{\nu,\alpha\beta\mu} - \zeta_{\alpha,\mu\beta\nu} - \zeta_{\mu,\alpha\beta\nu}\right.\\ &\quad \left.+ \zeta_{\beta,\mu\alpha\nu} + \zeta_{\mu,\beta\alpha\nu} - \zeta_{\beta,\nu\alpha\mu} - \zeta_{\nu\beta,\alpha\mu}\right) + \mathcal{O}(\epsilon)\\ &= R_{\alpha\beta\mu\nu}^{\mathrm{TT}} + \mathcal{O}(\epsilon).\end{aligned}\tag{C.93}$$

4.3 $h_\times^{\mathrm{TT}} = 0$ のとき,

$$\xi^1 = \ell\left(1 + \frac{1}{2}h_+^{\mathrm{TT}}\right)\cos\theta,\tag{C.94a}$$

$$\xi^2 = \ell\left(1 - \frac{1}{2}h_+^{\mathrm{TT}}\right)\sin\theta\tag{C.94b}$$

から導出できる. $h_+^{\mathrm{TT}} = 0$ のときは,

$$\xi^1 \pm \xi^2 = \ell\left(1 \pm \frac{1}{2}h_\times^{\mathrm{TT}}\right)(\cos\theta \pm \sin\theta)\tag{C.95}$$

を使う.

4.4 $d^2 E_{ij}/dt^2 \equiv -c^2 R_{0i0j}$ を定義する. 独立な成分は, $E_{11} = -E_{22} \equiv E_+, E_{12} = E_{21} \equiv E_\times, E_{i3} = E_{3i} \equiv E_{\mathrm{LT}}^i (i = 1, 2), E_{33} \equiv E_{\mathrm{L}}^i, E_{11} = E_{22} \equiv E_{\mathrm{B}}$ である. 質点は初期に $\xi_0^i = (\ell\cos\phi\sin\theta, \ell\sin\phi\sin\theta, \ell\cos\theta)$ にあるとし, 初速度がゼロ, つまり $dE_{ij}/dt = 0$ となるように積分定数を決めると, (4.20) 式の解は以下のようになるだろう.

$$\xi^i = \xi_0^i + E_{i1}\ell\cos\phi\sin\theta + E_{i2}\ell\sin\phi\sin\theta + E_{i3}\ell\cos\theta.\tag{C.96}$$

以下, E_{LT}^i と $E_{\mathrm{L}}, E_{\mathrm{B}}$ がそれぞれゼロでないときを考えてみる.

(1) $E_{i3} = E_{3i} \neq 0$ でそれ以外の成分がゼロのとき,

$$\xi^1 = \xi_0^1 + E_{\mathrm{LT}}^1\ell\cos\theta,\tag{C.97a}$$

$$\xi^2 = \xi_0^2 + E_{\mathrm{LT}}^2\ell\cos\theta,\tag{C.97b}$$

$$\xi^3 = \xi_0^3 + E_{\mathrm{LT}}^1\ell\cos\phi\sin\theta + E_{\mathrm{LT}}^2\ell\sin\phi\sin\theta + E_{\mathrm{L}}^3\ell\cos\theta.\tag{C.97c}$$

E_{LT}^1 のみを考えると

$$\xi^1 \pm \xi^3 = \ell(\cos\phi\sin\theta \pm \cos\theta)(1 \pm E_{\mathrm{LT}}^1)\tag{C.98}$$

より,

$$\left(\frac{\xi^1 + \xi^3}{\ell(1 + E_{LT}^1)}\right)^2 + \left(\frac{\xi^1 - \xi^3}{\ell(1 - E_{LT}^1)}\right)^2 + \left(\frac{\xi^2}{\ell}\right)^2 = 1. \tag{C.99}$$

これは (x, z) 面内で見ると傾いている楕円であり,横波ではない.
E_L^3 のみを考えると,

$$\left(\frac{\xi^1}{\ell}\right)^2 + \left(\frac{\xi^2}{\ell}\right)^2 + \left(\frac{\xi^3}{\ell(1 + E_L^3)}\right)^2 = 1. \tag{C.100}$$

これは (x, z) もしくは (y, z) 面内で見ると,z 軸方向に膨張収縮する楕円であり,縦波である.

(2) $E_{11} = E_{22} \equiv E_B \neq 0$ でそれ以外の成分がゼロのとき,

$$\xi^1 = \xi_0^1 + E_B \ell \cos\phi \sin\theta, \tag{C.101a}$$

$$\xi^2 = \xi_0^2 + E_B \ell \sin\phi \sin\theta \tag{C.101b}$$

より

$$\left(\frac{\xi^1}{\ell(1 + E_B)}\right)^2 + \left(\frac{\xi^2}{\ell(1 + E_B)}\right)^2 + \left(\frac{\xi^3}{\ell}\right)^2 = 1. \tag{C.102}$$

これは (x, y) 面内では対称に膨張収縮する円になっていて,横波である.

4.5 以下の式変形で,下線同士,下波線同士は相殺する.(4.29) 式より,

$$\begin{aligned}
t_\mu^{(2)\nu}{}_{,\nu} &\propto \underset{\sim}{\bar{h}_{\rho\sigma,\mu\nu}\bar{h}^{\rho\sigma,\nu}} + \bar{h}_{\rho\sigma,\mu}\Box\bar{h}^{\rho\sigma} - \underline{\frac{1}{2}\bar{h}_{,\mu\nu}\bar{h}^{,\nu}} - \frac{1}{2}\bar{h}_{,\mu}\Box\bar{h} - \underset{\sim}{\bar{h}_{\rho\sigma,\lambda\mu}\bar{h}^{\rho\sigma,\lambda}} \\
&\quad + \underline{\frac{1}{2}\bar{h}_{,\lambda\mu}\bar{h}^{,\lambda}} \\
&= \bar{h}_{\rho\sigma,\mu}\Box\bar{h}^{\rho\sigma} - \frac{1}{2}\bar{h}_{,\mu}\Box\bar{h} \\
&= h_{\rho\sigma,\mu}\Box\bar{h}^{\rho\sigma} - \frac{1}{2}h_{,\mu}\Box\bar{h} - \frac{1}{2}\bar{h}_{,\mu}\Box\bar{h} = 0. \tag{C.103}
\end{aligned}$$

最後の等号では $\bar{h} = -h$ を使っている.

4.6 (4.35) 式の表面積分では,単位球面の面積が 4π になることを使う.

$$\oint d\Omega = \int_0^\pi \sin\theta d\theta \int_0^{2\pi} d\phi = 4\pi \tag{C.104}$$

また,球の動径方向の単位ベクトルを $n_j = r_j/r$ として,$r_{,j} = r_j/r = n_j$, $dS_j = r^2 n_j d\Omega$ を使う.(4.37) 式より,$g^{\mu 0} \propto \delta^{\mu 0}$ に注意すること.以上より,

$$P^\mu(t) = \frac{c^3}{16\pi G} \oint_{\partial\Sigma(t)} dS_j((-g)(g^{\mu 0}g^{jk} - g^{\mu j}g^{0k}))_{,k}$$

$$= -\frac{c^3}{16\pi G} \oint_{\partial\Sigma(t)} dS_j \left(\left(1 + \frac{4GM}{c^2 r}\right)\left(1 + \frac{2GM}{c^2 r}\right)\delta^{\mu 0}\left(1 - \frac{2GM}{c^2 r}\right)\delta^{jk} \right)_{,k}$$

$$= -\frac{\delta^{\mu 0} Mc}{4\pi} \oint_{\partial\Sigma(t)} r^2 n_j d\Omega \left(1 + \frac{1}{r}\right)_{,j} = Mc\delta^{\mu 0} \tag{C.105}$$

が得られる[*1].

4.7 $\bar{h}'_{\mu\nu} = \bar{h}_{\mu\nu} + \zeta_{\mu,\nu} + \zeta_{\nu,\mu} - \eta_{\mu\nu}\zeta^{\rho}{}_{,\rho}$ に注意する．また，重力波の伝播方程式 $R^{(1)}_{\mu\nu}[h_{\alpha\beta}] = 0$, すなわち，

$$\bar{h}^{\rho}{}_{\mu,\nu\rho} + \bar{h}^{\rho}{}_{\nu,\mu\rho} - \Box\bar{h}_{\mu\nu} + \frac{1}{2}\eta_{\mu\nu}\Box\bar{h} = 0 \tag{C.106}$$

とそのトレースをとった $2\bar{h}^{\rho\sigma}{}_{,\rho\sigma} + \Box\bar{h} = 0$ を使う．計算の方針は，ζ^{ρ} の微分をすべて摂動 $\bar{h}^{\alpha\beta}$ の微分に変換すること，ζ^{ρ} でまとめられる項をすべてまとめることである．$T^{\mathrm{gw}}_{\mu\nu}$ をゲージ変換した後の ζ^{ρ} に依存する項を書くと，

$$\begin{aligned}
&\Big\langle 2\zeta_{\rho,\sigma\mu}\bar{h}^{\rho\sigma}{}_{,\nu} - \zeta^{\rho}{}_{,\rho\mu}\bar{h}_{,\nu} + 2\bar{h}_{\rho\sigma,\mu}\zeta^{\rho,\sigma}{}_{,\nu} - \bar{h}_{,\mu}\zeta^{\rho}{}_{,\rho\nu} + \underwave{\zeta^{\rho}{}_{,\rho\mu}\bar{h}_{,\nu}} + \bar{h}_{,\mu}\zeta^{\rho}{}_{,\rho\nu} \\
&\quad - \underline{\zeta^{\rho,\sigma}{}_{\rho}\bar{h}_{\mu\sigma,\nu}} - \zeta^{\sigma,\rho}{}_{\rho}\bar{h}_{\mu\sigma,\nu} + \underuline{\zeta_{\rho}{}^{,\sigma\rho}\bar{h}_{\mu\sigma,\nu}} - \bar{h}^{\rho\sigma}{}_{,\rho}\zeta_{\mu,\sigma\nu} - \bar{h}^{\rho\sigma}{}_{,\rho}\zeta_{\sigma,\mu\nu} + \underuline{\bar{h}^{\rho}{}_{\mu,\rho}\zeta^{\sigma}{}_{,\sigma\nu}} \\
&\quad - \underline{\zeta^{\rho,\sigma}{}_{\rho}\bar{h}_{\nu\sigma,\mu}} - \zeta^{\sigma,\rho}{}_{\rho}\bar{h}_{\nu\sigma,\mu} + \underuline{\zeta^{\rho,\sigma}{}_{\rho}\bar{h}_{\nu\sigma,\mu}} - \bar{h}^{\rho\sigma}{}_{,\rho}\zeta_{\nu,\sigma\mu} - \bar{h}^{\rho\sigma}{}_{,\rho}\zeta_{\sigma,\nu\mu} + \underuline{\bar{h}^{\rho}{}_{\nu,\rho}\zeta^{\sigma}{}_{,\sigma\mu}} \Big\rangle \\
&= \Big\langle \zeta^{\rho}(4\bar{h}^{\sigma}{}_{\rho,\mu\nu\sigma} + \bar{h}^{\sigma}{}_{\mu,\nu\rho\sigma} + \bar{h}^{\sigma}{}_{\nu,\mu\rho\sigma} - \Box\bar{h}_{\mu\rho,\nu} - \Box\bar{h}_{\nu\rho,\mu} - 2\bar{h}^{\sigma}{}_{\rho,\sigma\mu\nu}) \\
&\quad - \bar{h}^{\rho\sigma}{}_{,\rho}\zeta_{\mu,\sigma\nu} - \bar{h}^{\rho\sigma}{}_{,\rho}\zeta_{\nu,\sigma\mu} \Big\rangle \\
&= \Big\langle \zeta_{\nu,\mu}\left(\frac{1}{2}\Box\bar{h} + \bar{h}^{\rho\sigma}{}_{,\rho\sigma}\right) + \zeta_{\mu,\nu}\left(\frac{1}{2}\Box\bar{h} + \bar{h}^{\rho\sigma}{}_{,\rho\sigma}\right) \Big\rangle = 0. \tag{C.107}
\end{aligned}$$

最左辺では下波線同士，下線同士，2重下線同士が相殺するかまとまる．最後の等号では重力波の伝播方程式を使った．

4.8 $f(ct-r)$ を適当な関数として，

$$\frac{\partial f(ct-r)}{\partial x^i} = \frac{\partial r}{\partial x^i}\frac{\partial f(x^0-r)}{\partial r} = -n^i\frac{\partial f(x^0-r)}{\partial x^0} = -\frac{n^i}{c}\frac{\partial f(ct-r)}{\partial t} \tag{C.108}$$

を使う．

$$\bar{h}^{00}{}_{,0} = \frac{2Gn^in^j}{c^5 r}\frac{\partial^3 I^{ij}(ct-r)}{\partial t^3}, \tag{C.109a}$$

$$\bar{h}^{0i}{}_{,i} = -\frac{2Gn^jn^i}{c^5 r}\frac{\partial^3 I^{ij}(ct-r)}{\partial t^3} + \mathcal{O}\left(\frac{1}{r^2}\right), \tag{C.109b}$$

[*1] 4元速度 U^{μ} を持つ観測者が観測する，4元運動量 P^{μ} を持つ粒子のエネルギーは，$E = -U^{\mu}P_{\mu}$ である．マイナス符号は U^{μ} と P^{μ} がともに時間的ベクトルであることによる．平坦な時空で $U^{\mu} = (c,0,0,0)$ のときは $E = -cP_0 = cP^0$ となる．

$$\bar{h}^{0i}{}_{,0} = \frac{2Gn^j}{c^5 r}\frac{\partial^3 I^{ij}(ct-r)}{\partial t^3}, \tag{C.109c}$$

$$\bar{h}^{ij}{}_{,j} = -\frac{2G}{c^5 r}n^j\frac{\partial^2 I^{ij}(ct-r)}{\partial t^3} + \mathcal{O}\left(\frac{1}{r^2}\right) \tag{C.109d}$$

よりしたがう.

4.9 単位球面の面積は 4π になる.

$$\oint 1d\Omega = \int_0^{2\pi}\int_0^{\pi}\sin\theta d\phi d\theta = 4\pi. \tag{C.110}$$

対称性から $n^i n^j$ を積分した結果は δ^{ij} に比例する. 係数を A とおき,

$$\oint n_i n_j d\Omega = A\delta_{ij} \tag{C.111}$$

と書く. 添字 (i,j) について縮約をとると

$$\oint 1d\Omega = 3A. \tag{C.112}$$

左辺が 4π なので $A = 4\pi/3$ を得る. 最後の式も同様に以下のようにおいて係数を決める.

$$\oint n_i n_j n_k n_\ell d\Omega = B(\delta_{ij}\delta_{k\ell} + \delta_{ik}\delta_{j\ell} + \delta_{i\ell}\delta_{jk}). \tag{C.113}$$

4.10 (1) 代入することにより,

$$0 = (A_{\mu\nu}\mathrm{e}^{i\phi})^{|\rho}{}_{|\rho} = A_{\mu\nu}{}^{|\rho}{}_{|\rho} + 2ik_\rho A_{\mu\nu}{}^{|\rho}\mathrm{e}^{i\phi} - k^\rho k_\rho A_{\mu\nu}\mathrm{e}^{i\phi} + ik^\rho{}_{|\rho}A_{\mu\nu}\mathrm{e}^{i\phi}. \tag{C.114}$$

$\mathcal{O}(\lambda^{-2})$ の項から $k^\rho k_\rho = 0$, $\mathcal{O}((\lambda\mathcal{R}_A)^{-1})$ の項から $2k_\rho A_{\mu\nu}{}^{|\rho} + k^\rho{}_{|\rho}A_{\mu\nu} = 0$ を得る.

(2) スカラー量なので, $\phi_{|\rho\alpha} = \phi_{|\alpha\rho}$ となる.

(3) 調和ゲージ条件により, $A^{\mu\nu}{}_{|\nu} + k_\nu A^{\mu\nu} = 0$. 第 1 項は $\mathcal{O}(\mathcal{R}_A^{-1})$, 第 2 項は $\mathcal{O}(\lambda^{-1})$ なので第 1 項は無視できて, $k_\nu A^{\mu\nu} = 0$. また, (4.83) 式において k^ρ を実数値ベクトルとしているので, $0 = 2A^*_{\mu\nu|\rho}k^\rho + A^*_{\mu\nu}k^\rho{}_{|\rho}$. これより, $A^2 = A^*_{\mu\nu}A^{\mu\nu}$ について $(A^2 k^\rho)_{|\rho} = 0$ がいえる.

(4) $\langle \bar{h}^{\alpha\beta}{}_{|\mu}\bar{h}_{\alpha\beta|\nu}\rangle = \langle (A^{\alpha\beta}\mathrm{e}^{i\phi})_{|\mu}(A^*_{\alpha\beta}\mathrm{e}^{-i\phi})_{|\mu}\rangle$ とする.

4.11 (1) 我々が観測できる宇宙の範囲に存在する銀河の数は

$$\frac{1}{10^{11}M_\odot}\frac{4\pi\rho_{\mathrm{cr},0}}{3}\left(\frac{c}{H_0}\right)^3 \simeq 10^{11}\text{個}. \tag{C.115}$$

(2) $200\,\mathrm{Mpc}$ 内に存在する銀河の数は

$$10^{11}\text{個} \times \left(\frac{200\,\mathrm{Mpc}}{c/H_0}\right)^3 \simeq 10^7\text{個} \tag{C.116}$$

300　付録 C　問題解答例

(3) 距離 200 Mpc, $(6 弧度)^2$ 内に存在する銀河の数は

$$10^7 個 \times \frac{1}{4\pi} \left(\frac{6}{180}\pi\right)^2 \simeq 10000 個. \tag{C.117}$$

素早く天体の方向に望遠鏡を向けることのできる, 視野の広い望遠鏡が望ましいだろう.

4.12 (1) 測地線方程式より,

$$\begin{aligned}
\frac{du_\mu}{d\tau} &= \frac{dg_{\mu\nu}u^\nu}{d\tau} = g_{\mu\nu}\frac{du^\nu}{d\tau} + \frac{dg_{\mu\nu}}{d\tau}u^\nu \\
&= -g_{\mu\nu}\Gamma^\nu{}_{\alpha\beta}u^\alpha u^\beta + u^\alpha g_{\mu\nu,\alpha}u^\nu = \frac{1}{2}g_{\alpha\beta,\mu}u^\alpha u^\beta.
\end{aligned} \tag{C.118}$$

(2) メトリックより,

$$\begin{aligned}
-c^2 &= -\left(1 - \frac{2GM}{c^2 r}\right)(u^0)^2 + \left(1 - \frac{2GM}{c^2 r}\right)^{-1}(u^r)^2 + r^2(u^\phi)^2 \\
&= -\left(1 - \frac{2GM}{c^2 r}\right)^{-1}\frac{E^2}{m^2 c^2} + \left(1 - \frac{2GM}{c^2 r}\right)^{-1}(u^r)^2 + \frac{\ell^2}{r^2}
\end{aligned} \tag{C.119}$$

より求める式を得る.

(3) (4.122b) 式を展開して,

$$V(r) \simeq c^2 - \frac{2GM}{r} + \frac{\ell^2}{r^2} \tag{C.120}$$

より求める式を得る.

(4) 条件式を解いて

$$r = \frac{1}{2GM}\left(\ell^2 + \sqrt{\ell^4 - \frac{12G^2 M^2}{c^2}\ell^2}\right). \tag{C.121}$$

よって $\ell \geq \sqrt{12}GM/c$ のときに解があり, 等号が成り立つとき $r = \ell^2/(2GM) = 6GM/c^2$ である.

4.13 (1) $\boldsymbol{J} = \boldsymbol{L}_\mathrm{N} + \boldsymbol{S}_1$ を使う.

$$\begin{aligned}
\frac{d\boldsymbol{L}_\mathrm{N}}{dt} &= -\frac{d\boldsymbol{S}_1}{dt} = \frac{1}{a^3}\left(2 + \frac{3m_2}{2m_1}\right)\boldsymbol{S}_1 \times \boldsymbol{L}_\mathrm{N} \\
&= \frac{1}{a^3}\left(2 + \frac{3m_2}{2m_1}\right)\boldsymbol{J} \times \boldsymbol{L}_\mathrm{N} = \boldsymbol{\Omega}_\mathrm{L} \times \boldsymbol{L}_\mathrm{N}.
\end{aligned} \tag{C.122}$$

(2) $\boldsymbol{J}$ は今考えている時間スケールでは保存し, $\boldsymbol{\Omega}_\mathrm{L}$ は近似的に時間に依存しない. いま, $\boldsymbol{L}_\mathrm{N} = (\ell, m, n)$ とし, $\boldsymbol{J}$ を z 軸にとる. このとき明らかに $dn/dt = 0$ である.

$$\frac{d\ell}{dt} = -\Omega_\mathrm{L}m, \quad \frac{dm}{dt} = \Omega_\mathrm{L}\ell \tag{C.123}$$

301

$L_N^2 = l^2 + m^2 + n^2$ が一定であることに注意すると，この方程式の解は時間の原点を適当にとり，A を適当な定数として，

$$\ell = A\cos(\Omega_L t)\sin\theta, \tag{C.124a}$$

$$m = A\sin(\Omega_L t)\sin\theta, \tag{C.124b}$$

$$n = A\cos\theta \tag{C.124c}$$

と書ける．

4.14 （1）e, ℓ と u^μ の関係式

$$-e = g_{00}u^0 + g_{0\phi}u^\phi, \tag{C.125a}$$

$$-\ell = g_{\phi 0}u^0 + g_{\phi\phi}u^\phi \tag{C.125b}$$

から

$$u^0 = \frac{eg_{\phi\phi} + \ell g_{0\phi}}{g_{0\phi}^2 - g_{\phi\phi}g_{00}}, \tag{C.126a}$$

$$u^\phi = -\frac{eg_{0\phi} + \ell g_{00}}{g_{0\phi}^2 - g_{\phi\phi}g_{00}} \tag{C.126b}$$

を得るのでメトリックを代入して題意を得る．

（2）$u_\mu u^\mu = -1$ から，

$$\begin{aligned}
-1 &= g_{0\mu}u^0 u^\mu + g_{\phi\mu}u^\phi u^\mu + g_{rr}(u^r)^2 \\
&= -eu^0 + \ell u^\phi + \frac{\rho^2}{\Delta}(u^r)^2
\end{aligned} \tag{C.127}$$

（C.126a）と（C.126b）式を代入して $(u^r)^2$ について解くと答えを得る．

（3）m と a は同じ程度の大きさの量であり，ケプラーの法則より $m/r \sim v^2$ から $\ell^2, (u^r)^2$ が m と同じ程度の大きさの量であることを用いて展開する．

4.15 統計平均操作 $\langle\cdots\rangle$ と積分操作が交換可能であることに注意して，内積の定義式（4.258）を直接使って計算する．また，検出器出力が実時系列であることから $\tilde{n}(-f) = \tilde{n}^*(f)$ に注意して，以下を使うと良い．

$$(a,b) = \frac{1}{2}\int_{-\infty}^{\infty}\frac{\tilde{a}^*(f)\tilde{b}(f) + \tilde{a}(f)\tilde{b}^*(f)}{S_n^{(2)}(f)}df,$$

$$\tilde{n}(-f) = \tilde{n}^*(f),$$

$$\langle\tilde{n}(f)\tilde{n}(f')\rangle = \langle\tilde{n}(f)\tilde{n}^*(-f')\rangle = S_n^{(2)}(f)\delta(f+f')$$

計算は以下のようになるだろう．

$$\langle (n,F)^2 \rangle = \left\langle \frac{1}{4}\int_{-\infty}^{\infty}\frac{\tilde{n}^*(f)\tilde{F}(f) + \tilde{n}(f)\tilde{F}^*(f)}{S_n^{(2)}(f)}df \int_{-\infty}^{\infty}\frac{\tilde{n}^*(f')\tilde{F}(f') + \tilde{n}(f')\tilde{F}^*(f')}{S_n^{(2)}(f')}df' \right\rangle$$

$$
= \frac{1}{4} \int_{-\infty}^{\infty} \frac{df}{S_n^{(2)}(f)} \int_{-\infty}^{\infty} \frac{df'}{S_n^{(2)}(f')}
$$

$$
\times \left(\langle \tilde{n}^*(f)\tilde{n}^*(f') \rangle \tilde{F}(f)\tilde{F}(f') + \langle \tilde{n}(f)\tilde{n}^*(f') \rangle \tilde{F}^*(f)\tilde{F}(f') \right.
$$

$$
\left. + \langle \tilde{n}^*(f)\tilde{n}(f') \rangle \tilde{F}(f)\tilde{F}^*(f') + \langle \tilde{n}(f)\tilde{n}(f') \rangle \tilde{F}^*(f)\tilde{F}^*(f') \right)
$$

$$
= \frac{1}{4} \int_{-\infty}^{\infty} \frac{df}{S_n^{(2)}(f)} \int_{-\infty}^{\infty} \frac{df'}{S_n^{(2)}(f')}
$$

$$
\times \left(S_n^{(2)}(f)\delta(f+f')\tilde{F}(f)\tilde{F}(f') + S_n^{(2)}(f)\delta(f-f')\tilde{F}^*(f)\tilde{F}(f') \right.
$$

$$
\left. + S_n^{(2)}(f)\delta(f-f')\tilde{F}(f)\tilde{F}^*(f') + S_n^{(2)}(f)\delta(f+f')\tilde{F}^*(f)\tilde{F}^*(f') \right)
$$

$$
= \int_{-\infty}^{\infty} \frac{|F(f)|^2 df}{S_n^{(2)}(f)} = 4 \int_{0}^{\infty} \frac{|F(f)|^2 df}{S_n(f)} = (F, F). \tag{C.128}
$$

参考文献

[1] R. Abbott *et al.* Searches for Gravitational Waves from Known Pulsars at Two Harmonics in the Second and Third LIGO-Virgo Observing Runs. *The Astrophysical Journal*, 935 (1) :1, 2022

[2] Emanuele Berti, Vitor Cardoso, and Clifford M. Will. Gravitational-wave spectroscopy of massive black holes with the space interferometer LISA. *Physical Review D*, 73 (6) :064030, 2006

[3] Luc Blanchet. Gravitational radiation from post-newtonian sources and inspiralling compact binaries. *Living Reviews in Relativity*, 17 (1) :2, 2014

[4] Luc Blanchet *et al.* Gravitational-wave phasing of quasicircular compact binary systems to the fourth-and-a-half post-newtonian order. *Phys. Rev. Lett.*, 131:121402, 2023

[5] Collin D. Capano, Miriam Cabero, Julian Westerweck, Jahed Abedi, Shilpa Kastha, Alexander H. Nitz, Yi-Fan Wang, Alex B. Nielsen, and Badri Krishnan. Multimode Quasinormal Spectrum from a Perturbed Black Hole. *Physical Review Letters*, 131 (22) :221402, 2023

[6] Sean Carroll. *Spacetime and Geometry: An Introduction to General Relativity*. Pearon Education Limited, Harlow, 2014

[7] I. N. Chiu *et al.*, *Monthly Notices of the Royal Astronomical Society*, 495, 428, 2020

[8] Nanae Domoto *et al.*, Lanthanide Features in Near-infrared Spectra of Kilonovae. *The Astrophysical Journal*, 939 (1) :8, 2022

[9] K. Finner *et al.*, *The Astrophysical Journal*, 953, 102, 2023

[10] M. Fukugita, T. Futamase, M. Kasai, E.L. Turner, *The Astrophysical Journal*, 393, 3, 1992

[11] T. Futamase *et al.*, *The Astrophysical Journal*, 508, L47, 1998

[12] A. Hajela *et al.* Evidence for X-Ray Emission in Excess to the Jet-afterglow Decay 3.5 yr after the Binary Neutron Star Merger GW 170817: A New Emission Component. *The Astrophysical Journal Letters*, 927 (1) :L17, 2022.

[13] T. Hamana *et al.*, *Publications of the Astronomical Society of Japan*, 72, 16, 2020

[14] M. Hattori *et al.*, *Progress of Theoretical Physics Supplement*, 133, 1, 1999

[15] C. Hikage *et al.*, *Publications of the Astronomical Society of Japan*, 71, 43, 2019

[16] Piotr Jaranowski and Andrzej Królak. *Analysis of Gravitational-Wave Data*. Cambridge University Press, Cambridge, 2009

[17] Piotr Jaranowski, Andrzej Królak, and Bernard F. Schutz. Data analysis of gravitational-wave signals from spinning neutron stars: The signal and its detection. *Physical Review D*, 58 (6) :063001, 1998

[18] N. Kaiser, G. Squires, & T. Broadhurst, *The Astrophysical Journal*, 449, 460, 1995

[19] M. Kilbinger, *Reports on Progress in Physics*, 78, 086901, 2015

[20] M. Kilbinger *et al.*, *Monthly Notices of the Royal Astronomical Society*, 430, 2200, 2013

[21] Tomoya Kinugawa *et al.* Possible indirect confirmation of the existence of Pop III massive stars by gravitational wave. *Monthly Notices of the Royal Astronomical Society*, 442 (4) :2963 – 2992, 2014

[22] J.P. Kneib & P. Natarajan, *The Astronomy and Astrophysics Review*, 19, 47, 2011

[23] Michael J. Koop and Lee Samuel Finn. Physical response of light-time gravitational wave detectors. *Physical Review D*, 90 (6) :062002, 2014

[24] Michele Maggiore. *Gravitational Waves Voume 2: Astrophysics and cosmology.* Oxford University Press, Oxford, 2018

[25] R. Mandelbaum, *Annual Review of Astronomy and Astrophysics*, 56, 393, 2018

[26] M. Meneghetti, *Introduction to Gravitational Lensing; With Python Examples*, 2006, DOI: 10.1007/978-3-030-73582-1

[27] M. Meneghetti *et al.*, *Monthly Notices of the Royal Astronomical Society*, 472, 3177, 2017

[28] Charles W. Misner, Kip S. Thorne, and John Archibald Wheeler. *Gravitation.* W.H. Freeman and Company, New York, 1973

[29] K.P. Mooley *et al.*, Superluminal motion of a relativistic jet in the neutron-star merger GW170817. *Nature*, 561 (7723) :355 – 359, 2018

[30] P. Natarajan *et al.*, *The Astronomy and Astrophysics Review*, 220, 19, 2024

[31] J.F. Navarro, C.S. Frenk, & S.D.M. White, *The Astrophysical Journal*, 462, 563, 1996

[32] J.F. Navarro, C.S. Frenk, & S.D.M. White, *The Astrophysical Journal*, 490, 493, 1997

[33] M. Oguri *et al.*, *The Astronomical Journal*, 143, 120, 2012

[34] N. Okabe & K. Umetsu, *Publications of the Astronomical Society of Japan*, 60, 345, 2008

[35] N. Okabe & G.P. Smith, *Monthly Notices of the Royal Astronomical Society*, 461, 3794, 2016

[36] Eric Poisson, *A Relativist's Toolkit: The Mathematics of Black-Hole Mechanics*, Cambridge University Press, Croydon, 2004

[37] Étienne Racine, Analysis of spin precession in binary black hole systems including quadrupole-monopole interaction. *Phys. Rev. D*, 78:044021, Aug 2008.

[38] David Radice *et al.*, GW170817: Joint Constraint on the Neutron Star Equation of State from Multimessenger Observations. *The Astrophysical Journal Letters*, 852 (2) :L29, 2018

[39] M. Rakhmanov, J.D. Romano, and J.T. Whelan. High-frequency corrections to the detector response and their effect on searches for gravitational waves. *Classical and Quantum Gravity*, 25 (18) :184017, 2008

[40] A.G. Riess *et al.*, *The Astrophysical Journal Letters*, 934, L7, 2022

[41] P. Schneider, C.S. Kochanek, & J. Wambsganss, *Gravitational Lensing: Strong, Weak and Micro*, 2006, DOI:10.1007/978-3-540-30310-7

[42] G. Soucail *et al.*, *Astronomy and Astrophysics*, 172, L14, 1987

[43] G. Soucail *et al.*, *Astronomy and Astrophysics*, 191, L19, 1988

[44] K. Umetsu, *The Astronomy and Astrophysics Review*, 28, 7, 2020

[45] K. Umetsu *et al.*, *The Astrophysical Journal*, 714, 1470, 2010

[46] K. Umetsu *et al.*, *The Astrophysical Journal*, 694, 1643, 2009

[47] K. Umetsu, *The Astrophysical Journal*, 769, 13, 2013

[48] K. Umetsu *et al.*, *The Astrophysical Journal*, 821, 116, 29, 2016

[49] T. Treu, S. H. Suyu, & P. J. Marshall, *Astronomy and Astrophysics Review*, 30, 8, 2020

[50] E.L. Turner *et al.*, *The Astrophysical Journal*, 284, 1, 1984

[51] Clifford M. Will and Eric Poisson, *Gravity: Newtonian, Post-Newtonian, Relatistic.* Cambridge University Press, Croydon, 2014

[52] K.C. Wong *et al.*, *Monthly Notices of the Royal Astronomical Society*, 498. 1420, 2020

[53] L. van Waerbeke & Y. Mellier, 2003, arXiv:astro-ph/0305089

[54] A. Zitrin & T. Broadhurst, *The Astrophysical Journal Letters*, 703, L132, 2009

[55] エリ・デ・ランダウ, イェ・エム・リフシッツ, 恒藤敏彦（翻訳）, 広重徹（翻訳）,『場の古典論（原書第 6 版)』, ランダウ゠リフシッツ理論物理学教程, 東京図書, 東京, 2022

[56] 二間瀬敏史,『相対性理論——基礎と応用』, 朝倉書店, 東京, 2020

[57] 小松英一郎,『宇宙マイクロ波背景放射』, 新天文学ライブラリー 6, 日本評論社, 東京, 2019

[58] 中村卓史, 三尾典克, 大橋正健［編著］,『重力波をとらえる——存在の証明から検出へ』, 京都大学出版会, 京都, 1998

[59] 中野寛之, 佐合紀親,『重力波・摂動論』, シリーズ理論物理の探究, 朝倉書店, 東京, 2022

[60] ジェームズ・B・ハートル,『重力（上・下)』, 日本評論社, 東京, 2016

[61] 井上 一, 小山勝二, 高橋忠幸, 水本好彦［編],『宇宙の観測 3［第 2 版]』, シリーズ現代の天文学 17, 日本評論社, 東京, 2019

[62] 佐藤勝彦, 二間瀬敏史［編],『宇宙論 I——宇宙のはじまり［第 2 版補訂版]』, シリーズ現代の天文学 2, 日本評論社, 東京, 2021

[63] 二間瀬敏史, 池内 了, 千葉柾司［編],『宇宙論 II——宇宙の進化［第 2 版]』, シリーズ現代の天文学 3, 日本評論社, 東京, 2019

[64] 谷口義明, 岡村定矩, 祖父江義明［編],『銀河 I——銀河と宇宙の階層構造［第 2 版]』, シリーズ現代の天文学 4, 日本評論社, 東京, 2018

[65] 祖父江義明, 有本信雄, 家 正則［編],『銀河 II——銀河系［第 2 版]』, シリーズ現代の天文学 5, 日本評論社, 東京, 2018

[66] 安東正樹, 白水徹也［編集幹事],『相対論と宇宙の事典』, 朝倉書店, 東京, 2020

[67] 小玉英雄, 井岡邦仁, 郡和範,『宇宙物理学』, KEK 物理学シリーズ 3, 共立出版, 東京, 2014

[68] 山田章一,『超新星』, 新天文学ライブラリー 4, 日本評論社, 東京, 2016

[69] 川村静児,『重力波物理学の最前線』, 基本法則から読み解く物理学最前線 17, 共立出版, 東京, 2018

[70] 松原隆彦,『現代宇宙論——時空と物質の共進化』, 東京大学出版会, 東京, 2010

[71] 松原隆彦,『宇宙論の物理（上)』, 東京大学出版会, 東京, 2014

[72] 松原隆彦, 『宇宙論の物理 (下)』, 東京大学出版会, 東京, 2014

[73] 二間瀬敏史, 『宇宙物理学』, 朝倉書店, 東京, 2014

[74] 柴田 大, 『数値相対論と中性子星の合体』, 基本法則から読み解く物理学最前線 25, 共立出版, 東京, 2021

[75] 柴田 大, 久徳浩太郎, 『重力波の源』, Yukawa ライブラリー 1, 朝倉書店, 東京, 2018

[76] 河合誠之, 浅野勝晃, 『ガンマ線バースト』, 新天文学ライブラリー 5, 日本評論社, 東京, 2019

[77] 須藤 靖, 『一般相対論入門 [改訂版]』, 日本評論社, 東京, 2021

[78] 須藤 靖, 『もうひとつの一般相対論入門』, 日本評論社, 東京, 2010

索引

数字・アルファベット

1 形式	17
4 元運動量	15
4 元加速度	13
4 元速度	14
4 元ベクトル	13
4 元力	13
4 次元の完全反対称テンソル	22
CDM	→ 冷たい暗黒物質
CMB	→ 宇宙マイクロ波背景放射
COBE	62
DECIGO	222
E/B モード分解	117
FRW 宇宙	71
GW150914	189, 227
GW170817	229, 233
GW230529	229
HDM	67
Ia 型超新星	55
ISCO	→ 最内安定円軌道
KAGRA	203, 238, 239, 250
KSB 法	144
LIGO	167, 198, 227, 239
LIGO-Virgo-KAGRA	233, 240
LISA	225, 239
LiteBIRD	222
NanoGrav	216
Taiji	240
TianQin	240
TT ゲージ	
	→ トランスバース・トレースレスゲージ
Virgo	198, 233, 239

あ

アインシュタインテンソル	40
アインシュタイン・ドジッター宇宙	81
アインシュタインの規約	6
アインシュタイン半径	120

アインシュタイン方程式	44
アインシュタインリング	120
熱い暗黒物質（Hot Dark Matter: HDM）	67
アフィンパラメータ	32
暗黒エネルギー（ダークエネルギー）	51
暗黒物質（ダークマター）	51
暗黒物質ハロー	67
アンテナパターン関数	238, 245, 257
一般相対性原理	27
インスパイラリング期	204, 232
インフレーション	66
インフレーション起源の重力波	216
薄い重力レンズ方程式	97
薄いレンズ近似	92
宇宙項（宇宙定数）	45
宇宙の再電離	61
宇宙の晴れ上がり	61
宇宙マイクロ波背景放射（CMB）	60
エネルギー運動量テンソル → ストレスエネルギーテンソル	
音響地平線半径	62
温度ゆらぎのパワースペクトル	64

か

カーブラックホール	209, 210, 224
開口質量測定法	114
外部臨界曲線（接線臨界曲線）	105
角径距離	78
角度パワースペクトル	159
カミオカンデ	68
換算質量	199
慣性質量	1
完全反対称記号	22
感度曲線	240, 252
幾何光学近似	191
既約シア	99
既約四重極モーメント	188
共形時間	83, 217
共動角径距離	71

共動座標系	14
共変微分	30
共変ベクトル	17
局所慣性系	26
距離梯子法	56
銀河の2点相関関数	58
近日点移動	6
空間的ベクトル	16
クリストッフェル記号	29
クロスシア	108
クロスモード	170
ゲージ不変	182
コア有り等温球（Isothermal Shpere with a Core: ISC）モデル	125
光円錐	16
光学スカラー（optical scalars）	43
光源計数	150
光子の4元運動量	33
光度関数	142
光度距離	52, 78, 203, 214
勾配1形式	17
国際パルサータイミングアレイ	216
コスミックシア	57, 144
固有時間	14
固有動径座標	71
コンバージェンス	97
コンパクト星	193

さ

最終散乱面	61
最小結合	33
最内安定円軌道	205
ザックス−ボルフェ効果	85
シア行列	99
シーイング	146
ジェイムズ・ウェッブ宇宙望遠鏡（James Webb Space Telescope: JWST）	90
時間遅延距離	138
時間的ベクトル	16
事象	15
質量シート縮退	111
自転・軌道角運動量相互作用	207
射影テンソル	18
写像のヤコビ行列	99

重力質量	2, 49
重力赤方偏移	33, 34
重力波	
——の光度	204
——の偏極テンソル	192
パルサーからの——のスピンダウン上限値	223
重力波のエネルギー密度	215
重力複素シア	99
縮約	17
縮約されたビアンキ恒等式	40
シュバルツシルト	
——メトリック	205
状態方程式	45
信号対雑音比	194, 266
スカラー	13
スケール因子	53
ストカスティック重力波	214
ストレスエネルギーテンソル	24
すばる望遠鏡	146
スローンデジタルスカイサーベイ（SDSS）	141
静止質量	13
静的な天体のつくる重力場	48
世界線	13
積分ザックス−ボルフェ効果	85
赤方偏移	56
赤方偏移された質量	203
接線シア	107
絶対等級	52
セファイド変光星	52
線形化されたアインシュタインテンソル	46
線素（line element）	9
増光バイアス	149
増光率	104
相対性原理	11
相対論的エネルギー	19
相対論的な角運動量	25
測地線偏差の方程式	35, 171
測地線方程式	30
速度関数	143

た

楕円質量レンズモデル	132
楕円レンズポテンシャル	131

ダランベールの解	168	パルサータイミング	194, 214, 254
地平線距離	272	ハルス–テイラーパルサー	213
チャープ質量	200	パワースペクトル	58
中心集中度パラメータ	129	ビアンキ恒等式	40, 175
潮汐効果	199	光の到達時間の遅延（時間遅延）	136
超臨界（supercritical）領域	96	ビッグバン	51
調和ゲージ条件	46	微分面密度	113
冷たい暗黒物質（Cold Dark Matter: CDM）		標準光源	52
	67	ブースト変換	10
停留位相法	201	フェルミ正規座標系	30, 172, 279
点像分布関数（Point Spread Function: PSF）		複素楕円率	145
	144	プラスモード	170
——補正	147	プランク（Planck）衛星	62, 137
テンソル	21	フリードマン（Friedmann）方程式	73
等価原理	25	フリードマン–ロバートソン–ウォーカー	71
特異等温球分布（Singular Isothermal Sphere:		ヘリングス–ダウンズ曲線	256
SIS）	123	偏極テンソル	170
トランスバース・トレースレスゲージ	169	偏向角	93
		ポアソン（Poisson）方程式	5
		ポスト・ニュートン近似	206

な

内部臨界曲線（動径臨界曲線）	105
ナバーロ–フレンク–ホワイト（Navarro–Frenk–	
White: NFW）プロファイル	68, 128
ニュートニアンチャープ波形	202
ニュートリノ	68
ヌルテスト	156
ヌルベクトル	16

ま

マージャー期	204
密度パラメータ	76
ミンコフスキー時空	9
ミンコフスキーメトリックテンソル	9

は

バーコフの定理	197
バースト重力波	226
バイアス	59
ハッブル宇宙望遠鏡（Hubble Space Telescope:	
HST）	53, 54, 90
ハッブル時間	53
ハッブル地平面半径	53
ハッブルテンション	65, 138
ハッブルパラメータ	52
ハッブル半径	53
ハッブル–ルメートルの法則	52
バリオン音響振動	57
バリオン物質	51
パリティ	104

や

ヤコビ恒等式	39
有効距離	272
有効スピン	232
弱い重力レンズ	57

ら

ランダウ–リフシッツ変数	47
リーマンテンソル	36, 172
リッチスカラー	37
リッチテンソル	37
臨界密度	75
臨界面密度	95
レイチャウデューリ方程式（Raychaudhuri equa-	
tion）	43

311

レーザー干渉計型地上重力波検出器	194
レビ・チビタ記号	22
レンズポテンシャル	93
連星潮汐変形率	212
連続重力波	223
ローレンツ変換	9
ロバートソン–ウォーカー（Robertson–Walker）時空	71

二間瀬敏史（ふたませ・としふみ）（第1章, 第2章, 第3章一部）
1953年, 札幌市生まれ.
1977年, 京都大学理学部卒業.
1981年, カーディフ大学天文および応用数学博士課程修了.
現在, 東北大学名誉教授. Ph.D.
専門は, 一般相対性理論, 宇宙論.
主な著書：『相対性理論——基礎と応用』,『宇宙物理学』(朝倉書店).
『宇宙論I[第2版補訂版](シリーズ現代の天文学 第2巻)』『宇宙論II[第2版](シリーズ現代の天文学 第3巻)』(編著, 日本評論社)

梅津敬一（うめつ・けいいち）（第3章）
1973年, 山形県長井市生まれ.
1996年, 東北大学理学部宇宙地球物理学科卒業.
現在, 台湾中央研究院天文及天文物理研究所教授. 博士(理学).
専門は, 観測的宇宙論, 重力レンズ, 銀河団物理.

伊藤洋介（いとう・ようすけ）（第4章, 付録A,B）
1974年, 東京生まれ.
1997年, 東北大学理学部宇宙地球物理学科卒業.
現在, 大阪公立大学大学院理学研究科准教授. 博士(理学).
専門は, 一般相対性理論, 重力波物理学, データ解析.

いっぱんそうたいろん きそ まな じゅうりょく じゅうりょくはてんもんがく
一般相対論の基礎から学ぶ 重力レンズと重力波天文学

2025年3月15日 第1版第1刷発行

著　者————二間瀬敏史・梅津敬一・伊藤洋介
発行所————株式会社 日本評論社
　　　　　　〒170-8474 東京都豊島区南大塚3-12-4
電　話————03-3987-8621(販売)-8599(編集)
印　刷————三美印刷株式会社
製　本————株式会社難波製本
装　幀————図工ファイブ

©Toshifumi FUTAMASE, Keiichi UMETSU, Yousuke ITOH 2025 Printed in Japan
ISBN978-4-535-78721-6

JCOPY 〈(社)出版者著作権管理機構委託出版物〉本書の無断複写は著作権法上での例外を除き禁じられています. 複写される場合は, そのつど事前に, (社)出版者著作権管理機構(電話 03-5244-5088, FAX 03-5244-5089, e-mail: info@jcopy.or.jp)の許諾を得てください. また, 本書を代行業者等の第三者に依頼してスキャニング等の行為によりデジタル化することは, 個人や家庭内の利用であっても, 一切認められておりません.